ELECTROTECNIA PARA INGENIEROS

JOSÉ RAMÓN DAPENA TRASEIRA

Electrotecnia para ingenieros

Primera edición, 2023

Diseño de la cubierta: ENEDENÚ DISEÑO GRÁFICO
Maquetador: Artemio Naiza
Correctora: Nuria Barroso
Directora de producción: M.ª Rosa Castillo

ISBN: 978-84-267-3611-6
D.L.: B 11192-2023

Impreso en Servicepoint
Printed in Spain

ELECTROTECNIA PARA INGENIEROS

JOSÉ RAMÓN DAPENA TRASEIRA

Marcombo

A mi familia y a todas las personas
que dedican gran parte de su tiempo
y esfuerzo en proteger a los más débiles

Prólogo

Este libro nace como resultado de la experiencia tanto en el mundo empresarial como en el mundo de la docencia que el autor adquirió a lo largo de más de 45 años de actividad profesional.

Para asimilar los conceptos que permiten conocer el porqué de las cosas, el presente libro comienza demostrando las leyes y teoremas fundamentales de la electrotecnia, para luego ver su aplicación en los ejercicios correspondientes, los cuales, no solamente se presentan resueltos paso a paso sino también propuestos con su solución, en los cuales se aplica una metodología que ayuda al lector en el razonamiento para la solución de problemas.

Tanto en el desarrollo de los conceptos de electrotecnia como en los ejercicios prácticos se sigue un orden creciente, es decir, se parte de aquellos temas que son necesarios para la comprensión de los siguientes.

Se da por sentado que el lector tiene los conocimientos básicos sobre cálculo matemático, ecuaciones diferenciales elementales y derivadas, y de no ser así deberá admitir el final de cada demostración.

El autor

Índice

CAPÍTULO 2:

CAPÍTULO 3:

CAPÍTULO 4:

CAPÍTULO 16:

CAPÍTULO 17:

CAPÍTULO 18:

CAPÍTULO 19:

CAPÍTULO 1

MAGNITUDES Y UNIDADES FUNDAMENTALES

1.1 INTENSIDAD DE CORRIENTE

La corriente eléctrica la constituye el movimiento de electrones, los cuales al tener carga negativa (-) se desplazan del polo negativo al positivo (+).

En 1874 VOLTA descubre el primer generador de corriente eléctrica, desconociéndose aún la existencia de los electrones, por ello se atribuyó (incorrectamente) el sentido de corriente de polo positivo a polo negativo. Como el sentido de corriente no afecta a los fenómenos que se producen en el circuito, se sigue admitiendo este sentido, excepto en aquellos casos en los que se haya que analizar eléctricamente algún fenómeno.

La unidad de corriente eléctrica es el **AMPERIO**, que corresponde al paso de 6.25×10^8 electrones por segundo por la sección de un conductor.

Magnitud	Unidades
Intensidad (I)	Amperio (A)
	Miliamperio (mA)
	Kiloamperio (kA)

1 mA <> 10^{-3} A (0.001 A)

1 kA <> 10^{3} A (1000 A)

1.2 DIFERENCIA DE POTENCIAL, TENSIÓN, VOLTAJE

Estos tres conceptos representan lo mismo. Sea un punto A sometido a un potencial V_A y un punto B sometido a un potencial V_B; se denomina diferencia de potencial (d.d.p.), tensión (V) o voltaje (V) a la diferencia V_A-V_B.

La unidad de d.d.p., voltaje o tensión es el **VOLTIO**.

Magnitud	Unidades
d.d.p. Tensión Voltaje	Voltio (V)
	Milivoltio(mV)
	Kilovoltio (KV)

1 mV <>10^{-3} V (0.001 V)

1 KV <> 10^{3} V (1000 V)

1.3 RESISTENCIA ELÉCTRICA

Es la mayor o menor oposición que un conductor presenta al paso de la corriente eléctrica.

La unidad de corriente eléctrica es el Ohmio (Ω).

Magnitud	Unidades
Resistencia eléct.	Ohmio (Ω)
	Kiloohmio (kΩ)
	Megaohmio (MΩ)

1 KΩ <> 10^{3} Ω

1 MΩ <> 10^{6} Ω

La inversa de la resistencia es la conductancia G, que es la mayor o menor facilidad que un conductor presenta al paso de la corriente eléctrica.

La unidad de conductancia es el siemens **S**.

1.4 CANTIDAD DE ELECTRICIDAD

La cantidad de electricidad (Q) que atraviesa la sección de un conductor en un tiempo t es el producto de la intensidad I por el tiempo t.

$$Q = I \cdot t$$

La unidad de cantidad de electricidad es el **CULOMBIO** (C), que es la cantidad de electricidad transportada en un segundo por una corriente de un amperio.

Industrialmente es más utilizada el **amperio segundo** (equivalente a un culombio) y todavía más el **amperio hora** (por ser más usual la medida del tiempo en horas).

Magnitud	**Unidades**
Cantidad de electricidad	Culombio (C) Amperio segundo (A s) Amperio hora (A h)

1 A s <> 1 C
1 A h <> 3600 C

1.5 TRABAJO O ENERGÍA

Supongamos que en un punto colocamos una carga Q inmovilizada y en otro punto distante l colocamos otra carga Q_1 libre. Según la ley de Newton si ambas cargas son del mismo signo se repelen; por tanto, la carga Q_1 se desplazará.

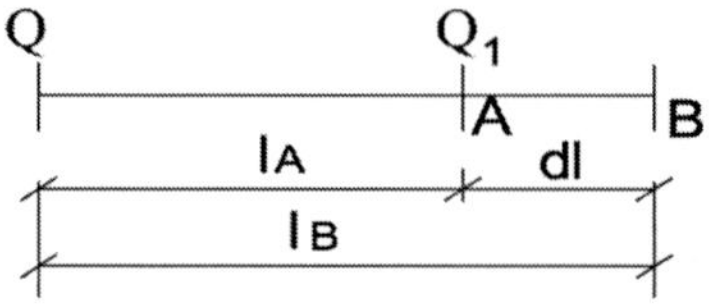

El trabajo realizado por la carga Q_1 al desplazarse desde A a B será:

$$W_A^B = \int_{lA}^{lB} F dl \qquad \text{Newton: } F = K\,\frac{QQ1}{l^2}$$

$$W_A^B = \int_{lA}^{lB} K\,\frac{QQ1}{l^2} dl = KQ_1\,[-1^{-1}]_{lA}^{lB} = KQQ_1\,[l_A^{-1} - l_B^{-1}]$$

Si consideramos que el punto B está en el infinito y Q_1 es la unidad, resulta:

$$[l_B^{-1}] = 0$$

Por lo que el trabajo realizado por la unidad de carga desde un punto A hasta el infinito será:

$$W_A^{\infty} = \frac{KQ}{l}$$

Por tanto, esta expresión $(\frac{KQ}{l})$ es la energía potencial que tiene la unidad de carga. De ahí que se denomine ¨potencial del punto A¨.

Luego $V_A - V_B$ = d.d.p. entre A y B, con lo que la expresión del trabajo resultante es:

W_A^{∞} = Q (VA - VB) = QV y al ser Q = It   W = VIt

La unidad de trabajo es el **JULIO,** pero veremos en capítulos siguientes que la unidad industrial más empleada es el vatio segundo y todavía más empleada es el kilowatio hora.

1.6 POTENCIA

Como la potencia es la energía por unidad de tiempo, y como veremos en la Ley de Ohm: **V = R I**:

$$P = \frac{W}{t} = \frac{VIt}{t} = VI \text{ luego } W = P\,t$$

$P = V\,I = R\,I^2$	$W = P\,t = V\,I\,t = R\,I^2\,t$

La unidad de potencia es el **vatio** y es la potencia que consume un circuito sometido a una d.d.p. de 1 V por el que circula una corriente de 1 A.

Magnitud	Unidades
Potencia	Vatio (W)
	Voltio amperio (VA)
	Kilovoltio amperio (KVA)
	Caballo de vapor (CV)

1 VA <> 1 W

1 KVA <> 10^3 VA (1000 VA)

1 CV <> 736 W

Nota. En corriente alterna existen tres clases de potencia con sus respectivas unidades, que veremos en capítulos posteriores.

1.7 MEDIDA DE LA POTENCIA CON VOLTÍMETRO Y AMPERÍMETRO

Para medir la potencia que consume un receptor podemos emplear el aparato que mide la corriente, "amperímetro", y el aparato que mide el voltaje, "voltímetro", para lo cual podemos emplear dos tipos de acoplamiento o montaje:

A) Montaje corto

B) Montaje largo

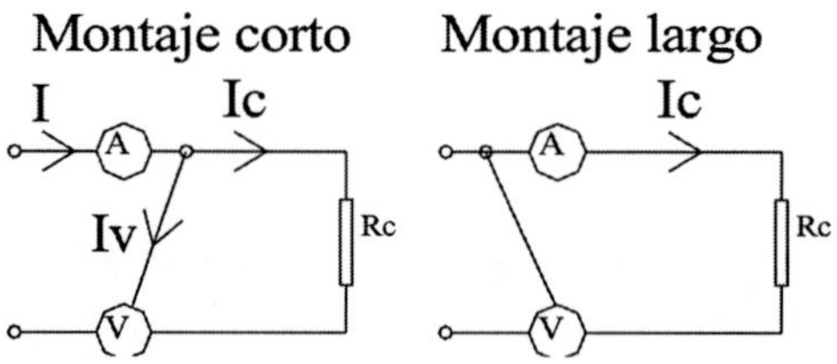

En el montaje corto, el voltímetro señala la tensión de la carga (Rc), pero el amperímetro señala la intensidad de la carga más la intensidad que consume el voltímetro; por tanto, si multiplicamos ambas medidas cometeremos un error respecto a la potencia que consume la carga. Para evitar este error descontamos la intensidad que consume el voltímetro

$$I_c = I - I_v \quad I_v = \frac{V}{R_V} \quad I_c = I - \frac{V}{R_V} \quad P = R_c\left(I - \frac{V}{R_V}\right)$$

En el montaje largo el amperímetro señala la intensidad de la carga (Rc), pero el voltímetro señala la tensión de la carga más la tensión del amperímetro; por tanto, si multiplicamos ambas medidas cometeremos un error. Para evitarlo descontamos la caída de tensión del amperímetro

$$V_A = R_A I_C \quad V_C = V - R_A I_C \quad P = (V - R_A I_C)\ I_c$$

1.8 EQUIVALENTE TÉRMICO DE LA ENERGÍA. EFECTO JOULE

Llamando q a la cantidad de calor en calorías y siendo $V = RI$:

$$q = 0.24\ W = 0.24\ P\ t = 0.24\ V\ I\ t = 0.24\ R\ I^2\ t$$

La unidad de cantidad de calor es la **CALORÍA.** Industrialmente se emplea más la **KILOCALORÍA,** por ser la caloría una unidad muy pequeña.

1 kilocaloría = 1000 calorías

1.9 CAPACIDAD

Con carácter general se denomina capacidad a la relación o cociente entre la carga Q y la d.d.p. V:

$$C = \frac{Q}{V}$$

Magnitud	**Unidades**
Capacidad	Faradio (F)
1 mF <> 10^{-3} F	Milifaradio (mF)
1 µF <> 10^{-6} F	Microfaradio (µF)
1 nF <> 10^{-9} F	Nanofaradio (nF)
1 pF <> 10^{-12} F	Picofaradio (pF)

1.10 CAPACIDAD DE UN CONDENSADOR PLANO

$$C = \frac{\varepsilon S}{e}$$

$$\varepsilon = \varepsilon_r \varepsilon_0 \quad \varepsilon_0 = \frac{1}{36\,\pi 10^9}\ \text{F/m}$$

ε: Constante dieléctrica

ε_0: Constante dieléctrica del vacío

ε_r: Constante dieléctrica relativa

S: Sección de la armadura

e: Espesor del dieléctrico

1.11 CAPACIDAD DE UN CONDENSADOR ESFÉRICO

$$C = \frac{4\pi \, Ri \, Re}{e} \varepsilon$$

Ri: Radio de la armadura interior

Re: Radio de la armadura exterior

1.12 INTENSIDAD DE CAMPO

Se denomina intensidad de campo en un punto al vector **E** con el que el campo actúa sobre la unidad positiva de carga:

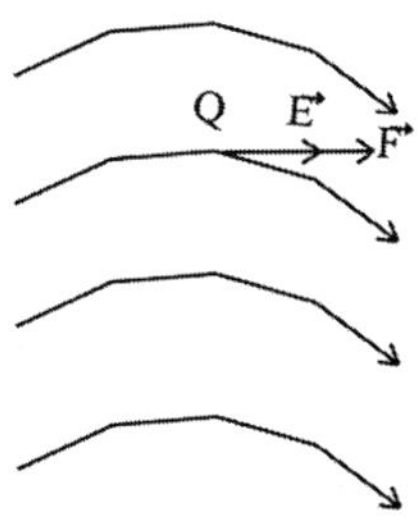

$$\mathbf{E} = \frac{F}{Q} \quad \mathbf{F} = K\frac{Q'Q}{R^2} \quad \mathbf{E} = K\frac{\frac{Q'Q}{R^2}}{Q} \quad \mathbf{E} = K\frac{Q'}{R^2}$$

1.13 FLUJO DE FUERZA

Consideremos una superficie plana **S** situada en un campo **E**; se denomina flujo de fuerza Φ que atraviesa la superficie al producto escalar de **E** por **S**.

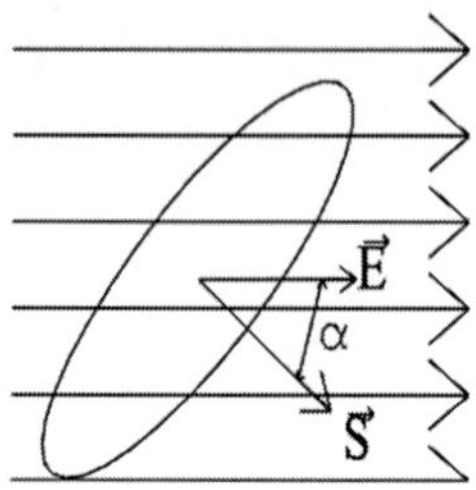

$\Phi = E\ S \cos \alpha$

Para obtener la unidad de flujo de fuerza hacemos:

E = 1 unidad de intensidad de campo

S = 1 unidad de superficie $\alpha = 0$

Unidad de flujo: Weber (Wb) 1 Wb <> 10^8 Maxwel (Mx)

CAPÍTULO 2

LEYES Y TEOREMAS FUNDAMENTALES (I)

2.1 LEY DE OHM

Si consideramos un conductor por el que circula una corriente y llamamos V a la d.d.p. entre dos secciones A y B, la intensidad de corriente será proporcional al número de electrones que por segundo fluyen desde la sección B hasta la A, y por tanto proporcional al flujo eléctrico; llamando **c** (coeficiente de conductividad) a la constante de proporcionalidad, tendremos:

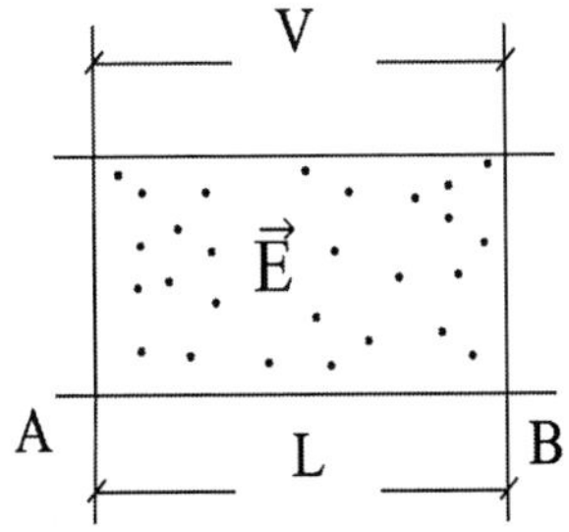

$$I = c\Phi = c\,ES$$

$$E = \frac{F}{Q} = \frac{FL}{QL} = \frac{W}{QL} = \frac{QV}{QL} = \frac{V}{L}$$

$$I = c\frac{V}{L}S = \frac{V}{\frac{L}{cS}}$$

Denominando resistencia eléctrica (R) al denominador:

$I = \frac{V}{R}$	$V = RI$	$R = \frac{1}{c}\frac{L}{S}$	$R = \rho\frac{L}{S}$

Siendo ρ el coeficiente de resistividad igual a $\frac{1}{c}$

La unidad de resistencia eléctrica se denomina **ohmio (Ω)**; se obtiene de la siguiente manera:

V = 1 voltio e I = 1 amperio (1 **Ω** = 1 V/1 A)

Podemos definirla como la resistencia eléctrica de un conductor, tal que al someterlo entre sus extremos a una d.d.p. de 1 V, circula una corriente de 1 A. L se suele medir en metros (m) y S en milímetros cuadrados (mm^2), con lo que resulta:

$p = \frac{RS}{L}$; por tanto ρ se medirá en $\frac{\Omega\, mm^2}{m}$

2.2 VARIACIÓN DE LA RESISTENCIA CON LA TEMPERATURA

Si medimos la resistencia de un conductor a cero grados centígrados (Ro) y luego esa misma resistencia a una temperatura t, observamos que toma otro valor Rt, siendo:

$$Rt = Ro\ (1 + \alpha\, t + B\, t^2 + \gamma\, t^3 + \ldots)$$

En la práctica se limita al segundo término, de forma que:

$$Rt = Ro\ (1 + \alpha\, t\ )$$

Siendo α el coeficiente de variación de la resistencia con la temperatura o simplemente coeficiente de temperatura:

$$Rt_1 = Ro\ (1 + \alpha\ t_1) \qquad Rt_2 = Ro\ (1 + \alpha\ t_2) \qquad \frac{Rt1}{Rt2} = \frac{Ro\ (1 + \alpha\ t1)}{Ro\ (1 + \alpha\ t2)}$$

$$R_{t2} = R_{t1}\frac{(1 + \alpha\ t2)}{(1 + \alpha\ t1)} \text{ aproximadamente: } R_{t2} = R_{t1}[1 + \alpha\ (t_2 - t_1)]$$

$$R_{t2} = R_{t1}\ [1 + \alpha\Delta t\ ]$$

2.3 MÉTODO PRÁCTICO PARA DETERMINAR LA D.D.P. ENTRE DOS PUNTOS O EL POTENCIAL DE UN PUNTO CON RESPECTO AL DE OTRO CONOCIDO

Caso A)

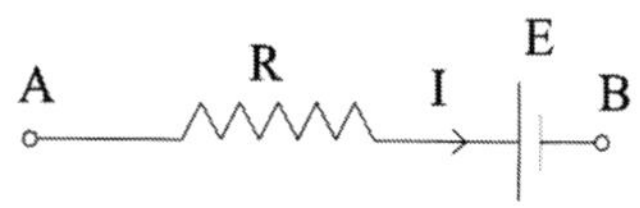

1.° Prescindimos de la fuente de tensión E. La corriente va del punto A al B; por tanto, $V_A > V_B$, siendo $V_A = V_B$ + caída de tensión

$$V_A = V_B + RI$$

2.º Consideremos la fuente de tensión E, y observamos que la polaridad positiva de esta fuente es la correspondiente al punto A, luego:

$$V_A = V_B + RI + E$$

$$V_A - V_B = RI + E$$

Caso B)

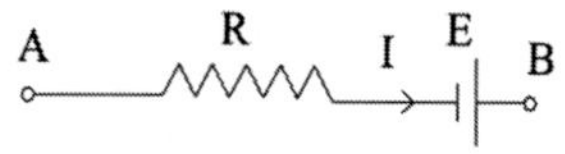

1.º El primer paso es idéntico al anterior: $V_A = V_B + RI$

2.º La polaridad negativa de la fuente corresponde al punto A:

$$V_A = V_B + RI - E$$

$$V_A - V_B = RI - E$$

Caso C)

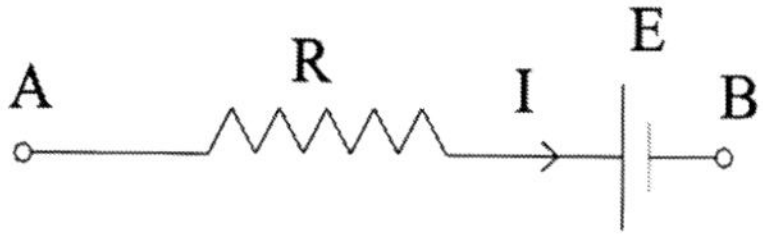

1.º La corriente va del B al A, luego:

$$V_B > V_A \quad V_B = V_A + RI$$

2.º La polaridad negativa es la correspondiente al punto B.

$$V_B = V_A + RI - E$$

$$V_B - V_A = RI - E$$

Caso D)

$$V_B = V_A + RI + E$$

$$V_B - V_A = RI + E$$

2.4 LEY DE OHM APLICADA A UN CIRCUITO ABIERTO

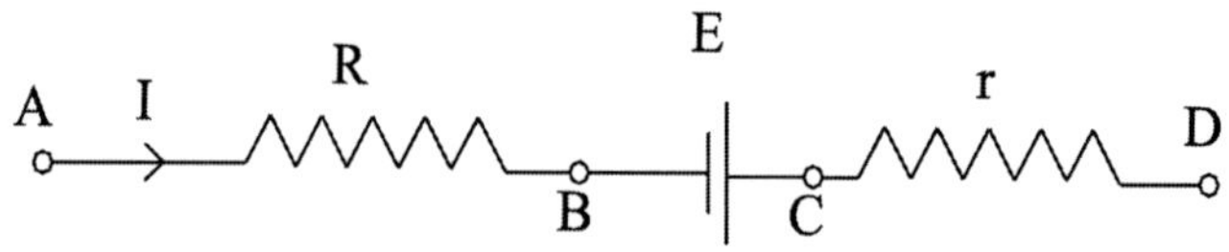

Supongamos que V_A = Cte. y V_D = Cte.

Aplicando la ley de Ohm a los tramos **AB, BC y CD**:

$V_A - V_B = RI$

$V_C - V_B = E$

$V_C - V_D = rI$

Multiplicando por menos uno (-1) la segunda ecuación:

$V_A - V_B = RI$

$V_B - V_C = - E$

$V_C - V_D = rI$

$V_A - V_D = RI - E + rI$

$$V_A - V_D + E = I\ (R + r)$$

Si procediésemos como en los casos descritos anteriormente, llegaríamos al mismo resultado.

Si cambiamos la polaridad de la pila:

$$V_A - V_D - E = I\,(R + r)$$

2.5 LEYES DE KIRCHHOFF

1.ª Ley: En todo nudo donde concurren varias corrientes, al no producirse en él condensación de cargas, la suma de las corrientes que entran en dicho nudo es igual a la suma de las corrientes que salen del mismo, o lo que es lo mismo, la suma algebraica de las corrientes que concurren en un nudo es igual a cero.

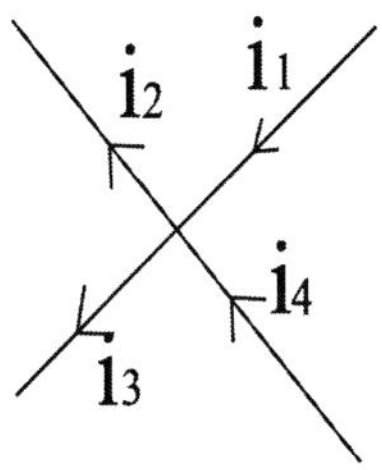

Consideremos el nudo de la figura, en un tiempo dt, la cantidad de electricidad o cargas que entran en el nudo será:

$$dq_1 = i_1\,dt$$

$$dq_4 = i_4\,dt$$

$$dq\ ent = (i_1 + i_4)\,dt$$

La cantidad de electricidad o cargas que salen del nudo:

$$dq_2 = i_2\,dt$$

$$dq_3 = i_3\,dt$$

$$dq\ sale = (i_2 + i_3)\,dt$$

Al no producirse acumulación de cargas: dq ent = dq salidas:

$$(i_1 + i_4)\,dt = (i_2 + i_3)\,dt$$

$(i_1 + i_4) = (i_2 + i_3)$	$i_1 - i_2 - i_3 + i_4 = 0$

2.ª Ley: En toda malla cerrada, tenga o no ramificaciones, la suma algebraica de las fuerzas electromotrices (f.e.m.) es igual a la suma algebraica de las caídas de tensión:

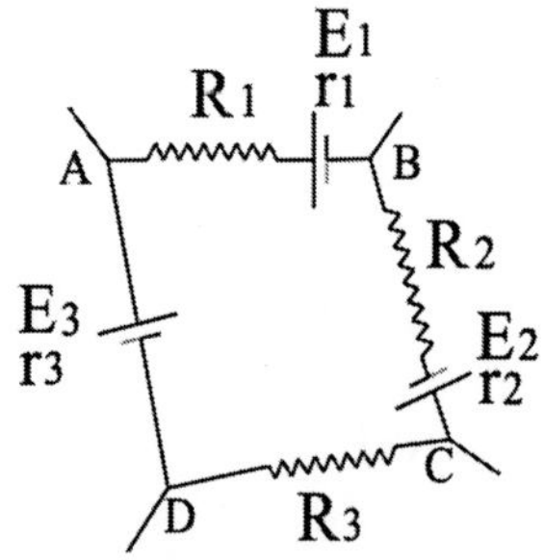

Supongamos que en el circuito de la figura los potenciales están ordenados de la siguiente forma: $V_C > V_B > V_A > V_D$. En el resultado final veremos que no figuran los potenciales en los nudos; por tanto, no influye el orden en que los consideremos.

Consideremos también unos sentidos de corriente en cada rama (circuito comprendido entre dos nudos consecutivos), los cuales también podemos fijar de cualquier forma, pero lo normal es considerar las corrientes del punto de mayor al de menor potencial:

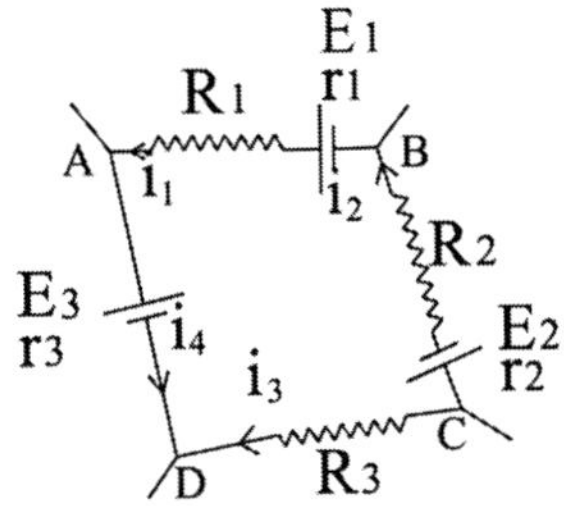

Aplicando la ley de Ohm a cada rama, resulta:

$V_B - V_A + E1 = r_1 i_1 + R_1 i_1$ $\quad$ $V_C - V_B - E_2 = r_2 i_2 + R\, i_2$

$V_C - V_D = R_3 i_3$ $\quad$ $V_A - V_D - E_3 = r_3 i_4$

Tras multiplicar por -1 las ecuaciones precisas (en nuestro caso la 3.ª), al sumarlas se anulan los potenciales:

$$V_B - V_A + E_1 = r_1 i_1 + R_1 i_1$$

$$V_C - V_B - E_2 = r_2 i_2 + R_2 i_2$$

$$-V_C + VD = - R_3 i_3$$

$$V_A - V_D - E3 = r_3 i_4$$

$$E_1 - E_2 - E_3 = r_1 i_1 + R1\, i_1 + r_2 i_2 + R_2 i_2 - R_3 i_3 + r_3 i_4$$

Para interpretar esta ecuación consideremos un sentido de giro como positivo que nos coincida con las f.e.m.; en nuestro caso en sentido contrario a las agujas de un reloj, observamos que se cumple el enunciado de la 2.ª ley de Kirchhoff.

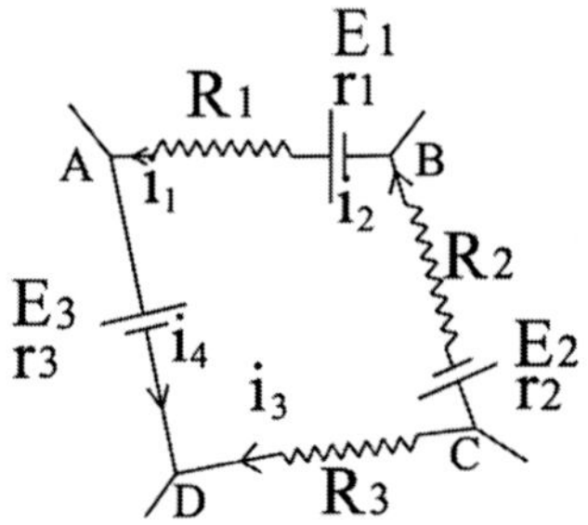

$$E_1 - E_2 - E_3 = r_1\, i_1 + R_1\, i_1 + r_2\, i_2 + R_2\, i_2 - R_3\, i_3 + r_3\, i_4$$

Nota. Si tomamos un sentido de giro contrario (a favor de las agujas del reloj), multiplicando por -1 la ecuación anterior, también se cumpliría la 2.ª ley de Kirchhoff.

Para que resulte un sistema compatible de tantas incógnitas como ecuaciones, sin que ninguna resulte una combinación lineal de las demás, se aplicará la primera ley a todos los nudos menos uno, y la segunda ley a todas las mallas simples del circuito.

2.6 ACOPLAMIENTO DE RESISTENCIAS

Acoplamiento en serie

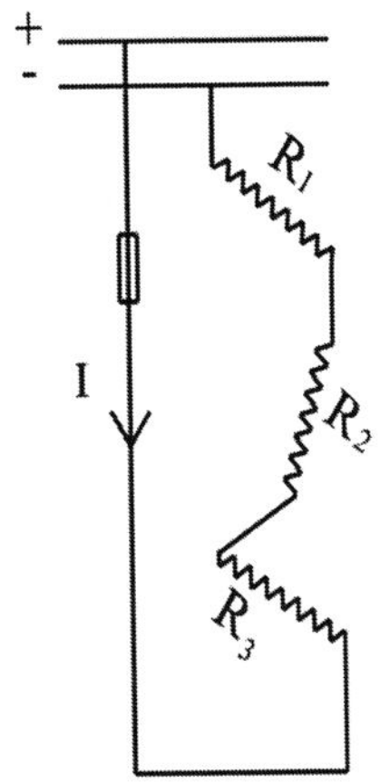

Forma de realizarlo:

Se unen el final de una resistencia con el principio de la siguiente y así sucesivamente, y los dos terminales que quedan libres (principio de la primera y final de la última) se conectan a la red.

Características:

La intensidad de corriente es común a todas las resistencias y la tensión total a la que están sometidas las resistencias es igual a la suma de las tensiones parciales de cada una.

Resistencia equivalente:

Es la resistencia que, colocada en las mismas condiciones (a la misma tensión V), produce los mismos efectos (corriente I).

Consideremos tres resistencias, $\mathbf{R_1}$, $\mathbf{R_2}$ **y** $\mathbf{R_3}$, acopladas en serie a una tensión V, tal como indica la figura.

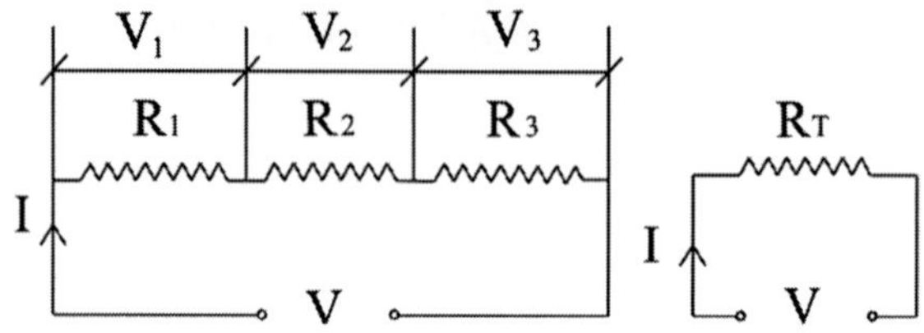

Siendo V_1, V_2 y V_3 las tensiones parciales, tendremos:

$V = V_1 + V_2 + V_3$

$V_1 = R_1 I$,, $V_2 = R_2 I$,, $V_3 = R_3 I$

$V = R_T I$

$$\left.\begin{cases} V_1 = R_1 I \\ V_2 = R_2 I \\ V_3 = R_3 I \end{cases}\right\} R_T I = R_1 I + R_2 I + R_3 I = I (R_1 + R_2 + R_3)$$

$$R_T = (R_1 + R_2 + R_3)$$

Generalizando: $R_T = \sum Ri$

Nota. El mismo razonamiento podíamos hacer para "n" resistencias.

Acoplamiento en paralelo

Forma de realizarlo:

Se unen entre sí los terminales comunes (todos los principios entre sí y todos los terminales entre sí) y de estas uniones se llevan las conexiones a la red:

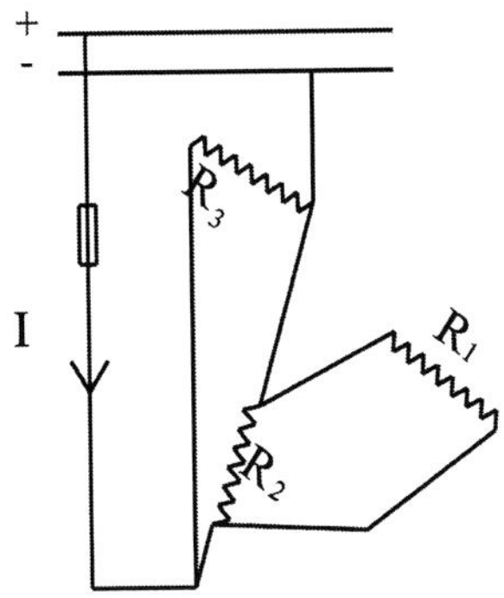

Características:

Todas las resistencias están sometidas al mismo voltaje V y la intensidad total es igual a la suma de las intensidades parciales.

Resistencia equivalente:

Es la resistencia que, colocada en las mismas condiciones (a la misma tensión V), produce los mismos efectos (corriente total I):

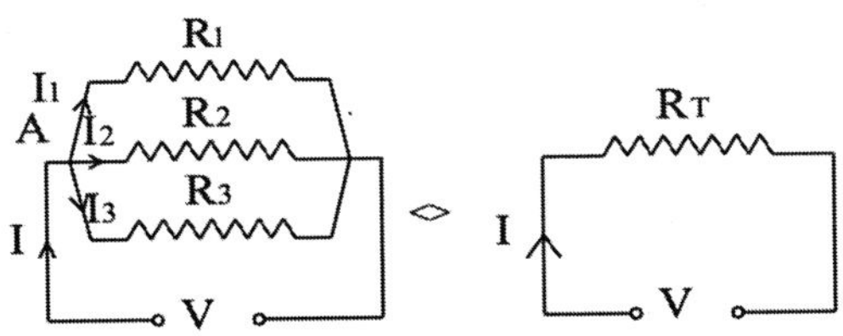

Consideremos tres resistencias acopladas en paralelo a una tensión V, tal como indica la figura.

Aplicando la 1.ª ley de Kirchhoff al nudo A:

$$I = I_1 + I_2 + I_3$$

Aplicando la ley de Ohm a cada una de las resistencias:

$$I = \frac{V}{RT} \quad I_1 = \frac{V}{R1} \quad I_2 = \frac{V}{R2} \quad I_3 = \frac{V}{R3}$$

$$\frac{V}{RT} = \frac{V}{R1} + \frac{V}{R2} + \frac{V}{R3} \qquad \frac{1}{RT} = \frac{1}{R1} + \frac{1}{R2} + \frac{1}{R3}$$

$$R_T = \frac{1}{\frac{1}{R1}+\frac{1}{R2}+\frac{1}{R3}}$$

Generalizando $\mathbf{R_T} = \frac{1}{\sum\frac{1}{Ri}}$

Nota. El mismo razonamiento podríamos hacer para "n" resistencias.

Casos particulares de acoplamiento en paralelo

Resistencias iguales

Supongamos "n" resistencias iguales acopladas en paralelo:

$$R_T = \frac{1}{\frac{1}{R1}+\frac{1}{R1}+\cdots+\frac{1}{R1}} = \frac{1}{\frac{1+1+1+\cdots.+1}{R1}} = \frac{1}{\frac{n}{R1}} = \frac{R1}{n}$$

Dos resistencias cualesquiera

$$R_T = \frac{1}{\frac{1}{R1}+\frac{1}{R2}} = \frac{1}{\frac{R1+R2}{R1\times R2}} = \frac{R_1\times R_2}{R_1+R_2}$$

Acoplamiento mixto

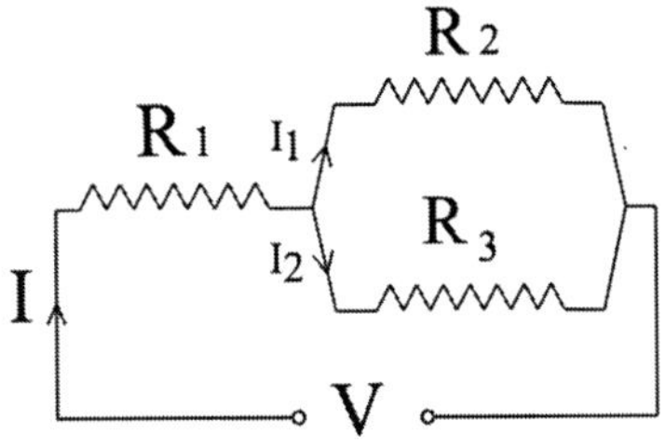

Combinando los dos acoplamientos estudiados, resolvemos cualquier circuito de acoplamiento de resistencias:

$$R_{2.3} = \frac{R2 \times R3}{R2 + R3} \quad R_T = R_1 + R_{2.3}$$

2.7 ACOPLAMIENTO DE CONDENSADORES

Acoplamiento en serie

Consideremos tres condensadores acoplados en serie, como indica la figura. Si los puntos **A** y **F** los sometemos a una d.d.p. $V_A - V_F$, en la armadura izquierda del primer condensador se creará una carga + Q, dando origen a una carga - Q en la armadura derecha de C_1 (suponiendo $V_A > V_F$). Como el conjunto formado por la armadura derecha de C_1, el conductor de unión y la armadura izquierda de C_2 estaban en estado neutro, al aparecer la carga - Q en la armadura derecha de C_1 dará origen a otra carga + Q en la armadura izquierda de C_2; y así sucesivamente, tal como se indica en la figura:

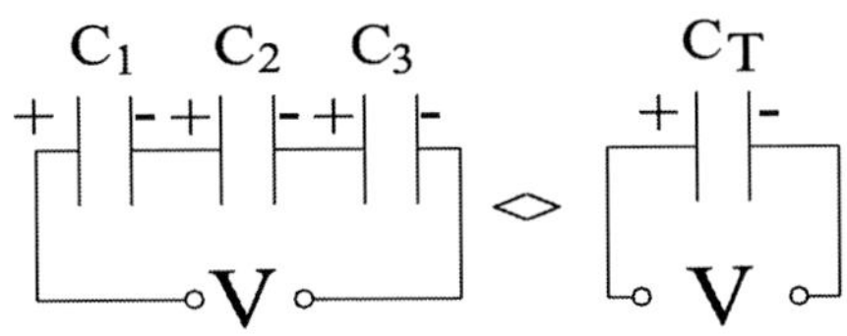

Condensador equivalente: Será aquel que al colocarlo en las mismas condiciones (V_A - V_F) produzca el mismo efecto (carga Q).

Aplicando el concepto de capacidad visto en el apartado 1.9 al circuito de la figura y llamando C_T a la capacidad equivalente, tenemos:

$$V_A - V_B = \frac{Q}{C1} \quad V_B - V_D = \frac{Q}{C2} \quad V_D - V_F = \frac{Q}{C3}$$

$$V_A - V_F = Q\left(\frac{1}{C1} + \frac{1}{C2} + \frac{1}{C3}\right) \quad V_A - V_F = \frac{Q}{CT}$$

$$\frac{Q}{C_T} = Q\left(\frac{1}{C1} + \frac{1}{C2} + \frac{1}{C3}\right) \quad \frac{1}{CT} = \left(\frac{1}{C1} + \frac{1}{C2} + \frac{1}{C3}\right)$$

$$\mathbf{C_T} = \frac{1}{\frac{1}{C1}+\frac{1}{C2}+\frac{1}{C3}} \text{ Generalizando } \mathbf{C_T} = \frac{1}{\sum\frac{1}{Ci}}$$

Nota 1. El mismo razonamiento podríamos hacer para “n” condensadores.

Nota 2. Obsérvese que el condensador equivalente de varios condensadores acoplados en serie es igual que el de varias resistencias acopladas en paralelo.

Acoplamiento en paralelo

Consideremos tres condensadores acoplados en paralelo, tal como indica la figura:

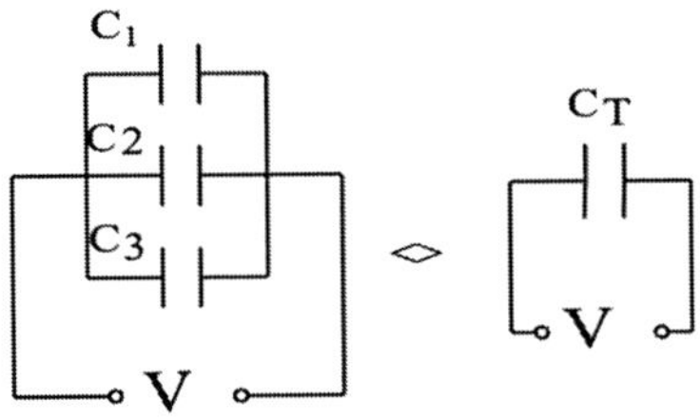

Condensador equivalente: Será aquel que al colocarlo en las mismas condiciones, es decir, tensión V, produzca los mismos efectos:

$$Q = Q_1 + Q_2 + Q_3$$

Aplicando el concepto de capacidad a los circuitos indicados:

$$Q_1 = C_1 \times V \quad Q_2 = C_2 \times V \quad Q_3 = C_3 \times V \quad Q = C_T \times V$$

$$C_T \times V = C_1 \times V + C_2 \times V + C_3 \times V \quad C_T \times V = V\,(C_1 + C_2 + C_3)$$

$C_T = C_1 + C_2 + C_3$	Generalizando: $C_T = \sum Ci$

Nota 1. El mismo razonamiento podríamos hacer para "n" condensadores.

Nota 2. Obsérvese que el condensador equivalente de varios condensadores acoplados en paralelo es igual que el de varias resistencias acopladas en serie.

Acoplamiento mixto

Se resuelve aplicando los dos acoplamientos estudiados, de forma similar al acoplamiento mixto de resistencias.

2.8 TEOREMA DE GAUSS

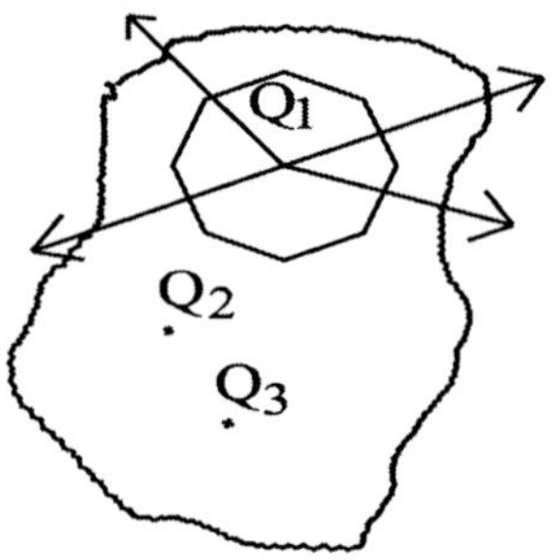

Consideremos una superficie cerrada y una masa o carga de agenten en su interior (Q_1, Q_2, Q_3...). El teorema de Gauss quiere hallar el flujo total que atraviesa la superficie. Como el flujo que produce cada carga y que atraviesa la superficie es el mismo que atraviesa la superficie esférica que contenga dicha carga, teniendo en cuenta que el campo en toda la superficie esférica es igual y constante por ser su distancia a la carga el radio R y por tanto constante y teniendo en cuenta que el flujo total será la suma de los flujos que producen todas las carga, tendremos:

$$\phi_{e1} = E \times S = \frac{1}{4\pi\varepsilon}\frac{Q1}{R^2}4\pi R^2 = \frac{Q1}{\varepsilon}$$

$$\phi_{e2} = \frac{Q2}{\varepsilon} \qquad \phi_{e3} = \frac{Q3}{\varepsilon}$$

$$\phi_{eT} = \phi_{e1} + \phi_{e2} + \phi_{e3} + \ldots = \frac{Q1}{\varepsilon} + \frac{Q2}{\varepsilon} + \frac{Q3}{\varepsilon} + \ldots \quad \Phi_T = \frac{\sum Qn}{\varepsilon}$$

Siendo σ la densidad superficial de carga:

$$\sigma = \frac{dQ}{dS} \qquad \sigma = \frac{Q}{S} \qquad Q = \sigma\, S \qquad \Phi_T = \frac{\sum \sigma\, S}{\varepsilon}$$

Nota. El radio R que se considera es arbitrario, pues, como se puede ver, no afecta a la fórmula final.

2.9 TEOREMA DE COULOMB

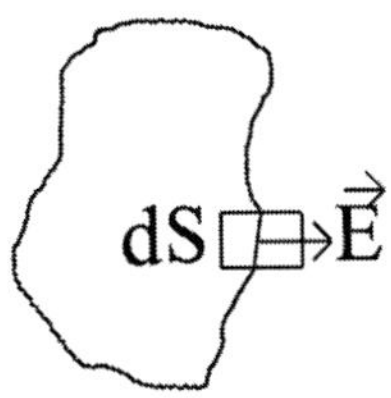

Consideremos un conductor en equilibrio y a σ la densidad superficial de carga eléctrica en una zona de este, siendo dS una porción superficial de ese conductor.

$$\sigma = \frac{dq}{dS} \qquad dq = \sigma\, dS$$

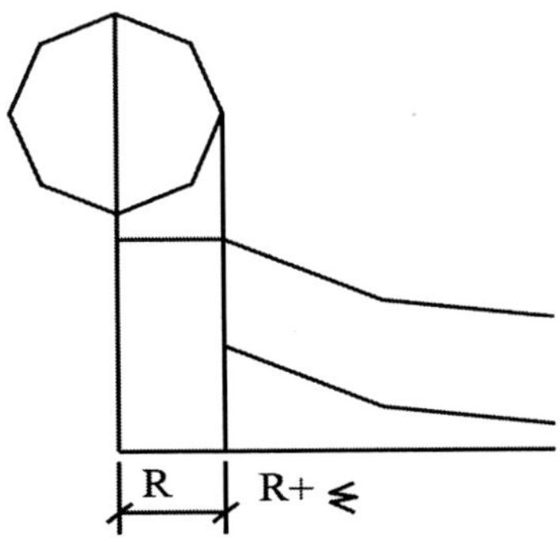

Supongamos que, en lugar de un conductor cualquiera, sea una esfera para ver las gráficas del potencial y el campo.

Lo que tratamos de hallar es la intensidad en los puntos exteriores indefinidamente próximos a la superficie de un conductor en equilibrio.

Podemos considerar un tubo de fuerzas que abarque la superficie diferencial, y así tendremos una superficie gaussiana y podremos aplicar el teorema de Gauss:

$$d\Phi = EdS = \frac{dq}{\varepsilon} = \frac{\sigma dS}{\varepsilon} \qquad E = \frac{\sigma}{\varepsilon}$$

Esta relación expresa analíticamente el teorema de Coulomb, cuyo enunciado dice: "El campo en los puntos exteriores indefinidamente próximos a la superficie de un conductor en equilibrio es igual al producto de la constante $1/\varepsilon$ multiplicada por la densidad superficial en los puntos de la superficie próximos a aquel que se considera".

Nota. El potencial en el interior de la esfera es constante, pues:

$$\frac{dV}{dl} = -E = 0 \quad V = Cte.$$

2.10 TEOREMA Y EXPERIENCIAS DE FARADAY

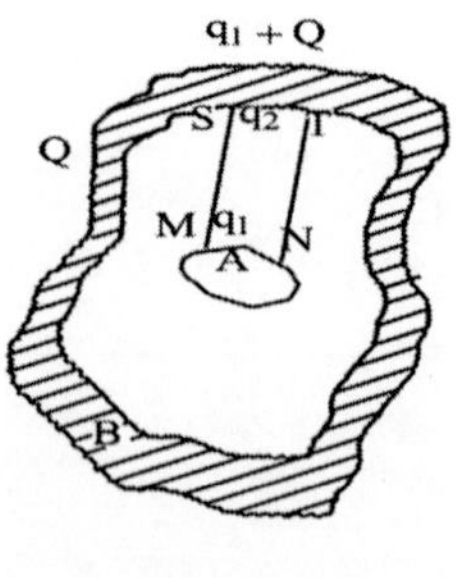

Consideremos un conductor A cargado con una carga q_1 en el interior de un recinto, también conductor B cargado. Consideremos una porción superficial del conductor A y el tubo de fuerza que parte de su perímetro y termina en el conductor envolvente B.

Las superficies que se corresponden en ambos conductores por un mismo tubo de fuerza se denominan elementos correspondientes, en este caso MN y ST.

Aplicando el teorema de Gauss al volumen comprendido en el interior del tubo de fuerza tendremos que, como el flujo de campo que sale de este espacio es nulo (por no salir flujo por las paredes del tubo de fuerza, ni haber campo en el interior de los conductores ni flujo):

$$\Phi = E \cdot S = \frac{\sum q}{\varepsilon} = 0 \quad \sum q_{=0} \quad q_1 + q_2 = 0 \quad q_1 = -q_2$$

Lo que nos dice que "las cargas eléctricas que contienen los elementos correspondientes son iguales y de signo contrario".

CAPÍTULO 3

RESOLUCIÓN DE PROBLEMAS

La metodología que vamos a emplear implica los siguientes pasos:

1.º Leer el problema:

Se recuerda al lector que leer no significa "recitar" en voz alta, sino comprender lo que nos plantea el enunciado.

2.º Recopilar datos:

Normalmente, los datos están incluidos dentro de la literatura del enunciado, si los extraemos en una segunda lectura, la probabilidad de omitir alguno es menor.

3.º Unidades:

Los datos pueden estar expresados en distintas unidades; si los pasamos todos al mismo sistema podremos trabajar con ellos sin problema alguno.

4.º Esquema:

Un esquema o dibujo puede facilitar la comprensión de un problema. En muchos casos el esquema es imprescindible.

5.º Esquemas equivalentes:

En muchos casos, el circuito que nos facilitan a través de un esquema se puede simplificar, con lo cual facilitamos su solución.

6.º Cálculo:

Este apartado lo realizaremos calculando primero los elementos que componen el circuito original, pasando luego a los circuitos equivalentes, hasta llegar al más sencillo; a continuación se procede en sentido contrario, es decir, del circuito más sencillo hasta llegar al circuito original, calculando todos los parámetros de cada uno.

3.1 EJERCICIOS DE APLICACIÓN

Supongamos un circuito formado por dos resistencias, R_1 y R_2, acopladas en serie a una tensión total de 230 V. La resistencia R_1 es de 1.2 kΩ y R_2 de 800 Ω.

Calcular la intensidad y las tensiones parciales.

1.º Leer

2.º Datos:

$V = 230\ V$ $R_1 = 1.2\ k\Omega$ $R_2 = 800\ \Omega$

3.º Unidades:

$V = 230\ V$ $R_1 = 1200\ \Omega$ $R_2 = 800\ \Omega$

4.º y 5.º Esquema y esquemas equivalentes:

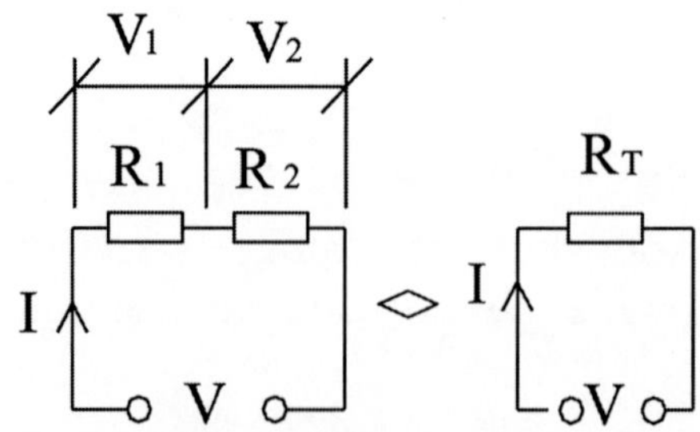

6.º Cálculo:

Comenzamos por el primer circuito:

R_1 = 1200 Ω R_2 = 800 Ω

Segundo circuito:

$R_T = R_1 + R_2 = 1200 + 800 = 2000\ \Omega$

A continuación, vamos al circuito más sencillo y con los datos que disponemos vemos si podemos obtener algún dato nuevo, si no fuese posible pasaríamos al circuito anterior, y así sucesivamente.

En este caso tenemos:

$$\left.\begin{matrix} V = 230\ V \\ R_T = 2000\ \Omega \end{matrix}\right\} \text{Podemos obtener I} \quad I = \frac{V}{R_T} = \frac{230}{2000} = 0.115\ A$$

En este circuito ya conocemos todos sus componentes: V, I, R_T. Pasamos al circuito anterior:

$$V_1 = R_1 \cdot I = 1200 \cdot 0.115 = 138\ V$$

$$V_2 = R_2 \cdot I = 800 \cdot 0.115 = 92\ V$$

$$\Sigma = 230\ V$$

Nota. Observe el lector que primero calculamos los circuitos de izquierda a derecha y luego de derecha a izquierda.

---------› 1.º

‹---------2.º

En el circuito de la figura, calcular los voltajes V y V_1 y las intensidades I_1 e I_2, sabiendo que $R_1 = 800\ \Omega$, $R_2 = 0.6\ k\Omega$ y $R_3 = 0.3\ k\Omega$, siendo 60 V el voltaje V_2.

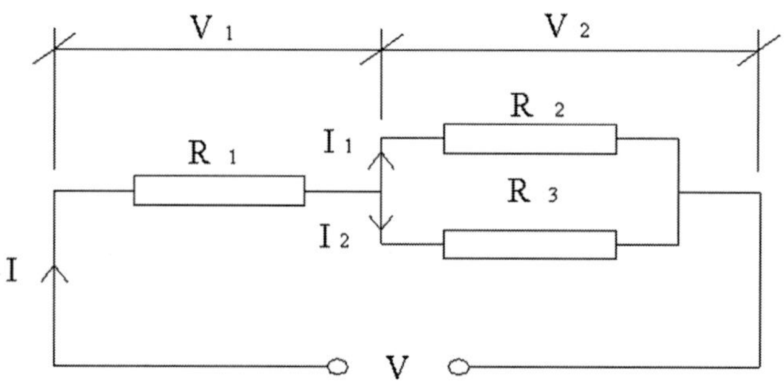

1.º Leer

2.º Datos: $V_2 = 60\ V$

$R_1 = 800\ \Omega$

$R_2 = 0.6\ k\,\Omega$

$R_3 = 0.3\ k$

3.º Unidades: $V_2 = 60\ V$

$R_1 = 800\ \Omega$

$R_2 = 600\ \Omega$

$R_3 = 300\ \Omega$

4.º y 5.º Circuitos equivalentes:

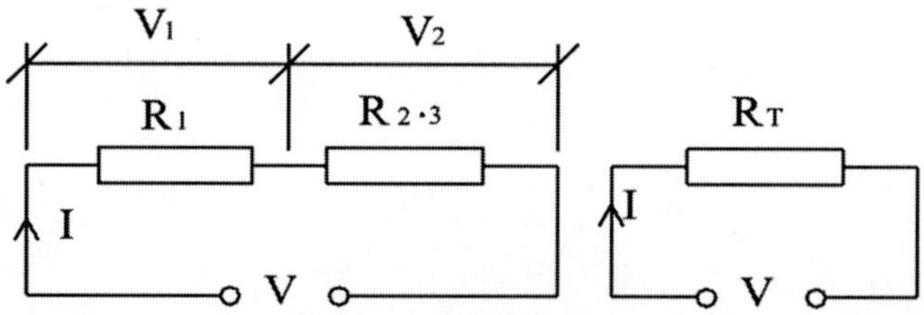

6.º Cálculo:

Primer circuito:

$R_1 = 800\ \Omega$ $R_2 = 600\ \Omega$ $R_3 = 300\ \Omega$

Segundo circuito:

$R_1 = 800\ \Omega$

$$R_{2.3} = \frac{R_2 \times R_3}{R_2 + R_3} = \frac{600 \times 300}{600 + 300} = 200\ \Omega$$

Tercer circuito:

$R_T = R_1 + R_{2.3} = 800 + 200 = 1000\ \Omega$

Desconocemos el voltaje V y la intensidad I: por tanto, no podemos trabajar en el circuito 3. Vamos a datos y localizamos aquel que permanece "ocioso", en nuestro caso $V_2 = 60$ V, y nos preguntamos en qué circuito más sencillo aparece este dato (V_2) y la respuesta es en el circuito segundo, y observamos que está entre los extremos de $R_{2.3}$ (que conocemos) por la que circula la corriente I, que podemos calcular: $I = \frac{V_2}{R2.3} = \frac{60}{200} = 0.30$ A

Cada vez que obtengamos un nuevo dato, nos dirigimos al circuito más sencillo (3.º).

Tenemos $R_T = 1000\ \Omega$ $I = 0.30$ A Podemos calcular V:

$V = R_T \times I = 1000 \times 0.30 = 300$ V

Como en este circuito ya conocemos todos sus parámetros, pasamos al circuito anterior (2.º)

$V_1 = R_1 \times I = 800 \times 0.30 = 240$ V $V_2 = 60$ V (dato)

Como en el caso anterior, también conocemos todos los parámetros del 2.º circuito; por tanto, pasamos al circuito 1º, y tenemos:

$$V_2 = R_2 \times I_1 \quad I_1 = \frac{V2}{R2} = \frac{60}{600} = 0.10\ A$$

$$V_2 = R_3 \times I_2 \quad I_2 = \frac{V2}{R3} = \frac{60}{300} = 0.20\ A$$

Nota. Insistimos en lo que indicamos en el ejercicio anterior.

---------›1.º

‹---------2.º

En el circuito de la figura disponemos de la siguiente información:

$R_1 = 2\ k\Omega$ $R_2 = 0.8\ k\Omega$ $R_3 = 600\ \Omega$ $R_4 = 300\ \Omega$

$R_5 = 200\ \Omega$ $R_6 = 3\ k\Omega$ $R_7 = 6\ k\Omega$ $I_4 = 0.50\ A$

Calcular las intensidades y voltajes, parciales y totales.

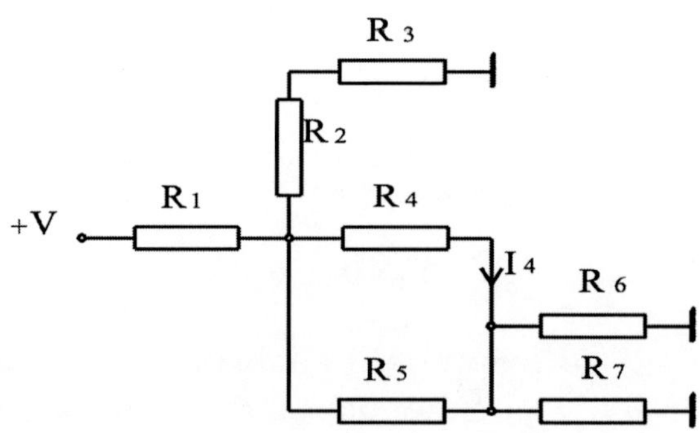

1.º Leer

2.º Datos:		3.º Unidades:
	$R_1 = 2\ K\,\Omega$	$R_1 = 2000\ \Omega$
	$R_2 = 0.8\ K\,\Omega$	$R_2 = 800\ \Omega$
	$R_3 = 600\ \Omega$	$R_3 = 600\ \Omega$
	$R_4 = 300\ \Omega$	$R_4 = 300\ \Omega$
	$R_5 = 200\ \Omega$	$R_5 = 200\ \Omega$
	$R_6 = 3\ K\,\Omega$	$R_6 = 3000\ \Omega$
	$R_7 = 6\ K\,\Omega$	$R_7 = 6000\ \Omega$
	$I_4 = 0.50\ A$	$I_4 = 0.50\ A$

4.º y 5.º Esquemas:

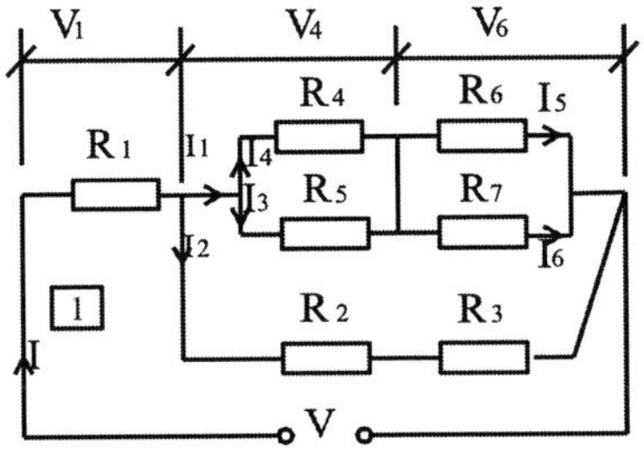

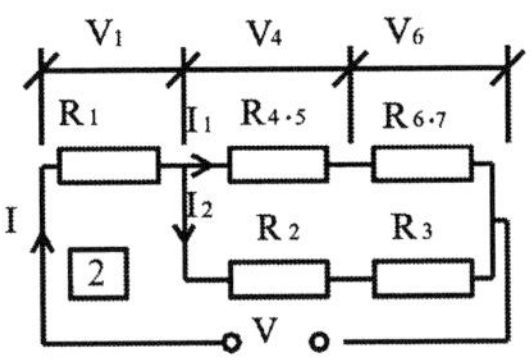

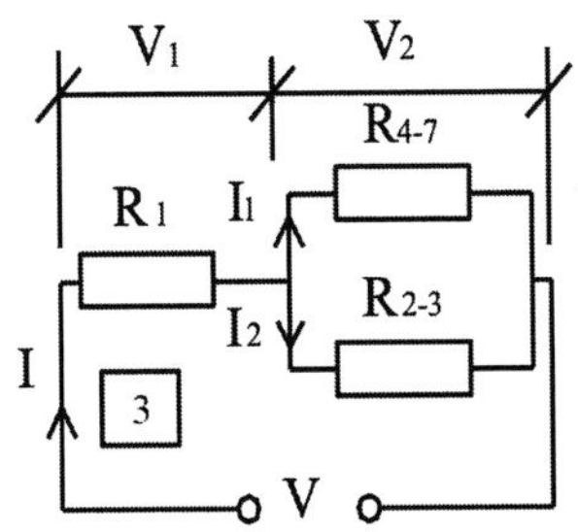

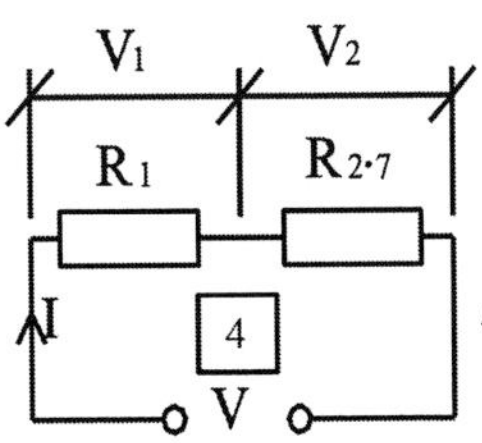

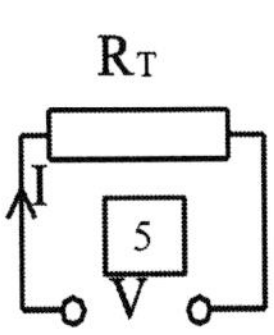

6.º

En el primer circuito (1) conocemos todos sus componentes; por tanto, pasamos al segundo circuito (2)

$$R_{4.5} = \frac{R4 \times R5}{R4 + R5} = \frac{300 \times 200}{300 + 200} = 120\ \Omega$$

$$R_{6.7} = \frac{R6 \times R7}{R6 + R7} = \frac{3000 \times 6000}{3000 + 6000} = 2000\ \Omega$$

3.er circuito (3)

$$R_{4.7} = R_{4.5} + R_{6.7} = 120 + 2000 = 2120$$

$$R_{2.3} = R_2 + R_3 = 800 + 600 = 1400\ \Omega$$

4.º circuito (4)

$$R_{2.7} = \frac{R4.7 \times R2.3}{R4.7 + R2.3} = \frac{2120 \times 1400}{2120 + 1400} = 843.18\ \Omega$$

5.º circuito (5)

$$R_T = R_1 + R_{2.7} = 2000 + 843.18 = 2843.18\ \Omega$$

En el circuito más sencillo (5) no conocemos ni el voltaje V ni la intensidad I; si acudimos al apartado de "datos" vemos que I_4 no lo hemos empleado, el circuito más sencillo donde aparece I_4 es el primero (1); en este circuito, I_4 recorre la resistencia R_4 y la tensión a que está sometida esta resistencia es V_4, con lo que resulta:

$$V_4 = R_4 \times I_4 = 300 \times 0.50 = 150\ V$$

El circuito más sencillo en el que aparece V_4 es el segundo (2), en el cual:

$$V_4 = R_{4.5} \text{ x } I_1 \quad I_1 = \frac{V4}{R45} = \frac{150}{120} = 1.25 \text{ A}$$

El circuito más sencillo en el que aparece I_1 es el tercero (3), en el cual:

$$V_2 = R_{4.7} \times I_1 = 2120 \text{ x } 1.25 = 2650 \text{ V}$$

El circuito más sencillo en el que aparece V_2 es el cuarto (4), en el cual:

$$V_2 = R_{2.7} \times I \quad I = \frac{V2}{R27} = \frac{2650}{843.18} = 3.141 \text{ A}$$

En el último circuito (5, el más sencillo), tenemos:

$$V_T = R_T \times I = 2843.18 \times 3.141 = 8930.43 \text{ V}$$

A partir de aquí recorremos los circuitos en sentido inverso (del más sencillo hasta el primero), calculando todos los parámetros.

4.º circuito (4)

$$V_1 = R_1 \times I = 2000 \times 3.14 = 6280 \text{ V}$$

3.er circuito (3)

$$I_2 = \frac{V2}{R23} = \frac{2650}{1400} = 1.89 \text{ A}$$

2.º circuito (2)

$$V_6 = R_{6.7} \times I_1 = 2000 \times 1.25 = 2500\ V$$

1.er circuito (1)

$$I_3 = \frac{V4}{R5} = \frac{150}{200} = 0.75\ A \quad I_5 = \frac{V6}{R6} = \frac{2500}{3000} = 0.83\ A$$

$$I_6 = \frac{V6}{R7} = \frac{2500}{6000} = 0.42\ A$$

Nota. Se recomienda al lector que examine detenidamente todo el proceso seguido para la resolución del problema, toda vez que esta metodología será la empleada para la resolución de cualquier problema de este tipo.

En el circuito de la figura disponemos de los siguientes datos:

$$C_1 = 100\ pF \quad C_2 = 180\ pF \quad C_3 = 300\ pF \quad C_4 = 80\ pF$$

$$C_5 = 120\ pF$$

Calcular la capacidad total y los voltajes a que están sometidos los condensadores C_2 y C_4.

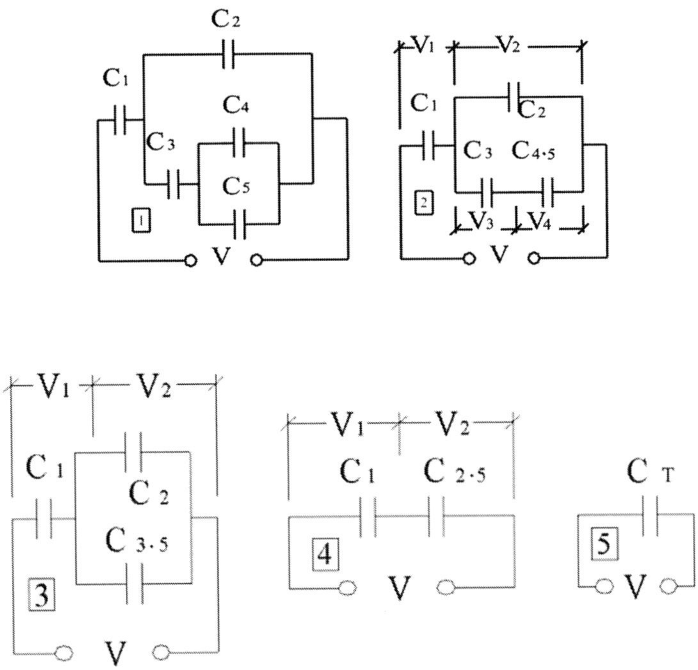

1.º Lectura

2.º Datos

$V = 20\ V$ $C_1 = 100\ pF$ $C_2 = 180\ pF$ $C_3 = 300\ pF$

$C_4 = 80\ pF$ $C_5 = 120\ pF$

3.º Unidades:

Todas las capacidades están en pF; por tanto, trabajaremos con ellas en pF y cuando se mezclen con voltios las pasamos a F.

4.º y 5.º ya están dibujados

6.º Cálculo

1.er circuito: Conocemos todos sus componentes.

2.º circuito: $C_{4.5} = C4 + C_5 = 80 + 120 = 200$ pF

3.er circuito: $C_{3.5} = \frac{C3 \times C4.5}{C3 + C4.5} = \frac{300 \times 200}{300 + 200} = 120$ p F

4.º circuito:

$$C_{2.5} = C_2 + C_{3.5} = 180 + 120 = 300 \text{ pF}$$

$$C_T = \frac{C1 \times C2.5}{C1 + C2.5} = \frac{100 \times 300}{100 + 300} = 75 \text{ pF}$$

$$Q = C_T \times V = 75 \times 10^{-12} \times 20 = 1500 \times 10^{-12} \text{ C}$$

$$Q_{C1} = Q_{C2.5} = Q = 1500 \times 10^{-12} \text{ C}$$

$$V_1 = \frac{Q}{C1} = \frac{1500}{100} = 15 \text{ V} \qquad V_2 = \frac{Q}{C2.5} = \frac{1500}{300} = 5 \text{ V}$$

3.er circuito:

$$Q_{3.5} = C_{3.5} V_2 = 120 \times 10^{-12} \times 5 = 600 \times 10^{-12} \text{ C}$$

$$Q_2 = C_2 V_2 = 180 \times 10^{-12} \times 5 = 900 \times 10^{-12} \text{ C}$$

2.º circuito:

$$Q_1 = C_1 V_1 = 100 \times 10^{-12} \times 15 = 1500 \times 10^{-12} \text{ C}$$

$$Q_{C3} = Q_{4.5} = Q_{3.5} = 600 \times 10^{-12} \text{ C}$$

$$V_3 = \frac{Q_3}{C_3} = \frac{600}{300} = 2 \text{ V} \qquad V_4 = \frac{Q_{4.5}}{C_{4.5}} = \frac{600}{200} = 3 \text{ V}$$

1.er circuito:

$$Q_4 = C_4 V_4 = 80 \times 10^{-12} \times 3 = 240 \times 10^{-12} \text{ C}$$

$$Q_5 = C_5 V_4 = 120 \times 10^{-12} \times 3 = 360 \times 10^{-12} \text{ C}$$

Nota. La metodología empleada es la misma que en los acoplamientos de resistencias, con la diferencia, ya expresada, de que los condensadores en serie corresponden con las resistencias en paralelo, y los condensadores en paralelo con las resistencias en serie.

Recordamos que varios condensadores en serie tienen la misma carga.

Calcular la capacidad de un condensador plano, formado por dos placas de 12 cm de diámetro, separadas por el aire una distancia de 10 mm.

1.º Leer

2.º $\Phi = 12$ cm

$e = 10$ mm

$\varepsilon_0 = \dfrac{1}{36\pi 10^9}$ F/m

3.º $\Phi = 0.12$ m

$e = 0.01$ m

$\varepsilon_0 = \dfrac{1}{36\pi 10^9}$ F/m

4.º y 5.º

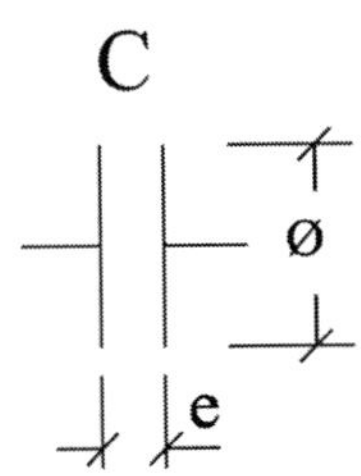

6.º

$$C = \frac{\varepsilon \times S}{e} \quad S = \frac{\pi \Phi^2}{4} \quad C = \frac{\frac{1}{36\,\pi 10^9}\,\frac{\pi \times 0.12^2}{4}}{0.01} = 10^{-11}\ \text{F}$$

Calcular la superficie de las placas de un condensador plano que presenta una capacidad de 30 pF, siendo 2 mm el espesor del dieléctrico y $\varepsilon_r = 5$ la constante dieléctrica relativa.

1.º Leer

2.º C = 30 pF

e = 2 mm

ε_r = **5**

3.º $C = 30 \times 10^{-12}$ F

e = 0.002 m.

ε_r = **5**

4.º y 5.º

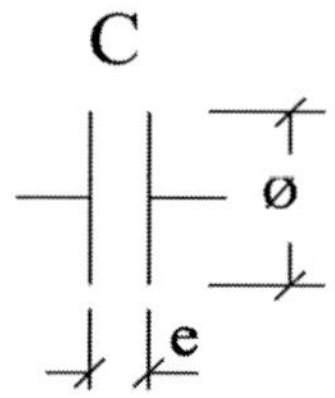

6.º

$$C = \frac{\varepsilon \times S}{e} \quad \varepsilon = \varepsilon_0 \times \varepsilon_r \quad \varepsilon_0 = \frac{1}{36\pi 10^9}\ \text{F/m}$$

$$S = \frac{C \times e}{\varepsilon} = \frac{C \times e}{\varepsilon 0 \times \varepsilon r} = \frac{30 \times 10^{-12} \times 2\, x\, 10^{-3}}{\frac{1}{36\,\pi 10^{9}}5} = 1356.48 \times 10^{-6}\ m^2$$

$$S = 13.5648\ cm^2$$

En el circuito de la figura se pide calcular las intensidades en las ramas y la d.d.p. entre los puntos A y B.

1.° Leer

2.°

E_1 = 20 V r_1 = 2 Ω E_2 = 10 V r_2 = 1 Ω R_1 = 28 Ω

R_2 = 40 Ω R_3 = 39 Ω

3.°

Todos los datos tienen sus unidades en el mismo sistema.

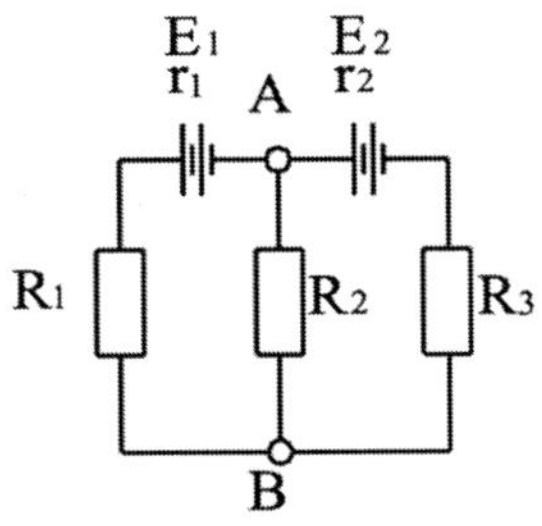

fig.1

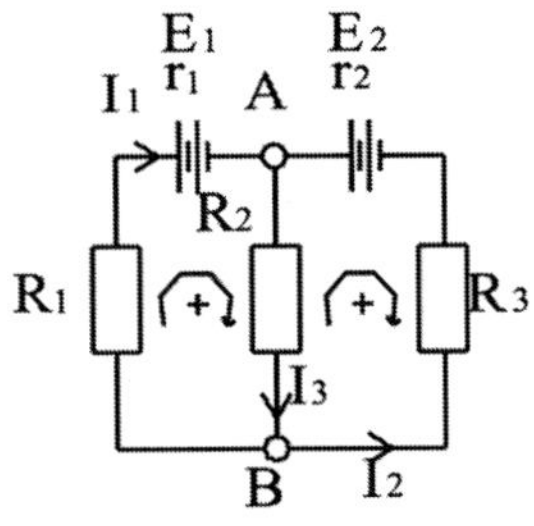

fig.2

4.° y 5.°

Ya están dibujados

Nota. Se fijan unos sentidos positivos (a voleo) en cada malla y unas corrientes en cada rama (también a voleo). En el caso de los sentidos positivos, para las leyes de Kirchhoff no tienen que ser iguales, pero para el el método de las mallas (que veremos más adelante) sí es necesario, por eso recomendamos que siempre se ponga el mismo en todas las mallas.

6.º

Aplicamos la primera ley de Kirchhoff a todos los nudos menos uno, en nuestro caso la aplicamos al nudo A:

$$I_1 + I_2 = I_3$$

Aplicamos la 2.ª ley a las mallas simples:

$-E_1 = R_1 I_1 + r_1 I_1 + R_2 I_3$ $\quad$ $-E_2 = -r_2 I_2 - R_3 I_2 - R_2 I_3$

Sustituimos el valor de I_3 por $(I_1 + I_2)$ según la 1.ª ley:

$-E_1 = R_1 I_1 + r_1 I_1 + R_2 (I_1 + I_2)$

$-E_2 = -r_2 I_2 - R_3 I_2 - R_2 (I_1 + I_2)$

$-E_1 = I_1 (R_1 + r_1 + R_2) + I_2 R_2$

$-E2 = -R_2 I_1 - I_2 (r_2 + R_3 + R_2)$

$-20 = I_1 (28 + 2 + 40) + I_2\, 40$

$-10 = -40\, I_1 - I_2 (1 + 39 + 40)$

$-20 = 70\, I_1 + 40\, I_2$

$-10 = -40 I_1 - 80\, I_2$

$$I_1 = \frac{\begin{vmatrix} -20 & 40 \\ -10 & -80 \end{vmatrix}}{\begin{vmatrix} 70 & 40 \\ -40 & -80 \end{vmatrix}} = -0.50\ A \qquad I_2 = \frac{\begin{vmatrix} 70 & -20 \\ -10 & -80 \end{vmatrix}}{\begin{vmatrix} 70 & 40 \\ -40 & -80 \end{vmatrix}} = 0.375\ A$$

$I_3 = -0.50 + 0.375 = -0.125\ A$

$V_{AB} = 40 \times 0.125 = 5\ V$

Nota. El resultado negativo de I_1 e I_3 indica que su sentido es contrario al asignado en principio.

En el circuito de la figura se desea calcular las intensidades en las ramas y los potenciales en los nudos.

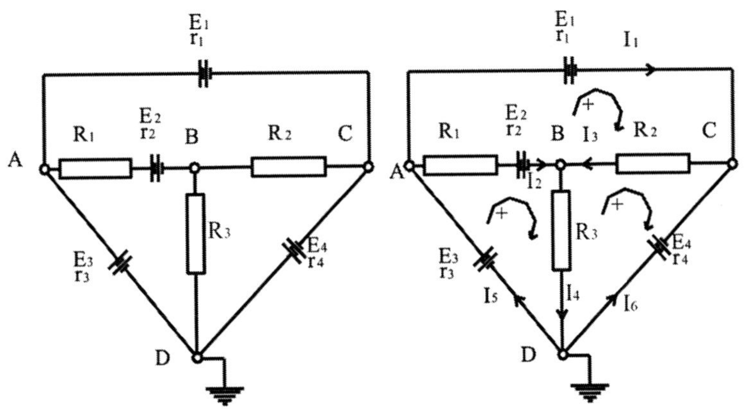

1.º Leer

2.º Datos:

$E_1 = 10\ V \quad E_2 = 20\ V \quad E_3 = 16\ V \quad E_4 = 12\ V$

$r_1 = 1\ \Omega \quad r_2 = 2\ \Omega \quad r_3 = 1\ \Omega \quad r_4 = 1\ \Omega$

$R_1 = 12\ \Omega \quad R_2 = 18\ \Omega \quad R_3 = 20\ \Omega$

3.º Unidades:

Todos los datos tienen sus unidades en el mismo sistema.

Nota. Se fijan unos sentidos positivos (a voleo) en cada malla y unas corrientes en cada rama (también a voleo).

6.º Cálculos:

Aplicamos la primera ley de Kirchhoff a todos los nudos menos uno, en nuestro caso la aplicamos a los nudos A, B y C.

A) $I_5 = I_1 + I_2$ B) $I_2 + I_3 = I_4$ C) $I_1 + I_6 = I_3$

Aplicamos la 2.ª ley a las tres mallas simples:

ABC: $- E_1 + E_2 = r_1 I_1 + R_2 I_3 - r_2 I_2 - R_1 I_2$

ABD: $- E_2 + E_3 = R_1 I_2 + r_2 I_2 + R_3 I_4 + r_3 I_5$

BCD: $E_4 = -R_2 I_3 - r_4 I_6 - R_3 I_4$

Resolviendo el sistema de seis ecuaciones con seis incógnitas (1.ª y 2.ª ley de Kirchhoff), resulta:

$I_1 = 6{,}09$ A $I_2 = - 0.2821$ A $I_3 = -0.008$ A $I_4 = -0.2901$ A

$I_5 = 5.8079$ A $I_6 = - 6.098$ A

Las intensidades que resultan positivas (I_1 e I_5) significa que hemos acertado al fijar su sentido en el circuito; las intensidades negativas (I_2, I_3, I_4 e I_6) significa que no hemos acertado al fijar su sentido en el circuito; por tanto, las transformamos en positivas y en el circuito cambiamos su sentido, resultando:

$I_1 = 6.09$ A $I_2 = 0.2821$ A $I_3 = 0.008$ A $I_4 = 0.2901$ A

$I_5 = 5.8079$ A $I_6 = 6.098$ A

Para calcular los potenciales partimos del punto D como referencia, pues al estar conectado a tierra su potencial es cero: $V_D = 0$.

Potencial del punto B:

Observamos que la corriente va del punto D al B; por tanto, el punto B está más bajo que el D:

$V_B = V_D - R_3 I_4 = 0 - 20 \times 0.2901 = \mathbf{-5.80\ V}$

Potencial del punto A:

Según la ley de Ohm aplicada a un circuito abierto:

$V_D - V_A + E_3 = r_3 I_5 \qquad V_A = V_D + E_3 - r_3 I_5$

$V_A = 0 + 16 - 1 \times 5.8079 = 10.1921\ V$

Nota. El resultado sería el mismo si seguimos otros caminos o ramas.

$V_B - V_A + E_2 = I_2 (R_1 + r_2)$

$V_A = -5.80 + 20 - 0.2821 (12 + 2) = 10.2506\ V$

La diferencia con 10.1921 es debido a que los resultados de las intensidades no son exactos.

Una estufa está formada por un conductor de cobre (coeficiente de resistividad $\rho = 0.018 \frac{\Omega mm^2}{m}$), siendo su coeficiente de temperatura 0.0042, su sección 4 mm2 y su longitud 200 m. Se conecta a una red de 9 V. La temperatura inicial del conductor es de 20 °C. Al cabo de un tiempo "t" el conductor alcanza la temperatura de 38 °C.

Calcular la variación de intensidad y de la potencia absorbida desde el primer instante hasta alcanzar los 38 °C.

1.° Leer

2.° Datos:

$\rho = 0.018 \frac{\Omega mm^2}{m}$ $S = 4\ mm^2$ $\alpha = 0.0042\ /\ °C$

$L = 200\ m$ $V = 9\ V$ $t_0 = 20\ °C$ $t_f = 38\ °C$

3.° Unidades:

Los datos están todos en las mismas unidades.

4.° y 5.° Esquemas:

No es necesario.

6.° Cálculo:

$R_t = R_0\ (1 + \alpha \wedge t)$ $R_0 = \rho \frac{L}{S}$ $\wedge t = t_f - t_0 = 38 - 20 = 18\ °C$

$R_0 = 0.018 \frac{200}{4} = 0.90\ \Omega$ $R_t = 0.90\ (1 + 0.0042 \times 18) = 0.968\ \Omega$

$I_0 = \frac{V}{Ro} = \frac{9}{0.9} = 10\ A$ $I_f = \frac{V}{Rt} = \frac{9}{0.968} = 9.297\ A$

$P_o = R_0 \times I_0^2 = 0.90 \times 10^2 = 90\ W$

$P_t = R_t \times I_f^2 = 0.968 \times 9.297^2 = 83.67\ W$

En el circuito de la figura calcular la intensidad de corriente que circula por malla, la d.d.p. entre los puntos A y B y la energía consumida por la resistencia R_3 en 40 minutos, según los siguientes datos:

2.º

$R_1 = 0.50\ K\,\Omega$

$R_2 = 1.50\ K\,\Omega$

$R_3 = 600\ \Omega$

$R_4 = 100\ \Omega$

$r_1 = 10\ \Omega$

$r_2 = 5\ \Omega$

$r_3 = 8\ \Omega$

$r_4 = 2\ \Omega$

$E_1 = 60\ V$

$E_2 = 80\ V$

$E_3 = 40\ V$

$E_4 = 140\ V$

$t = 40\ min$

3.º

$R_1 = 500\ \Omega$

$R_2 = 1500\ \Omega$

$R_3 = 600\ \Omega$

$R_4 = 100\ \Omega$

$r_1 = 10\ \Omega$

$r_2 = 5\ \Omega$

$r_3 = 8\ \Omega$

$r_4 = 2\ \Omega$

$E_1 = 60\ V$

$E_2 = 80\ V$

$E_3 = 40\ V$

$E_4 = 140\ V$

$t = 2400\ seg$

4.º y 5.º Esquema:

Se fija un sentido positivo de giro en la malla y un sentido positivo de corriente.

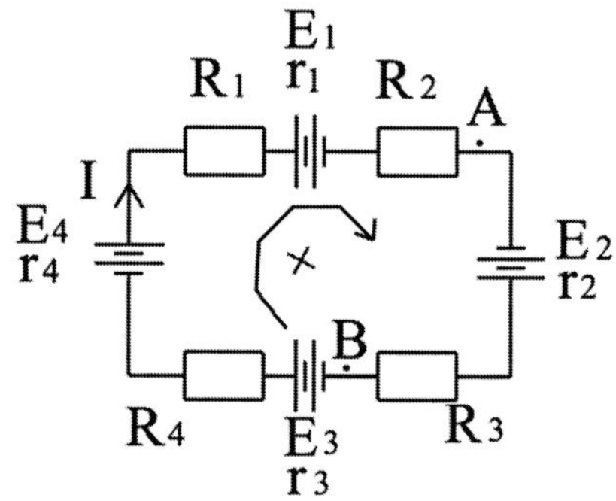

6.º Cálculo:

Aplicamos la segunda ley de Kirchhoff a la malla:

$- E_1 + E_2 + E_3 + E_4 = r_1 \times I + R_2 \times I + r_2 \times I + R_3 \times I + r_3 \times I + R_4 \times I + r_4 \times I + R_1 \times I$

$- 60 + 80 + 40 + 140 = 1500\ I + 5\ I + 600\ I + 8\ I + 100\ I + 2\ I + 500\ I + 10\ I$

$200 = 2725\ I \quad I = 0.07339\ A$

Al obtener un resultado positivo de I, quiere decir que hemos acertado en el sentido de la corriente.

$V_A = V_B + (600 + 5) \times I - 80 \quad V_A - V_B = 605 \times 0.073.39 - 80$

$V_A - V_B = - 35.596\ V \qquad V_B - V_A = 35.596\ V$

$WR_3 = V_3 \times I \times t = R_3 \times I \times I \times t = R_3 \times I_2 \times t$

$WR_3 = 600 \times 0.073392 \times 2400 = 7755.97$ julios (Ws)

$WR_3 = 2.1544 \times 10^{-3}$ kWh

En un circuito formado por una resistencia de 1 kΩ sometida a una tensión de 230 V durante 2 horas, se pide calcular la cantidad de electricidad.

1.º Leer

2.º Datos:

R = 1 kΩ

V = 230 V

t = 2 h

3.º Unidades:

R = 1000 Ω

V = 230 V

t = 7200 s

4.º y 5.º Esquema:

No es necesario.

6.º Cálculo:

$$V = R \times I \quad I = \frac{V}{R} = \frac{230}{1000} = 0.23\ A$$

$$Q = I \times t = 0.23 \times 7200 = 1656\ C$$

$$\mathbf{Q = 0.23 \times 2 = 0.46\ Ah}$$

Calcular la resistencia eléctrica de una línea formada por dos conductores de cobre de 4 mm² de sección que alimenta un motor eléctrico situado a una distancia de 0.50 km.

1.º Leer

2.º Datos: $S = 4\ mm^2$

$L = 2 \times 0.50 = 1\ km$

3.º Unidades: $S = 4\ mm^2$

$L = 1000\ m$

$\rho = 0.018 \frac{\Omega mm^2}{m}$ $\rho = 0.018 \frac{\Omega mm^2}{m}$

4.º y 5.º Esquema:

No es necesario.

6.º Cálculo:

$$R = \rho \frac{L}{S} = 0.018 \frac{1000}{4} = \mathbf{4.5\ \Omega}$$

Una instalación eléctrica absorbe 8000 culombios a una tensión de 230 V. Calcular la energía consumida.

1.º Leer

2.º Datos:

Q = 8000 C

V = 230 V

3.º Unidades:

Los datos están todos en las mismas unidades.

6.º Cálculo:

$W = Q \times V = 8000 \times 230 = 1\,840\,000$ Julios = 0.511 kWh

Dos conductores del mismo material presentan idénticas resistencias. Sus longitudes son 300 m y 720 m. La sección del primero es de 2.5 mm². Calcular la sección del segundo.

1.º Leer

2.º Datos:

L_1 = 300 m

L_2 = 720 m

S_1 = 2.5 mm^2

3.º Unidades:

Los datos están todos en las mismas unidades.

6.º Cálculo:

$$\left.\begin{array}{l} R1 = \rho \frac{L1}{S1} \\ R2 = \rho \frac{L2}{S2} \end{array}\right\} R_1 = R_2 \quad \rho \frac{L1}{S1} = \rho \frac{L2}{S2} \quad \frac{L1}{S1} = \frac{L2}{S2}$$

$$S_2 = S_1 \frac{L_2}{L_1} = 2.5 \frac{720}{300} = 6 \text{ mm}^2$$

Para medir la potencia que consume un receptor Rc empleamos un amperímetro de resistencia interna 12 Ω y un voltímetro de 100 Ω de resistencia interna. El amperímetro señala 20 A y el voltímetro 200 V. Si la medida se realiza con el acoplamiento corto, calcular la potencia que consume el receptor.

1.º Leer

2.º Datos:

R_A = 12 Ω R_V = 100 Ω I_A = 20 A V_V = 200 V

3.º Unidades:

Todos los datos están en el mimo sistema.

4.º y 5.º Esquema:

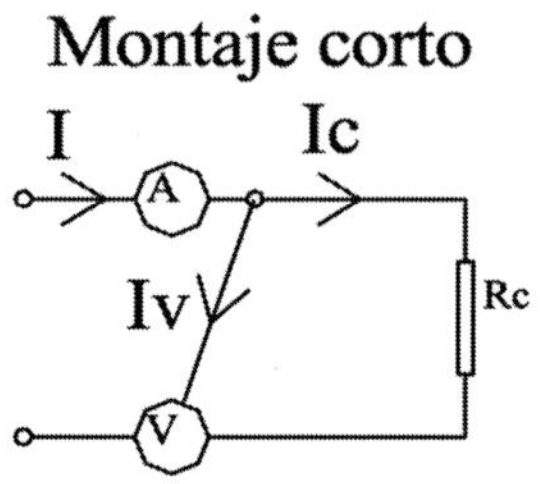

6.º Cálculo:

$$Ic = I_A - \frac{V_V}{R_V} = 20 - \frac{200}{100} = 20 - 2 = 18 \text{ A}$$

$$P = 200 \times 18 = 3600 \text{ W}$$

Con los aparatos del ejercicio anterior, calcular la potencia que consume el mismo receptor si el amperímetro señala 2 A y el voltímetro señala 230 V si el acoplamiento es en montaje largo.

Esquema:

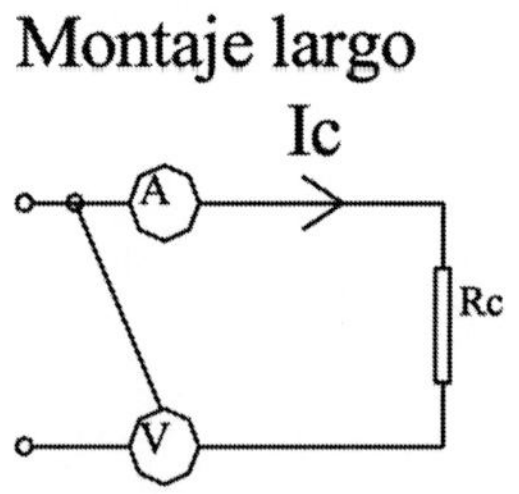

Cálculos:

$$Vc = V_V - R_A I = 230 - 12 \times 2 = 206 \text{ V} \quad P = 206 \times 2 = 412 \text{ W}$$

CAPÍTULO 4

LEYES Y TEOREMAS FUNDAMENTALES (II)

4.1 MÉTODO DE LAS MALLAS

Este método simplifica las leyes de Kirchhoff en el análisis de circuitos.

Supongamos un circuito como indica la figura:

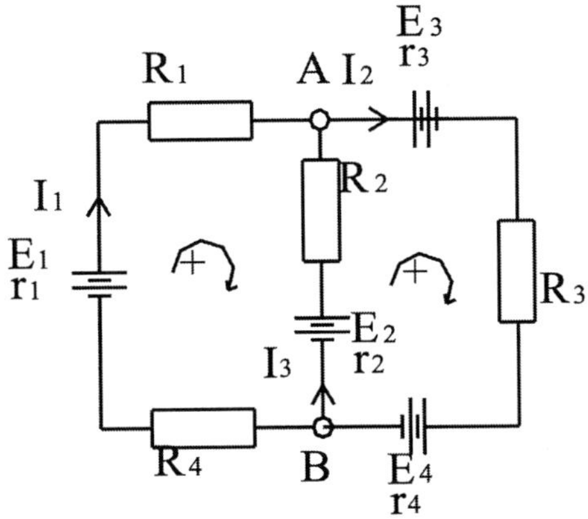

Aplicamos las leyes de Kirchhoff. Para ello tomamos unos sentidos como positivos en cada malla (en este caso tiene que ser el mismo en todas las mallas) y unos sentidos de corriente en cada rama que, para mayor sencillez, en las ramas exteriores las hacemos coincidir con el sentido tomado como positivo en cada malla; resultando el circuito de la figura.

1.ª Ley:

Nudo A: $I_1 + I_3 = I_2$

2.ª Ley:

Malla izquierda: $E_1 - E_2 = r_1I_1 + R_1I_1 - R_2I_3 - r_2I_3 + R_4I_1$

Malla derecha: $E_2 - E_3 - E_4 = r_2I_3 + R_2I_3 + r_3I_2 + R_3I_2 + r_4I_2$

Si ahora consideramos unas corrientes ficticias en cada malla coincidiendo con el sentido tomado como positivo, resulta:

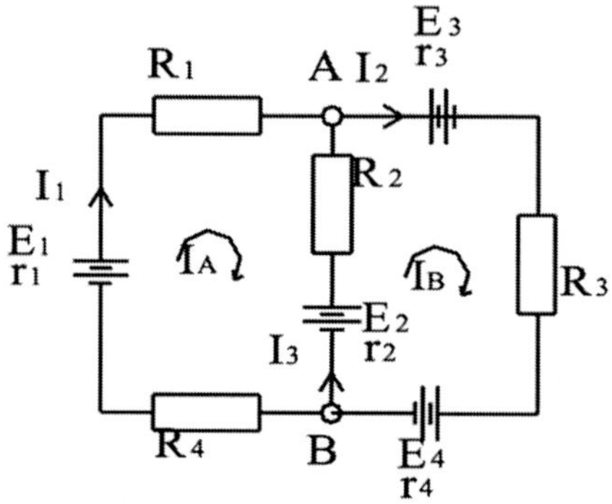

$I_1 = I_A \quad I_2 = I_B \quad I_3 = I_2 - I_1 = I_B - I_A$

$E_1 - E_2 = r_1I_A + R_1I_A - R_2 (I_B - I_A) - r_2 (I_B - I_A) + R_4I_A$

$E_1 - E_2 = I_A (r_1 + R_1 + R_2 + r_2 + R_4) - I_B (R_2 + r_2)$

$E_2 - E_3 - E_4 = r_2 (I_B - I_A) + R_2 (I_B - I_A) + r_3I_B + R_3I_B + r_4I_B$

$E_2 - E_3 - E_4 = - I_A (R_2 + r_2) + I_B (r_3 + R_3 + r_4 + r_2 + R_2)$

$$E_1 - E_2 = I_A (r_1 + R_1 + R_2 + r_2 + R_4) - IB (R_2 + r_2)$$

$$E_2 - E_3 - E_4 = - IA (R_2 + r_2) + IB (r_3 + R_3 + r_4 + r_2 + R_2)$$

Observamos que solo aparecen las corrientes ficticias de cada malla, con lo que se reduce el número de incógnitas y ecuaciones, resultando más sencillo su resolución.

Una vez obtenidas las corrientes ficticias, calculamos las corrientes que circulan por cada rama, haciendo positivas las que resulten negativas y cambiando el sentido de estas en las ramas.

El método de las mallas podemos enunciarlo de la siguiente manera:

En las ecuaciones de cada malla, el primer miembro está formado por la suma algebraica de sus f.e.m., según el sentido tomado como positivo.

El segundo miembro está formado por la corriente de la propia malla (positivo) multiplicada por la suma de todas las resistencias que existen en la malla, y las corrientes de las mallas vecinas (negativas) multiplicadas por la suma de las resistencias que forman la frontera entre ambas mallas.

Para aclarar mejor este método procedemos a calcular el siguiente ejemplo.

Supongamos el circuito de la figura y en él tomamos unas corrientes ficticias en cada malla, según el sentido indicado.

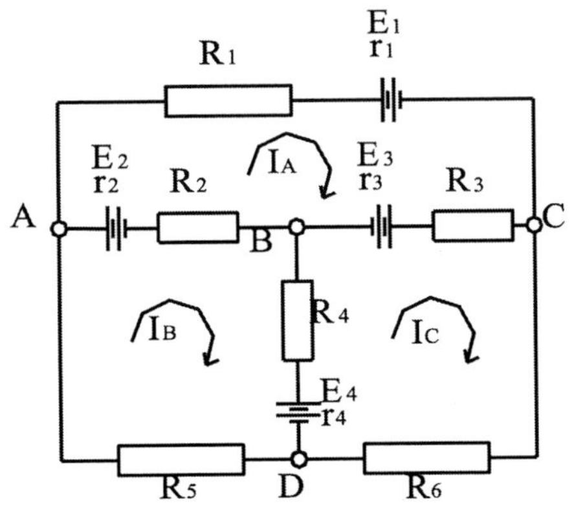

Malla ABC:

$- E_1 - E_3 + E_2 = I_A (R_1 + r_1 + R_3 + r_3 + R_2 + r_2) - I_B (R_2 + r_2) - I_C (r_3 + R_3)$

Malla ABD:

$- E_2 - E_4 = - I_A (r_2 + R_2) + I_B (r_2 + R_2 + R_4 + r_4 + R_5) - I_C (R_4 + r_4)$

Malla BCD:

$E_3 + E_4 = - I_A (r_3 + R_3) - I_B (R_4 + r_4) + I_C (r_3 + R_3 + R_6 + r_4 + R_4)$

Una vez resuelto este sistema de ecuaciones obtendríamos los valores de I_A, I_B e I_C. Aquellos que resulten positivos nos indican que hemos acertado en su sentido; los que resulten negativos nos indican que el sentido de la corriente es el contrario.

Supongamos que los valores resultan:

$I_A = 6$ A $I_B = -8$ A $I_C = -4$ A

Cambiando el sentido de las corrientes que resultaron negativas y teniendo en cuenta que en las ramas exteriores coinciden con dichas corrientes, resulta:

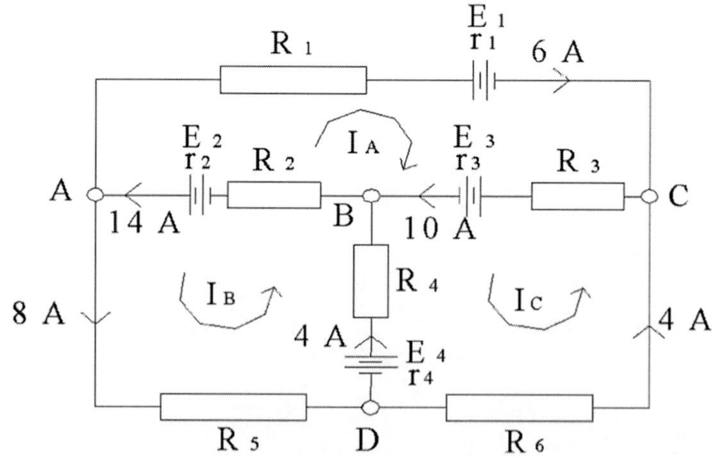

Para calcular las corrientes en las demás ramas, aplicamos la 1.ª ley de Kirchhoff en los nudos:

Nudo A: Salen las corrientes 6 A y 8 A, luego entran 14 A.

Nudo C: Entran las corrientes 6 A y 4 A, luego salen 10 A.

Nudo D: Entra la corriente 8 A y sale 4 A, luego salen 4 A.

Nota. Si en un principio hubiésemos aplicado las leyes de Kirchhoff, tendríamos un sistema con seis ecuaciones y seis incógnitas, frente a las tres que resultó con este método.

4.2 ENERGÍA ALMACENADA POR UN CONDENSADOR

Siendo V la d.d.p. entre armaduras del condensador en un instante dado, C su capacidad y Q la carga que almacena al final, tenemos:

$$\left.\begin{array}{l} dW = V\,dq \\ V = \frac{q}{C} \end{array}\right\} dW = \frac{q}{C}\,dq.$$

$$W = \int_0^Q \frac{q}{C}\,dq = \frac{1}{2}\frac{1}{C}\left[q^2\right]_0^Q = \frac{Q^2}{2C}$$

$$W = \frac{Q^2}{2C} = \frac{C^2 \times V^2}{2C} = \frac{1}{2}C\,V^2$$

$$W = \frac{1}{2}C\,V\,V = \frac{1}{2}Q\,V$$

4.3 PERIODO VARIABLE DE DESCARGA DE UN CONDENSADOR

Consideremos un condensador de capacidad C, cargado de electricidad (figura). Al cerrar el interruptor, el condensador comienza a descargarse sobre la resistencia R.

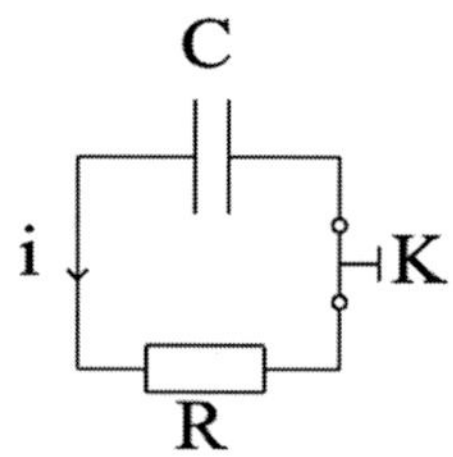

Siendo **V** la tensión en bornes del condensador antes de comenzar la descarga y **u** la tensión en un instante cualquiera, la energía desprendida por el condensador en un tiempo infinitesimal será:

$$\left.\begin{array}{r} dW = u\,dq \\ dW = u \times i \times dt \\ i = \frac{u}{R} \end{array}\right\} \quad u\,dq = u\,\frac{u}{R}\,dt \qquad dq = \frac{u}{R}\,dt = C\,du$$

$$\frac{u}{R}\,dt = C\,du \qquad \frac{du}{u} = \frac{dt}{CR}$$

Teniendo en cuenta que para tiempos positivos la carga del condensador disminuye, tenemos:

$$\frac{du}{u} = -\frac{dt}{CR} \qquad \int \frac{du}{u} = -\frac{1}{CR}\int dt \qquad \log \text{nep}\, u = -\frac{1}{CR}t + A$$

Siendo A = log nep K $\quad \log \text{nep}\, u - \log \text{nep}\, K = -\frac{1}{CR}t$

$$\log \text{nep}\,\frac{u}{K} = -\frac{1}{CR}t \;\rightarrow\; e^{\frac{-t}{CR}} = \frac{u}{K} \;\rightarrow\; u = K\,e^{\frac{-t}{CR}}$$

$$e^{\frac{-t}{CR}} = \frac{u}{K} \qquad \text{Cuando } t = 0 \;\rightarrow\; u = V \qquad \text{Luego} \quad e^0 = \frac{V}{K}$$

$$1 = \frac{V}{K} \qquad K = V \;\rightarrow\; u = V\, e^{\frac{-t}{CR}}$$

Siendo τ = CR (constante de tiempo): $u = Ve^{\frac{-t}{\tau}}$

Al factor $e^{\frac{-t}{\tau}}$ se denomina “factor de amortiguamiento”.

La ecuación de dimensiones:

$$[C\,R] = [C]\,[R] = \frac{[Q]}{[V]}\frac{[V]}{[I]} = \frac{[Q]}{[I]} = [t]$$

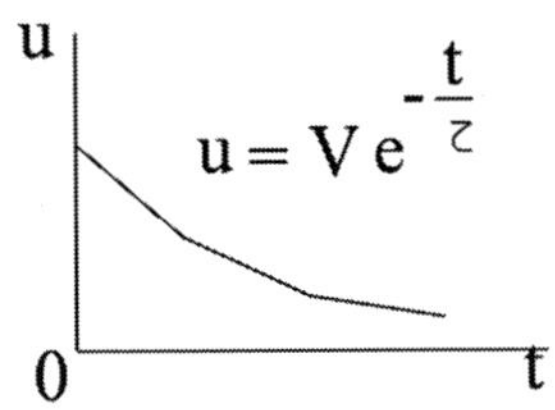

4.4 PERIODO VARIABLE DE CARGA DE UN CONDENSADOR

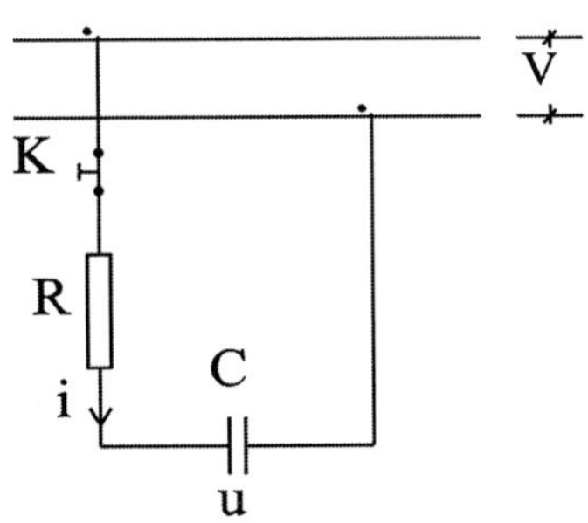

Consideremos el circuito que indica la figura. En un principio, el condensador está descargado, con lo que u = 0; al cerrar el interruptor K comienza a circular una corriente i y el condensador comienza a cargarse. Siendo u la tensión en bornes del condensador en un instante t, la cantidad de energía que recibe el condensador en un tiempo infinitesimal será:

$$\left.\begin{matrix} dW = u\,.\,dq \\ dW = u\,.\,i\,.\,dt \end{matrix}\right\} u\,.\,dq = u\,.\,i.\,dt \rightarrow i = \frac{dq}{dt} \qquad dq = C\,.\,du$$

$$C\,.\,du = i.\,dt = \frac{V-u}{R}\,dt \rightarrow \frac{du}{V-u} = \frac{dt}{CR} \rightarrow \int \frac{du}{V-u} = \int \frac{dt}{CR}$$

$$\frac{t}{CR} = -\log nep\,(V-u) + A \qquad \text{Tomando } A = \log nep\, K$$

$$\frac{t}{CR} = -\log nep\,(V-u) + \log nep\, K \rightarrow \frac{t}{CR} = -\log nep\,\frac{K}{V-u}$$

$$e^{\frac{t}{CR}} = \frac{K}{V-u}$$

$$\text{Para } t = 0 \rightarrow u = 0 \qquad e^0 = \frac{K}{V} \rightarrow K = V \qquad e^{\frac{t}{CR}} = \frac{V}{V-u}$$

$$V - u = \frac{V}{e^{\frac{t}{CR}}} \qquad u = V - \frac{V}{e^{\frac{t}{CR}}} = V\,[1 - e^{\frac{-t}{CR}}]$$

$$\tau = CR \qquad u = V\,[1 - e^{\frac{-t}{\tau}}]$$

Para alcanzar el voltaje V se necesita un tiempo infinito; en la práctica se considera que alcanza la plena carga cuando CR = 5.

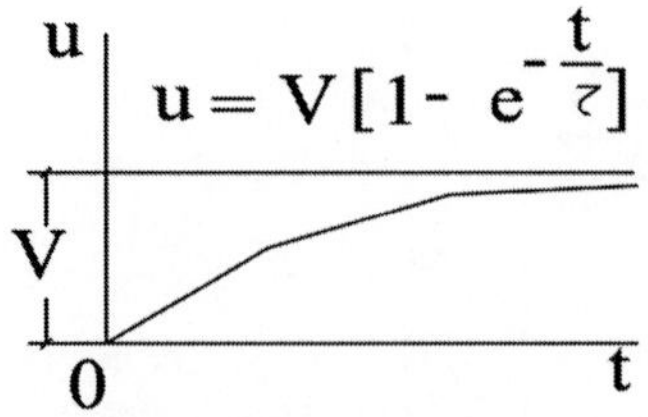

4.5 TRANSFORMACIÓN ESTRELLA EN TRIÁNGULO Y VICEVERSA. TEOREMA DE KENNELLY

Consideremos los circuitos de la figura:

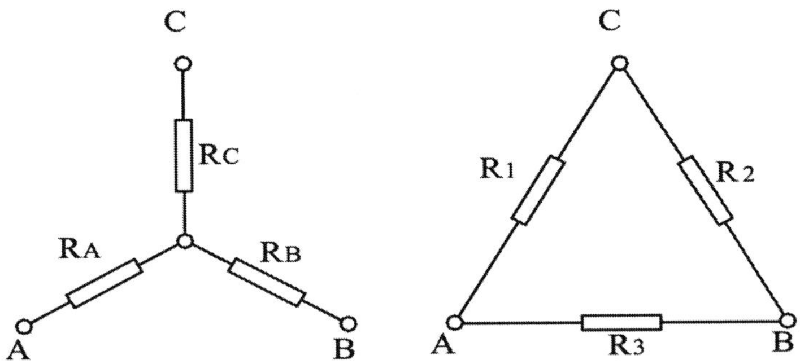

Estrella Triángulo

$$R_{AB} = R_A + R_B \qquad R_{AB} = \frac{R3\,(R1+R2)}{R1+R2+R3}$$

$$R_{AC} = R_A + R_C \qquad R_{AC} = \frac{R1\,(R2+R3)}{R1+R2+R3}$$

$$R_{BC} = R_B + R_C \qquad R_{BC} = \frac{R2\,(R1+R3)}{R1+R2+R3}$$

Si son equivalentes se cumplirá:

$$R_A + R_B = \frac{R3\,(R1+R2)}{R1+R2+R3} = \frac{R3R1+R3R2}{R1+R2+R3}$$

$$R_A + R_C = \frac{R1\,(R2+R3)}{R1+R2+R3} = \frac{R1\,R2+R1R3}{R1+R2+R3}$$

$$R_B + R_C = \frac{R2\,(R1+R3)}{R1+R2+R3} = \frac{R2\,R1+R2R3}{R1+R2+R3}$$ Sumando los dos miembros:

$$2\,(R_A + R_B + R_C) = 2\,\frac{R1\,R2+R1R3+R2R3}{R1+R2+R3}$$

Restando cada una de las ecuaciones anteriores:

$$(R_A + R_B + R_C) = \frac{R1R2+R1R3+R2R3}{R1+R2+R3}$$

$$R_B + R_C = \frac{R2\ R1+R2R3}{R1+R2+R3}$$

$$R_A = \frac{R1R3}{R1+R2+R3}$$

Operando de igual forma con el resto de ecuaciones:

$RB = \frac{R2R3}{R1+R2+R3}$	$RC = \frac{R1R2}{R1+R2+R3}$

Para calcular la transformación de estrella a triángulo, multiplicamos dos a dos las anteriores y sumamos los productos:

$$R_A\ R_B + R_A\ R_C + R_B\ R_C = \frac{R1R2R3R3+R1R2R3R1+R1R2TR3R2}{(R1+R2+R3).^2}$$

$$R_A\ R_B + R_A\ R_C + R_B\ R_C = \frac{R1R2R3(R1+R2+R3)}{(R1+R2+R3).^2}$$

$$R_A\ R_B + R_A\ R_C + R_B\ R_C = \frac{R1R2R3}{(R1+R2+R3)}$$

Dividiendo por cada uno de los anteriores (R_A, R_B, R_C):

$$\frac{RARB+RARC+RBRC}{RA} = \frac{\frac{R1R2R3}{R1+R2+R3}}{\frac{R1R3}{R1+R2+R3}} = R_2$$

$$\frac{RARB+RARC+RBRC}{RB} = \frac{\frac{R1R2R3}{R1+R2+R3}}{\frac{R2R3}{R1+R2+R3}} = R_1$$

$$\frac{RARB+RARC+RBRC}{RC} = \frac{\frac{R1R2R3}{R1+R2+R3}}{\frac{R1R2}{R1+R2+R3}} = R_3$$

Conclusión:

1. Transformación triángulo en estrella:

$$R_A = \frac{R1R3}{R1+R2+R3} \qquad R_B = \frac{R2R3}{R1+R2+R3} \qquad R_C = \frac{R1R2}{R1+R2+R3}$$

La resistencia equivalente se obtiene multiplicando las resistencias que concurren en el vértice que corresponda, dividido por la suma de las tres resistencias.

2. Transformación estrella en triángulo:

$$R_1 = \frac{RARB+RARC+RBRC}{RB} \qquad R_2 = \frac{RARB+RARC+RBRC}{RA}$$

$$R_3 = \frac{RARB+RARC+RBRC}{RC}$$

La resistencia equivalente se obtiene sumando el producto de las resistencias dos a dos, dividido entre la resistencia correspondiente al vértice opuesto al que tratamos de calcular.

4.6 ECUACIÓN DEL GENERADOR

1.º La carga es una resistencia R conectada a los bornes del generador

Consideremos el generador que indica la figura en el que **E** es su f.e.m., **r** su resistencia interna y **R** la resistencia que alimenta.

Al cerrar el interruptor K circulará una corriente **I**.

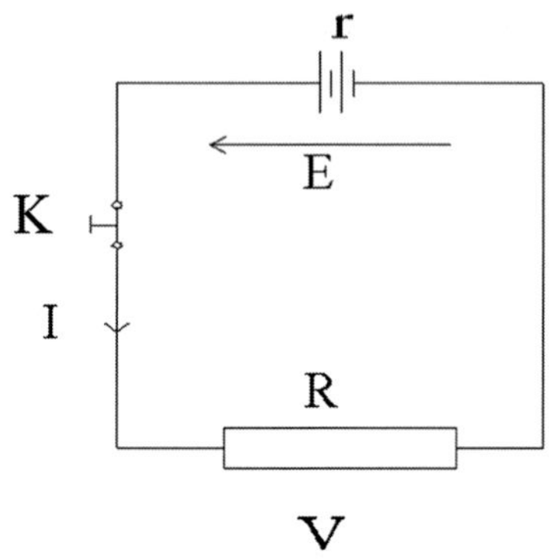

Si aplicamos el principio de conservación de la energía ("la energía ni se crea ni se destruye, solamente se transforma"), la energía total que produce el generador será igual a la energía utilizada en la resistencia **R** más la energía perdida en la resistencia **r**.

Considerando un tiempo **t**, resulta:

$E\,I\,t = V\,I\,t + r\,I^2\,t$ Ecuación de energías

Energía total = Energía útil + Energía perdida

Dividiendo por t:

$E\,I = V\,I + r\,I^2$ Ecuación de potencias

Dividiendo por I:

$E = V + r\,I$ Ecuación del generador

Aplicando la ley de Ohm: $V = R\,I$	$E = I\,(R + r)$

La ecuación del generador también podemos obtenerla aplicando el método de las mallas:

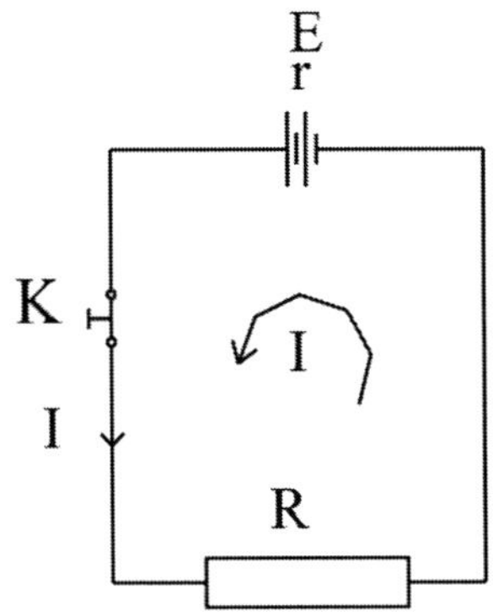

$$E = I\,(R + r)$$

Ensayo en vacío:

En vacío $I = 0 \quad E = V + r\,0 \quad E = V_0$

Ensayo en cortocircuito

En cortocircuito $R = 0 \quad E = Icc\,(0 + r) \quad E = Icc\,r$

Icc corriente de cortocircuito $r = \dfrac{E}{Icc}$

Rendimiento

$$\text{Rto.} = \frac{Pu}{Pt} = \frac{VI}{EI} = \frac{V}{E} = \frac{E - rI}{E} = 1 - \frac{rI}{E} = 1 - \frac{rI}{I(R+r)} = 1 - \frac{r}{R+r}$$

Otra forma:

$$\text{Rto.} = \frac{Pu}{Pt} = \frac{VI}{EI} = \frac{V}{E} = \frac{V}{V+rI} = \frac{1}{1+\frac{rI}{V}}\ (1)$$

En (1) el numerador es la unidad y el denominador mayor que la unidad; por consiguiente, el rendimiento **siempre** será menor que la unidad.

2.º La carga es una resistencia R conectada al final de una línea de resistencia R_L

Consideremos el generador que indica la figura en el que **E** es su f.e.m., **r** su resistencia interna y **R_L** la resistencia de la línea y **R** la resistencia que se alimenta.

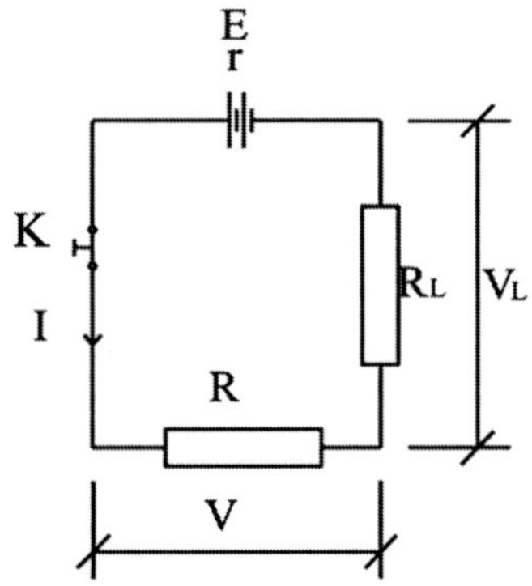

Procediendo de forma análoga al caso 1.º, tenemos:

$E\,I\,t = R_L\,I^2\,t + V\,I\,t + r\,I^2\,t$ Ecuación de energías

Dividiendo por t:

$E\,I = R_L\,I^2 + V\,I + r\,I^2$ Ecuación de potencias

Dividiendo por I:

$$E = R_L\,I + V + r\,I$$

$$V = R\,I$$

$$E = I\,(R_L + R + r)$$

Aplicando mallas tenemos:

$$E = I\,(R_L + R + r)$$

Tensión en bornes del generador:

$V_g = E - r\,I$

Caída de tensión en la línea:

$V_L = R_L\,I$

Tensión en bornes:

$V = R\,I = V_g - V_L = V_g - R_L\,I = E - r\,I - R_L\,I$

Rendimiento del generador:

$$\text{Rto.} = \frac{Pu}{Pt} = \frac{Vg\,I}{EI} = \frac{Vg}{E} = \frac{E-rI}{E} = 1 - \frac{rI}{E} = 1 - \frac{rI}{I\,(R+r+R_L)}$$

$$\text{Rto.} = 1 - \frac{r}{(R+r+RL)}$$

Rendimiento de la línea:

$$\text{Rto.} = \frac{Pu}{Pt} = \frac{V\,I}{Vg\,I} = \frac{V}{Vg} = \frac{R\,I}{E-r\,I} = \frac{R\,I}{I(R_L+R)} = \frac{R}{(R+R_L)} = \frac{1}{1+\frac{R_L}{R}}$$

Rendimiento total:

$$\text{Rto.} = \frac{Pu}{Pt} = \frac{V\,I}{E\,I} = \frac{V}{E} = \frac{R\,I}{I(r+R_L+R)} = \frac{R}{r+R_L+R} = \frac{1}{1+\frac{R_L}{R}+\frac{r}{R}}$$

3.º La carga es un motor de f.c.e.m. E' y resistencia interna r' conectado al final de una línea de resistencia R_L

Consideremos el generador que indica la figura en el que **E** es la f.e.m. del generador y **r** su resistencia interna. **E'** la f.c.e.m. del motor, **r'** su resistencia interna y $\mathbf{R_L}$ la resistencia de la línea.

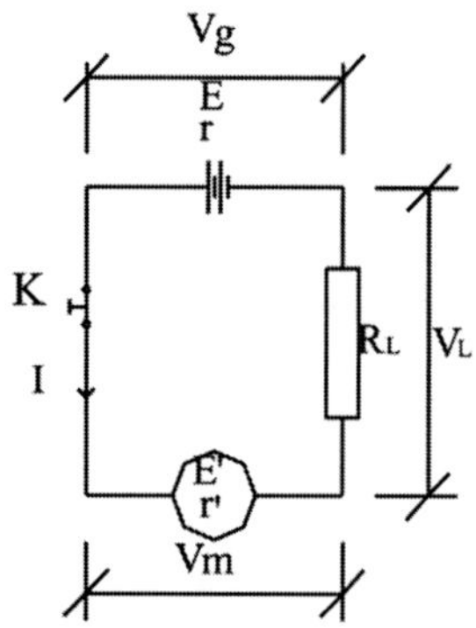

Aplicando mallas:

$$E - E' = I\,(r + R_L + r')$$

Nota. Podríamos proceder como en los casos anteriores, pero es más sencillo así:

Tensión en bornes del generador:

$Vg = E - r\,I$

Caída de tensión en la línea:

$V_L = R_L\,I$

Tensión en bornes del motor:

$V_m = Vg - V_L = E - r\,I - R_L\,I = E' + r'\,I$

Rendimiento del generador

$$\text{Rto.} = \frac{\text{Pu}}{\text{Pt}} = \frac{\text{Vg I}}{E\,I} = \frac{\text{Vg}}{\text{E}} = \frac{E-\text{rI}}{E} = 1 - \frac{\text{rI}}{\text{E}}$$

Rendimiento de la línea:

$$\text{Rto.} = \frac{\text{Pu}}{\text{Pt}} = \frac{Vm\,I}{Vg\,\text{I}} = \frac{\text{Vm}}{\text{Vg}} = \frac{\text{E`+r` I}}{\text{E}-\text{r I}}$$

Rendimiento total:

$$\text{Rto.} = \frac{Pu}{Pt} = \frac{E`\,I}{E\,I} = \frac{E`}{E}$$

4.7 ACOPLAMIENTO DE GENERADORES IDÉNTICOS ENTRE SÍ

Acoplamiento en serie:

Consideremos **n** generadores iguales acoplados en serie alimentando a una resistencia **R**, tal como indica la figura siguiente.

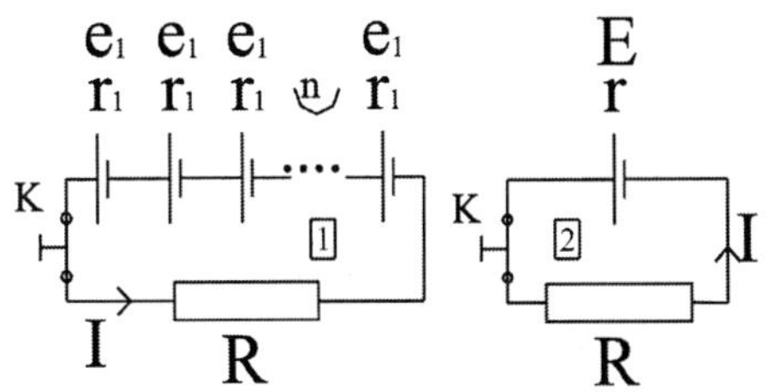

Al cerrar el interruptor K circulará una corriente I.

El generador equivalente será aquel que, colocado en las mismas condiciones (alimentando a la resistencia R), produzca los mismos efectos, es decir, circulará la misma corriente I.

Aplicando el método de las mallas en ambos circuitos, resulta:

Circuito 1

$$e_1 + e_1 + e_1 + \ldots + e_1 = I\,(R + r_1 + r_1 + \ldots r_1)$$

$$n\,e_1 = I\,(R + n\,r_1) \qquad I = \frac{n\,e1}{R+\mathrm{nr1}}$$

Circuito 2

$$E = I\,(R + r) \qquad I = \frac{E}{R+r} \qquad \frac{E}{R+r} = \frac{n\,e1}{R+nr1}$$

El generador equivalente será aquel que cumpla las siguientes condiciones:

$$E = n\,e_1 \qquad R + r = R + n\,r_1 \qquad r = n\,r_1$$

Acoplamiento en paralelo:

Consideremos **n'** generadores iguales acoplados en paralelo alimentando a una resistencia **R**, tal como indica la figura.

El generador equivalente será aquel que colocado en las mismas condiciones (alimentando a la resistencia R), produzca los mismos efectos, es decir, circulará la misma corriente I.

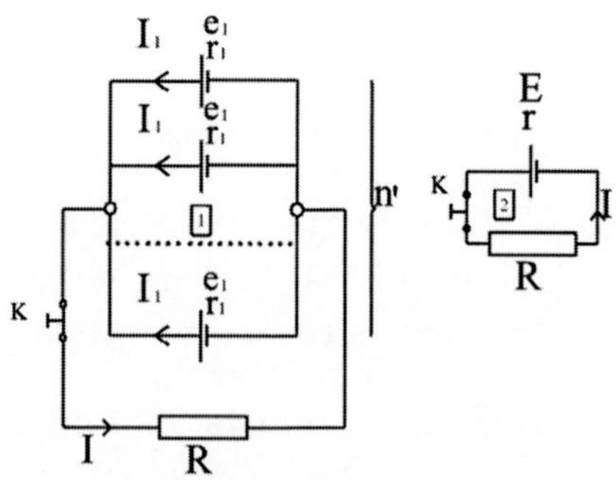

Aplicando la primera ley de Kirchhoff a uno de los nudos del circuito: 1:

$$I = I_1 + I_1 + \ldots + I_1 = n' I_1 \qquad I_1 = \frac{I}{n`}$$

Aplicando la segunda ley de Kirchhoff a la malla formada por uno de los generadores y la resistencia **R** en el circuito 1:

$$e_1 = R\,I + r_1 I_1 = R\,I + r_1 \frac{I}{n`} \qquad e_1 = I\,(R + \frac{r_1}{n`}) \qquad I = \frac{e1}{R+\frac{r1}{n`}}$$

Aplicando el método de las mallas al circuito 2:

$$E = I\,(R + r) \qquad I = \frac{E}{R+r}$$

$$\frac{E}{R+r} = \frac{e1}{R+\frac{r1}{n`}}$$

El generador equivalente será aquel que cumpla las siguientes condiciones:

$$E = e_1 \qquad \mathbf{r} = \frac{r1}{n`}$$

Acoplamiento mixto:

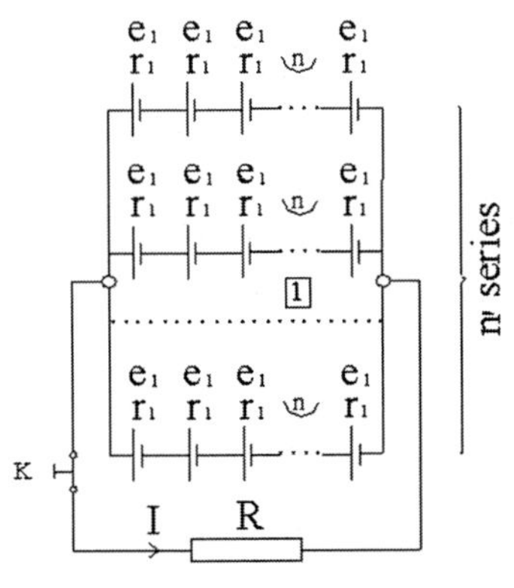

Consideremos **N** generadores iguales acoplados en **n'** series de **n** generadores en cada serie, alimentando a una resistencia **R**, como indica la figura 1.

Aplicando el concepto de acoplamiento en serie, cada derivación del acoplamiento mixto podemos sustituirla por su generador equivalente, resultando el circuito de la figura 2.

$$E_{T1} = n\, e_1 \qquad r_{T1} = n\, r_1$$

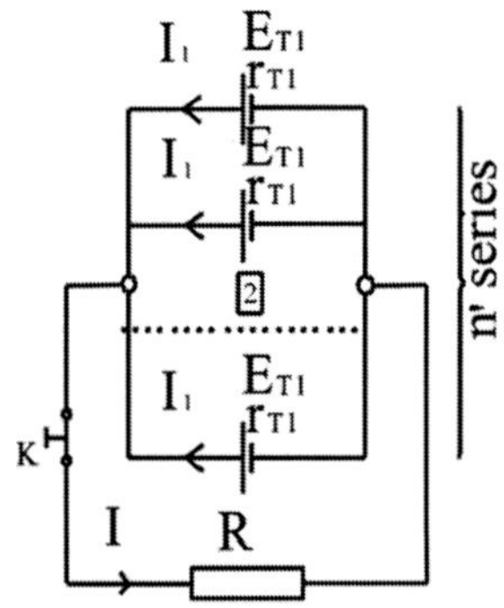

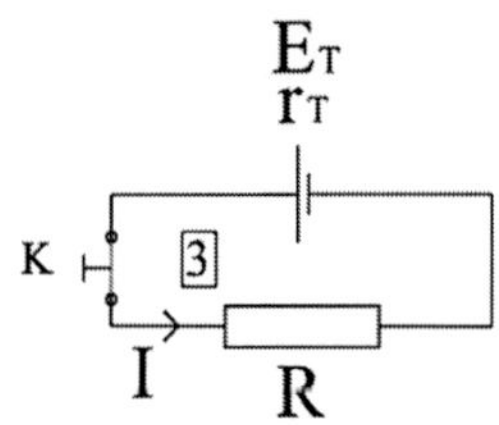

Aplicando el concepto de acoplamiento en paralelo resulta:

$$E_T = E_{T1} \qquad r_T = \frac{r_{T1}}{n'}$$

El generador equivalente será aquel que cumpla las siguientes condiciones:

$$\mathbf{E_T = E_{T1} = n\, e_1} \qquad \mathbf{r_T} = \frac{r_{T1}}{n`} = \frac{n\, r_1}{n`}$$

Valor de R para conseguir la máxima potencia:

$$I = \frac{ET}{R + r_T} \qquad Pu = R\, I^2 = R\, \frac{ET^2}{(R + r_T)^2}$$

$$\frac{dPu}{dR} = \frac{ET^2\,(R+r_T)^2 - 2(R+r_T)RE_T{}^2}{(R+r_T)^4} = \frac{ET^2\,(R+r_T)^2 - 2RE_T{}^2}{(R+rT)^3} = 0$$

$$E_T{}^2\,(R + r_T) - 2\;RE_T{}^2 = 0 \qquad R + r_T - 2R = 0 \qquad R = r_T$$

$$R = \frac{\boldsymbol{n}\, r_1}{\boldsymbol{n}`}$$

Para comprobar que este valor de R corresponde al valor máximo de Pu, calculamos la segunda derivada de Pu respecto a R dos veces, si dicha derivada resulta < 1 será un máximo.

Procediendo al cálculo de la derivada segunda:

$$\frac{d^2Pu}{dR^2} = \frac{-\,E_T^2\,2R}{(R+r_T)^4} < 0$$

Nota. Dejamos al lector que compruebe este resultado de la derivada.

Vemos que para conseguir la máxima potencia y, por tanto, la máxima intensidad, se tiene que cumplir:

$$R = \frac{\boldsymbol{n}\, r_1}{\boldsymbol{n}`}$$

Siendo **N** el número total de generadores, se cumplirá:

$$N = n\,n' \qquad n' = N/n \qquad R = \frac{n r_1}{\frac{N}{n}} = \frac{n^2 r_1}{N}$$

$$n^2 = \frac{NR}{r_1} \qquad n = \sqrt{\frac{NR}{r_1}}$$

Nota. Los valores de n y n' tienen que ser números enteros; por tanto, divisores de N, para ello tomaremos los dos valores que cumplan esta condición (por exceso y por defecto) y el que más se aproxime al valor teórico indicado. Con ambos valores calculamos las intensidades respectivas, adaptando como valor la que resulte mayor.

4.8 AMPLIACIÓN DE LA CAPACIDAD DEL AMPERÍMETRO

Cuando la intensidad que recorre la línea es superior a la que soporta el amperímetro, se conecta una resistencia en paralelo con el amperímetro (Shunt) por donde circulará ese exceso de intensidad.

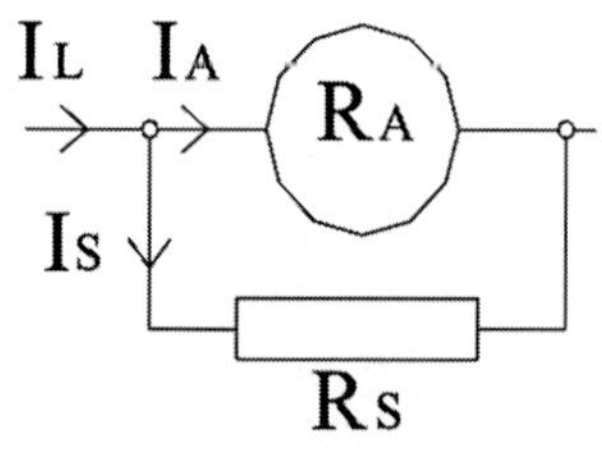

Consideremos un amperímetro de resistencia $\mathbf{R_A}$ al que acoplamos un Shunt **Rs**. Llamando $\mathbf{I_L}$ a la intensidad que circula por la línea, $\mathbf{I_A}$ a la que circula por el aparato e $\mathbf{I_S}$ a la que circula por la resistencia del Shunt **Rs**.

$$I_L = I_A + I_s \ (1) \qquad R_A I_A = R_s I_s \ (2)$$

Siendo K el factor por el que tenemos que multiplicar la intensidad que señala el aparato para obtener la intensidad de la línea, obtenemos:

$$I_L = K\, I_A \qquad K = \frac{IL}{IA}$$

En (1) dividimos por I_A: $$\frac{IL}{IA} = \frac{IA}{IA} + \frac{Is}{IA} \qquad K = 1 + \frac{Is}{IA}$$

En (2) despejamos R_A/Rs $$\frac{RA}{Rs} = \frac{Is}{IA}$$

$K = 1 + \frac{RA}{Rs}$	$I_L = (1 + \frac{RA}{Rs})\, I_A$	$Rs = \frac{RA}{K-1}$

4.9 AMPLIACIÓN DE LA CAPACIDAD DEL VOLTÍMETRO

Cuando la tensión de la línea es superior a la que soporta el voltímetro, se acopla una resistencia en serie con el voltímetro, de forma que la caída de tensión en esa resistencia sea igual al exceso de tensión que soporta el voltímetro.

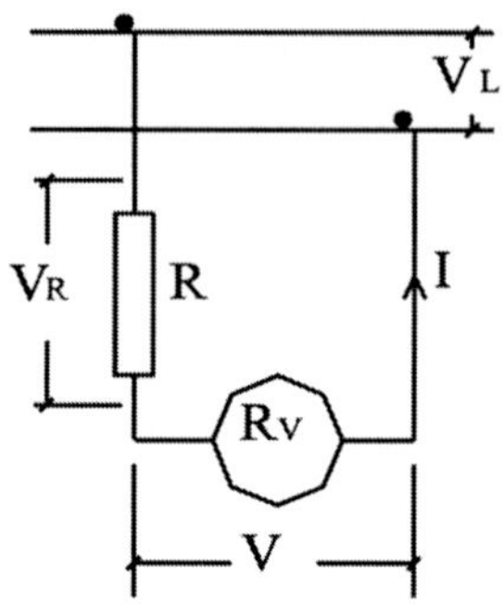

Consideremos un voltímetro de resistencia interna $\mathbf{R_V}$ al que acoplamos una resistencia en serie **R**. Siendo $\mathbf{V_L}$ la tensión de la línea, **V** la tensión que soporta (y señala) el voltímetro y $\mathbf{V_R}$ la caída de tensión en la resistencia acoplada **R**, resulta:

$$V_L = V_R + V \quad (1) \qquad V_R = R\,I \qquad V = R_V\,I$$

Siendo **K** el factor por el que tenemos que multiplicar la tensión que señala el voltímetro para obtener la tensión de la línea, obtenemos:

$$V_L = K\,V \qquad K = \frac{VL}{V} \qquad \text{En (1) dividimos por V:}$$

$$\frac{VL}{V} = \frac{V_R}{V} + \frac{V}{V} \qquad K = 1 + \frac{V_R}{V} = 1 + \frac{R\,I}{Rv\,I} = 1 + \frac{R}{Rv}$$

$\mathbf{K} = 1 + \frac{R}{Rv}$	$\mathbf{V_L} = (1 + \frac{R}{Rv})V$	$R = R_V\,(K - 1)$

CAPÍTULO 5

RESOLUCIÓN DE PROBLEMAS

En el circuito de la figura, calcular las intensidades en las ramas y la d.d.p. entre los puntos A y B aplicando el método de las mallas.

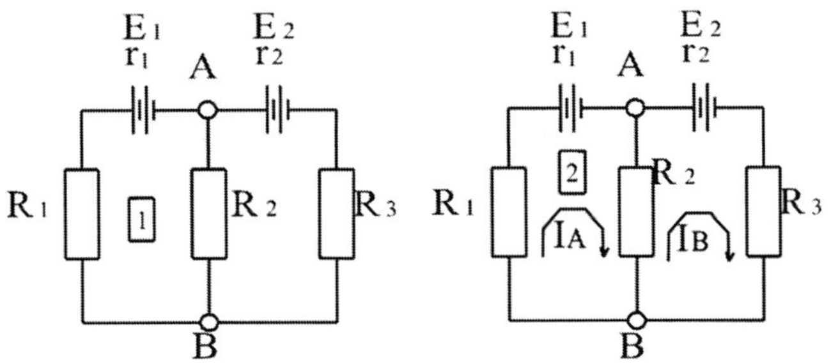

1.º Leer

2.º Datos:

E_1 = 20 V E_2 = 10 V r_1 = 2 Ω r_2 = 1 Ω

R_1 = 28 Ω R_2 = 40 Ω R_3 = 39 Ω

3.º Unidades:

Todos los datos están en las mismas unidades.

4.º y 5.º:

Ya están dibujados los circuitos.

6.º Cálculo:

Aplicamos el método de las mallas al circuito 2.

$-E_1 = I_A (R_1 + r_1 + R_2) - I_B R_2$ $\quad -20 = I_A (28 + 2 + 40) - 40 I_B$

$-E_2 = -I_A R_2 + I_B (R_2 + r_2 + R_3)$ $\quad -10 = -40 I_A + I_B (40 + 1 + 39)$

$-20 = 70 I_A - 40 I_B$

$-10 = -40 I_A + 80 I_B$

Resolviendo el sistema resulta: $I_A = -0.50$ A $\quad I_B = -0.375$ A

Estos resultados negativos nos indican que no hemos acertado en el sentido de las corrientes; por tanto, debemos cambiarlos:

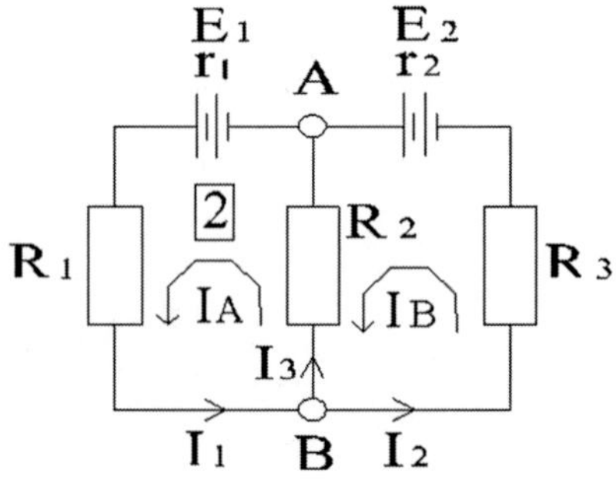

$I_1 = I_A = 0.50$ A $\quad I_2 = I_B = 0.375$

$I_3 = I_1 - I_2 = 0.50 - 0.375 = 0.125$ A

Nota. Obsérvese que este resultado es idéntico al obtenido en el apartado 3.1.7 aplicando las leyes de Kirchhoff.

En el circuito de la figura, calcular las intensidades en las ramas y los potenciales en los nudos.

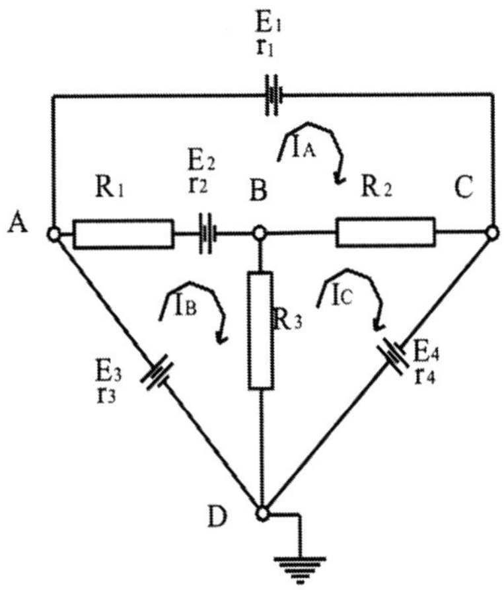

1.° Leer:

2.° Datos:

$E_1 = 10$ V	$E_2 = 20$ V	$E_3 = 16$ V	$E_4 = 12$ V
$r_1 = 1\ \Omega$	$r_2 = 2\ \Omega$	$r_3 = 1\ \Omega$	$r_4 = 1\ \Omega$
$R_1 = 12\ \Omega$	$R_2 = 18\ \Omega$	$R_3 = 20\ \Omega$	

3.° Unidades:

Todos los datos están en las mismas unidades.

4.° y 5°:

Ya está dibujado el circuito.

6.° Cálculo:

Aplicamos el método de las mallas al circuito.

$- E_1 + E_2 = I_A (R_1 + r_1 + R_2 + r_2) - I_B (R_1 + r_2) - I_C R_2$

$- E_2 + E_3 = - I_A (R_1 + r_2) + I_B (R_1 + r_2 + R_3 + r_3) - I_C R_3$

$- E_4 = - I_A R_2 - I_B R_3 + I_C (R_2 + r_4 + R_3)$

Aplicando valores:

$$10 = 33\, I_A - 14\, I_B - 18\, I_C$$

$$- 4 = - 14\, I_A + 35\, I_B - 20\, I_C$$

$$12 = - 18\, I_A - 20\, I_B + 39\, I_C$$

Resolviendo el circuito: $I_A = 6.09$ A $\quad I_B = 5.8079$ A
$I_C = 6.098$ A

Al resultar todos los valores positivos indica que hemos acertado en los sentidos tomados como positivos para I_A I_B e I_C.

Colocando estos valores en las ramas exteriores, resulta:

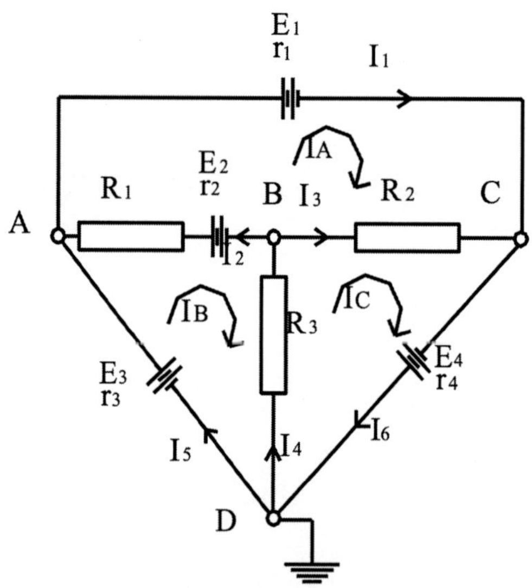

$I_1 = I_A = 6.09$ A $\quad I_5 = I_B = 5.8079$ A $\quad I_6 = I_C = 6.098$ A

Aplicando la 1.ª ley de Kirchhof:

Nudo A: $I_5 + I_2 = I_1$ $I_2 = I_1 - I_5 = 6.09 - 5.8079 = 0.2821$ A

Nudo C: $I_1 + I_3 = I_6$ $I_3 = I_6 - I_1 = 6.098 - 6.09 = 0.008$ A

Nudo B: $I_4 = I_2 + I_3 = 0.2821 + 0.008 = 0.2901$ A

Nota. Obsérvese que este resultado es idéntico al obtenido aplicando las leyes de Kirchhoff en el apartado 3.1.8. Los potenciales en los nudos los calculamos exactamente igual que en dicho apartado.

Dos condensadores de 4 μF y 6 μF se acoplan en serie a una tensión de 380 V entre terminales.

Calcular:

1. Condensador equivalente
2. Tensión entre terminales de cada condensador
3. Energía almacenada por cada condensador

1.º Leer

2.º Datos:	C1 = 4 μF	**3.º Unidades:**	C1 = 4.10^{-6} F
	C2 = 6 μF		C2 = 6.10^{-6} F
	V = 380 V		V = 380 V

4.ª y 5.º Esquema y esquema equivalente:

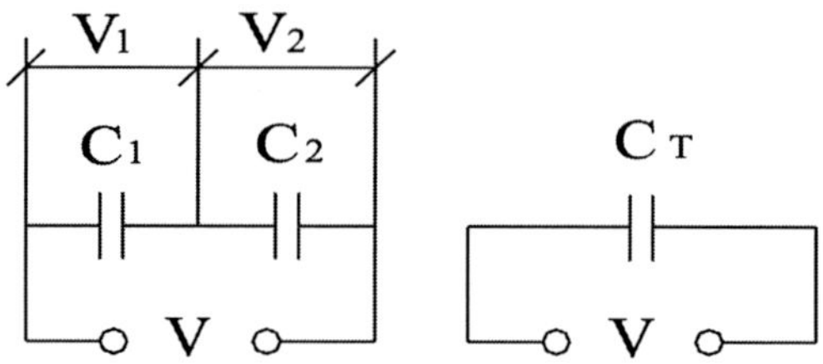

6.º Cálculo:

$$C_T = \frac{C1 \times C2}{C1+C2} = \frac{4 \times 6}{4+6}\, 10^{-6} = 2.4 \;.\; 10^{-6}\, F$$

$$Q = C_T \;.\; V = 2.4 \;.\; 10^{-6} \times 380 = 912 \times 10^{-6}\, C$$

$$V_1 = \frac{Q}{C1} = \frac{912}{4} = 228\, V \quad V_2 = \frac{Q}{C2} = \frac{912}{6} = 152\, V$$

$$W = \frac{1}{2}\, C\, V^2 \qquad W = \frac{1}{2}\, Q\, V$$

$$W_1 = \frac{1}{2}\, 4 \;.\; 10\text{-}6 \times 2282 = 103\ 968 \;.\; 10\text{-}6\ W\, s\ (\text{julios})$$

$$W_1 = \frac{1}{2}\, 912 \times 10\text{-}6 \times 228 = 103\ 968 \;.\; 10\text{-}6\ W\, s\ (\text{julios})$$

$$W_2 = \frac{1}{2}\, 6 \times 10\text{-}6 \times 1522 = 69\ 312 \;.\; 10\text{-}6\ W\, s\ (\text{julios})$$

$$W_2 = \frac{1}{2}\, 912 \times 10\text{-}6 \times 152 = 69\ 312 \;.\; 10^{-6}\ W\, s\ (\text{julios})$$

Calcular la energía que consume al cargarse un condensador de 40 µF a una tensión de 230 V.

1.º Leer

2.º Datos: $C = 40\ \mu F$ **3.º Unidades:** $C = 40 \times 10^{-6}\ F$

$V = 230\ V$ $V = 230\ V$

6.º Cálculo:

$$W = \frac{1}{2} C\, V^2 = \frac{1}{2}\, 40 \times 10^{-6} \times 230^2 = 1.058\ W\ s\ \text{(julios)}$$

En el circuito de la figura, calcular la resistencia total entre los puntos C y E.

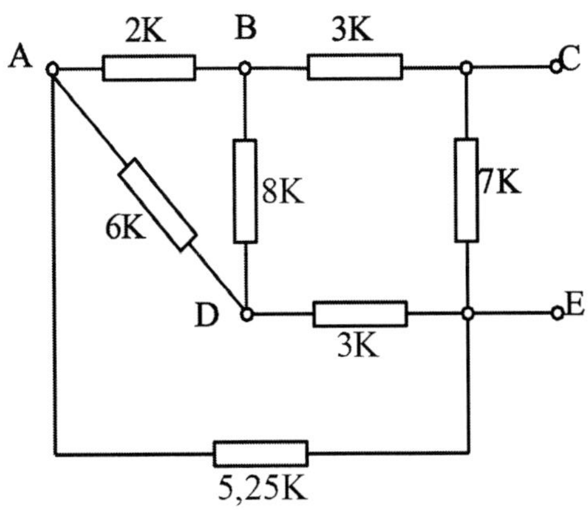

Aplicamos el teorema Kennelly de conversión triángulo estrella; para ello desconectamos las tres resistencias que están en triángulo y a continuación acoplamos las equivalentes en estrella.

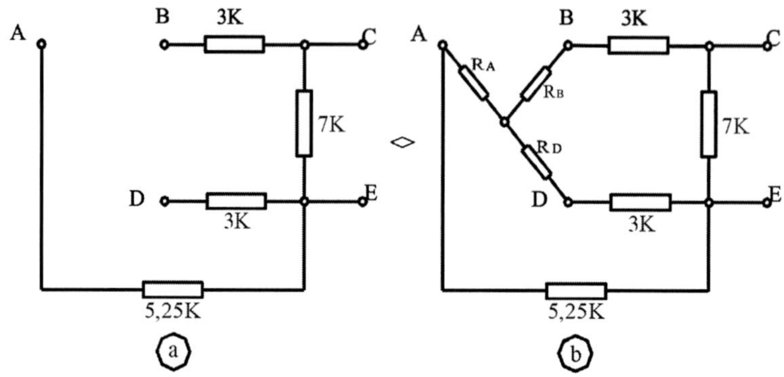

Kennelly:

$R_A = \frac{2\times6}{2+6+8} = 0.75$ K $\quad R_B = \frac{2\times8}{2+6+8} = 1.00$ K $\quad R_D = \frac{6\times8}{2+6+8} = 3.00$ K

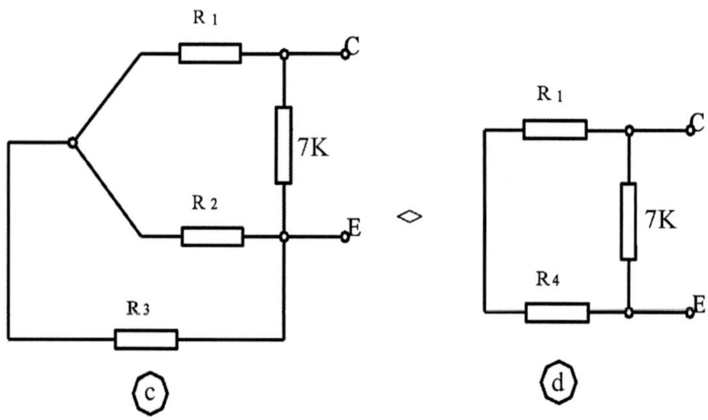

$R_1 = R_B + 3 = 1 + 3 = 4$ K $\qquad R_2 = R_D + 3 = 3 + 3 = 6$ K

$R_3 = R_A + 5.25 = 0.75 + 5.25 = 6$ K

R_4 es la equivalente de R_2 y R_3 que están en paralelo:

$R_4 = \frac{R_2 \times R_3}{R_2 + R_3} = \frac{6 \times 6}{6 + 6} = \frac{6}{2} = 3$ K

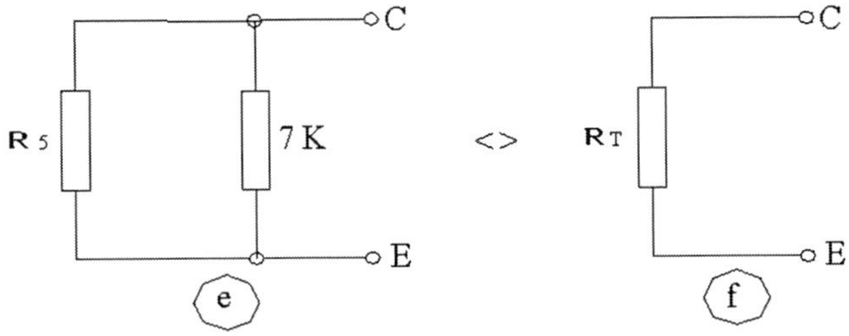

R_5 es la equivalente de R_1 y R_4 que están en serie:

$R_5 = R_1 + R_4 = 4 + 3 = 7$ K

$$R_T = \frac{R_5 \times 7}{R_5 + 7} = \frac{R_5}{2} = \frac{7}{2} = 3.5 \text{ K}$$

En el circuito de la figura, calcular las intensidades en las ramas y la d.d.p. entre los puntos B y C.

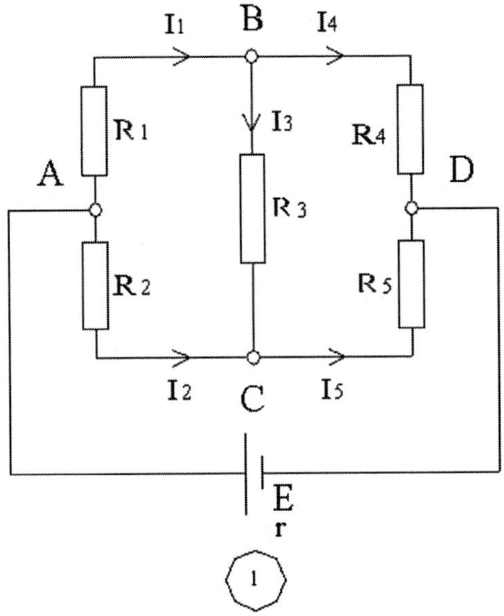

1.º Leer

2.º Datos:

R_1 = 3 Ω R_2 = 2 Ω R_3 = 5 Ω R_4 = 4.5 Ω

R_5 = 2 Ω E = 36 V r = 1.4 Ω

3.º Unidades:

Todos los datos están en las mismas unidades.

4.º y 5.º Esquemas:

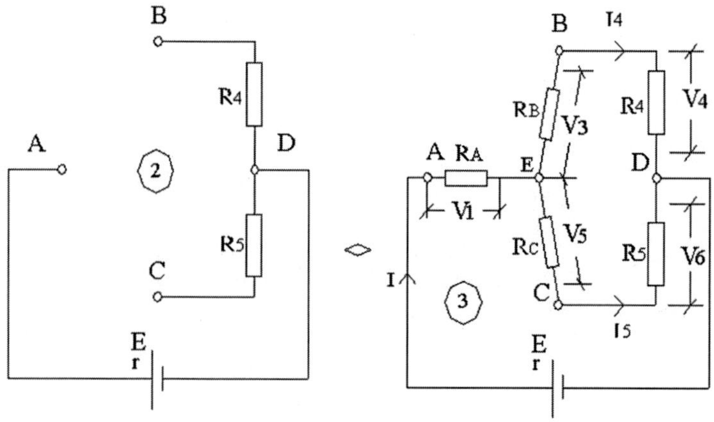

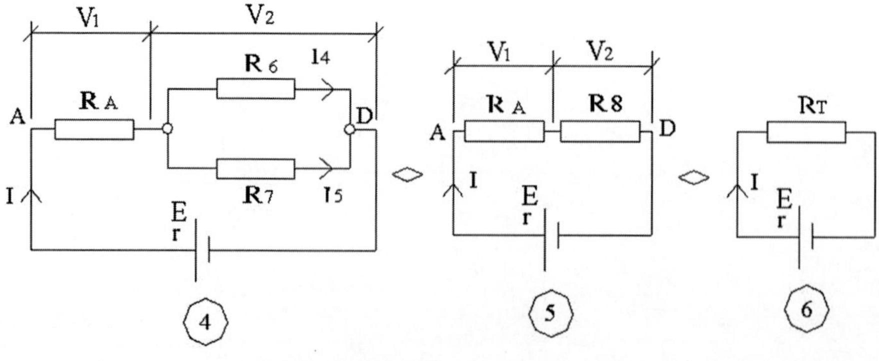

Aplicando Kennelly:

Circuito 3:

$$R_A = \frac{R1 \times R2}{R1 + R2 + R3} = \frac{3 \times 2}{3 + 2 + 5} = \frac{6}{10} = 0.60\ \Omega$$

$$R_B = \frac{R1 \times R3}{R1 + R2 + R3} = \frac{3 \times 5}{3 + 2 + 5} = \frac{15}{10} = 1.50\ \Omega$$

$$R_C = \frac{R2 \times R3}{R1 + R2 + R3} = \frac{2 \times 5}{3 + 2 + 5} = \frac{10}{10} = 1.00\ \Omega$$

Circuito 4:

$$R_6 = R_B + R_4 = 1.50 + 4.50 = 6.00\ \Omega$$

$$R_7 = R_C + R_5 = 1.00 + 2.00 = 3.00\ \Omega$$

Circuito 5:

$$R_8 = \frac{R6 \times R7}{R6 + R7} = \frac{6 \times 3}{6 + 3} = \frac{18}{9} = 2.00\ \Omega$$

Circuito 6:

$$R_T = R_A + R_8 = 0.60 + 2.00 = 2.60\ \Omega$$

$$E = I\,(R_T + r) \quad I = \frac{E}{R_T + r} = \frac{36}{2.6 + 1.4} = 9.00\ \text{A}$$

Procediendo ahora en sentido contrario resulta:

Circuito 5:

$$V_1 = R_A \times I = 0.60 \times 9.00 = 5.40 \text{ V}$$

$$V_2 = R_8 \times I = 2.00 \times 9.00 = 18.00 \text{ V}$$

Circuito 4:

$$I_4 = \frac{V_2}{R6} = \frac{18}{6} = 3.00 \text{ A}$$

$$I_5 = \frac{V_2}{R7} = \frac{18}{3} = 6.00 \text{ A}$$

Circuito 3:

$$V_3 = R_B \times I_4 = 1.50 \times 3.00 = 4.50 \text{ V}$$

$$V_4 = R_4 \times I_4 = 4.50 \times 3.00 = 13.50 \text{ V}$$

$$V_5 = R_C \times I_5 = 1.00 \times 6.00 = 6.00 \text{ V}$$

$$V_6 = R_5 \times I_5 = 2.00 \times 6.00 = 12.00 \text{ V}$$

Comprobación:

$$V_2 = V_3 + V_4 = 4.50 + 13.50 = 18.00 \text{ V}$$

$$V_2 = V_5 + V_6 = 6.00 + 12.00 = 18.00 \text{ V}$$

$$V_{AB} = V_1 + V_3 = 5.40 + 4.50 = 9.90 \text{ V}$$

$$V_{AC} = V_1 + V_5 = 5.40 + 6.00 = 11.40 \text{ V}$$

Circuito 1:

$$I_1 = \frac{V_{AB}}{R1} = \frac{9.90}{3} = 3.30 \text{ A} \quad I_2 = \frac{V_{AC}}{R2} = \frac{11.40}{2} = 5.70 \text{ A}$$

$$I = I_1 + I_2 = 3.30 + 5.70 = 9.00 \text{ A}$$

Nudo B:

$$I_3 + I_4 = I_1 \quad I_3 = I_1 - I_4 = 3.30 - 3.00 = 0.30 \text{ A}$$

Nudo C:

$$I_5 = I_2 + I_3 = 5.70 + 0.30 = 6.00 \text{ A}$$

$$V_{BC} = V_{AC} - V_{AB} = 11.40 - 9.90 = 1.50 \text{ V}$$

$$V_{BC} = R_3 \times I_3 = 5.00 \times 0.30 = 1.50 \text{ V}$$

Un generador de corriente continua (cc) presenta una tensión en bornes en vacío de 42 V. Puesto momentáneamente en cortocircuito, circula una corriente de 0.07 kA.

Calcular la corriente que circulará, tensión en bornes y rendimiento cuando se acopla una resistencia exterior de 83.40 Ω.

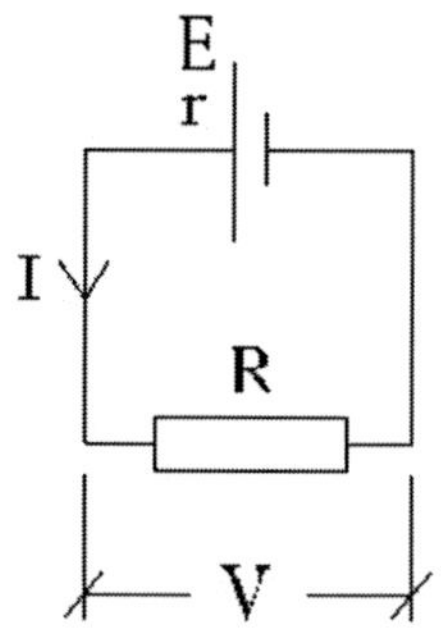

Datos: Vo = 42.00 V

Icc = 0.07 kA

R = 83.40 Ω

Unidades: Vo = 42.00 V

Icc = 70 A

R = 83.40 Ω

Cálculo:

En vacío E = Vo = 42 V

En cortocircuito E = r Icc $r = \frac{E}{Icc} = \frac{42}{70} = 0.60\ \Omega$

$E = I\ (R + r) \quad I = \frac{E}{R + r} = \frac{42}{83.40 + 0.60} = 0.50\ A$

$V = R \times I = 83.40 \times 0.50 = 41.70\ V$

$u = r \times I = 0.60 \times 0.50 = 0.30 \text{ V}$

$Pu = V \times I = 41.70 \times 0.50 = 20.85 \text{ W}$

$P_T = E \times I = 42.00 \times 0.50 = 21.00 \text{ W}$

$$Rto. = \frac{Pu}{Pt} 100 = \frac{20.85}{21.00} 100 = 99.28 \ \%$$

Un generador de c.c. de 60 V de f.e.m. y 1 Ω de resistencia interna, alimenta a un receptor de 40 Ω a través de una línea.

Calcular la resistencia de la línea para que la tensión en bornes sea de 40 V.

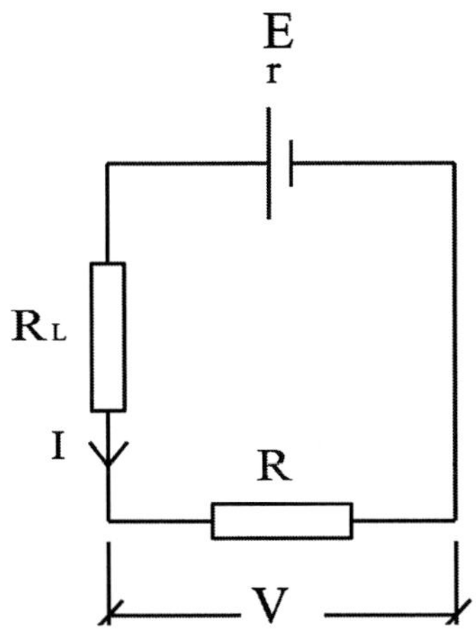

1.º Leer

2.º Datos:

E = 60 V　　　r = 1 Ω

R = 40 Ω　　　V = 40 V

3.º Unidades:

Todos los datos están en el mismo sistema.

6.º Cálculo:

$$V = R \times I \qquad I = \frac{V}{R} = \frac{40}{40} = 1\ A$$

$$V = E - r \times I - R_L \times I \qquad R_L = \frac{E - r \times I - V}{I} = \frac{60 - 1 \times 1 - 40}{1} = 19\ \Omega$$

Un generador de c.c. tiene una tensión en bornes a circuito abierto de 60 V y de 50 V a circuito cerrado cuando circula una corriente de 2 A, siendo 4 ohmios la resistencia de la línea.

Calcular:

a) Resistencia interna

b) Potencia útil

c) Rdto. del generador

d) Rdto. de la línea

e) Rdto. del conjunto

1.º Leer

2.º Datos:

$V_o = 60\ V$

$V = 50\ V$

$I = 2\ A$

$R_L = 4\ \Omega$

3.º Unidades:

Todos los datos están en el mismo sistema.

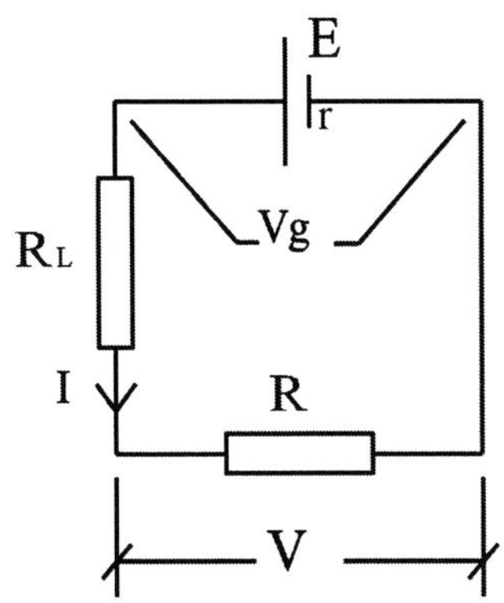

6.º Cálculo:

$$E = 60\ V \qquad E = V + r \times I + R_L \times I \qquad r = \frac{E - V - R_L \times I}{I}$$

$$r = \frac{60-50-4\times 2}{2} = 1\ \Omega \qquad Pu = V \times I = 50 \times 2 = 100\ W$$

$$Vg = E - r \times I = 60 - 1 \times 2 = 58\ V$$

$$Rdto._{g} = \frac{Pu}{Pt}100 = \frac{Vg \times I}{E \times I}100 = \frac{Vg}{E}100 = \frac{58}{60}100 = 96.66\ \%$$

$$Rdto._{línea} = \frac{Pu}{Pt}100 = \frac{V \times I}{Vg \times I}100 = \frac{V}{Vg}100 = \frac{50}{58}100 = 86.20\ \%$$

$$Rdto._{Total} = \frac{Pu}{Pt}100 = \frac{V \times I}{E \times I}100 = \frac{V}{E}100 = \frac{50}{60}100 = 83.33\ \%$$

Un generador de c.c. de 36 V de f.e.m. y 0.50 Ω de resistencia interna, alimenta a través de una línea de 2 Ω de resistencia a un receptor de 20 V de fuerza contra electromotriz (f.c.e.m.) y 1.50 Ω de resistencia interna.

Calcular:

a) Intensidad de corriente

b) Tensión en bornes del generador

c) Tensión en bornes del receptor

d) Rendimiento del generador

e) Rendimiento del receptor

f) Rendimiento de la línea

g) Rendimiento del conjunto

1.° Leer

2.° Datos:

E = 36.00 V   E' = 20 V

r = 0.50 Ω

R_L = 2.00 Ω

r' = 1.50 Ω

3.° Unidades:

Todos los datos están en el mismo sistema.

4.º Esquema:

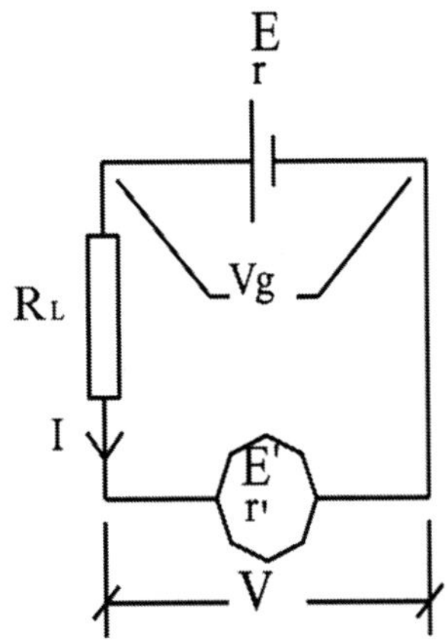

6.º Cálculo:

$E = E` + I\,(r + RL + r`)$

a) $I = \dfrac{E - E`}{r + R_L + r`} = \dfrac{36 - 20}{0.50 + 2.00 + 1.50} = \dfrac{16}{4} = 4\ \text{A}$

b) $Vg = E - rI = 36 - 0.50 \times 4 = 34\ \text{V}$

c) $V = E` + r` \times I = 20 + 1.50 \times 4 = 26\ \text{V}$

d) $\text{Rdto g} = \dfrac{\text{Pu}}{\text{Pt}} 100 = \dfrac{Vg \times I}{E \times I} 100 = \dfrac{\text{Vg}}{E} 100 = \dfrac{34}{36} 100 = 94.44\ \%$

e) $\text{Rdto}_{\text{m}} = \dfrac{\text{Pu}}{\text{Pt}} 100 = \dfrac{\text{E`} \times \text{I}}{\text{V} \times \text{I}} 100 = \dfrac{\text{E`}}{\text{V}} 100 = \dfrac{20}{26} 100 = 76.92\ \%$

f) $\text{Rdto}_{\text{L}} = \dfrac{\text{Pu}}{\text{Pt}} 100 = \dfrac{\text{V} \times \text{I}}{\text{Vg} \times \text{I}} 100 = \dfrac{\text{V}}{\text{Vg}} 100 = \dfrac{26}{34} 100 = 76.47\ \%$

g) $\text{Rdto}_{\text{T}} = \dfrac{\text{Pu}}{\text{Pt}} 100 = \dfrac{\text{E`} \times \text{I}}{\text{E} \times \text{I}} 100 = \dfrac{\text{E`}}{\text{E}} 100 = \dfrac{20}{36} 100 = 55.55\ \%$

Nota. Rdto g × Rdto m × Rdto $_{\text{L}}$ = Rdto $_{\text{T}}$.

En el circuito de la figura, calcular las intensidades de corriente, el rendimiento de cada generador y el del conjunto.

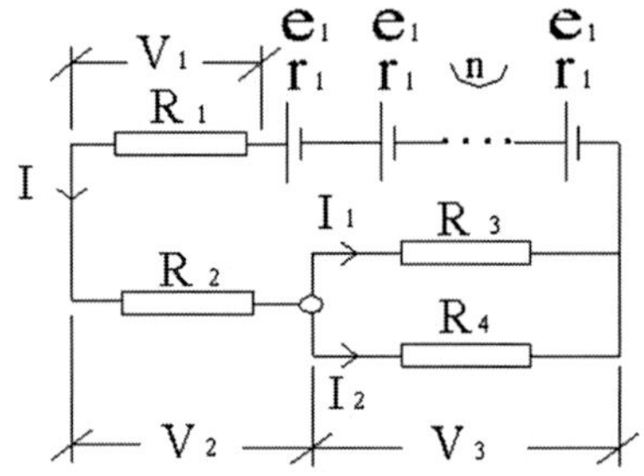

1.° Leer

2.° Datos:

e_1 = 6V r_1 = 1 Ω n = 5 R_1 = 8 Ω

R_2 = 5 Ω R_3 = 6 Ω R_4 = 3 Ω

3.° Unidades:

Todos los datos están en el mismo sistema.

4.° y 5.° Esquemas:

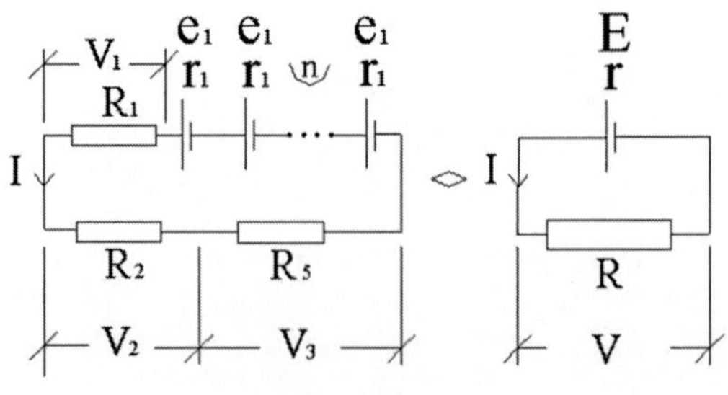

6.º Cálculo:

$$R_5 = \frac{R3 \times R4}{R3+R4} = \frac{6 \times 3}{6+3} = 2\ \Omega \qquad R = R_1 + R_2 + R_5 = 8 + 5 + 2 = 15\ \Omega$$

$$E = n\ e_1 = 5 \times 6 = 30\ V \qquad r = n \times r_1 = 5 \times 1 = 5\ \Omega$$

$$E = I\ (R + r) \quad I = \frac{E}{R+r} = \frac{30}{15+5} = 1.50\ A$$

$$V = R \times I = 15 \times 1.50 = 22.50\ V \quad V_1 = R_1 \times I = 8 \times 1.50 = 12.00\ V$$

$$V_2 = R_2 \times I = 5 \times 1.50 = 7.50\ V \quad V_3 = R_5 \times I = 2 \times 1.50 = 3.00\ V$$

Comprobación:

$$V = V_1 + V2 + V_3$$

Para el cálculo del rendimiento de cada generador, calculamos previamente la tensión en bornes de cada uno.

Siendo "u" la caída interna de tensión de cada generador y V_b la tensión en bornes, obtenemos:

$$u = r \times I = 1 \times 1.50 = 1.50\ V$$

$$Vb = e1 - u = 6.00 - 1.50 = 4.50\ V$$

$$\text{Rdto g} = \frac{Pu}{Pt}100 = \frac{Vb \times I}{e1 \times I}100 = \frac{Vb}{e1}100 = \frac{4.5}{6}100 = 75.00\ \%$$

$$\text{Rdto}_T = \frac{Pu}{Pt}100 = \frac{V \times I}{E \times I}100 = \frac{V}{E}100 = \frac{22.50}{30}100 = 75.00\ \%$$

Resolver el ejercicio anterior con los generadores acoplados en paralelo.

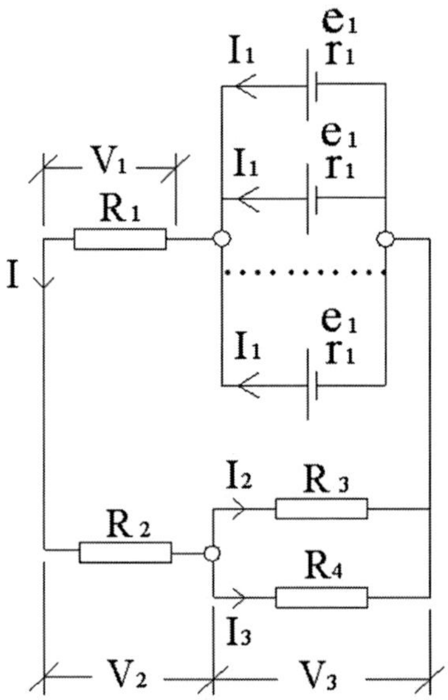

Tanto los datos como las unidades son iguales a los del ejercicio anterior.

4.º y 5.º:

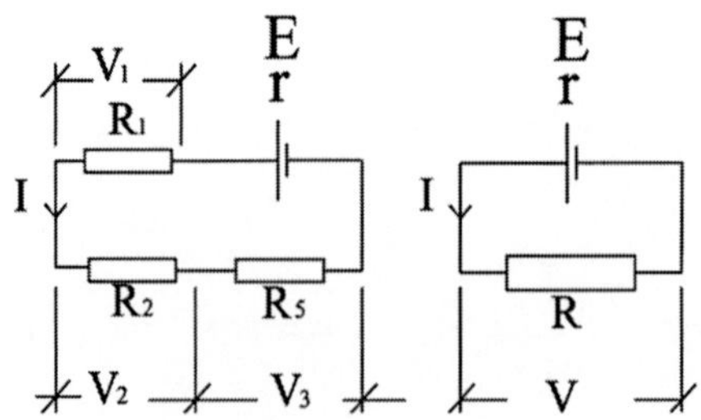

El cálculo de R_5 y R es el mismo: $R_5 = 2\ \Omega$ $R = 15\ \Omega$.

$E = e1 = 6\ V \quad r = \frac{r1}{n} = \frac{1}{5} = 0.20\ \Omega$

$E = I\ (R + r) \quad I = \frac{E}{R + r} = \frac{6}{15 + 0.20} = 0.39\ A$

$V_1 = R_1 \times I = 8 \times 0.39 = 3.12\ V$

$V_2 = R_2 \times I = 5 \times 0.39 = 1.95\ V$

$V_3 = R_5 \times I = 2 \times 0.39 = 0.78\ V$

$V = R \times I = 15 \times 0.39 = 5.85\ V$

$I_2 = \frac{V_3}{R_3} = \frac{0.78}{6} = 0.13\ A$ $\qquad I_3 = \frac{V_3}{R_4} = \frac{0.78}{3} = 0.26\ A$

$I = I_2 + I_3 = 0.13 + 0.26 = 0.39\ A$

$I_1 = \frac{I}{n} = \frac{0.39}{5} = 0.078\ A \qquad u = r_1 \times I_1 = 1 \times 0.078 = 0.078\ V$

$Vb = e_1 - u = 6 - 0{,}078 = 5{,}922\ V$

$$\text{Rdto g} = \frac{Pu}{Pt} 100 = \frac{Vb \times I1}{e1 \times I1} 100 = \frac{Vb}{e1} 100 = \frac{5.922}{6} 100 = 98.70\ \%$$

$$\text{Rdto T} = \frac{Pu}{Pt} 100 = \frac{V \times I}{E \times I} 100 = \frac{V}{E} 100 = \frac{5.85}{6} 100 = 97.50\ \%$$

Disponemos de 160 pilas iguales de 2 V de f.e.m. y 1 Ω de resistencia interna cada una. Calcular el acoplamiento que debemos realizar para obtener la máxima intensidad en una resistencia exterior de 9 Ω.

1.º Leer

2.º Datos:

$e_1 = 2\ V \qquad r = 1\ \Omega$

$N = 160 \qquad R = 9\ \Omega$

Unidades:

Todos los datos están en el mismo sistema.

4.º y 5.º Esquemas:

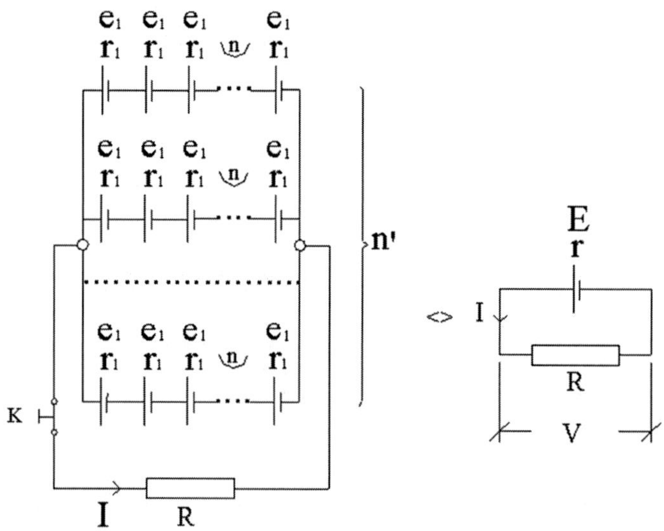

6.º Cálculo:

Condición de máxima intensidad: $n = \sqrt{\frac{N \times R}{r1}} = \sqrt{\frac{160 \times 9}{1}} = 37.9$

El resultado tiene que ser entero, entonces: n = 38.

Para que el número de derivaciones (n') también resulte un número entero, "n" tiene que ser divisor de N (160); por tanto, calcularemos los divisores de "N" que más se aproximen a 38:

160	2	
80	2	
40	2	2, 4, 5, 8, 10, 16, 20, **32, 40**, 80, 160

20	2	$160 = 32 \times 5$
10	2	$160 = 40 \times 4$
5	5	
1		

Con n = 32 y n' = 5 tenemos:

$E = n \times e_1 = 32 \times 2 = 64$ V $\quad r = \frac{n \times r1}{n`} = \frac{32 \times 1}{5} = 6.40\ \Omega$

$I = \frac{E}{R + r} = \frac{64}{9 + 6.40} = 4.16$ A

Con n = 40 y n' = 4 tenemos:

$E = n \times e_1 = 40 \times 2 = 80.00$ V $\quad r = \frac{n \times r1}{n`} = \frac{40 \times 1}{4} = 10.00\ \Omega$

$I = \frac{E}{R + r} = \frac{80}{9 + 10} = 4.21$ A $\qquad 4.21 > 4.16$

Por tanto, el acoplamiento ideal sería de 4 derivaciones con 40 pilas cada una:

n = 40 n' = 4

Disponemos de un amperímetro con capacidad hasta 18 A y resistencia interna de 3 Ω. Deseamos emplearlo para medir una línea por la que circulan 30 A. Calcular el Shunt que hay que acoplar.

1.º Leer

2.º Datos:

$I_A = 18$ A $I_L = 30$ A $R_A = 3\ \Omega$

3º Unidades:

Todos los datos están en el mismo sistema.

4.º y 5.º Esquema:

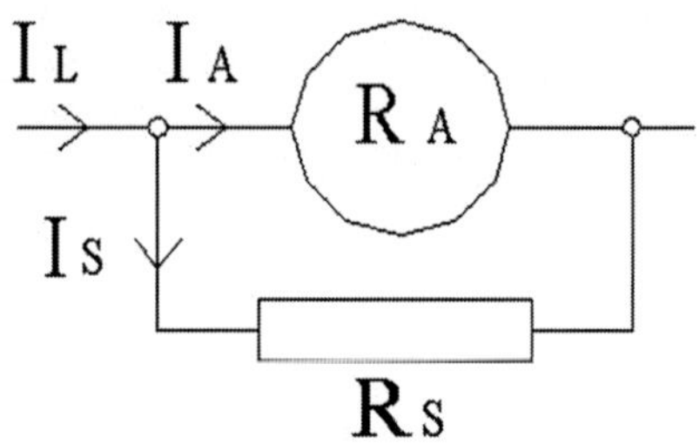

6.º Cálculo:

$$I_L = I_A + I_S \qquad I_S = I_L - I_A = 30 - 18 = 12\ \text{A}$$

$$R_S \times I_S = R_A \times I_A \qquad R_S = \frac{R_A \times I_A}{I_S} = \frac{3 \times 18}{12} = 4.50\ \Omega$$

Otra forma de resolverlo:

$$K = 1 + \frac{R_A}{R_S} \qquad K = \frac{I_L}{I_A} = \frac{30}{18}$$

$$R_S = \frac{R_A}{K-1} = \frac{3}{\frac{30}{18}-1} = \frac{3}{\frac{12}{18}} = 4.50\ \Omega$$

Deseamos triplicar la capacidad de un amperímetro. Calcular la relación entre la resistencia del aparato y la del Shunt que hay que acoplarle.

$$K = 3 \quad K = 1 + \frac{R_A}{R_S} \quad 3 = 1 + \frac{R_A}{R_S} \quad \frac{R_A}{R_S} = 3 - 1 = 2$$

Otra forma:

$$I_L = 3\ I_A \quad I_S = I_L - I_A \quad I_S = 3\ I_A - I_A = 2\ I_A$$

$$I_A \times R_A = I_S \times R_S \quad R_A = \frac{Rs \times Is}{I_A} = \frac{Rs \times 2I_A}{I_A} = 2\ Rs$$

Disponemos de un galvanómetro de 100 divisiones y 100 mA de consumo por división, con una resistencia interna de 6 Ω. Lo deseamos emplear como amperímetro con capacidad de 20 A, 30 A y 40 A. Calcular los Shunts que hay que acoplarle.

1.º Leer

2.º Datos: Divisiones: 100

$I_{división} = 100$ mA

$R_A = 6\ \Omega$

3.º Unidades: Divisiones: 100

$I_{división}$: 100×10^{-3} A

$R_A = 6\ \Omega$

$I_{L1} = 20\ A$ $\quad$ $I_{L1} = 20\ A$

$I_{L2} = 30\ A$ $\quad$ $I_{L2} = 30\ A$

$I_{L3} = 40\ A$ $\quad$ $I_{L3} = 40\ A$

4.º y 5.º Esquema:

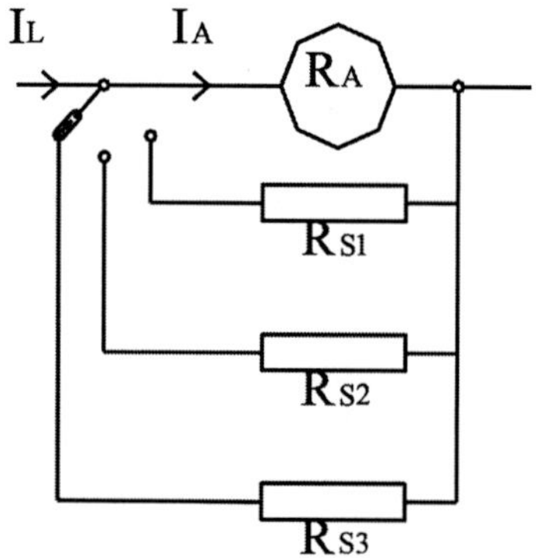

6.º Cálculos:

a) $I_A = 100 \times 0.1 = 10\ A$

$I_{L1} = 20\ A$ $\quad$ $I_{S1} = I_{L1} - I_A = 20 - 10 = 10\ A$

$I_A \times R_A = I_{S1} \times R_{S1}$ $\quad$ $\mathbf{R_{s1}} = \dfrac{R_A \times I_A}{Is1} = \dfrac{6 \times 10}{10} = \mathbf{6\ \Omega}$

b) $I_{L2} = 30\ A$ $\quad$ $I_{S2} = I_{L2} - I_A = 30 - 10 = 20\ A$

$I_A \times R_A = I_{S2} \times R_{S2}$ $\quad$ $\mathbf{R_{S2}} = \dfrac{R_A \times I_A}{Is2} = \dfrac{6 \times 10}{20} = \mathbf{3\ \Omega}$

c) $I_{L2} = 40\ A$ $\quad$ $I_{S3} = I_{L3} - I_A = 40 - 10 = 30\ A$

$\mathbf{R_{S3}} = \dfrac{R_A \times I_A}{Is3} = \dfrac{6 \times 10}{30} = \mathbf{2\ \Omega}$

Se desea emplear un amperímetro con capacidad hasta 10 A para medir una línea por la que circulan 12 A. Sabiendo que la resistencia interna del aparato es de 7 Ω, calcular el Shunt que hay que acoplarle para que el amperímetro señale la medida en la mitad de escala.

1.º Leer

2.º Datos:

I_{AT} = 10 A I_A = 5 A I_L = 12 A R_A = 7 Ω

3.º Unidades:

Todos los datos están en el mismo sistema.

4.º y 5.º Esquema:

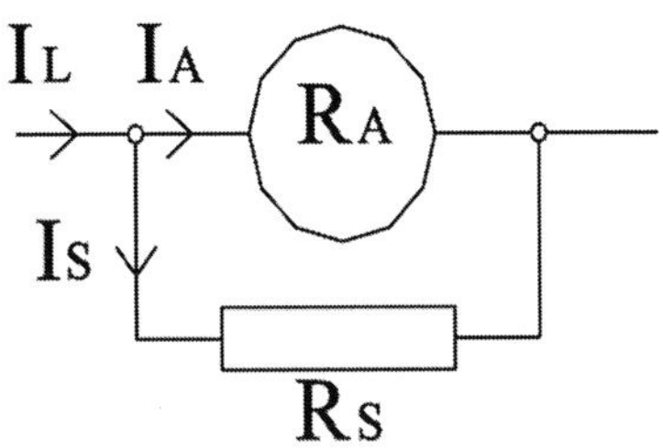

6.º Cálculo:

$$I_L = I_A + I_S \quad I_S = I_L - I_A = 12 - 5 = 7\ A$$

$$I_A \times R_A = I_S \times R_S \qquad R_S = \frac{R_A \times I_A}{I_S} = \frac{7 \times 5}{7} = 5\ \Omega$$

Otra forma de resolverlo:

$$K = \frac{I_L}{I_A} = \frac{12}{5} = 2.40 \quad K = 1 + \frac{R_A}{R_S} \quad R_S = \frac{R_A}{K-1} = \frac{7}{2.40 - 1} = 5\ \Omega$$

Disponemos de un voltímetro con capacidad hasta 150 V y con una resistencia interna de 2 K. Calcular la resistencia de compensación que hay que acoplarle para poder medir una línea de 360 V.

1.º Leer

2.º Datos: $V = 150\ V$

$V_L = 360\ V$

$R_V = 2\ K$

3.º Unidades: $V = 150\ V$

$V_L = 360\ V$

$R_V = 2000\ \Omega$

4.º y 5.º Esquema:

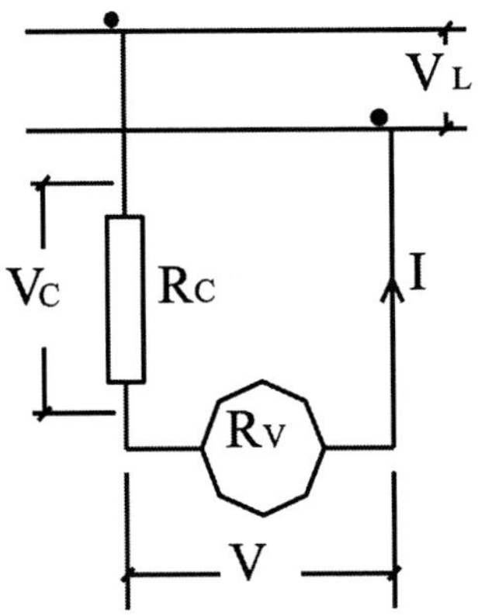

6.º Cálculo:

$V_L = V_C + V \quad V_C = V_L - V = 360 - 150 = 210\ V$

$V = R_V \times I \qquad I = \frac{V}{Rv} = \frac{150}{2000} = 0.075\ A$

$R_C = \frac{V_C}{I} = \frac{210}{0.075} = 2800\ \Omega$

Otra forma:

$K = \frac{V_L}{V} = \frac{360}{150} = 2.40 \quad K = 1 + \frac{Rc}{Rv} \quad Rc = (K - 1)\ Rv$

$Rc = (2.40 - 1)\ 2000 = 2800\ \Omega$

Disponemos de un voltímetro con capacidad hasta 100 V y una resistencia interna de 2.5 K. Calcular las resistencias que hay que acoplarle para poder efectuar medidas de 300 V, 400 V y 600 V, respectivamente, indicando la aguja la mitad de escala en ambos casos.

1.° Leer

2.° Datos:

$V_V = 100\ V$

$V_{1/2\ escala} = 50\ V$

$R = 2.5\ K$

$V_{L1} = 300\ V$

$V_{L2} = 400\ V$

$V_{L3} = 600\ V$

3.° Unidades:

$V_V = 100\ V$

$V_{1/2\ escala} = 50\ V$

$R = 2500\ \Omega$

$V_{L1} = 300\ V$

$V_{L2} = 400\ V$

$V_{L3} = 600\ V$

4.° y 5.° Esquema:

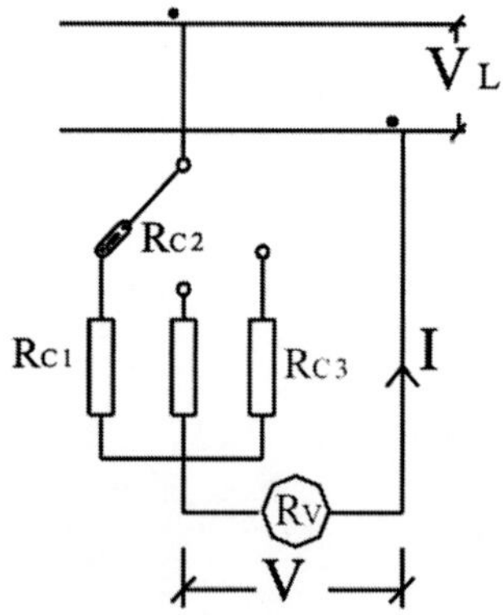

6.º Cálculo:

A) $V_{L1} = 300\ V$ $\qquad V_{C1} = V_{L1} - V_{1/2\ escala} = 300 - 50 = 250\ V$

V_{C1} = Tensión en bornes de las resistencias de compensación.

$$I = \frac{V}{Rv} = \frac{50}{2500} = 0.02\ A$$

$$R_{C1} = \frac{Vc1}{I} = \frac{250}{0.02} = \mathbf{12500\ \Omega}$$

B) $V_{L2} = 400\ V$ $\qquad V_{C2} = V_{L2} - V_{1/2\ escala} = 400 - 50 = 350\ V$

$$I = 0.02\ A \qquad R_{C2} = \frac{Vc2}{I} = \frac{350}{0.02} = \mathbf{17500\ \Omega}$$

C) $V_{L3} = 600\ V$ $\qquad V_{C3} = V_{L3} - V_{1/2\ escala} = 600 - 50 = 550\ V$

$$I = 0.02\ A \qquad R_{C3} = \frac{Vc3}{I} = \frac{550}{0.02} = \mathbf{27500\ \Omega}$$

Otra forma:

$$K = \frac{VL}{V} \qquad Rc = Rv\ (K - 1)$$

$$K_1 = \frac{300}{50} = 6 \qquad K_2 = \frac{400}{50} = 8 \qquad K_3 = \frac{600}{50} = 12$$

$R_{C1} = 2500\ (6-1) = 12500\ \Omega$

$R_{C2} = 2500\ (8-1) = 17500\ \Omega$

$R_{C3} = 2500\ (12-1) = 27500\ \Omega$

CAPÍTULO 6

LEYES Y TEOREMAS FUNDAMENTALES III

6.1 TEOREMA DE SUPERPOSICIÓN

La respuesta de un circuito o red lineal a diversas fuentes simultáneas independientes de excitación es igual a la suma de las respuestas que por separado produce cada una de las fuentes consideradas.

Siendo "Z" la impedancia del circuito pasivo sobre el que actúan las fuentes de excitación, "i_a" la respuesta a la fuente "e_a", "i_b" la respuesta a la fuente "e_b", e "ic" la respuesta a la fuente "e_c", obtenemos:

$$e_a = Z \times i_a$$

$$e_b = Z \times i_b$$

$$e_c = Z \times i_c$$

Siendo "e" la acción total de las distintas fuentes, e "i" la respuesta del circuito a la acción de "e", obtenemos:

$$e = Z \times i \qquad e = e_a + e_b + e_c$$

$$Z \times i = Z \times i_a + Z \times i_b + Z \times i_c$$

$$Z \times i = Z (i_a + i_b + i_c)$$

$$i = i_a + i_b + i_c$$

6.2 TEOREMA DE THEVENIN

Todo circuito lineal activo con dos terminales accesibles A y B puede sustituirse, desde el punto de vista de sus efectos exteriores, por su correspondiente circuito pasivo conectado en serie con una fuente ideal de tensión que proporcione una tensión igual a la que aparece en el primitivo circuito con sus terminales A y B abiertos.

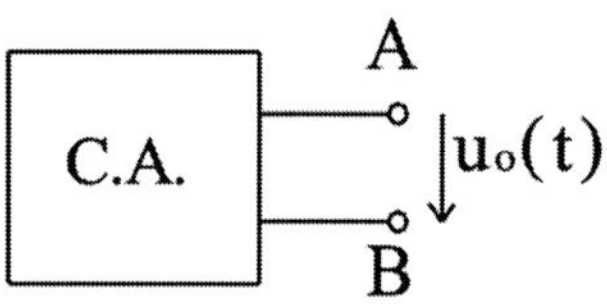

fig. 1

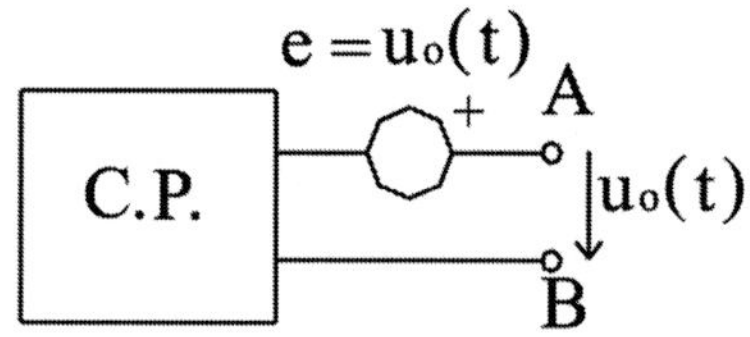

fig. 2

La demostración se llevará a cabo para cualquier corriente entre A y B; para ello colocamos una fuente ideal de intensidad. Tendremos que demostrar que la tensión entre los puntos A y B es igual en ambos casos.

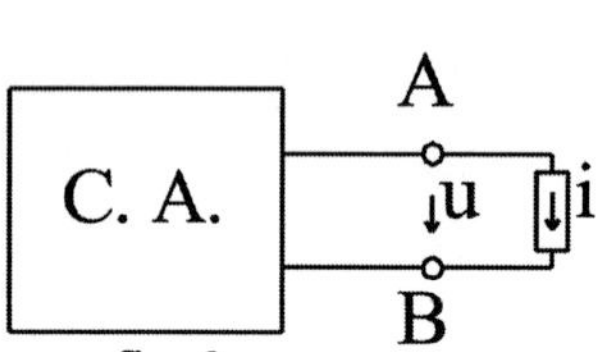

fig. 3

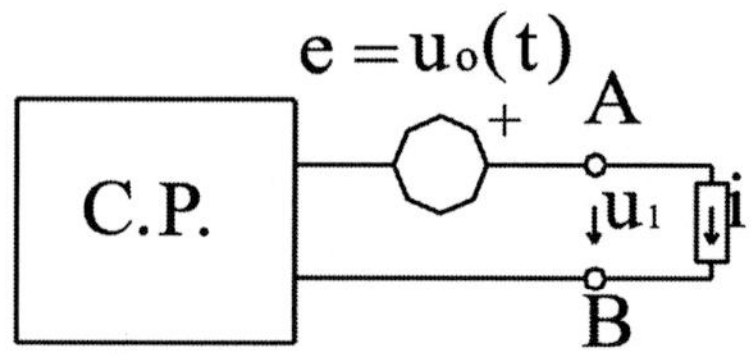

fig. 4

Para calcular "u" y "u_1" aplicamos el teorema de superposición en ambos circuitos.

Teorema de superposición (figura 3):

Eliminamos primero la fuente "i". Quedará el circuito abierto igual a la figura 1. La tensión em bornes de AB será $u_o(t)$, según figura 1.

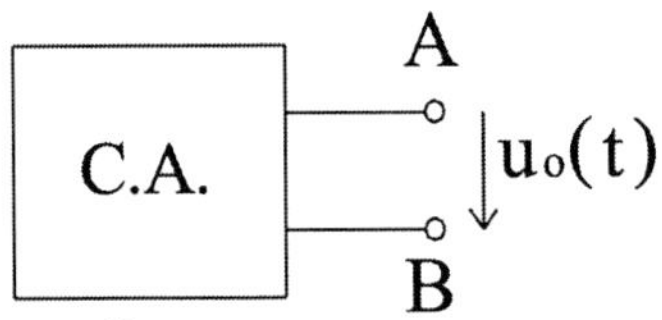

fig. 5

A continuación, eliminamos las fuentes de CA.

Supongamos que, en este caso, la tensión entre AB es u_1 un valor cualquiera:

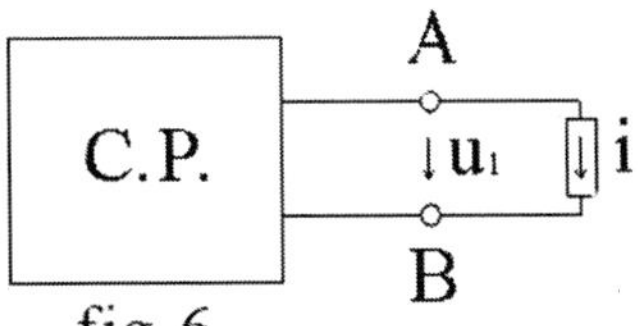

fig. 6

Aplicando el teorema de superposición, resulta: $u = u_0 + u_1$

Teorema de superposición (figura 4):

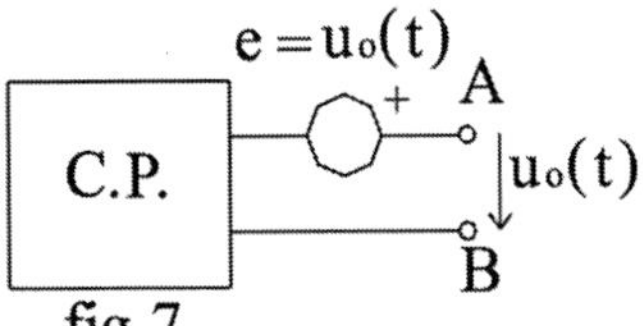

fig. 7

Eliminamos primero la fuente "i". Quedará el circuito abierto igual a la figura 2. La tensión en bornes AB será u_0 (t), según dicha figura.

A continuación, eliminamos la fuente $e = u_0$ (t), quedando el circuito idéntico al de la figura 6; por tanto, si en ese circuito (figura 6) llamábamos u_1 a la tensión entre A y B, ahora será igual.

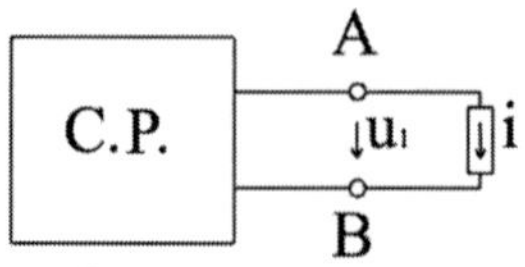

fig. 8

Aplicando el teorema de superposición, resulta: $u = u_0\ (t) + u_1$

Vemos que las tensiones entre A y B son iguales en ambos casos y como las intensidades también son iguales, queda demostrado el teorema de Thevenin.

6.3 TEOREMA DE NORTON

Todo circuito lineal activo con dos terminales accesibles A y B puede sustituirse, desde el punto de vista de sus efectos exteriores, por su correspondiente circuito pasivo conectado en paralelo con una fuente ideal de intensidad que produzca la misma corriente que la que origina el circuito activo con sus terminales A y B en cortocircuito.

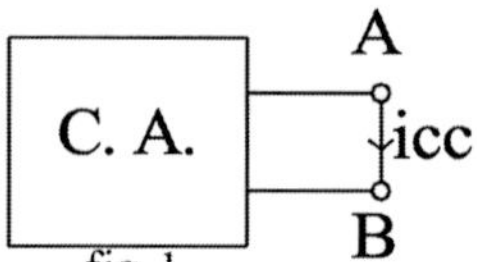

fig. 1

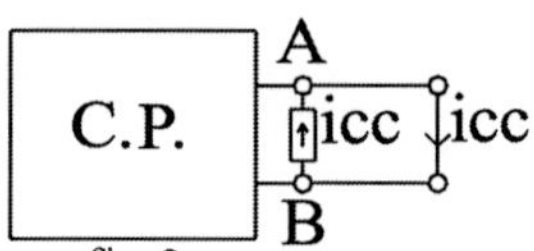

fig. 2

La demostración la vamos a realizar para cualquier tensión entre A y B, para ello intercalamos entre ambos terminales una fuente ideal de tensión u(t).

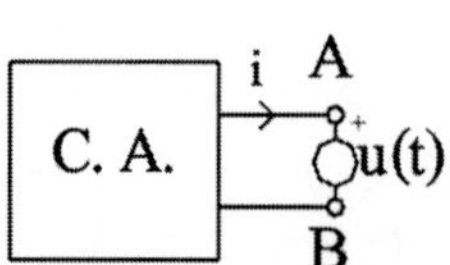

fig.3

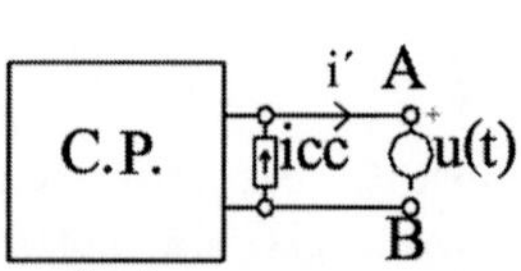

fig.4

Tendremos que demostrar que la corriente es igual en ambos casos, es decir, i = i', dado que la tensión ya vemos que es la misma, u(t).

Para demostrar que las corrientes son iguales, aplicamos el teorema de superposición en ambos circuitos (figuras 3 y 4).

Teorema de superposición (figura 3):

Eliminamos primero la fuente u(t), quedando el circuito igual a la figura 1; la corriente entre A y B será icc (figura 5):

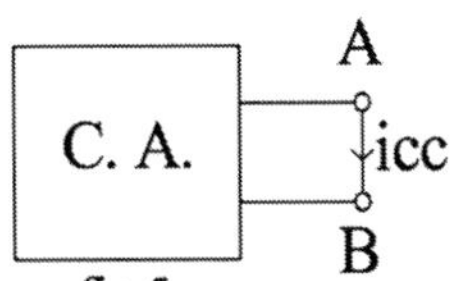

fig.5

Eliminamos las fuentes de CA, quedando el circuito de la figura 6:

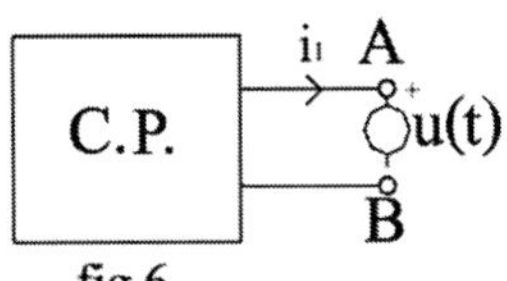

fig.6

Supongamos que la corriente, en este caso (figura 6), sea i_1, con lo cual, aplicando el teorema de superposición, resulta: $i = icc + i_1$

Teorema de superposición (figura 4):

Eliminamos primero la fuente u(t), quedando el circuito igual al de la figura 2; por tanto, la corriente entre A y B será icc:

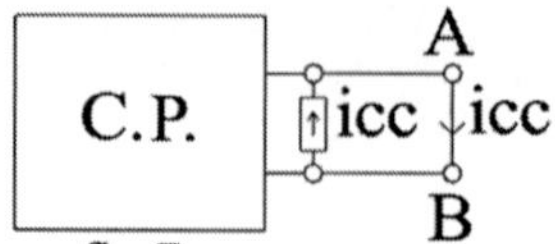

fig.7

A continuación, eliminamos la fuente icc quedando el circuito idéntico al de la figura 6; por tanto, si en ese circuito (figura 6) llamábamos i_1 a la corriente entre A y B, ahora será igual, resultando:

$$I' = icc + i_1$$

Vemos pues, que i = i', quedando así demostrado el teorema de Norton.

6.4 FUENTES RESISTIVAS EQUIVALENTES DESDE EL PUNTO DE VISTA DE LOS EFECTOS EXTERIORES

En el teorema de Thevenin tenemos una fuente de tensión en serie con una resistencia. En el teorema de Norton tenemos una fuente de intensidad en paralelo con una resistencia. Para pasar de una a otra:

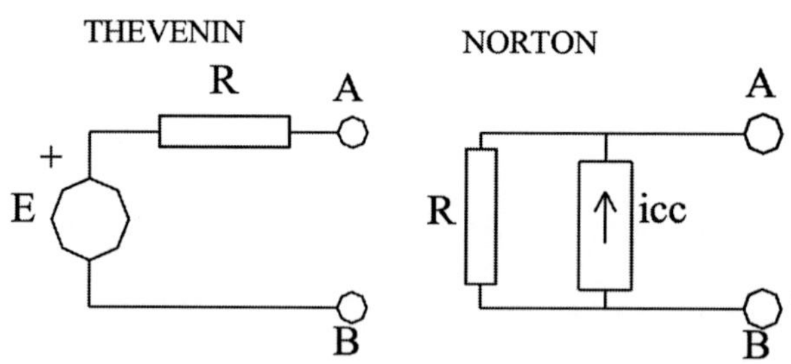

La resistencia R es común para los dos circuitos (circuito pasivo):

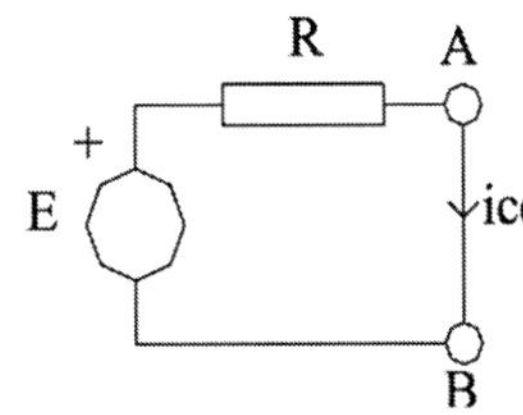

$$icc = \frac{E}{R}$$

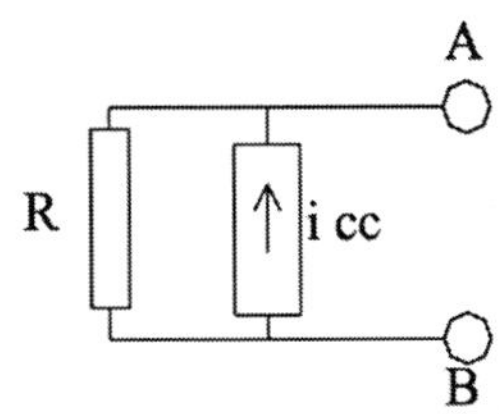

$$V_{AB\,vacío} = R \times icc$$

6.5 TEOREMA DE MILLMAN

La tensión entre dos puntos A y B sin conexión eléctrica es igual a la suma de los productos de las conductancias (G) que concurren en uno de ellos por las tensiones entre el nudo y el otro extremo de dichas conductancias, dividido por la suma de las mismas (conductancias).

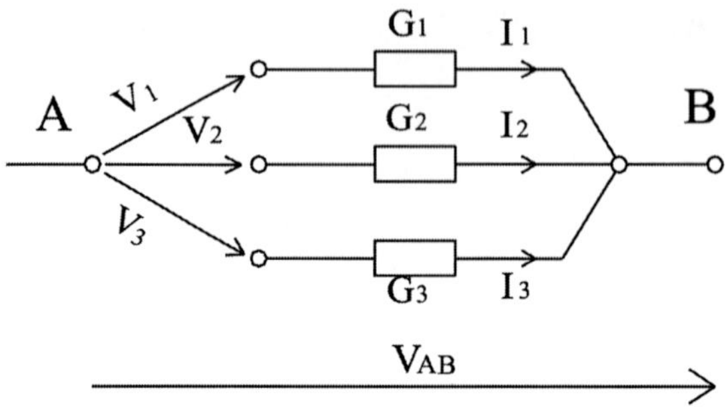

$I_1 = (V_{AB} - V_1)\, G_1$ $I_2 = (V_{AB} - V_2)\, G_2$ $I_3 = (V_{AB} - V_3)\, G_3$ $I_1 + I_2 + I_3 = (V_{AB} - V_1)\, G_1 + (V_{AB} - V_2)\, G_2 + (V_{AB} - V_3)\, G_3$

Al ser un circuito abierto no hay corrientes, luego esta suma debe ser cero:

$$V_{AB} \times G_1 - V_1\, G_1 + V_{AB} \times G_2 - V_2\, G_2 + V_{AB} \times G_3 - V_3\, G_3 = 0$$

$$V_{AB}\,(G_1 + G_2 + G_3) = V_1\, G_1 + V_2\, G_2 + V_3\, G_3$$

$$V_{AB} = \frac{V1\ G1 + V2\ G2 + V3\ G3}{G1 + G2 + G3}$$

CAPÍTULO 7

RESOLUCIÓN DE PROBLEMAS

En el circuito de la figura 1 calcular las intensidades en las ramas y la d.d.p. entre los puntos A y B, aplicando el teorema de superposición.

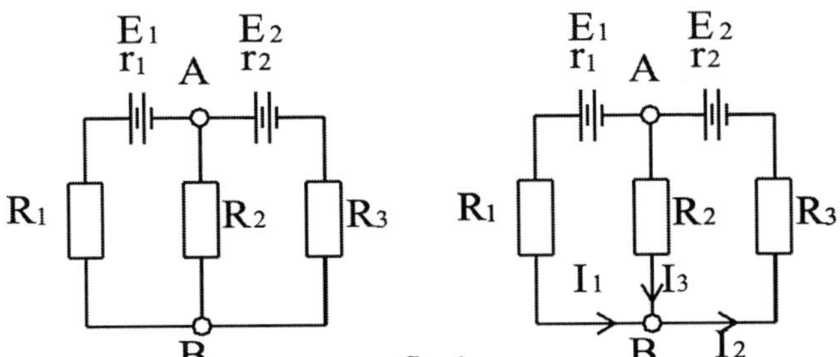

fig.1

De forma arbitraria fijamos unas corrientes en las ramas I_1, I_2 e I_3.

Datos:

E_1 = 20 V E_2 = 10 V r_1 = 2 Ω r_2 = 1 Ω

R_1 = 28 Ω R_2 = 40 Ω R_3 = 39 Ω

Unidades:

Todos los datos están en el mismo sistema.

Aplicando el teorema de superposición, consideramos únicamente la fuente E_1.

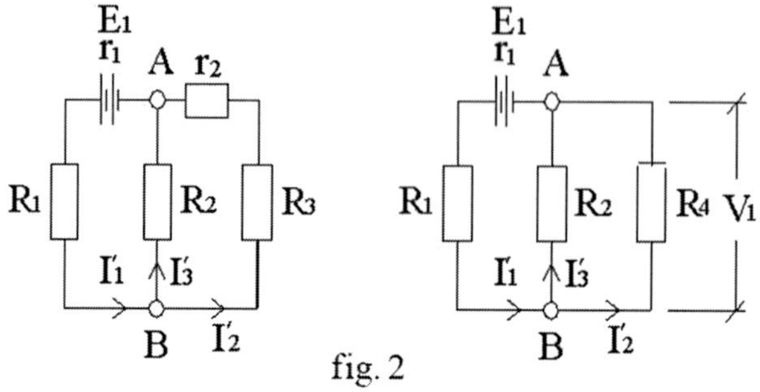

fig. 2

Hallamos la resultante de las resistencias r_2, R_2 y R_3. Primero r_2 con R_3 que están en serie:

$$R_4 = r_2 + R_3 = 1 + 39 = 40\ \Omega$$

A continuación, la resultante de R_2 con R_4 que están en paralelo:

$$R_5 = \frac{R2}{2} = \frac{40}{2} = 20\ \Omega$$

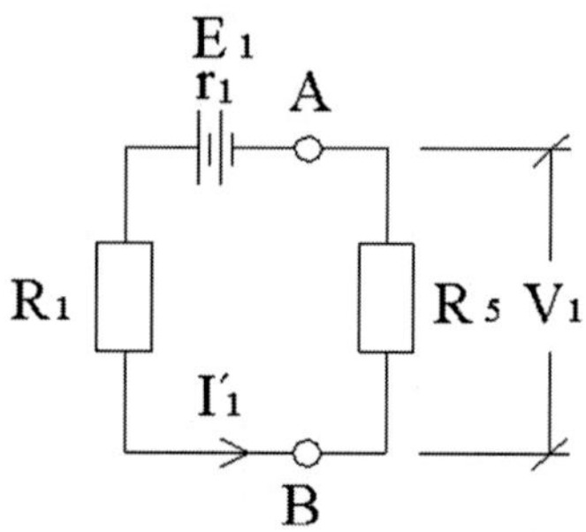

fig. 3

$$E_1 = I_1'\,(r_1 + R_1 + R_5) \qquad I_1' = \frac{E1}{r1+R1+R5} = \frac{20}{2+28+20} = 0.40\ \text{A}$$

$$V_1 = R_5 \times I_1' = 20 \times 0.40 = 8\ \text{V}$$

Figura 2:

$I_2' = \frac{V1}{R4} = \frac{8}{40} = 0.20\ A \qquad I_3' = I_1' - \ I_2 = 0.40 - 0.20 = 0.20\ A$

Consideramos ahora únicamente la fuente E_2:

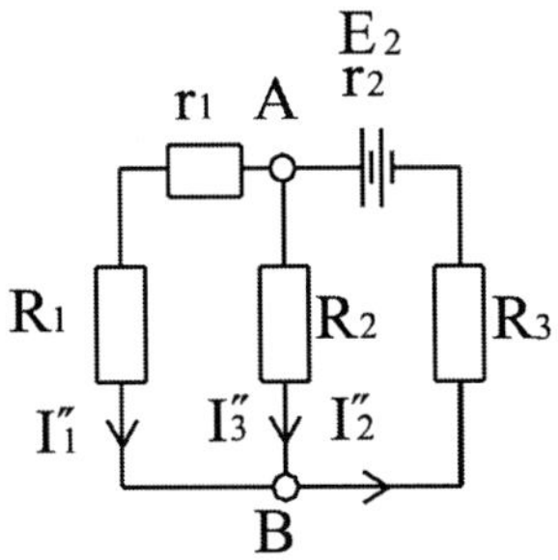

fig.4

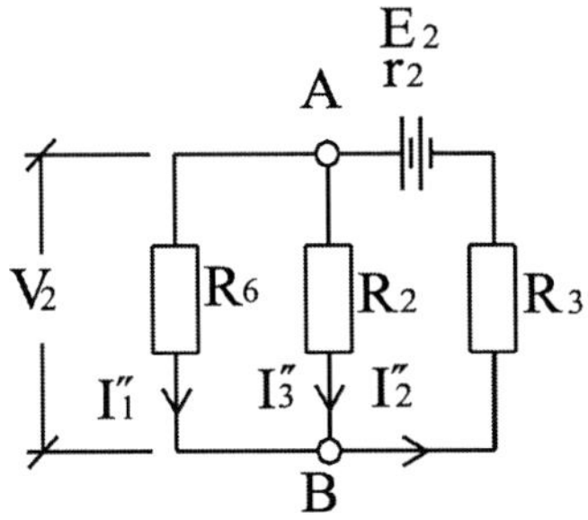

fig.5

Figura 5:

$R_6 = r_1 + R_1 = 28 + 2 = 30\ \Omega$

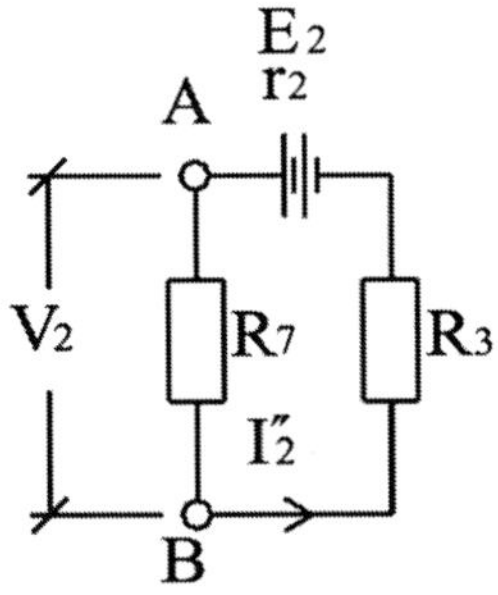

fig.6

Figura 6:

$R_7 = \frac{R2 \times R6}{R2 + R6} = \frac{40 \times 30}{40 + 30} = \frac{120}{7}\ \Omega$

$$E_2 = I_2''(r_2 + R_7 + R_3) \quad I_2'' = \frac{E2}{r2+R7+R3} = \frac{10}{1+\frac{120}{7}+39} = 0.175 \text{ A}$$

$$V_2 = R_7 \times I_2'' = \frac{120}{7} \times 0.175 = 3 \text{ V}$$

Figura 5:

$$I_1'' = \frac{V2}{R6} = \frac{3}{30} = 0.10 \text{ A}$$

$$I_3'' = I_2'' - I_1'' = 0.175 - 0.10 = 0.075 \text{ A}$$

Observando las figuras 1, 2 y 4 y aplicando el teorema de superposición:

$$I_1 = I_1' + I_1'' = 0.40 + 0.10 = 0.50 \text{ A}$$

$$I_2 = I_2' + I_2'' = 0.20 + 0.175 = 0.375 \text{ A}$$

$$I_3 = I_2 - I_1 = 0.375 - 0.50 = -0.125 \text{ A}$$

Este resultado negativo de I_3 nos indica que la corriente circula en sentido contrario al fijado en la figura 1, es decir, va del nudo B hacia nudo A.

Nota. Obsérvese que este resultado es idéntico al obtenido aplicando las leyes de Kirchhoff en el apartado 3.1.7 y al obtenido aplicando el método de las mallas en el apartado 5.1.

En el circuito de la figura 1, calcular las intensidades en las ramas y la d.d.p. entre los puntos A y B aplicando el teorema de superposición.

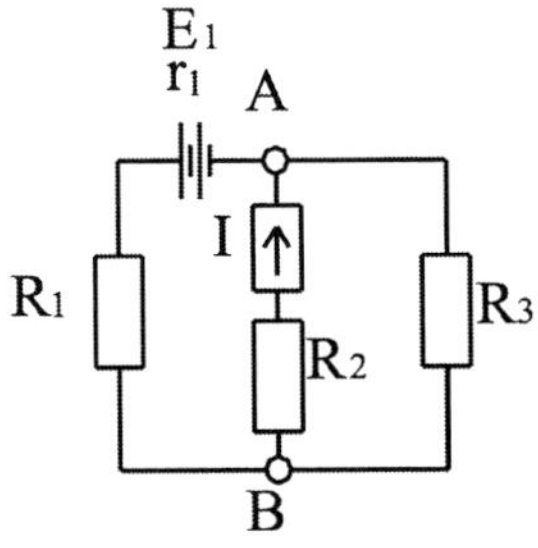

fig.1

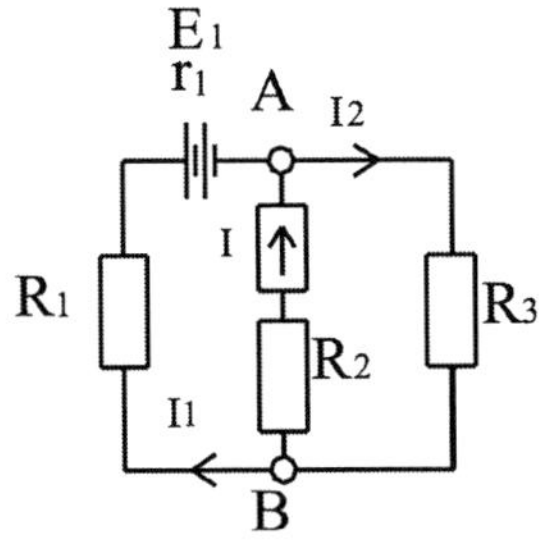

fig.2

Datos:

E_1 = 40 V $\qquad$ r_1 = 4 Ω $\qquad$ I = 6 A

R_1 = 30 Ω $\qquad$ R_2 = 20 Ω $\qquad$ R_3 = 40 Ω

Unidades:

Todos los datos están en el mismo sistema.

De forma arbitraria fijamos unas corrientes en las ramas I_1 e I_2.

Aplicando el teorema de superposición, consideramos únicamente la fuente E_1:

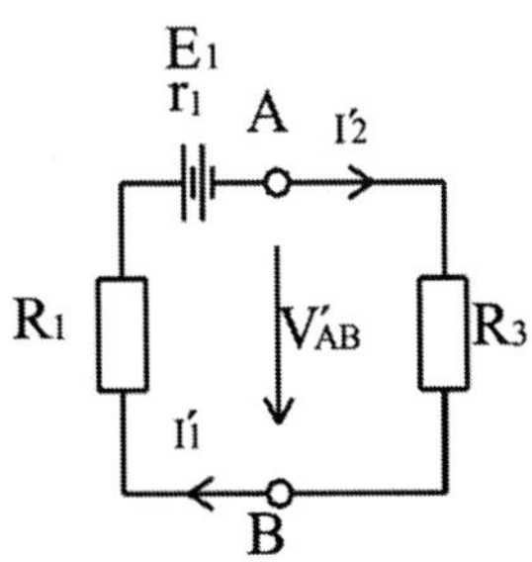

fig.3

Figura 3:

$$I_1' = \frac{E1}{r1+R1+R3} = \frac{40}{4+30+40} = 0.54\ A$$

$$I_2' = I_1' = 0.54\ A$$

$V_{AB}' = I_2' \times R_3 = 0.54 \times 40 = 21.60\ V$

Consideramos únicamente la fuente I:

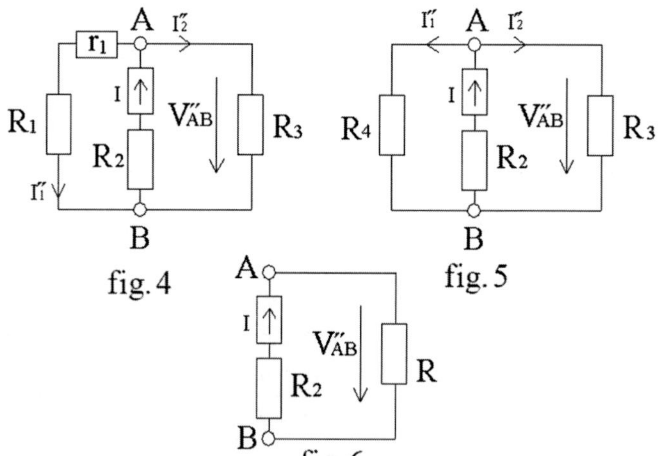

fig. 4 fig. 5 fig. 6

Figura 5:

$$R_4 = R_1 + r_1 = 30 + 4 = 34\ \Omega$$

Figura 6:

$$R_T = \frac{R4 \times R3}{R4+R3} = \frac{34 \times 40}{34+40} = 18.38\ \Omega$$

$$V''_{AB} = R_T \times I = 18.38 \times 6 = 110.28\ V$$

Figura 5:

$$I_1'' = \frac{V''AB}{R4} = \frac{110.28}{34} = 3.24 \text{ A}$$

$$I_2'' = \frac{V''AB}{R3} = \frac{110.28}{40} = 2.76 \text{ A}$$

Observando las figuras 2, 3 y 4 y teniendo en cuenta el teorema de superposición:

$$I_1 = I_1' - I_1'' = 0.54 - 3.24 = -2.70 \text{ A}$$

$$I_2 = I_2' + I_2'' = 0.54 + 2.76 = 3.30 \text{ A}$$

El resultado negativo de I_1 indica que la corriente circula en sentido contrario al establecido de forma arbitraria en la figura 2.

En el circuito de la figura, calcular el circuito equivalente por Thevenin:

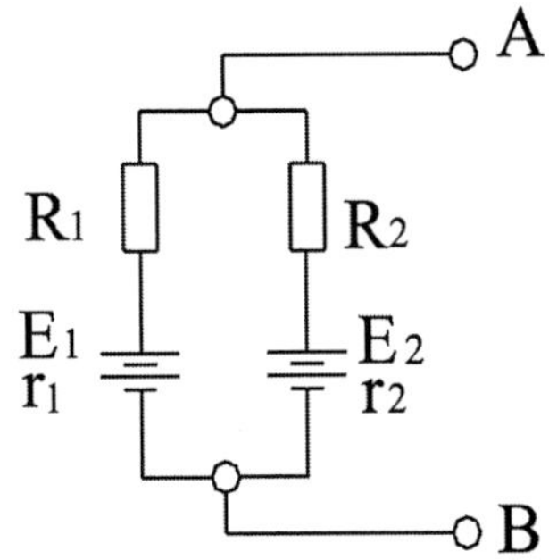

Datos:

E_1 = 20 V E_2 = 40 V r_1 = 2 Ω r_2 = 2 Ω

R_1 = 40 Ω R_2 = 60 Ω

Unidades:

Todos los datos están en el mismo sistema.

Esquema equivalente Thevenin:

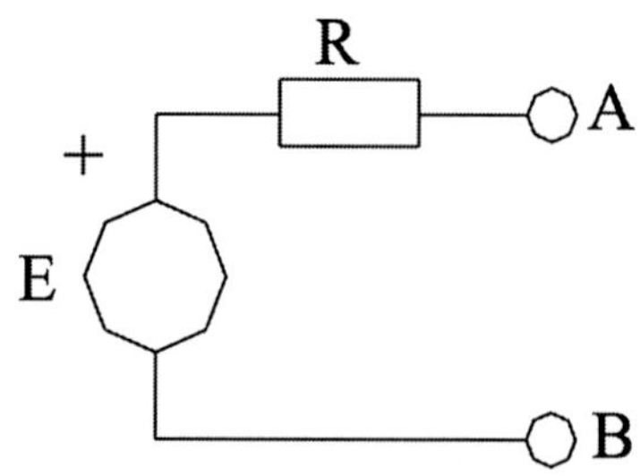

Su correspondiente circuito pasivo lo obtenemos puenteando las fuentes de tensión:

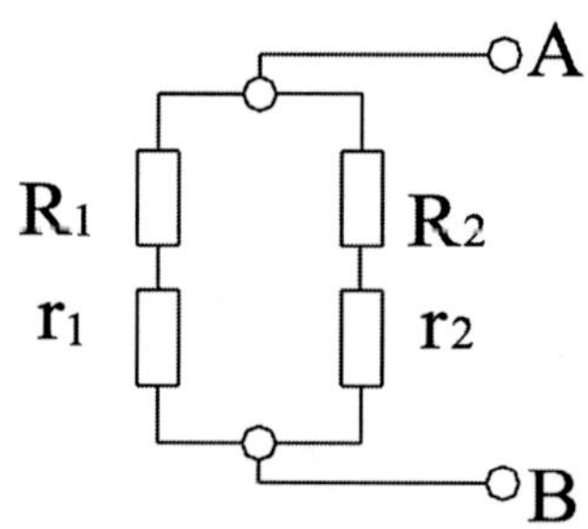

$$R = \frac{(R1+r1)\,(R2+r2)}{(R1+r1)+(R2+r2)} = \frac{(40+2)\,(60+2)}{(40+2)+(60+2)} = 25.038\ \Omega$$

La tensión en vacío entre A y B la calculamos hallando previamente la corriente I:

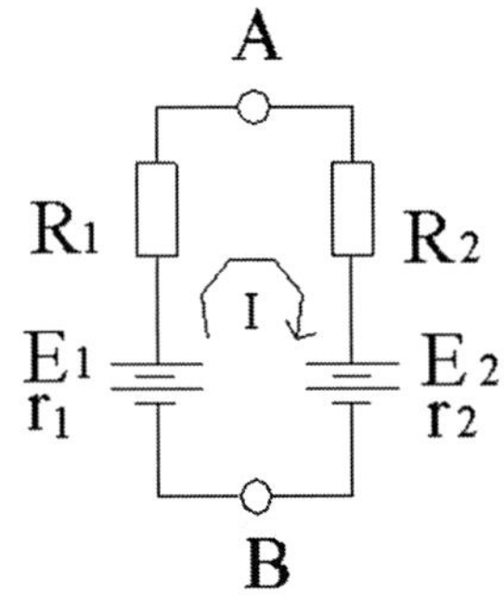

$$E_1 - E_2 = I\,(r_1 + R_1 + R_2 + r_2)$$

$$I = \frac{E1-E2}{r1+R1+R2+r2} = \frac{20-40}{2+40+60+2} = -\,0.1923\ \text{A}$$

Al resultar negativo nos indica que las corrientes circulan en sentido contrario:

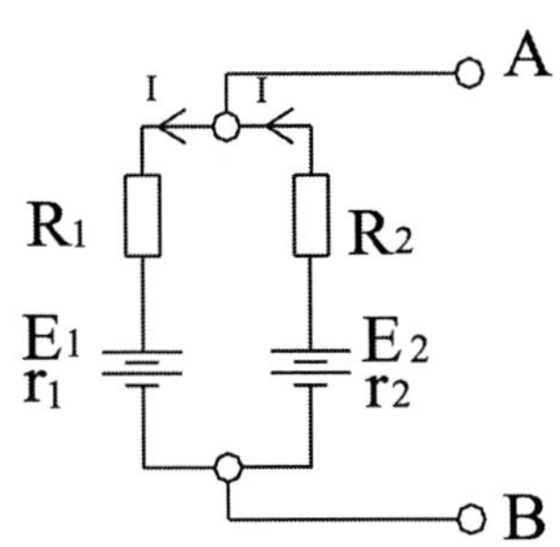

$$V_A = V_B + I\,(R_1 + r_1) + E_1$$

$$V_A - V_B = 0.1923\ (40 + 2) + 20 = 28.0766\ \text{V}$$

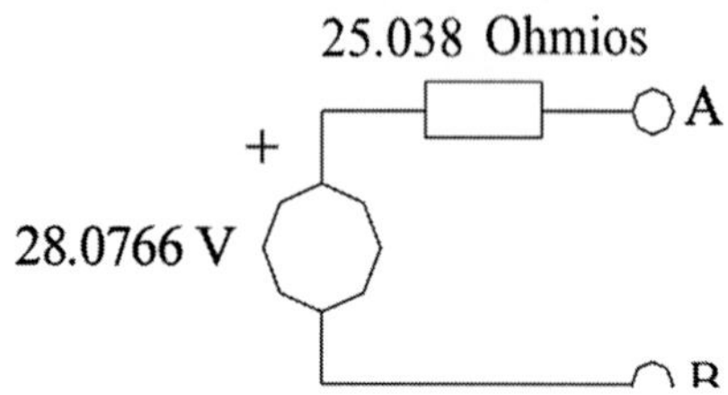

En el circuito de la figura, calcular el circuito equivalente por Thevenin.

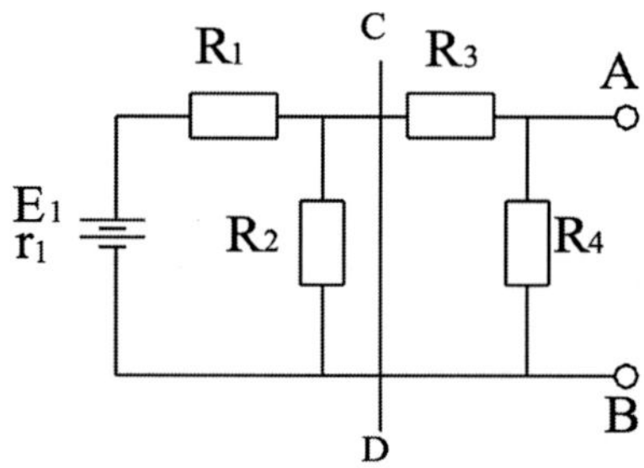

Datos:

E_1 = 40 V r_1 = 2 Ω R_1 = 20 Ω R_2 = 40 Ω

R_3 = 30 Ω R_4 = 60 Ω

Unidades:

Todos los datos están en el mismo sistema.

Esquema equivalente Thevenin:

En este caso aplicamos Thevenin por partes, primero cortamos por CD:

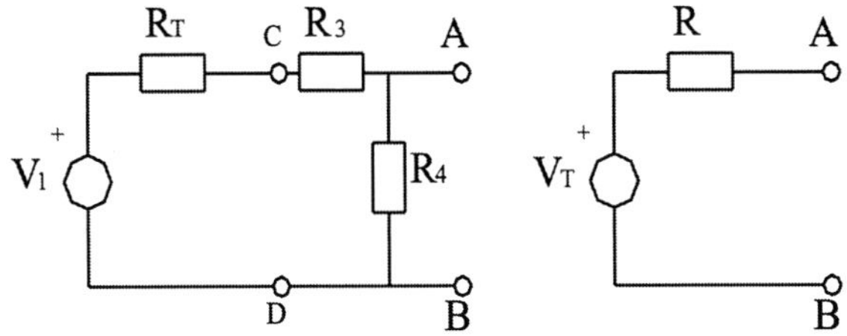

Para calcular R_T tenemos:

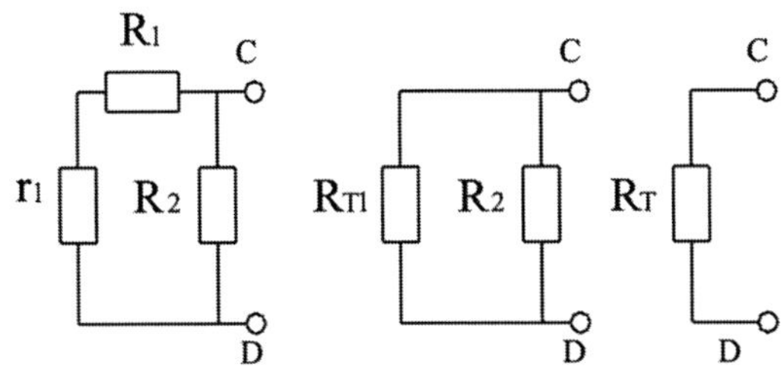

$R_{T1} = r_1 + R1 = 2 + 20 = 22\ \Omega$ $\qquad R_T = \dfrac{R_{T1}\times R2}{R_{T1}+R2} = \dfrac{22\times 40}{22+40} = 14.19\ \Omega$

Para calcular V_1:

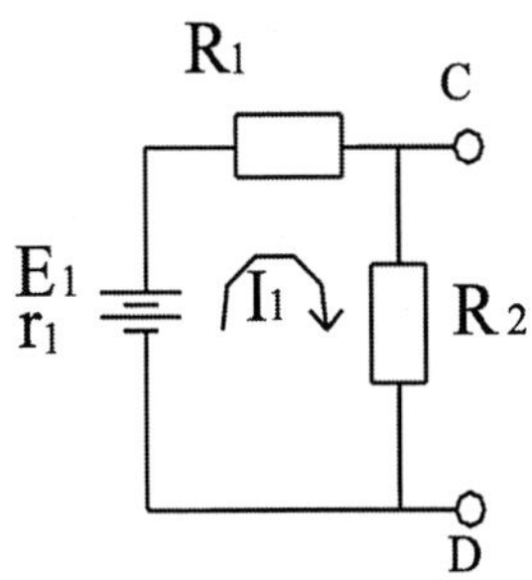

$E_1 = I_1\ (r_1 + R_1 + R_2)$ $\qquad I_1 = \dfrac{E1}{r1+R1+R2} = \dfrac{40}{2+20+40} = 0.645\ \text{A}$

$$V_{CD} = R_2 \times I_1 = 40 \times 0.645 = 25.80\ V$$

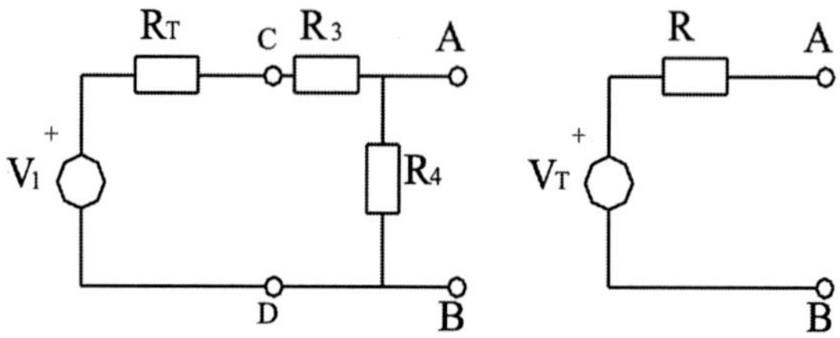

Para calcular R:

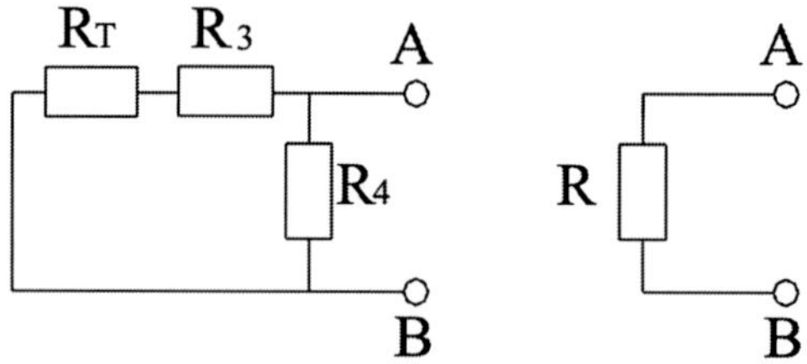

$$R = \frac{(R_T+R3)R4}{R_T+R3+R4} = \frac{(14.19+30)60}{14.19+30+60} = 25.45\ \Omega$$

Para calcular V_T:

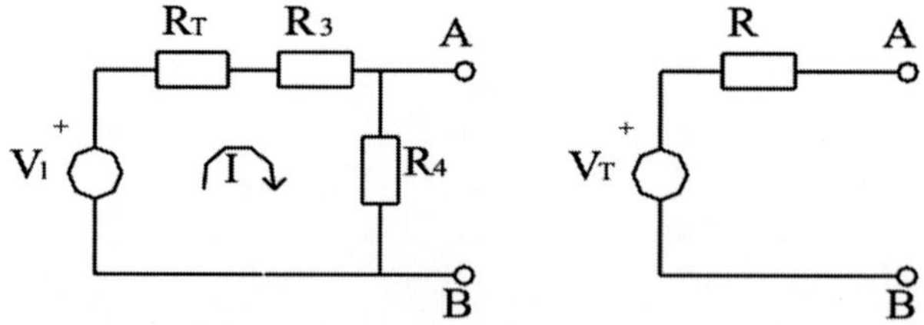

$$V_1 = I\,(R_T + R_3 + R_4) \quad I = \frac{V1}{R_T+R3+R4} = \frac{25.8}{14.19+30+60} = 0.2476\ A$$

$$V_{AB} = R_4 \times I = 60 \times 0.2476 = 14.856\ V$$

$$R = 25.45\ \Omega$$

$$V_T = 14.856\ V$$

También podemos calcular el circuito aplicando directamente Thevenin; para ello, calculamos primero el circuito pasivo:

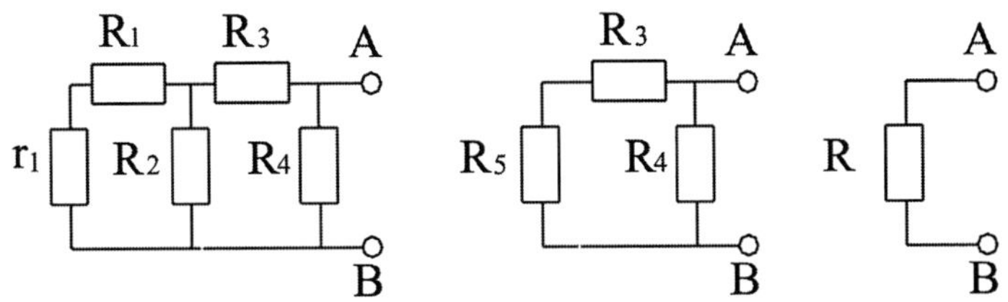

$$R_5 = \frac{(r1+R1)R2}{r1+R1+R2} = \frac{(2+20)30}{2+20+30} = 14.19\ \Omega$$

$$R = \frac{(R5+R3)R4}{R5+R3+R4} = \frac{(14.19+30)60}{14.19+30+60} = 25.45\ \Omega$$

A continuación, calculamos la tensión en vacío entre A y B:

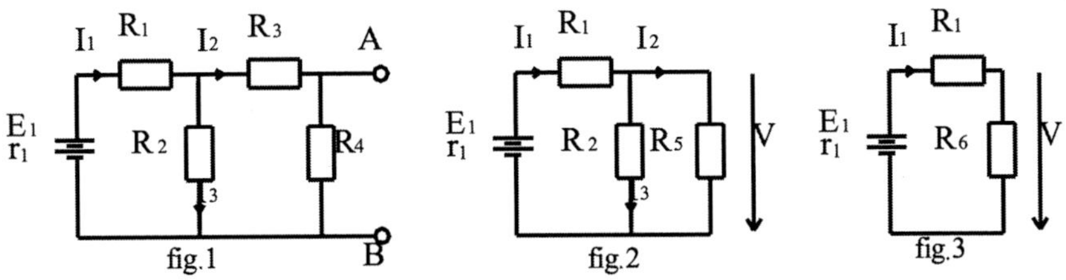

$$R_5 = R_3 + R_4 = 30 + 60 = 90\ \Omega \quad R_6 = \frac{R2 \times R5}{R2+R5} = \frac{40\times 90}{40+90} = 27.69\ \Omega$$

Figura 3:

$$E_1 = I_1\,(r_1 + R_1 + R_6) \quad I_1 = \frac{E1}{r1+R1+R6} = \frac{40}{2+20+27.69} = 0.8049\ \text{A}$$

$$V = R_6 \times I_1 = 27.69 \times 0.8049 = 22.29\ \text{V}$$

Figura 2:

$$I_2 = \frac{V}{R5} = \frac{22.29}{90} = 0.2476\ \text{A}$$

Figura 1:

$$V_{AB} = R_4 \times I_2 = 60 \times 0.2476 = 14.856\ \text{V}$$

$R = 25.45\ \Omega$
$V_T = 14.856\ \text{V}$

Hallar el circuito Thevenin equivalente al de la figura.

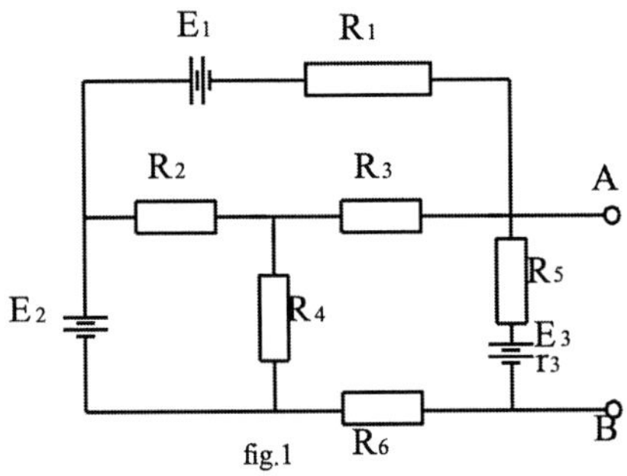

fig.1

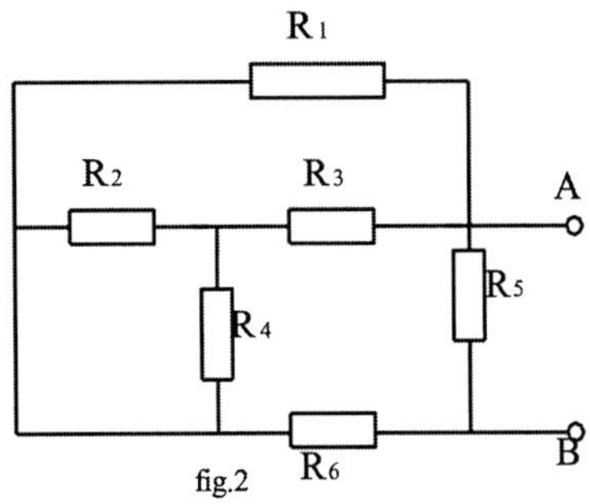

fig.2

Datos:

$E_1 = 40\ V$ $E_2 = 30\ V$ $E_3 = 50\ V$ $R_1 = 60\ \Omega$

$R_2 = 40\ \Omega$ $R_3 = 20\ \Omega$ $R_4 = 40\ \Omega$ $R_5 = 50\ \Omega$

$R_6 = 26\ \Omega$

Nota. Las resistencias internas de los generadores están incluidas en las resistencias dadas.

Unidades:

Todos los datos están en el mismo sistema.

Circuito pasivo:

Eliminamos las fuentes de tensión y nos queda el circuito de la figura 2.

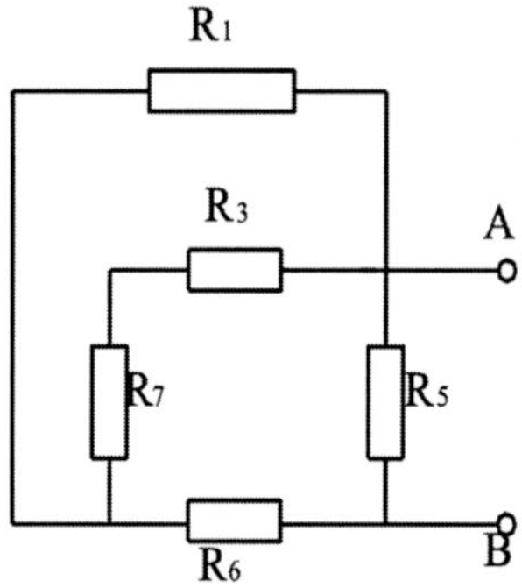

fig.3

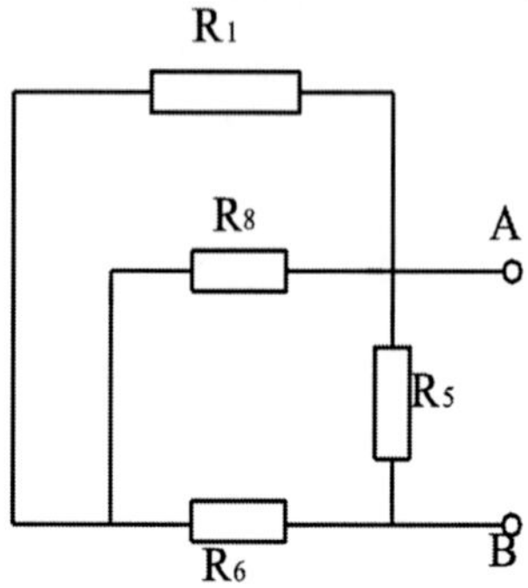

fig.4

Figura 2:

$$R_7 = \frac{R2 \times R4}{R2 + R4} = \frac{40 \times 40}{40 + 40} = \frac{40}{2} = 20\ \Omega$$

Figura 3:

$$R_8 = R_3 + R_7 = 20 + 20 = 40\ \Omega$$

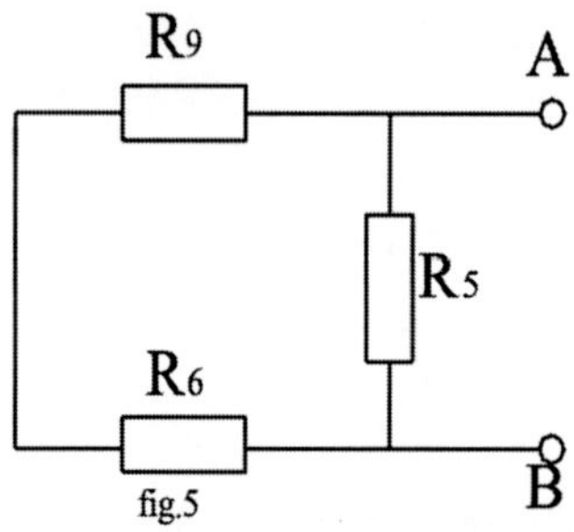

fig.5

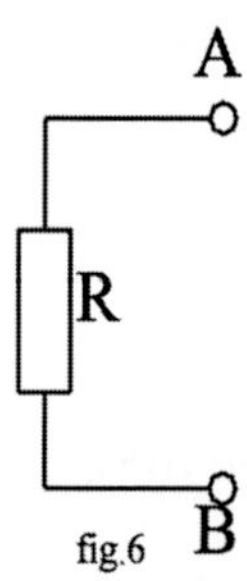

fig.6

Figura 4:

$$R_9 = \frac{R1 \times R8}{R1 + R8} = \frac{60 \times 40}{60+40} = \frac{2400}{100} = 24.00\ \Omega$$

Figura 5:

$$R = \frac{(R6+R9)R5}{R6+R9+R5} = \frac{(26+24)50}{26+24+50} = 25.00\ \Omega$$

Para calcular la tensión en vacío entre A y B calculamos previamente las corrientes por el método de las mallas:

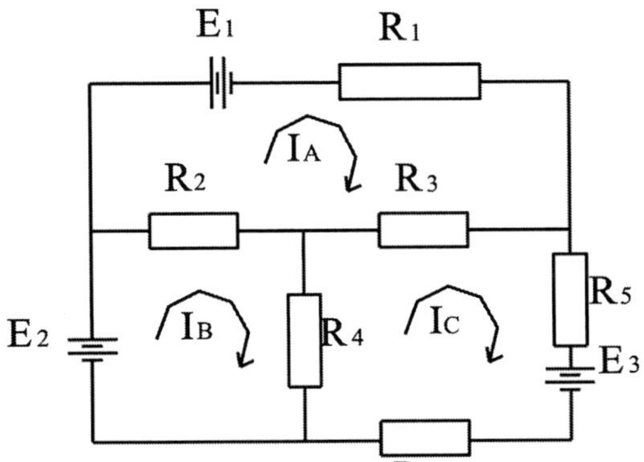

fig.7

$$-E_1 = I_A\,(R_1 + R_2 + R_3) - I_B \times R_2 - I_C \times R_3$$

$$E_2 = -I_A \times R_2 + I_B\,(R_2 + R_4) - I_C \times R_4$$

$$-E_3 = -I_A \times R_3 - I_B \times R_4 + I_C\,(R_3 + R_4 + R_5 + R_6)$$

$$-40 = I_A\,(60 + 40 + 20) - I_B \times 40 - I_C \times 20$$

$$30 = -I_A \times 40 + I_B\,(40 + 40) - I_C \times 40$$

$$-50 = -I_A \times 20 - I_B \times 40 + I_C\,(20 + 40 + 50 + 26)$$

$$-40 = 120\,I_A - 40\,I_B - 20\,I_C$$

$$30 = -40\,I_A + 80\,I_B - 40\,I_C$$

$$-50 = -20\,I_A - 40\,I_B + 136\,I_C$$

La intensidad que nos interesa es la I_C:

$$\frac{\begin{vmatrix} 120 & -40 & -40 \\ -40 & 80 & 30 \\ -20 & -40 & -50 \end{vmatrix}}{\begin{vmatrix} 120 & -40 & -20 \\ -40 & 80 & -40 \\ -20 & -40 & 136 \end{vmatrix}} = -0.45 \text{ A}$$

Lo que nos indica que la corriente Ic circula en sentido contrario al fijado:

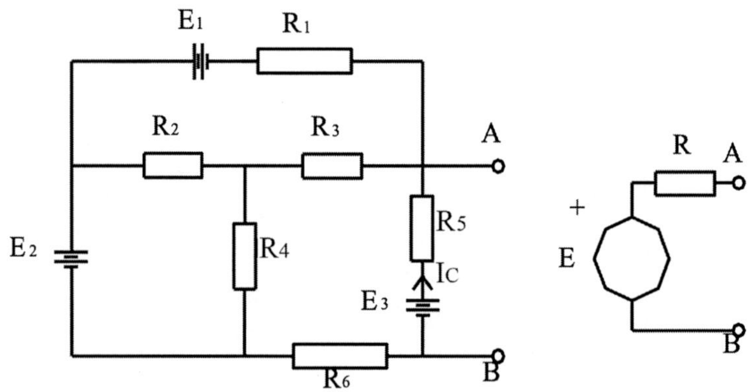

$$V_B = V_A + 0.45\ R_5 - E_3$$

$$V_A - V_B = E_3 - 0.45\ R_5 = 50 - 0.45 \times 50 = 27.50 \text{ V}$$

$$E = 27.50 \text{ V} \qquad R = 25.00\ \Omega$$

Hallar el circuito Norton equivalente al de la figura.

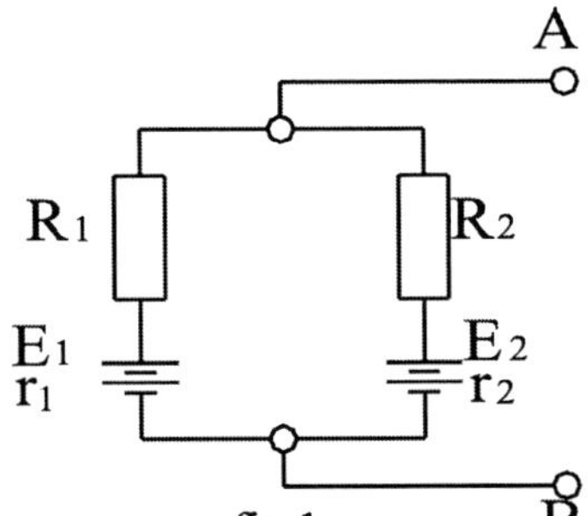

fig.1

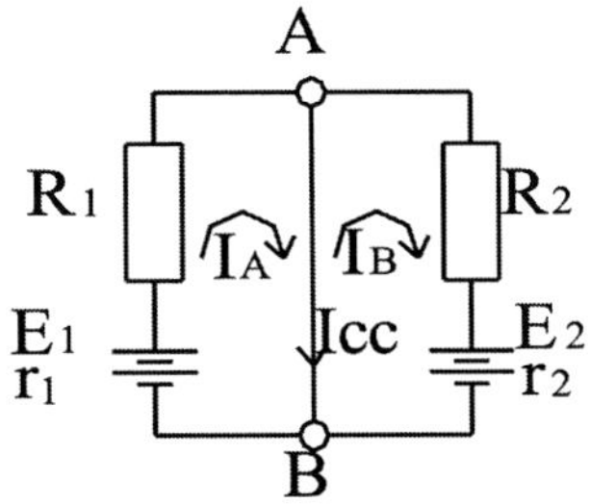

fig.2

Datos:

$E_1 = 20\ V$ $E_2 = 40\ V$ $r_1 = 2\ \Omega$ $R_1 = 40\ \Omega$ $r_2 = 2\ \Omega$

$R_2 = 60\ \Omega$

Unidades:

Todos los datos están en el mismo sistema.

Cálculos:

El circuito pasivo ya lo hemos calculado en el problema de Thevenin (pág. 150) R = 25.038 Ω

A continuación, calculamos la corriente Icc entre A y B en cortocircuito:

$$E_1 = I_A\,(R_1 + r_1) - I_B \times 0$$

$$-\,E_2 = -I_A \times 0 + I_B\,(R_2 + r_2)$$

$$I_A = \frac{E1}{R1+r1} = \frac{20}{40+2} = 0.4762\ A \qquad I_B = \frac{-E2}{R2+r2} = \frac{-40}{60+2} = -\,0.6452\ A$$

El valor negativo de I_B nos indica que la corriente circula en sentido contrario al fijado:

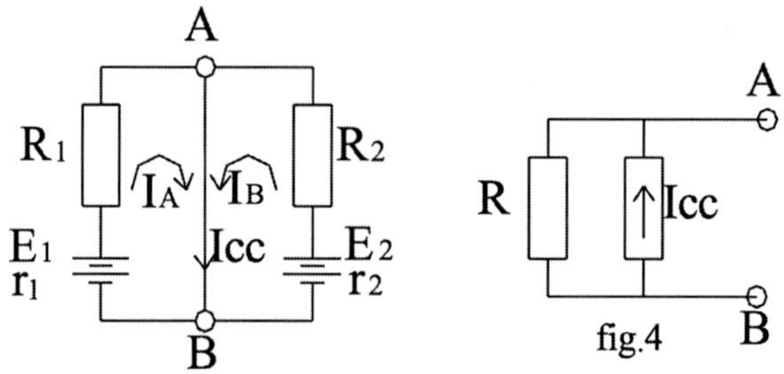

fig.4

$$Icc = I_A + I_B = 0.4762 + 0.6452 = 1.1214 \text{ A}$$

$R = 25.038\ \Omega$

$Icc = 1.1214$ A

Hallar el circuito Norton equivalente al de la figura.

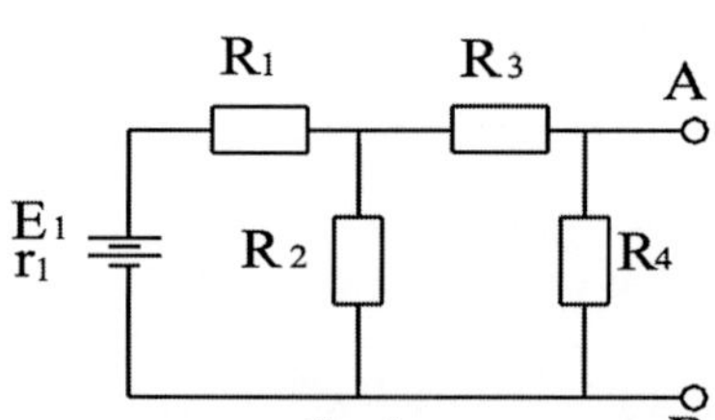

fig.1

Datos:

$E_1 = 40$ V $r_1 = 2\ \Omega$ $R_1 = 20\ \Omega$ $R_2 = 40\ \Omega$

$R_3 = 30\ \Omega$ $R_4 = 60\ \Omega$

Unidades:

Todos los datos están en el mismo sistema.

Esquema equivalente Norton:

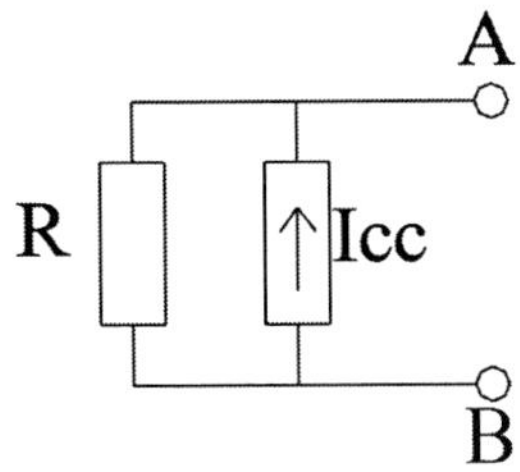

Su correspondiente circuito pasivo se ha calculado en el problema de Thevenin 7.4.

$$R = 25.45\ \Omega$$

A continuación, calculamos la corriente Icc que circula entre A y B en cortocircuito.

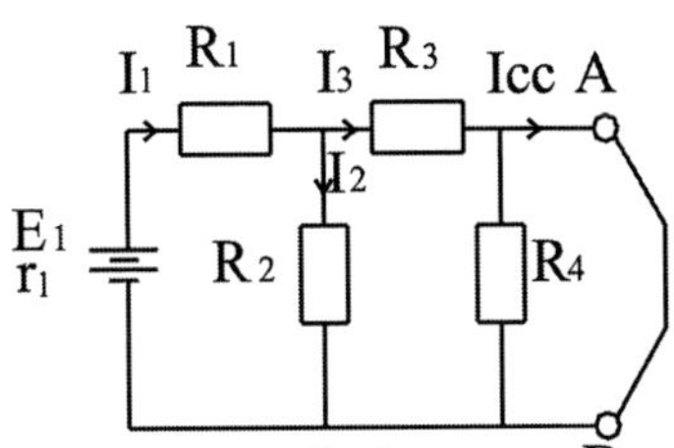

fig.1

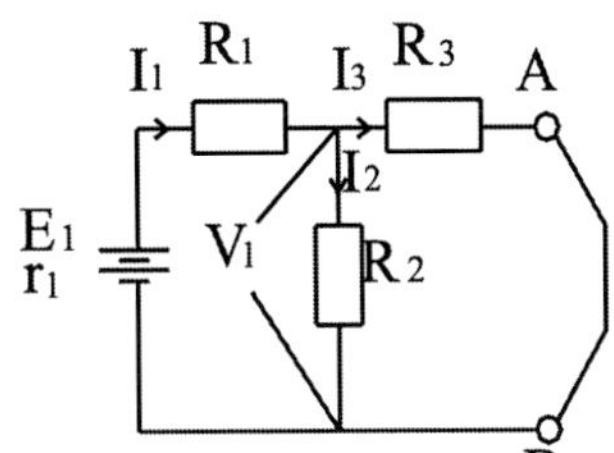

fig.2

Nota. Una resistencia cualquiera (R_4) en paralelo con un cortocircuito (figura 1) tiene como resultante una resistencia nula (R = 0).

Figura 2:

R_2 y R_3 están en paralelo al estar sometidas a la misma d.d.p.

$$R_5 = \frac{R2 \times R3}{R2 + R3} = \frac{40 \times 30}{40 + 30} = \frac{1200}{70} = 17,14\ \Omega$$

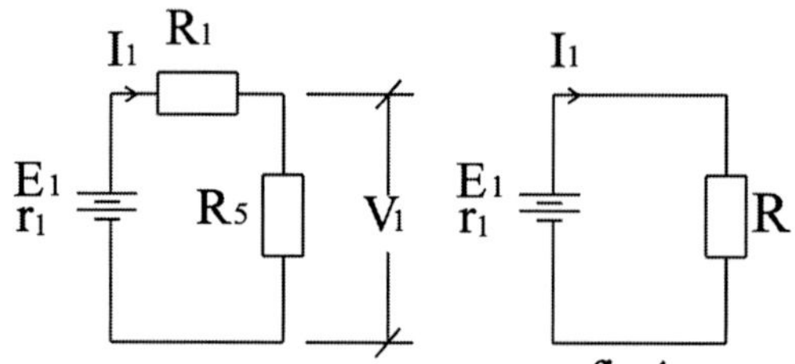

fig.3 fig.4

$$R = R_1 + R_5 = 20 + 17.14 = 37.14\ \Omega$$

$$I_1 = \frac{E1}{R + r1} = \frac{40}{37.14 + 2} = 1.022\ A$$

Figura 3:

$V_1 = R_5 \times I_1 = 17.14 \times 1.022 = 17.52$ V

Figura 2:

$I_3 = \frac{V1}{R3} = \frac{17.52}{30} = 0.5839$ A

Figura 1:

$Icc = I_3 = 0.5839$ A

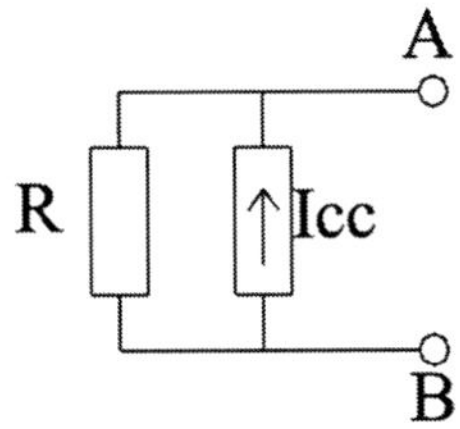

R = 25.45 Ω

Icc = 0.5839 A

Hallar el circuito Norton equivalente al de la figura.

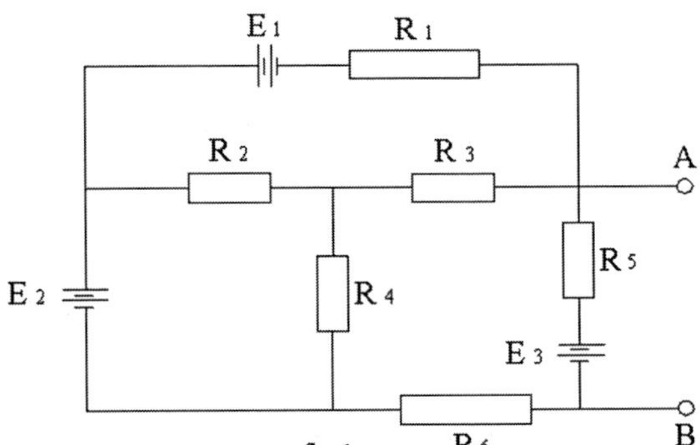

fig.1

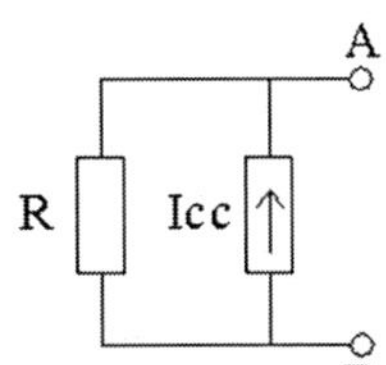

fig.2

Datos:

E_1 = 40 V E_2 = 30 V E_3 = 50 V R_1 = 60 Ω

R_2 = 40 Ω R_3 = 20 Ω R_4 = 40 Ω R_5 = 50 Ω

R_6 = 26 Ω

Nota. Las resistencias internas de los generadores están incluidas en las resistencias dadas.

Unidades:

Todos los datos están en el mismo sistema.

Cálculo:

Su correspondiente circuito pasivo ya lo hemos calculado en el problema de Thevenin (7.5).

A continuación, calculamos la corriente Icc entre A y B en cortocircuito.

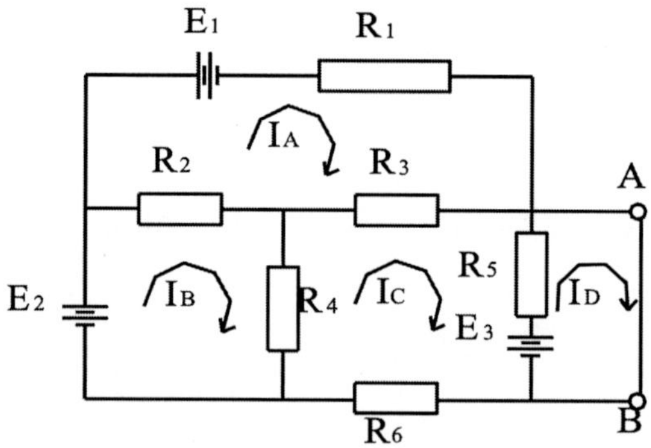

Aplicando mallas:

$- E_1 = I_A (R_1 + R_2 + R_3) - I_B \times R_2 - I_C \times R_3$

$E_2 = - I_A \times R_2 + I_B (R_2 + R_4) - I_C \times R_4$

$- E_3 = - I_A \times R_3 - I_B \times R_4 + I_C (R_3 + R_4 + R_5 + R_6) - I_D \times R_5$

$E_3 = - I_C \times R_5 + I_D \times R_5$

Dando valores y resolviendo el sistema, resulta:

$I_D = 1.1$ A $Icc = I_D = 1.1$ A

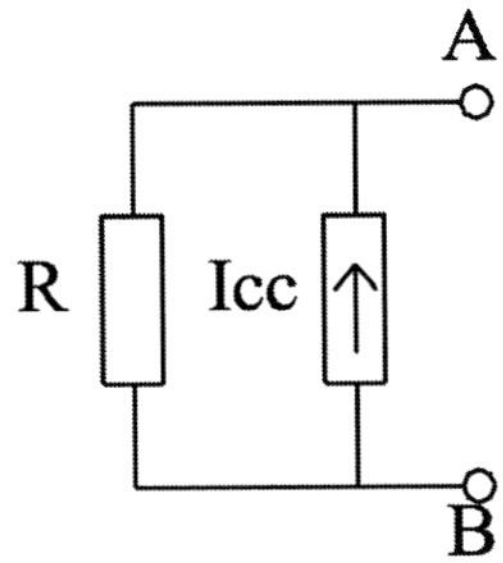

$R = 25.00\ \Omega$

$Icc = 1.1\ A$

En los tres ejercicios resueltos anteriormente, hemos puesto el mismo circuito para el caso Thevenin y para el caso Norton; por tanto, en ambos circuitos tendrá que resultar exactamente igual que apliquemos Thevenin o Norton.

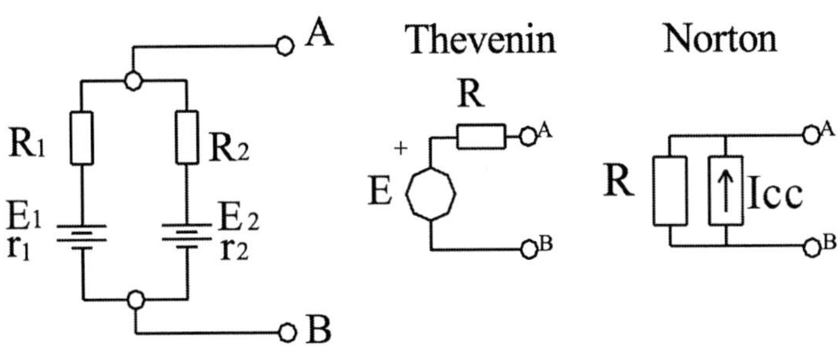

Recuérdese que tanto en Thevenin como en Norton: "... desde el punto de vista de los efectos exteriores...", es decir, si aplicamos una carga entre los terminales A y B, la corriente que circula por dicha carga resultará igual si la calculamos con Thevenin o con Norton, para ello supongamos que entre los terminales A y B acoplamos una carga Rc = 25.038 Ω y calculemos por ambos métodos:

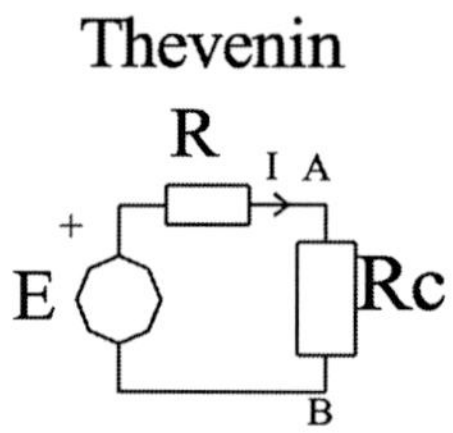

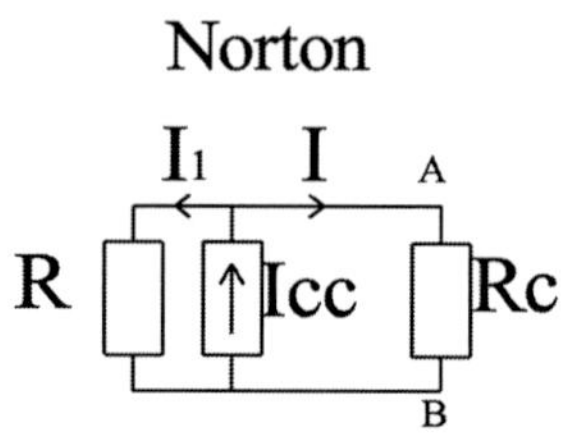

A) Thevenin: $I = \dfrac{E}{R + Rc} = \dfrac{28.0766}{25.038 + 25.038} = 0.5607$ A

B) Norton: $I = I_1 = \dfrac{Icc}{2} = \dfrac{1.1214}{2} = 0.5607$ A

Vemos que en ambos casos la corriente que circula a través de Rc es la misma (0.5607 A).

Nota. Esta comprobación se puede realizar para cualquier valor de Rc, resultando los mismos valores de la corriente, tanto si se aplica Thevenin como Norton.

2.º Caso:

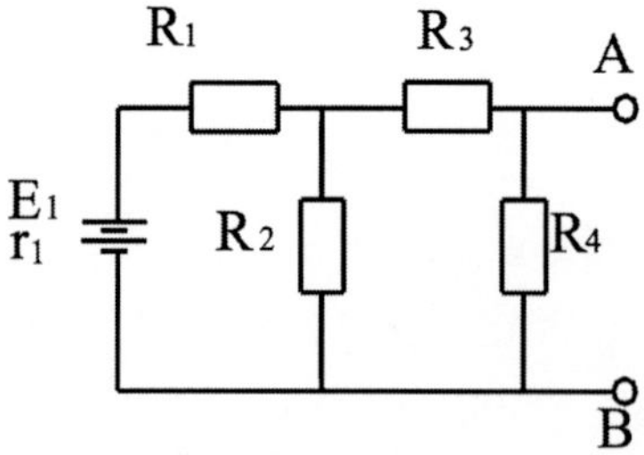

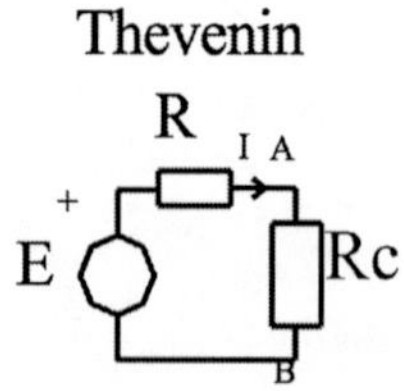

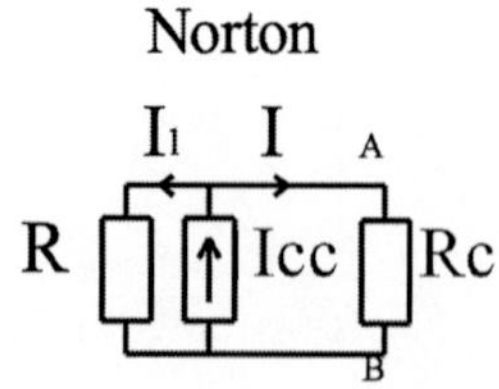

Supongamos que entre los terminales A y B conectamos una resistencia Rc = 25.45 Ω E = 14.856 V Icc = 0.5839 A

R = 25.45 Ω

A) Thevenin: $I = \frac{E}{R+Rc} = \frac{14.856}{25.45+25.45} = 0.292\ A$

B) Norton: $I = \frac{Icc}{2} = \frac{0.5839}{2} = 0.292\ A$

3.º Caso:

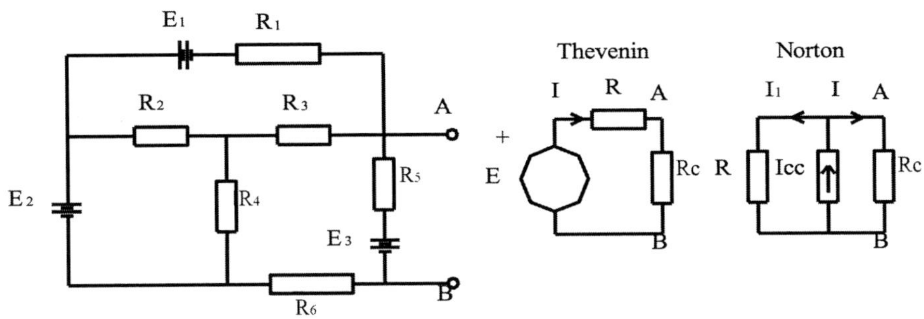

Supongamos que entre los terminales A y B conectamos una resistencia Rc = 25.00 Ω E = 27.50 V Icc = 1.1 A

A) Thevenin: $I = \frac{E}{R+Rc} = \frac{27.50}{25.00 + 25.00} = 0.55\ A$

B) Norton: $I = \frac{Icc}{2} = \frac{1.1}{2} = 0.55\ A$

Si en lugar de Thevenin o Norton hubiésemos calculado la intensidad de corriente por cualquier otro método (Kirchhoff, mallas...), el resultado sería exactamente el mismo.

Nota. En los cálculos de Norton, una vez que ya teníamos el cálculo de Thevenin, podíamos hacerlo directamente de Thevenin a Norton.

Primer circuito: Apdo 7.3.

Por Thevenin teníamos E = 28.0766 V R = 25.038 Ω

Por Norton Icc = $\frac{E}{R} = \frac{28.0766}{25.038}$ = 1.1214 A

Segundo circuito: Apdo. 7.4.

Por Thevenin teníamos E = 14.856 V R = 25.45 Ω

Por Norton Icc = $\frac{E}{R} = \frac{14.856}{25.45}$ = 0.5837 A pequeña diferencia por decimales.

Tercer circuito: Apdo. 7.5.

Por Thevenin teníamos E = 27.50 V R = 25.00 Ω

Por Norton Icc = $\frac{E}{R} = \frac{27.50}{25.00}$ = 1.1 A

En el circuito de la figura, calcular el circuito formado por una sola fuente de tensión y una sola fuente de intensidad.

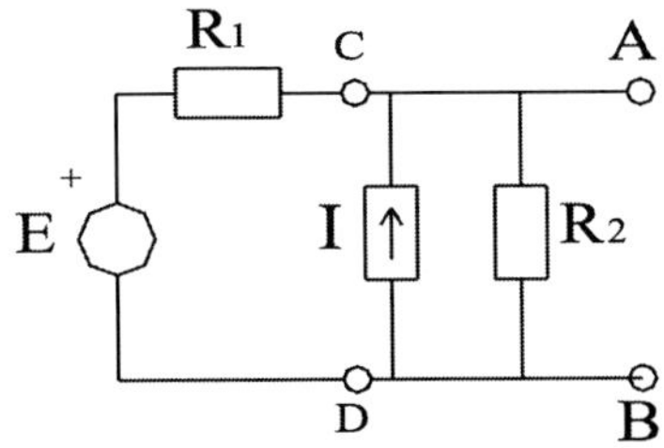

Datos:

E = 12 V R_1 = 6 Ω R_2 = 3 Ω   I = 6 A

Unidades:

Todos los datos están en el mismo sistema.

Cálculo:

Aplicando Norton entre C y D:

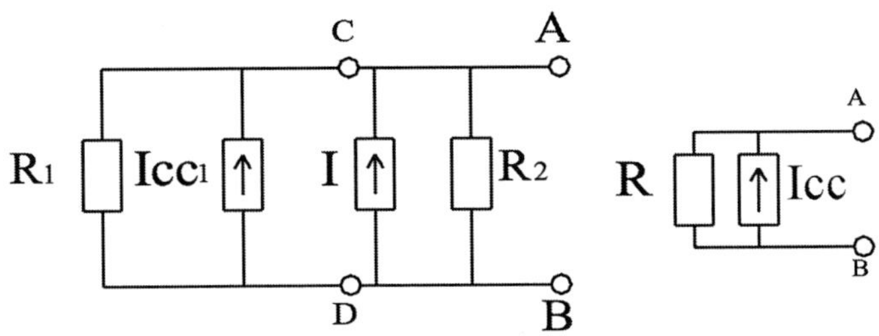

$Icc_1 = \frac{E}{R1} = \frac{12}{6} = 2\ A$ $Icc = Icc_1 + I = 2 + 6 = 8\ A$

$R = \frac{R1 \times R2}{R1 + R2} = \frac{6 \times 3}{6 + 3} = 2\ \Omega$

Para calcular la fuente de tensión equivalente, pasamos a Thevenin:

$$E = R \times Icc = 2 \times 8 = 16\ V \qquad R = 2\ \Omega$$

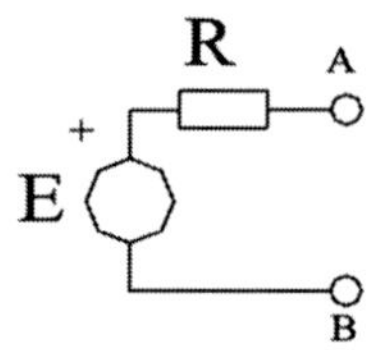

Para comprobar el resultado conectamos entre A y B una resistencia de 2 Ω y calculamos la intensidad de corriente que la recorre, por Thevenin, Norton y superposición.

A) Thevenin:

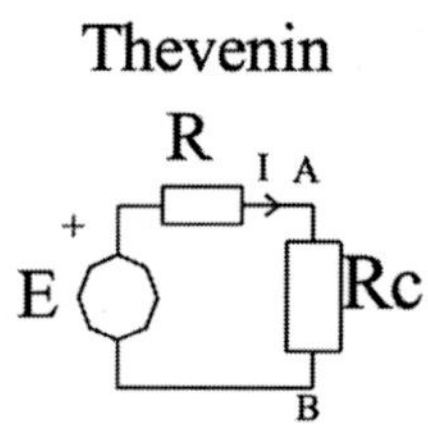

Datos:

E = 16 V R = 2 Ω R_C = 2 Ω

Unidades:

Todos los datos están en el mismo sistema.

Cálculo:

$$I = \frac{E}{R + Rc} = \frac{16}{2 + 2} = 4\ A$$

B) Norton:

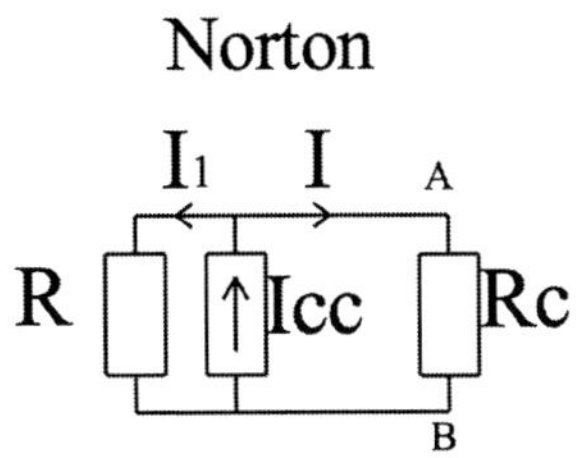

Cálculo:

$$Icc = 8\ A \quad I_1 = I = \frac{Icc}{2} = \frac{8}{2} = 4\ A$$

C) Superposición:

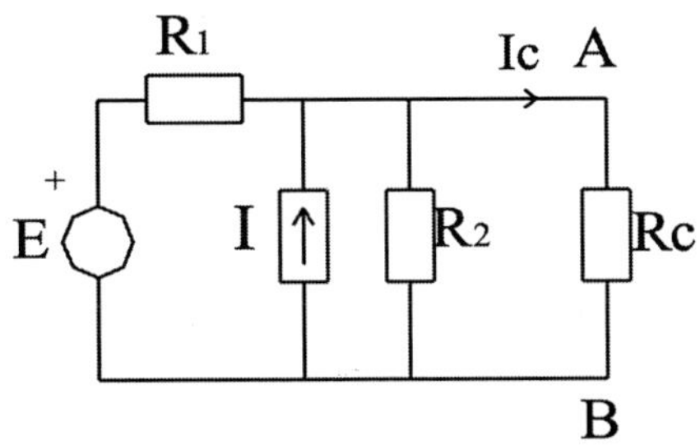

Datos:

$E = 12\ V$ $R_1 = 6\ \Omega$ $R_2 = 3\ \Omega$ $R_c = 2\ \Omega$ $I = 6\ A$

Consideremos primero la fuente de tensión:

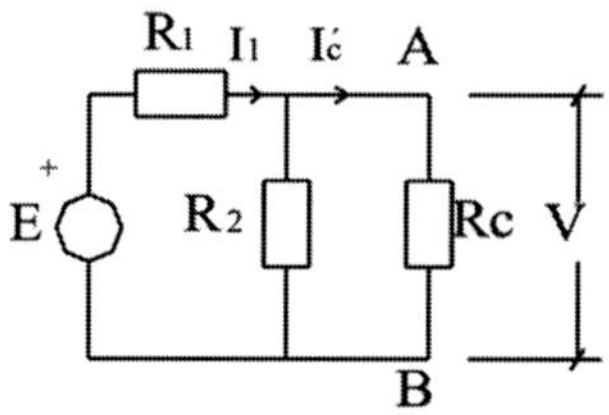

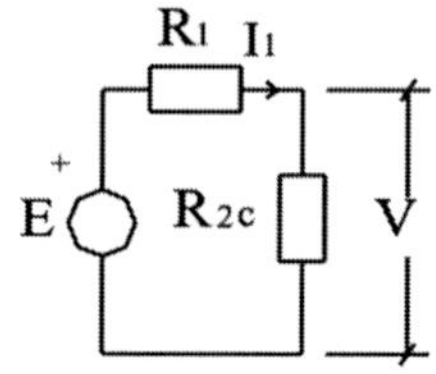

$R_{2C} = \dfrac{R2 \times Rc}{R2+Rc} = \dfrac{3\times 2}{3+2} = 1.2\ \Omega \qquad I_1 = \dfrac{E}{R1+R2c} = \dfrac{12}{6+1.2} = 1.67\ A$

$V = R_{2C} \times I_1 = 1.2 \times 1.67 = 2.00\ V \qquad Ic' = \dfrac{V}{Rc} = \dfrac{2.00}{2.00} = 1.00\ A$

A continuación, consideramos la fuente de intensidad:

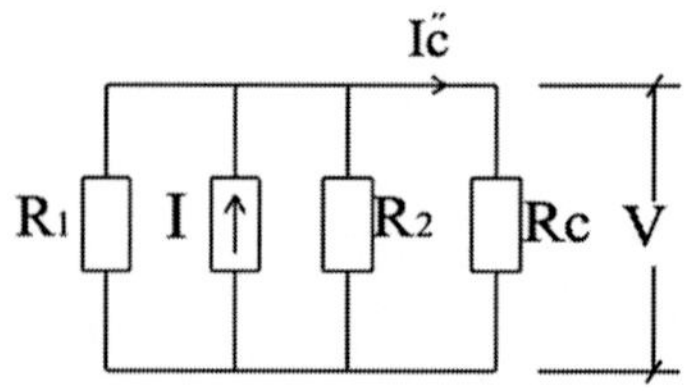

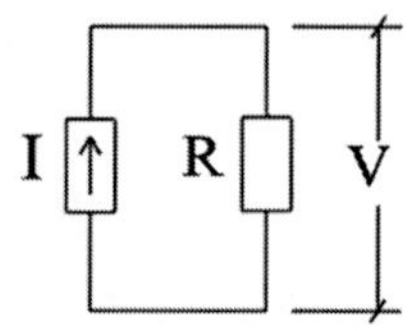

$R = \dfrac{1}{\frac{1}{R1}+\frac{1}{R2}+\frac{1}{Rc}} = \dfrac{1}{\frac{1}{6}+\frac{1}{3}+\frac{1}{2}} = 1.00\ \Omega \qquad V = R \times I = 1 \times 6 = 6.00\ V$

$Ic'' = \dfrac{V}{Rc} = \dfrac{6}{2} = 3.00\ A$

Resultando: $Ic = Ic' + Ic'' = 1.00 + 3.00 = 4.00\ A$

En el circuito del apartado 7.2, calculado por el teorema de superposición, calcularlo por equivalencia de fuente de tensión resistiva en fuente de intensidad.

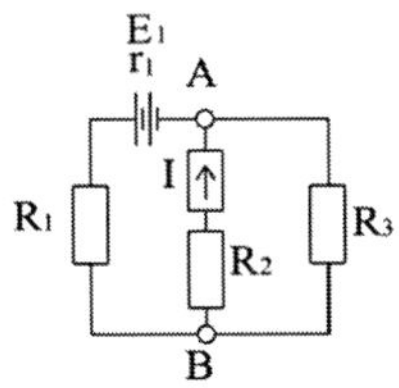

Datos:

E_1 = 40 V　　r_1 = 4 Ω　　I = 6 A

R_1 = 30 Ω　　R_2 = 20 Ω　　R_3 = 40 Ω

Unidades:

Todos los datos están en el mismo sistema.

Aplicando la equivalencia de fuente de tensión en fuente de intensidad, resulta:

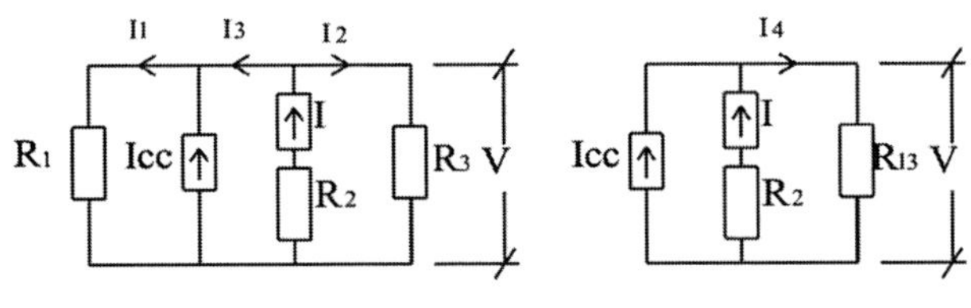

$$R_{13} = \frac{R1 \times R3}{R1+R3} = \frac{30 \times 40}{30+40} = 17.14\ \Omega$$

$$Icc = \frac{E1}{R1} = \frac{40}{30} = 1.33\ A$$

I_4 = Icc + I = 1.33 + 6.00 = 7.33 A

$V = R_{13} \times I_4 = 17.14 \times 7.33 = 125.64$ V

$$I_2 = \frac{V}{R3} = \frac{125.64}{40} = 3.14\ A$$

$I_3 = I - I_2 = 6.00 - 3.14 = 2.86\ A$ $\quad$ $I_1 = \frac{V}{R1} = \frac{125.64}{30} = 4.19\ A$

$I_4 = I_2 + I_1 = 3.14 + 4.19 = 7.33\ A$

CAPÍTULO 8

NÚMEROS COMPLEJOS

Los números complejos están formados por una parte real y una parte imaginaria. La unidad de la parte imaginaria es la raíz cuadrada de menos uno i = $\sqrt{-1}$, que en electrotecnia designaremos con la letra "j" para no confundirla con la "i" de intensidad:

Z = a + bj   a = parte real

b = parte imaginaria

La representación gráfica corresponde a la de un vector cuyo punto de aplicación es el origen de coordenadas, la parte real es la proyección sobre el eje de abscisas y la parte imaginaria es la proyección sobre el eje de ordenadas.

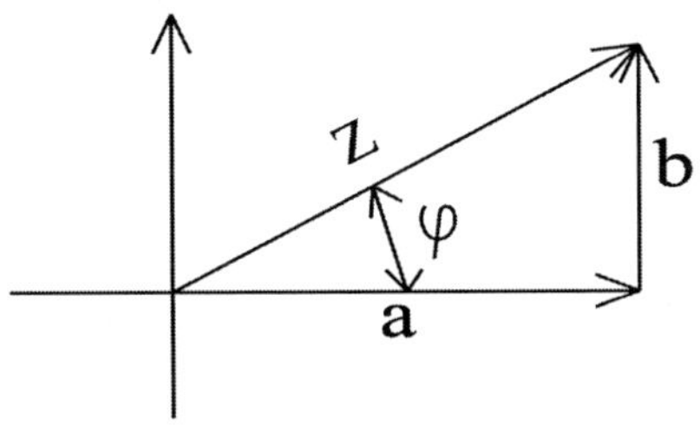

El módulo:

$|Z| = \sqrt{a^2 + b^2}$ $\cos\varphi = \frac{a}{|Z|}$ $\operatorname{sen}\varphi = \frac{b}{|Z|}$ $\operatorname{tang}\varphi = \frac{b}{a}$

$\varphi = \operatorname{arco}\cos\frac{a}{|Z|}$ $\varphi = \operatorname{arco}\operatorname{sen}\frac{b}{|Z|}$ $\varphi = \operatorname{arco}\operatorname{tang}\frac{b}{a}$

El número complejo se puede expresar de cuatro formas distintas:

a) **Binómica:** $Z = a + b\,j$
b) **Trigonométrica:** $Z = |Z|\,(\cos\varphi + j\,\mathrm{sen}\,\varphi)$
c) **Exponencial:** $Z = |Z|\,e^{j\varphi}$
d) **Polar:** $Z = |Z|\,\underline{|\varphi}$

Emplearemos la forma binómica para las sumas y restas, y la forma polar para las multiplicaciones y divisiones. El paso de una forma a otra lo realizaremos mediante la forma binómica:

$a = |Z|\cos\varphi$ $\qquad$ $b = |Z|\,\mathrm{sen}\,\varphi$

Sumas:

$$Z_1 = a_1 + b_1\,j$$
$$Z_2 = a_2 + b_2\,j$$

$$Z_1 + Z_2 = a_1 + a_2 + (b_1 + b_2)\,j$$

Restas:

$$Z_1 = a_1 + b_1\,j$$
$$Z_2 = a_2 + b_2\,j$$

$$Z_1 - Z_2 = a_1 - a_2 + (b_1 - b_2)\,j$$

Producto:

$$Z_1 = |Z_1|\,\underline{|\varphi_1}$$
$$Z_2 = |Z_2|\,\underline{|\varphi_2}$$

$$Z_1 \times Z_2 = |Z_1|\,|Z_2|\,\underline{|\varphi_1 + \varphi_2}$$

Cociente: $Z_1 = |Z_1| \underline{|\varphi_1}$

$Z_2 = |Z_2| \underline{|\varphi_2}$

$$\frac{Z1}{Z2} = \frac{|Z1|}{|Z2|} \underline{|\varphi_1 - \varphi_2}$$

Si el producto y el cociente lo queremos realizar en forma binómica:

$j = \sqrt{-1} \qquad j^2 = (\sqrt{-1})^2 = -1$

Se llama conjugado de un número complejo a otro complejo idéntico que tiene su parte imaginaria de signo contrario:

$Z_1 = a_1 + b_1\,j \qquad \bar{Z_1} = a_1 - b_1\,j$

$Z_1 = 3 + 4\,j \qquad \bar{Z_1} = 3 - 4\,j$

Propiedad: Al multiplicar un número complejo por su conjugado, resulta un número real igual a la parte real al cuadrado más la parte imaginaria al cuadrado.

$Z_1 = a_1 + b_1\,j \qquad \bar{Z} = a_1 - b_1\,j$

$Z_1 \times \bar{Z} = (a_1 + b_1\,j)\,(a_1 - b_1\,j) = a_1^2 - a_1\,b_1\,j + b_1\,a_1\,j - b_1^2\,j^2$

$Z_1 \times \bar{Z} = a_1^2 - b_1^2\,(-1) = a_1^2 + b_1^2$

Producto de dos números complejos cualesquiera:

$Z_1 = a_1 + b_1\,j$

$Z_2 = a_2 + b_2\,j$

$Z_1 \times Z_2 = (a_1 + b_1\,j)\,(a_2 + b_2\,j) = a_1\,a_2 + a_1\,b_2\,j + b_1\,a_2\,j + b_1\,b_2\,j^2$

$Z_1 \times Z_2 = a_1\,a_2 - b_1\,b_2 + (a_1\,b_2 + b_1\,a_2)\,j$

Cociente de dos números complejos cualesquiera:

$Z_1 = a_1 + b_1 j$

$Z_2 = a_2 + b_2 j$

$$\frac{Z1}{Z2} = \frac{a1 + b1\,j}{a2 + b2\,j} = \frac{(a1+b1j)(a2-b2j)}{(a2+b2j)\,(a2-b2j)} = \frac{a1a2-a1b2j+b1a2j-b1b2j^2}{a2^2+b2^2} =$$

$$= \frac{a1a2+b1b2+(b1a2-a1b2)j}{a2^2+b2^2} = \frac{a1a2+b1b2}{a2^2+b2^2} + \frac{b1a2-a1b2}{a2^2+b2^2}\,j$$

Como podemos observar, para efectuar operaciones de producto y cociente, el sistema binómico es más complicado que el polar.

Como recopilación de lo anterior, veamos el siguiente ejemplo:

$Z_1 = 4 + 6\,j$ $\qquad$ $Z_2 = 8 - 4\,j$

$Z_1 + Z_2 = 4 + 6\,j + (8 - 4\,j) = 12 + 2j$

$Z_1 - Z_2 = 4 + 6\,j - (8 - 4\,j) = - 4 + 10j$

$Z_1 \times Z_2 = (4 + 6\,j)\,(8 - 4\,j) = 32 - 16\,j + 48\,j - 24\,j^2 = 56 + 32\,j$

$$\frac{Z1}{Z2} = \frac{4 + 6\,j}{8-4j} = \frac{(4+6j)(8+4j)}{(8-4j)\,(8+4j)} = \frac{32+16j+48j+24j^2}{8^2+4^2} = \frac{32-24+64\,j}{80} =$$

$= 0.10 + 0.80\,j$

Si lo pasamos a la forma polar:

$|Z_1| = \sqrt{4^2 + 6^2} = 7.211$ $\qquad$ $\varphi_1 = \text{arco tang}\,\frac{6}{4} = 56.31^\circ$

$|Z_1| = 7.211|\underline{56.31^\circ}$

$|Z_2| = \sqrt{8^2 + 4^2} = 8.944$ $\qquad$ $\varphi_2 = \text{arco tang}\,\frac{4}{8} = - 26.56^\circ$

$Z_1 \times Z_2 = 7{,}211 \times 8{,}944\;|56{,}31 - 26{,}56 = 64{,}50\;|29{,}75^\circ$

Si lo pasamos a la forma binómica:

a = 64.50 × cos 29.75 = 56   b = 64.50 × sen 29.75 = 32

$Z_1 \times Z_2 = 56 + 32\,j$

$$\frac{Z1}{Z2} = \frac{7.21}{8.94}\,|\underline{56{,}31 - (-26{,}56)} = 0.806\,|\underline{82.87^{\circ}}$$

Si lo pasamos a la forma binómica:

a = 0.806 × cos 82.87 = 0.10   b = 0.806 × sen 82.87 = 0.80

$$\frac{Z1}{Z2} = 0{,}10 + 0.80\,j$$

Podemos observar que el resultado es el mismo operando en forma binómica o en forma polar; no obstante, en esta última (polar) resulta más sencillo.

CAPÍTULO 9

ELECTROMAGNETISMO

9.1 MAGNETISMO

Existen en la naturaleza algunos cuerpos que poseen la propiedad de atraer a los materiales llamados ferromagnéticos. Esta propiedad también se puede conseguir por medio de la electricidad, denominada ELECTROMAGNETISMO.

En los imanes y electroimanes existen unas zonas en las que los fenómenos magnéticos se acusan más, zonas denominadas polos (Polo Norte y Polo Sur).

9.2 LÍNEAS DE FUERZA

Si en el campo magnético (espacio en el que se hacen sentir las acciones magnéticas) colocamos unas limaduras de hierro, observamos que estas se orientan formando unas líneas denominadas LÍNEAS DE FUERZA O LÍNEAS DE INDUCCIÓN.

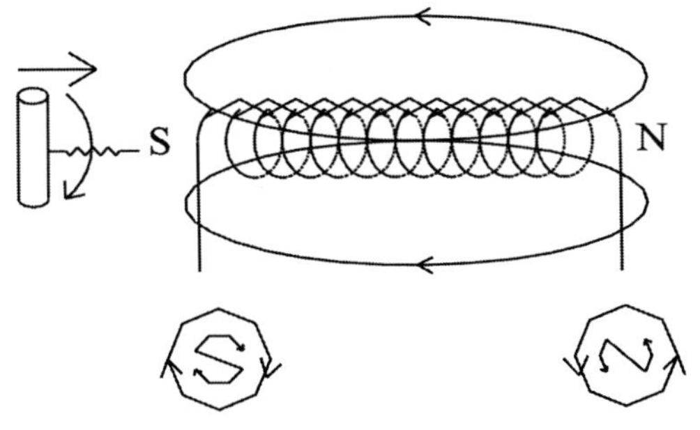

Estas líneas de fuerza parten de un polo del imán dirigiéndose al otro polo.

Una pequeña aguja imantada, colocada en el campo magnético, se orienta siempre según la dirección de la línea de fuerza que pase por el punto en que se halle situada.

9.3 INDUCCIÓN MAGNÉTICA

La inducción magnética (B) en un punto se define como la cantidad de líneas de inducción por unidad de superficie perpendicular a su dirección.

9.4 ACCIÓN DE UN ESTADO MAGNÉTICO SOBRE UNA CORRIENTE RECTILÍNEA. LEY DE LAPLACE

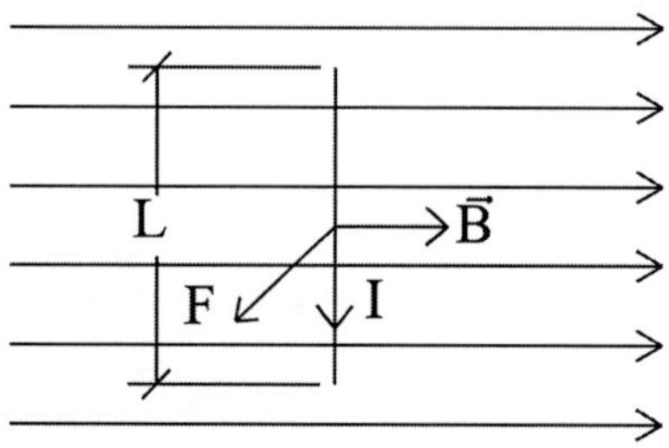

Si en un campo magnético uniforme de inducción B colocamos un conductor rectilíneo de longitud L, recorrido por una corriente I, se observa que es rechazado por una fuerza F normal al plano formado por la inducción y la corriente.

Teniendo en cuenta el principio de causalidad (no hay causa sin efecto ni efecto sin causa) y el principio de proporcionalidad (suponer los efectos directamente proporcionales a las causas que los producen), tendremos que la fuerza F es directamente proporcional a la inducción B, la longitud L y la corriente I, y siendo K_1 la constante de proporcionalidad, obtenemos:

$$F = K_1 \, B \, I \, L$$

Siendo $K_1 = 1$ F = 1 Newton   I = 1 A   L = 1 m obtenemos la unidad de inducción, denominada Tesla (T):

$$F = B\,I\,L \qquad B = \frac{F}{I\,L} \qquad 1\ \text{Tesla} = 1\,\frac{N}{Am}$$

Siendo F = 1 Dina   I = 1 u.e.m.   L = 1 cm obtenemos la unidad c.g.s. de inducción B, denominada Gauss (G):

$$1\ T = 1\,\frac{N}{Am} = \frac{10^5\ dinas}{10^{-1} u.e.m. 10^2\ cm} = 10^4\ G \qquad 1\ T = 10^4\ G$$

9.5 FLUJO DE INDUCCIÓN

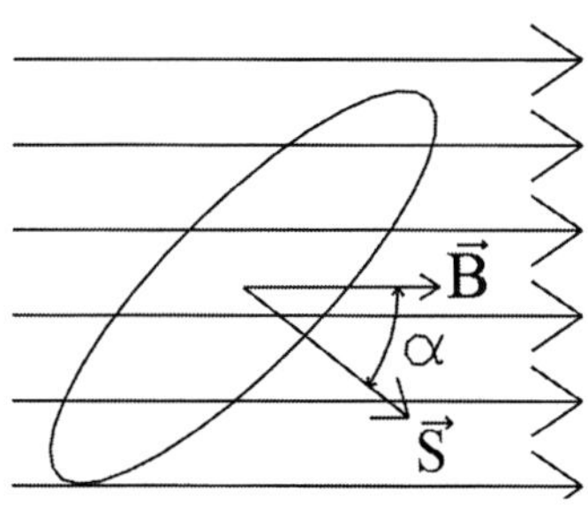

Se denomina flujo que atraviesa una superficie S situada oblicuamente a las líneas de inducción al producto escalar del vector inducción por el vector superficie.

Siendo Φ el flujo $\Phi = B \times S \times \cos\alpha$

Si denominamos B = 1 Tesla   S = 1 m²   cos α = 1 obtenemos la unidad de flujo, denominada Weber (Wb)

$$1\ Wb = 1\ \text{Tesla} \times 1\ m^2 = \frac{1\ Nw}{Am}\,m^2 = \frac{1\ julio}{A}$$

Teniendo en cuenta que 1 julio = 1 voltio amperio s

$$1\ \text{Wb} = \frac{1\ VA\ s}{A} = 1\ \text{V s}$$

Si B = 1 G   S = 1 cm^2 cos α = 1 obtenemos la unidad c.g.s. de flujo, denominada Maxwell (Mx):

$$1\ \text{Wb} = 1\ \text{Tesla m2} = 10^4\ \text{G}\ 10^4\ \text{cm}^2 = 10^8\ \text{Mx}$$

$$1\ \text{Wb} = 10^8\ \text{Mx}$$

9.6 INTENSIDAD DE CAMPO MAGNÉTICO

Se denomina intensidad de campo magnético (H) al cociente entre la inducción B y la permeabilidad (μ) del medio en que se encuentre el campo magnético.

$$H = \frac{B}{\mu} \qquad \mu_0 = 4\ \pi\ 10\text{-}7\ \frac{Tesla \times m}{A}$$

$$B = \mu\ H \qquad H = \frac{A}{m}$$

9.7 REGLAS PARA DETERMINAR EL SENTIDO DE LAS LÍNEAS DE INDUCCIÓN

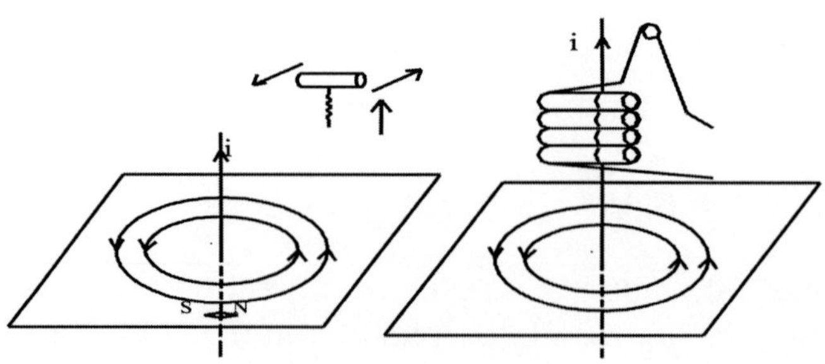

Regla de Maxwell o del sacacorchos: El sentido de giro de las líneas de inducción es el giro de un sacacorchos que avanza en el sentido de la corriente.

Regla de la mano derecha: Rodeando el conductor con la mano derecha, de forma que el pulgar señale el sentido de la corriente, el resto de los dedos indican el sentido de las líneas de inducción.

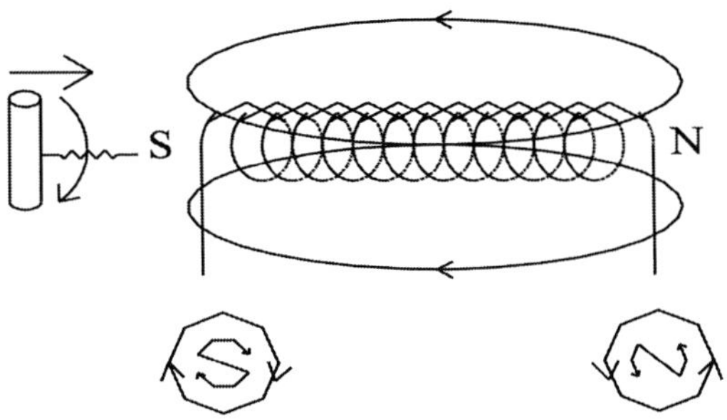

Regla del reloj: Un observador situado frente a un extremo del solenoide vería (de forma imaginaria) circular la corriente en el sentido de giro de las agujas de un reloj si el polo es el SUR, y en sentido contrario si el polo es el NORTE.

9.8 CAMPO MAGNÉTICO DE UNA ESPIRA

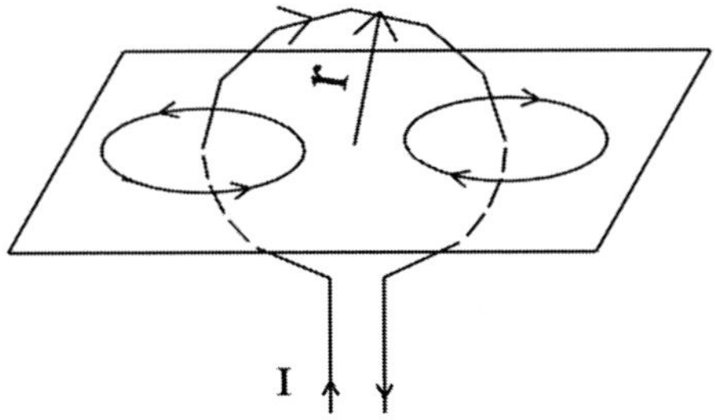

$$B = \mu_0 \frac{I}{2r}$$

9.9 CAMPO MAGNÉTICO DE UNA BOBINA PLANA

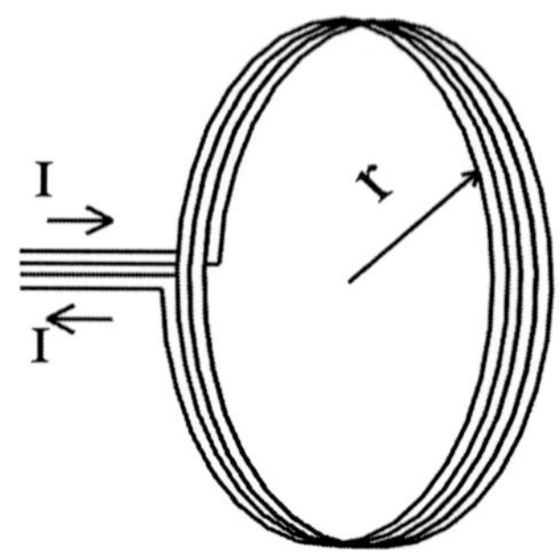

N = número de espiras $B = \mu_0 \dfrac{N \times I}{2r}$

9.10 CAMPO MAGNÉTICO DE UN SOLENOIDE

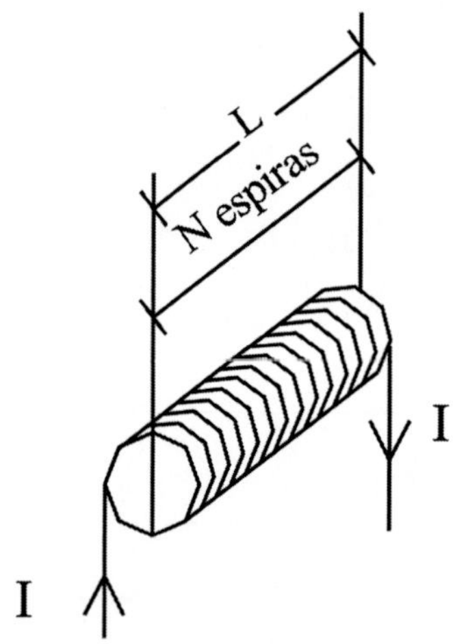

$$B = \mu_0 \frac{N \times I}{L}$$

9.11 TRABAJO REALIZADO POR UN CONDUCTOR RECORRIDO POR UNA CORRIENTE, AL DESPLAZARSE EN EL INTERIOR DE UN CAMPO MAGNÉTICO. LEY DE FARADAY

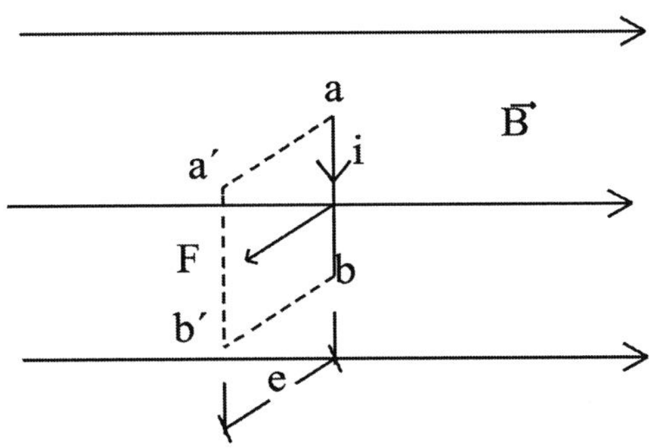

Como vimos en párrafos anteriores, el conductor está sometido a una fuerza F = B i L, por lo que se desplaza. Siendo e el espacio recorrido:

$$W = F \times e = B\,i\,L\,e \quad L\,e = S \quad W = B\,i\,S \quad \Phi = B\,S$$

$$W = i\,\Phi$$

9.12 FUERZA SUSPENSIVA DE UN IMÁN

$$F = \frac{S \times B^2}{8\pi}$$

S = cm^2 (superficie de los polos)

B = Gauss

F = Dinas

9.13 HISTÉRESIS

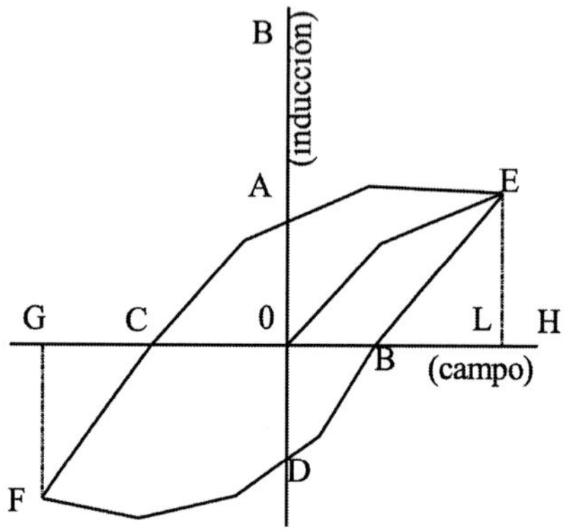

Si en el interior de un campo H colocamos un núcleo magnético y damos valores al campo H observamos lo siguiente:

A medida que crece el campo H, lo hace también la inducción B en el núcleo magnético, hasta llegar a un punto (E) en el que, aunque se aumente el campo H, la inducción del núcleo no crece, denominado *grado de saturación magnética del material.* Si a partir de este punto (E) disminuimos el valor del campo, se observa que la inducción disminuye más lentamente que en el tramo creciente (0E), de forma tal que cuando el campo vuelve a ser nulo, el núcleo magnético conserva una cierta inducción 0A, denominada *magnetismo remanente.* Si a partir de este instante invertimos el sentido del campo (se puede realizar invirtiendo el sentido de la corriente en la bobina), la inducción sigue disminuyendo hasta llegar a anularse (C), el valor del campo 0C necesario para anular el magnetismo se denomina *campo coercitivo.* Si se continúa con valores decrecientes, la curva de inducción será CF. Si finalmente se aumenta el campo desde G hasta L, de nuevo la curva de inducción será FDBE.

De todo esto se deduce que la inducción se retrasa respecto al campo, y así, para un cierto valor del campo, la inducción en el núcleo puede ser diferente según si el campo es creciente o decreciente. A este retraso de la inducción respecto al campo se denomina ***HISTÉRESIS***.

9.14 INDUCCIÓN ELECTROMAGNÉTICA

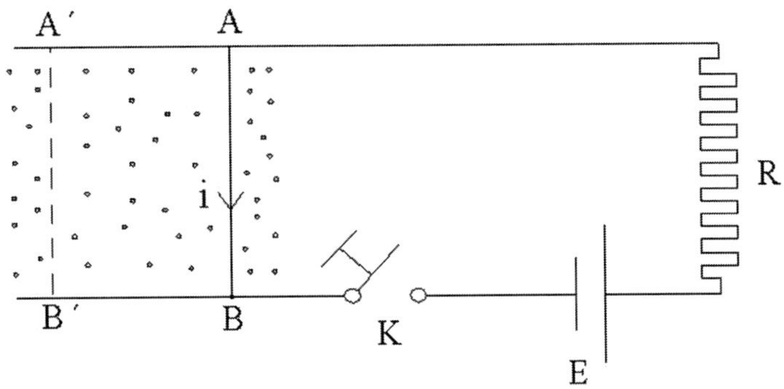

Consideremos un circuito formado por una resistencia óhmica R (en ella consideramos incluidas todas las resistencias del circuito, tanto del generador, como la del conductor cilíndrico AB, etc.). Un generador E y un campo magnético uniforme normal al plano del dibujo dirigido hacia nosotros, como indican los puntos de la figura. El circuito está cerrado por un conductor cilíndrico AB de masa despreciable.

Al cerrar el interruptor K circulará una corriente "i", la cual, al pasar por AB, produce una fuerza F (según vimos en el apartado 9.4), lo que provocará un desplazamiento del conductor AB, el cual realiza un trabajo (según vimos en el apartado 9.11).

Partiendo del principio de conservación de la energía, ***la energía ni se crea ni se destruye, solo se transforma***, y considerando un tiempo infinitesimal:

Ecuación de energías: $E \times i \times dt = R \times i^2 \times dt + i \times d\Phi$ dividiendo por dt:

Ecuación de potencias: $E \times i = R \times i^2 + i \times \frac{d\Phi}{dt}$ dividiendo por i

Ecuación de tensiones: $E = R \times i + \frac{d\Phi}{dt}$ de donde:

$i = \frac{E - \frac{d\Phi}{dt}}{R}$ Si llamamos $e = -\frac{d\Phi}{dt}$ resulta: $i = \frac{E + e}{R}$

Este término "e" recibe el nombre de fuerza electromotriz inducida.

Si la variación del flujo es constante a lo largo del tiempo:

Φf = flujo final Φ_i = flujo inicial $E = \frac{\Phi f - \Phi i}{t}$

t = tiempo en producirse la variación

9.15 FUERZA ELECTROMOTRIZ INDUCIDA EN UN CONDUCTOR QUE SE DESPLAZA NORMAL A LAS LÍNEAS DE INDUCCIÓN DE UN CAMPO MAGNÉTICO

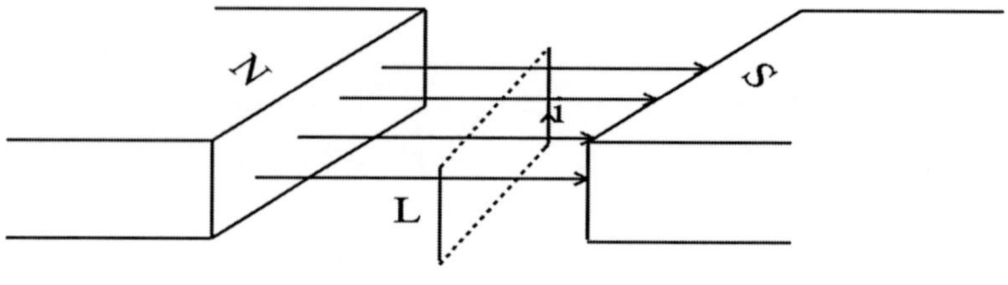

Consideremos un conductor rectilíneo de longitud L en el interior de un campo magnético desplazándose normal a las líneas de inducción con una velocidad V:

$F = B\,i\,L$ $W = F\,e$ $P = \frac{W}{t}$ $P = \frac{B\,i\,L\,e}{t} = B\,i\,L\,V$

$P = E\,i$ $E\,i = B\,i\,L\,V$ $E = B\,L\,V$

9.16 REGLAS DE FLEMING Y MAXWELL PARA DETERMINAR EL SENTIDO DE LA F.E.M. INDUCIDA

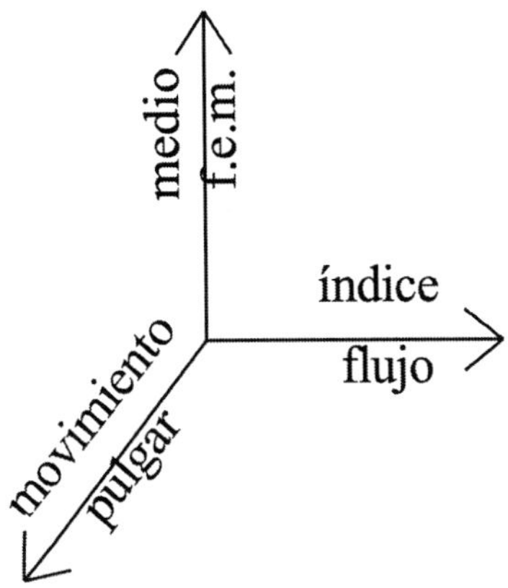

Fleming:

Colocamos la mano derecha con los dedos pulgar, índice y medio perpendicularmente entre sí formando un triedro trirectángulo, el pulgar indica el movimiento, el índice el flujo y el medio el sentido de la f.e.m. inducida.

Maxwell:

Cuando el flujo disminuye, el sentido de la f.e.m. inducida es el giro de un sacacorchos que avanza con respecto al sentido de las líneas de fuerza.

Cuando el flujo aumenta, el sentido de la f.e.m. inducida es el giro de un sacacorchos que retrocede con respecto al sentido de las líneas de fuerza.

Esta regla es aplicable a los circuitos cerrados.

9.17 AUTOINDUCCIÓN

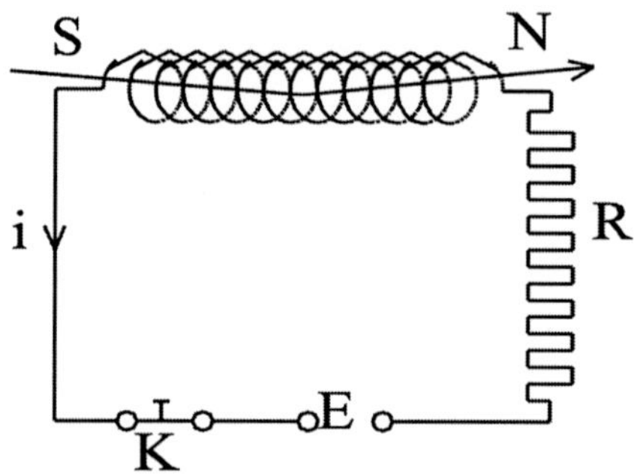

Cuando una bobina es recorrida por una corriente **i** se crea un flujo Φ que atraviesa el plano de cada espira. Si la bobina tiene "n" espiras, el flujo total será: $\Phi T = n\ \Phi$

Se denomina coeficiente de autoinducción **L** a la relación o cociente entre el flujo y la corriente que lo creó:

$$L = \frac{\Phi_T}{i} \quad \Phi_T = L \times i$$

La unidad de L es Henry (H):

$$1\ H = \frac{1\ Wb}{1\ A} = \frac{10^8\ Mx}{10^{-1}\ u.e.m.} = 10^9\ \text{u.e.m. (c.g.s.)}$$

Si en el párrafo de INDUCCIÓN ELECTROMAGNÉTICA sustituimos el valor del flujo por:

$$d\Phi = L\ di \quad \text{resulta} \qquad E = R\ i + L\frac{di}{dt}$$

Al cerrar el interruptor K, la corriente no alcanza su valor normal de régimen ($\frac{E}{R}$) hasta pasar un cierto tiempo (régimen transitorio), durante el cual la bobina absorbe una cierta energía que luego devuelve al circuito cuando cesa la f.e.m. E, denominada energía intrínseca:

$i = \frac{E - L\frac{di}{dt}}{R}$ $R\, i = E - L\frac{di}{dt}$

$R\, i - E = - L\frac{di}{dt}$ $dt\,(R\, i - E) = - L\, di$

$dt = - L\frac{di}{R\, i - E} = - \frac{L}{R}\frac{di}{i - \frac{E}{R}}$

Integrando: $\int dt = - \frac{L}{R}\int\frac{di}{i - \frac{E}{R}}$ $t = - \frac{L}{R}\log_{nep}(I - \frac{E}{R}) + C$

$t - C = - \frac{L}{R}\log_{nep}(i - \frac{E}{R})$ $\frac{R\,(C-t)}{L} = \log_{nep}(i - \frac{E}{R})$

Se recuerda al lector que si $\log_a b = C \Rightarrow a^C = b$

En nuestro caso:

$$e^{\frac{R\,(C-t)}{L}} = i - \frac{E}{R}$$

La ecuación anterior se debe cumplir para cualquier valor de t.

Cuando $t = 0 \Rightarrow i = 0$ $e^{\frac{R\,C}{L}} = - \frac{E}{R}$ $- \frac{E}{R}\, e^{\frac{-R\,t}{L}} = i - \frac{E}{R}$

$i = \frac{E}{R}\,[1 - e^{\frac{-R\,t}{L}}]$ Llamando τ (constante de tiempo) $\tau = \frac{L}{R}$:

$i = \frac{E}{R}\,[1 - e^{\frac{-t}{\tau}}]$

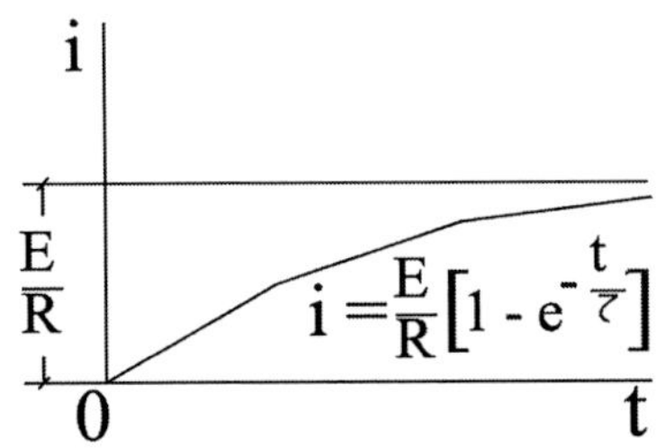

La energía absorbida, energía intrínseca:

$$dW = i\,d\Phi = i\,L\,di \qquad W = \int_0^I i\,L\,di = L\left[\frac{i^2}{2}\right]_0^I = \frac{1}{2}\,L\,I^2$$

$$\boxed{W = \frac{1}{2}\,L\,I^2}$$

Supongamos ahora que en un instante dado se anula la f.e.m. E, permaneciendo cerrado el circuito. Si no existiese el fenómeno de la autoinducción, la corriente sería nula, pero como existe dicho fenómeno, resulta:

$$i = \frac{0 - L\frac{di}{dt}}{R} \qquad R\,i = -L\frac{di}{dt} \qquad dt = -\frac{L}{R}\,\frac{di}{i} \quad \text{integrando:}$$

$$t = -\frac{L}{R}\,log_{nep}\,i + C \qquad \frac{R\,(C-t)}{L} = \log_{nep} i$$

$$e^{\frac{R\,(C-t)}{L}} = i \qquad \text{cuando } t = 0 \Rightarrow i = I \quad I = e^{\frac{R\,C}{L}}$$

$$i = I\,e^{\frac{-R\,t}{L}} \qquad \text{Siendo } \tau = \frac{L}{R}$$

$$\boxed{i = I\,e^{\frac{-t}{\tau}}}$$

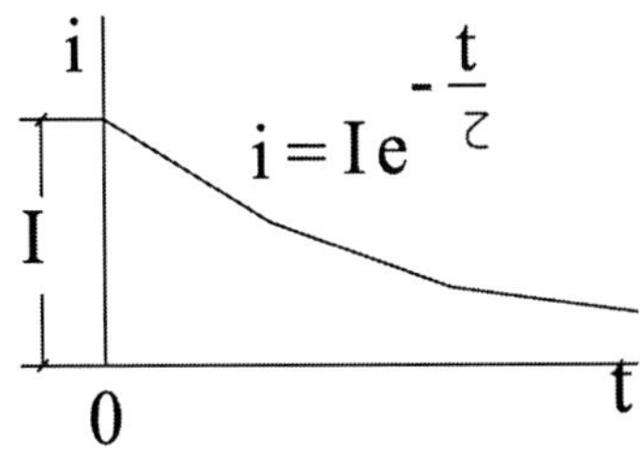

La energía absorbida durante el periodo variable de cierre del circuito se disipará ahora en calor en la resistencia R:

$$W = \int_0^T R\, i^2\, dt = \int_0^T R\, I^2\, e^{\frac{-2t}{\tau}} dt = R\, I^2 \int_0^T e^{\frac{-2t}{\tau}} dt$$

$$W = R\, I^2 \left[-\frac{\tau\, e^{\frac{-2t}{\tau}}}{2}\right]_0^T = R\, I^2 \left[-\frac{\tau\, e^{\frac{-2T}{\tau}}}{2} + \frac{\tau}{2}\right] \text{ como T tiende a } \infty$$

$$W = R\, I^2 \left[\frac{\tau}{2}\right] \qquad W = R\, I^2 \frac{L}{2R} \quad W = \frac{1}{2} L\, I^2$$

Vemos que coincide con la energía absorbida, calculada anteriormente.

9.18 ACOPLAMIENTO MAGNÉTICO DE BOBINAS

Consideremos dos bobinas L_1 y L_2 acopladas magnéticamente como indica la figura:

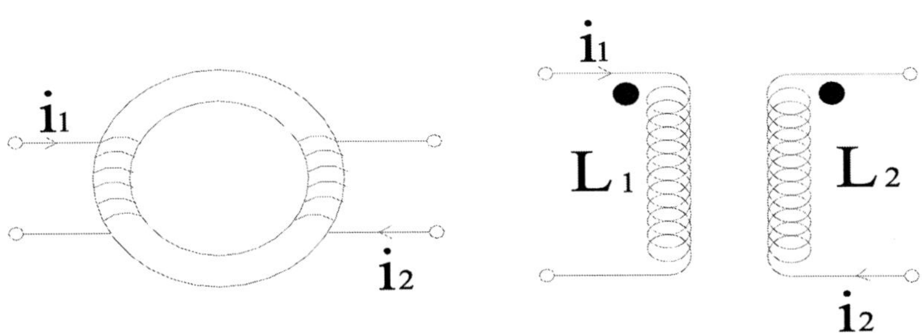

Para no tener que representar los sentidos de los arrollamientos, se marca un punto en cada bobina en los terminales que tienen la misma polaridad instantánea.

Llamando:

Φ_{12} = flujo de la bobina 1 que atraviesa la bobina 2.

Φ_{21} = flujo de la bobina 2 que atraviesa la bobina 1.

Φ_{1T} = flujo total que atraviesa la bobina 1.

Φ_{2T} = flujo total que atraviesa la bobina 2.

Los flujos son proporcionales a las corrientes que los crearon; siendo M (coeficiente de inducción mutua) la constante de proporcionalidad, y N el número de espiras, obtenemos:

$$\frac{N1\ \Phi 21}{i2} = \frac{N2\ \Phi 12}{i1} = \mathrm{M}\ \mathrm{E}_2 = -\ \mathrm{N}_2 \frac{d\Phi 12}{dt} = -\ \mathrm{M} \frac{di1}{dt}$$

$$\mathrm{M} = \mathrm{N}_2 \frac{d\Phi 12}{di1} \quad \mathrm{M} = \mathrm{N}_1 \frac{d\Phi 21}{di2}$$

si el acoplamiento es lineal:

$$\boxed{\mathrm{M} = \mathrm{N2}\ \frac{\Phi 12}{i1} = \mathrm{N1} \frac{\Phi 21}{i2}}$$

Siendo K (coeficiente de acoplamiento entre dos bobinas montadas sobre el mismo núcleo) la proporción o porcentaje de flujo de una bobina a otra, obtenemos:

$$\mathrm{K} = \frac{\Phi 12}{\Phi 1\mathrm{T}} = \frac{\Phi 21}{\Phi 2\mathrm{T}} \qquad \mathrm{L} = N\ \frac{\Phi}{\mathrm{i}}$$

$$\mathrm{K} = \frac{\frac{M \times i1}{N2}}{\frac{L1 \times i1}{N1}} = \frac{\mathrm{M} \times \mathrm{N1}}{\mathrm{L1} \times \mathrm{N2}} \quad \mathrm{K} = \frac{\frac{M \times i2}{N1}}{\frac{L2 \times i2}{N2}} = \frac{\mathrm{M} \times \mathrm{N2}}{\mathrm{L2} \times \mathrm{N1}}$$

$$K \times K = \frac{M \times N1}{L1 \times N2} \frac{M \times N2}{L2 \times N1} = \frac{M^2}{L1 \times L2}$$

$$M^2 = K^2 \times L_1 \times L_2 \qquad M = K\sqrt{L1 \times L2}$$

Si las corrientes de dos bobinas acopladas magnéticamente entran o salen por terminales marcados con un punto, los efectos de sus campos magnéticos se suman; en caso contrario, se restan.

Supongamos dos bobinas acopladas magnéticamente, como indica la figura:

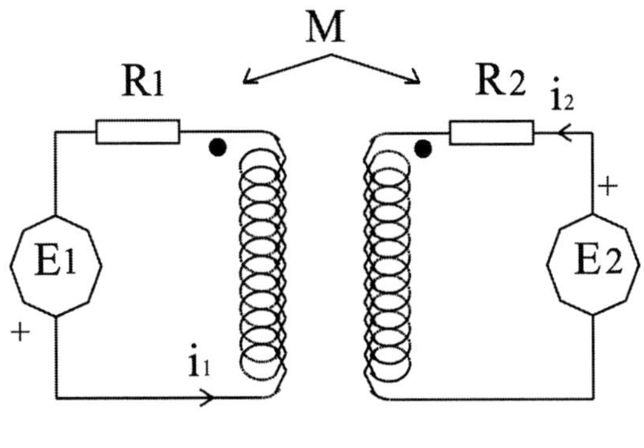

$$E_1 = R_1 \times i_1 + L_1 \frac{di1}{dt} - M \frac{di2}{dt} \qquad E_2 = R_2 \times i_2 + L_2 \frac{di2}{dt} - M \frac{di1}{dt}$$

$$E_1 = R_1 \times i_1 + \omega L_1 j i_1 - M \omega j i_2 \quad E_2 = R_2 \times i_2 + \omega L_2 j i_2 - M \omega j i_1$$

En este caso, la corriente i_1 sale por el terminal marcado, mientras que la corriente i_2 entra por el terminal marcado; por tanto, los efectos magnéticos se restan.

CAPÍTULO 10

RESOLUCIÓN DE PROBLEMAS

Un conductor de 80 cm de longitud, recorrido por una corriente de 6 A, se encuentra situado perpendicularmente a las líneas de inducción de un campo magnético uniforme de 0.12 megagauss.

Calcular la fuerza que ejerce sobre el conductor.

Datos: L = 80 cm
I = 6 A
B = 0.12 MG

Unidades: L = 0.80 m
I = 6 A
$B = 0.12 \, . \, 10^{6} \, . \, 10^{-4} = 12 \text{ T}$

Cálculo:

$$F = B \, . \, I \, . \, L = 12 \times 6 \times 0.80 = \mathbf{57.60 \text{ N}}$$

Calcular la inducción magnética en una espira circular de 40 cm de diámetro, recorrida por una corriente de 4 A.

Datos: ∅ = 40 cm
I = 4 A

Unidades: ∅ = 0.40 m
I = 4 A

Cálculo:

$$B = \mu_0 \frac{I}{2r} = 4 \pi \, 10^{-7} \frac{4}{2 \times 0.20} = 40 \pi \, 10^{-7} \text{ T}$$

Una bobina plana circular de 60 espiras y 20 cm de diámetro presenta un campo magnético de inducción de 80 G.

Calcular la intensidad de corriente que la recorre y su coeficiente de autoinducción.

Datos: N = 60 espiras

∅ = 20 cm

B = 80 G

Unidades: N = 60 espiras

∅ = 0.20 m

$B = 80 \times 10^{-4} = 8 \times 10^{-3}$ T

Cálculo:

$$B = \mu_0 \frac{N \times I}{2\,r} \quad I = \frac{2 \times B \times r}{\mu 0 \times N} = \frac{2 \times 8 \times 10^{-3} \times 0.10}{4\,\pi \times 10^{-7} \times 60} = 21.23 \text{ A}$$

$$L = N \frac{\Phi}{I} = \frac{N \times B \times S}{I} = \frac{60 \times 8 \times 10^{-3} \times \pi \times 0.10^{2}}{21.23} = 0.226\,\pi \text{ mH}$$

Un solenoide formado por 300 espiras, 20 cm de diámetro y 2.00 m de longitud, recorrido por una corriente de 5 A.

Calcular su coeficiente de autoinducción y su energía intrínseca.

Datos: N = 300 espiras

∅ = 20 cm

L = 2.00 m

I = 5 A

Unidades: N = 300 espiras

∅ = 0.20 m

L = 2.00 m

I = 5 A

Cálculo:

$$L = N \frac{\Phi}{I} \qquad \Phi = B \times S \qquad B = \mu_0 \frac{N \times I}{L}$$

$$B = 4\,\pi\,10^{-7}\,\frac{300 \times 5}{2} = 3\,\pi\,10^{-4}\ T$$

$$L = \frac{300 \times 3 \times \pi \times 10^{-4} \times \pi \times 0.10^2}{5} = 1.8\,\pi^2 \times 10^{-4}\ H$$

$$W = \frac{1}{2}\,L\,I^2 = 0.50 \times 1.8 \times \pi^2 \times 10^{-4} \times 5^2 = 22.5 \times \pi^2 \times 10^{-4}\ \text{julios}$$

Por un circuito de 10 mH de autoinducción circula una corriente de 60 A que se anula en 0.1 s.

Calcular la energía intrínseca y el valor medio de la f.e.m. inducida.

Datos: L = 10 mH
I = 60 A
t = 0.10 s

Unidades: $L = 10^{-2}$ H
I = 60 A
t = 0.10 s

Cálculo:

$$W = \frac{1}{2}\,L \times I^2 = \frac{1}{2}\,10^{-2} \times 60^2 = 18\ J$$

$$Em = L\,\frac{\Delta i}{\Delta t} = 10^{-2}\,\frac{60}{0.1} = 6\ V$$

Un conductor de 60 cm de longitud se desplaza con una velocidad de 10 m/s perpendicularmente a las líneas de inducción de un campo magnético de 8.000 G.

Calcular la f.e.m. inducida.

Datos: L = 60 cm
v = 10 m/s
B = 8000 G

Unidades: L = 0.60 m
v = 10 m/s
$B = 8000 \times 10^{-4} = 0.80$ T

Cálculo:

$$Em = B \times L \times v = 0.80 \times 0.60 \times 10 = 4.80 \text{ V}$$

Un electroimán presenta una superficie por polo de 25 cm² (5 × 5) con una inducción en el entrehierro de 0,60 T.

Calcular la fuerza de atracción del electroimán.

Datos: $Sp = 25$ cm²
B = 0.60 T

Unidades: $Sp = 25$ cm²
$S_T = 2 \times 25 = 50$ cm²
$B = 0.60 \times 10^4 = 6000$ G

Cálculo:

$$F = \frac{S \times B^2}{8 \times \pi} = \frac{50 \times 6000^2}{8 \times \pi} = \mathbf{716.56} \times 10^5 \text{ dinas}$$

Un circuito formado por una autoinducción de 2 mH y una resistencia de 40 Ω es recorrida por una corriente de 20 A.

Calcular la energía intrínseca y la constante de tiempo.

Datos: $L = 2\ mH$ $R = 40\ \Omega$ $I = 20\ A$

Unidades: $L = 2 \times 10^{-3}\ H$ $R = 40\ \Omega$ $I = 20\ A$

Cálculo:

$$W = \frac{1}{2} L \times I^2 = \frac{1}{2} 2 \times 10^{-3} \times 20^2 = \mathbf{0.40\ J}$$

$$\tau = \frac{L}{R} = \frac{2 \times 10^{-3}}{40} = 0.05 \times 10^{-3}\ s$$

En el circuito de la figura calcular la corriente i:

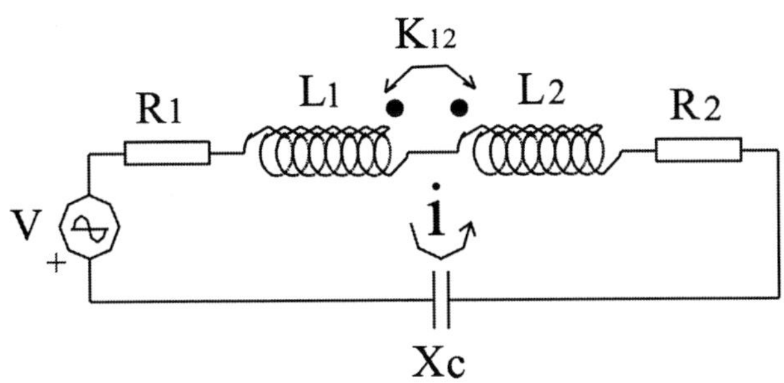

Datos: $L_1 = 6\ mH$ $L_2 = 4\ mH$ $K_{12} = 0.6$ $R_1 = 20\ \Omega$ $R_2 = 30\ \Omega$

Unidades: $L_1 = 6 \times 10^{-3}\ H$ $L_2 = 4 \times 10^{-3}\ H$ $K_{12} = 0.6$ $R_1 = 20\ \Omega$ $R_2 = 30\ \Omega$

$Xc = 10\ \Omega$ $Xc = 10\ \Omega$

$V = 60\ V$ $V = 60\ V$

Cálculos:

$M_{12} = K_{12}\sqrt{L1 \times L2} = 0.6\sqrt{6 \times 10^{-3} \times 4 \times 10^{-3}} = 2.94 \times 10^{-3}\ H$

$V = (R_1 + XL_1 + XL_2 + R_2 + Xc - 2 \times Z_{M12})\ i$

$XL_1 = \omega\ L_1\ j = 2\ \pi\ f \times L_1\ j = 1.884\ j$

$XL_2 = \omega\ L_2\ j = 2\ \pi\ f \times L_2\ j = 1.256\ j$

$Xc = -\ 10\ j$

$Z_{M12} = \omega\ M_{12}\ j = 2\ \pi\ f \times M_{12}\ j = 0.923\ j$

$60 = (20 + 1.884\ j + 1.256\ j + 30 - 10\ j - 2 \times 0.923\ j)\ i$

$60 = (50 - 8.706\ j)\ i$ $50 - 8.706\ j = 50.75\ |\underline{-9.877^\circ}$

$$i = \frac{60\ |0^\circ}{50.75\ |-9.877^\circ} = 1.18\ |\underline{9.877^\circ}$$

Nota. El factor 2 de Z_{M12} es debido a la influencia de la bobina 1 en la 2 y la 2 en la 1 por efecto de la inducción mutua.

CAPÍTULO 11

CORRIENTE ALTERNA

11.1 FUNCIÓN SENOIDAL

Teniendo en cuenta que los alternadores en la producción de corriente alterna desarrollan una función senoidal, vamos a estudiar esta función antes de entrar en el estudio de la corriente alterna.

$y = A_0 \text{ sen } (\omega t + \varphi)$

y = Elongación. Valor instantáneo

A_0 = Amplitud. Valor máximo. Valor de pico

$\text{sen } (\varphi\, t + \varphi)$ = Factor armónico

$(\omega t + \varphi)$ = Fase

φ = Fase inicial

ω = Pulsación. Velocidad angular

T = Periodo. Tiempo que tarda en realizarse un ciclo

f = Frecuencia. Número de ciclos por segundo (hercios [Hz])

$\omega = \frac{espacio}{tiempo} = \frac{2\,\pi}{T}$

1 ciclo .... T segundos

f ciclos .... 1 segundo

$1 = f \times T \quad f = \frac{1}{T} \quad T = \frac{1}{f} \qquad \omega = \frac{2\pi}{T} = 2\,\pi\, f$

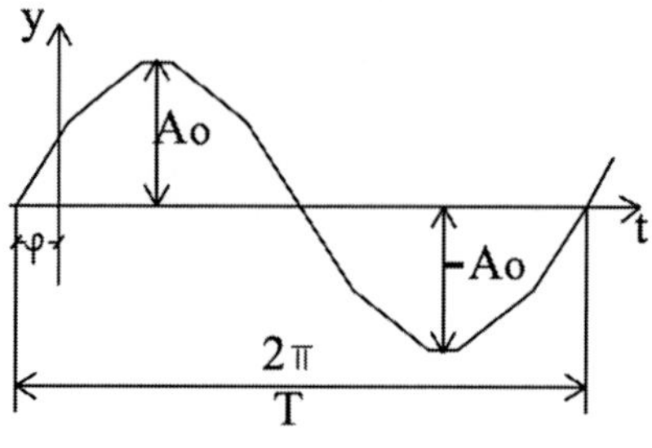

Si $\varphi = 0$ $\quad y = A_0 \text{ sen } \omega t$

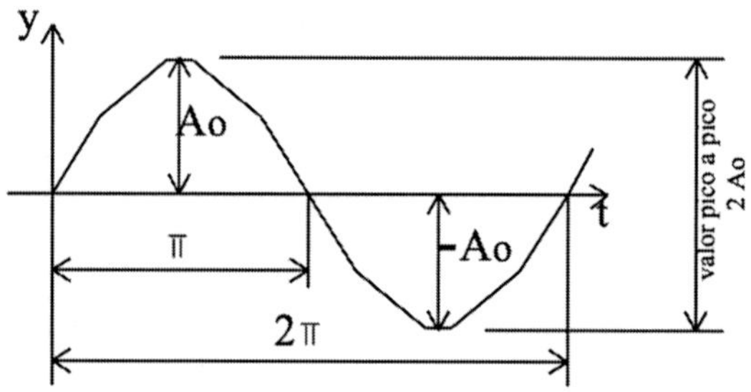

11.2 REPRESENTACIÓN VECTORIAL Y CARTESIANA. PASO DE UNA FORMA A OTRA

Paso de forma vectorial a cartesiana:

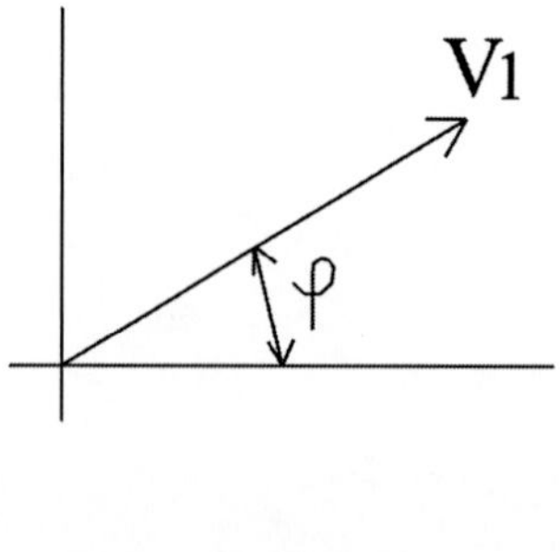

Trazamos una circunferencia con radio igual al valor máximo.

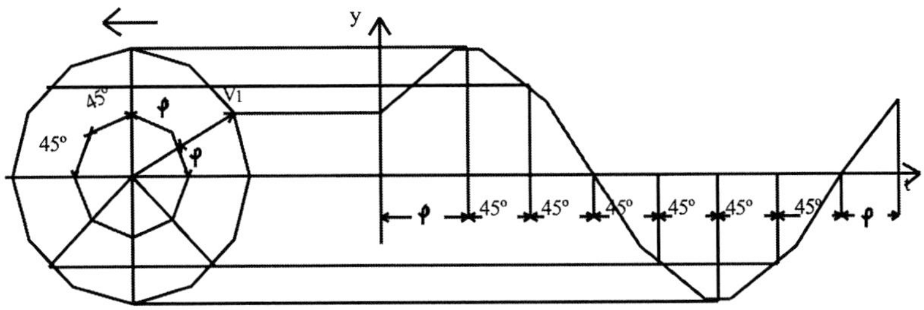

Proyectamos sobre el eje de coordenadas cartesianas los puntos que adquiere el vector en la circunferencia.

Paso de forma cartesiana a forma vectorial:

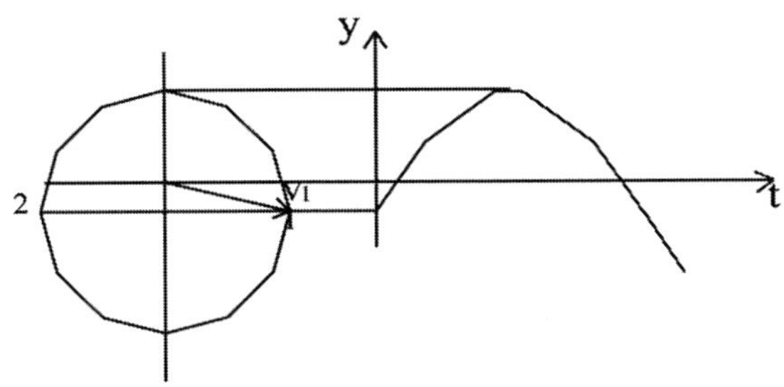

Con el valor máximo (valor de pico) como radio, trazamos una circunferencia. A continuación, proyectamos sobre esta (la circunferencia) el punto de origen de la función, con lo que obtenemos los puntos 1 y 2. Para determinar cuál de ellos corresponde a la forma vectorial, observamos la función cartesiana y vemos que al aumentar t el valor de la elongación aumenta, y eso solo se da en el punto 1.

11.3 VALOR MEDIO

Es la media algebraica de los valores de la elongación en medio periodo. Corresponde a la altura de un rectángulo que tiene por base medio periodo y por área la misma que la de la función en ese medio periodo.

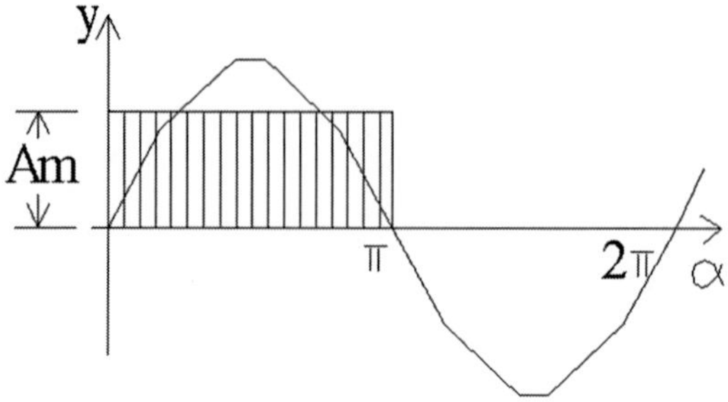

y = Ao sen α

Am × π = $\int_0^{\pi} Ao\ sen\ \alpha\ d\alpha$ = Ao [- cos α]$_0^{\pi}$ = Ao [-cos π + cos 0]

Am × π = Ao [1+1] = 2 Ao   Am = $\frac{2\ Ao}{\pi} \cong 0.636$ Ao

11.4 VALOR EFICAZ

Es la media cuadrática correspondiente a un número entero de ondas. Corresponde al cuadrado de la altura de un rectángulo que tiene por base medio periodo y por área la misma que la de la función al cuadrado.

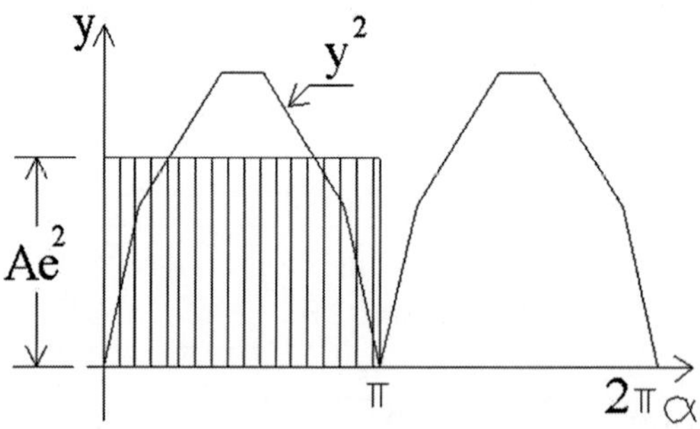

$Ae^2 \times \pi = \int_0^{\pi} Ao^2\ sen^2\alpha\ d\alpha$ $sen^2\ \alpha = \frac{1-\cos 2\alpha}{2}$

$Ae^2 \times \pi = \frac{Ao^2}{2} \int_0^{\pi} d\alpha - \frac{Ao^2}{2} \int_0^{\pi} \cos 2\ \alpha\ d\alpha$

$$Ae^2 \times \pi = \frac{Ao^2}{2}[\alpha]_0^\pi - \frac{Ao^2}{2\times2}[\text{sen } 2\alpha]_0^\pi \quad Ae^2 \times \pi = \frac{Ao^2 \times \pi}{2} - 0$$

$$Ae^2 = \frac{Ao^2}{2} \qquad Ae = \frac{Ao}{\sqrt{2}} \cong 0.707\ Ao$$

11.5 CIRCUITOS DE CORRIENTE ALTERNA

Los elementos que componen un circuito eléctrico son la RESISTENCIA, la BOBINA y el CONDENSADOR.

Vamos a estudiar cada uno de ellos por separado, considerándolos ideales, es decir, la resistencia desprovista de inductancia y capacitancia; la bobina desprovista de resistencia y capacitancia, y el condensador desprovisto de resistencia e inductancia. A continuación, unimos los tres efectos y obtenemos los elementos reales.

A) Resistencia puramente óhmica

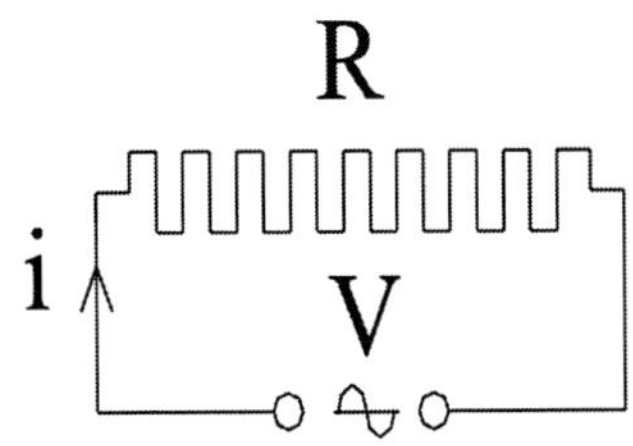

Consideremos un circuito formado por una resistencia ideal R al que aplicamos una tensión V alterna senoidal.

$V = Vo \text{ sen } \omega t$ Aplicando la ley de Ohm:

$$i = \frac{\sum e}{\sum R} \qquad i = \frac{Vo \text{ sen } \omega t}{R} = \frac{Vo}{R} \text{ sen } \omega t \quad Io = \frac{Vo}{R}$$

$i = Io \text{ sen } \omega t$

Observamos que la tensión aplicada V y la corriente i están en fase:

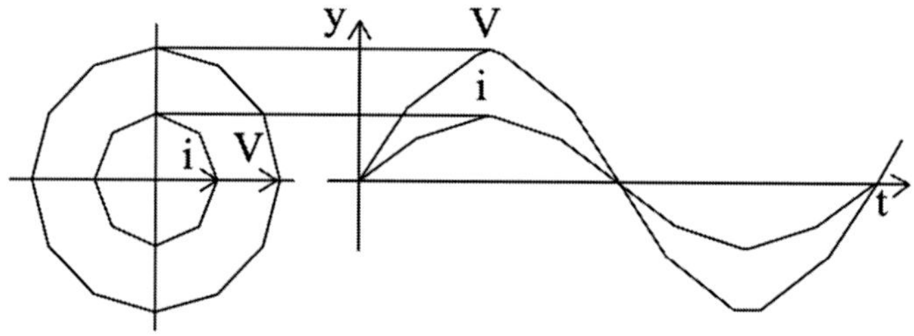

B) **Bobina ideal**

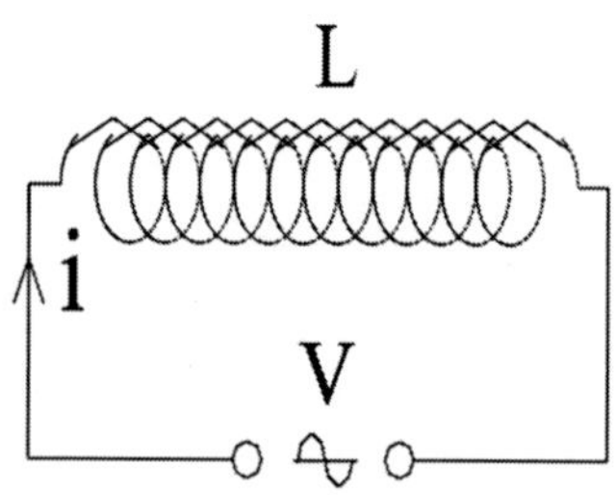

Consideremos un circuito formado por una bobina ideal de coeficiente de autoinducción L:

$$L = \frac{d\Phi}{di} \qquad d\Phi = L \times di$$

Por el fenómeno de la autoinducción, sabemos que:

$$e_a = -\frac{d\Phi}{dt} \qquad e_a = -L\frac{di}{dt}$$

Tomando como origen de fases la correspondiente a la intensidad, resulta:

$i = I_o \text{ sen } \omega t \quad i = \frac{\sum e}{\sum R} \qquad i = \frac{V + ea}{R} \qquad R = 0 \Rightarrow V + ea = 0$

$$V = - e_a = L \frac{di}{dt} = \omega L I_o \cos \omega t$$

$\omega L = XL$ (inductancia o reactancia inductiva)

$V = XL\ I_o \cos \omega t \quad V_o = XL\ I_o \quad V = V_o \cos \omega t$

$\cos \omega t = \text{sen } (\omega t + \pi/2) \quad i = I_o \text{ sen } \omega t \quad V = V_o \text{ sen } (\omega t + \pi/2)$

Observamos que la tensión va adelantada $\pi/2$ respecto a la intensidad.

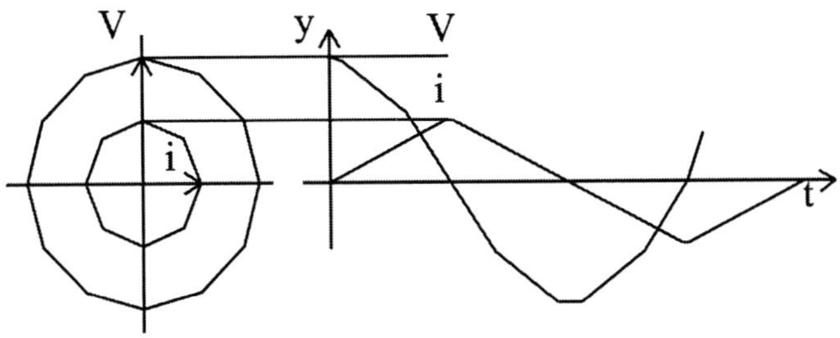

C) Condensador ideal

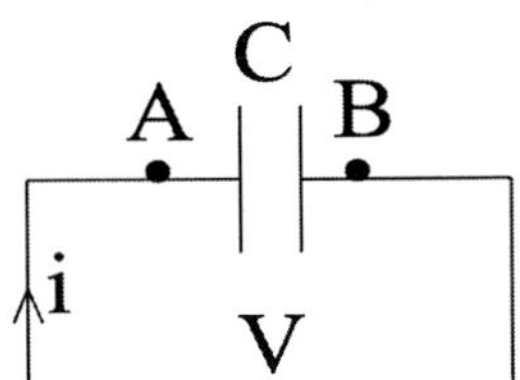

Consideremos un circuito formado por un condensador ideal, de capacidad C:

$$dq = i\ dt \quad q = \int i\ dt$$

$$V_A - V_B = \frac{q}{C} = \frac{1}{C}\int idt \quad i = \frac{\sum e}{\sum R} = \frac{V - \frac{\int i\,dt}{C}}{R} \quad R = 0 \Rightarrow V = \frac{1}{C}\int i\,dt$$

Tomando como origen de fases la correspondiente a la intensidad, tenemos:

$$i = Io \text{ sen } \omega t \quad V = \frac{1}{C}\int Io\, sen\, \omega\, dt = \frac{1}{\omega C} Io\, [- \cos \omega t]$$

$$Xc = \frac{1}{\omega C} \text{ (capacitancia o reactancia capacitiva) } \Omega$$

$$V = Xc\, Io\, (- \cos \cos \omega t) \quad Vo = Xc\, Io$$

$$V = Vo\, (- \cos \omega t) = Vo \text{ sen } (\omega t - \pi/2)$$

$$I = Io \text{ sen } \omega t \quad V = Vo \text{ sen } (\omega t - \pi/2$$

Observamos que la tensión se retrasa $\pi/2$ respecto a la intensidad.

Obsérvese que al calcular la integral indefinida $\int i\,dt$ no se incluyó el término independiente K. En realidad, esta integral tendría que ser definida entre - ∞ y t:

$$\frac{1}{C}\int_{-\infty}^{t} i\,dt \quad \text{pero sabemos que: } \int_{-\infty}^{t} i\,dt = \int_{-\infty}^{0} idt + \int_{0}^{t} idt$$

Normalmente a la integral $\int_{-\infty}^{0} i\,dt$ se considera nula, pues en el momento en que se empieza a contar el tiempo, la función es nula; no obstante, en c.a. en los condensadores no ocurre así, pues puede que en ese instante la tensión en bornes del condensador tenga un cierto valor Uo. Luego:

$$V = \frac{1}{C}\int_{-\infty}^{0} i\,dt + \frac{1}{C}\int_{0}^{t} i\,dt = Uo + \frac{1}{C}\int_{0}^{t} i\,dt$$

$$V = Uo + \frac{1}{C}\left[\int i\,dt\right]_{t=t} - \frac{1}{C}\left[\int i\,dt\right]_{t=0} = Uo + \frac{1}{C}\int i\,dt - Uo = \frac{1}{C}\int i\,dt$$

Vemos pues que la integral definida entre - ∞ y t es equivalente a la integral indefinida **sin término independiente**.

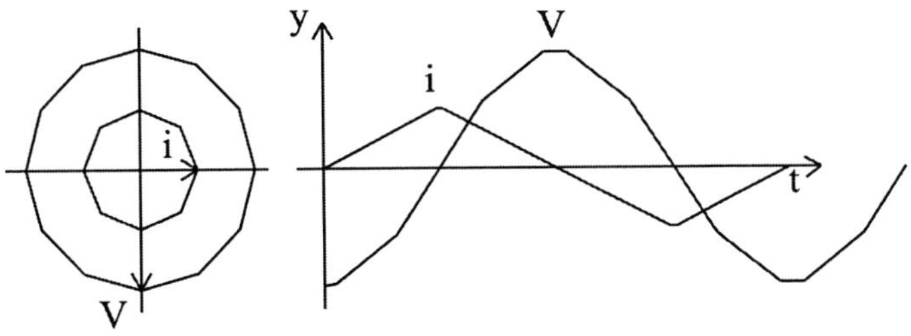

11.6 CIRCUITO RESISTENCIA – BOBINA. RL

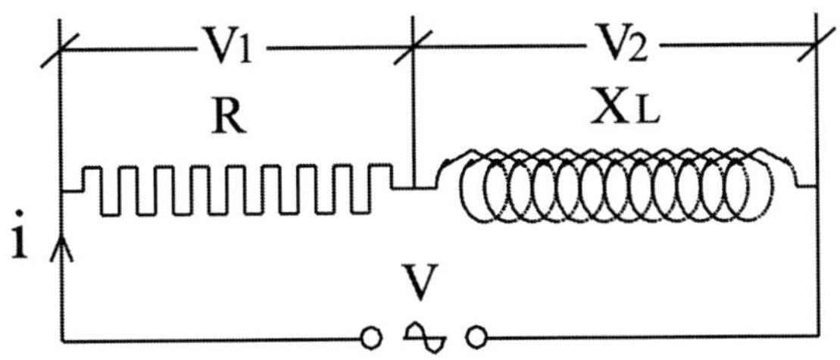

Consideremos un circuito formado por una resistencia óhmica R y una inductancia X_L en serie, tal como indica la figura.

Aplicando la ley de Ohm generalizada, tenemos:

$$i = \frac{\sum e}{\sum R} = \frac{V - L\frac{di}{dt}}{R} \quad \text{de donde} \quad V = R\,i + L\,\frac{di}{dt}$$

Tomando como origen de fases la correspondiente a la intensidad, resulta:

$$i = I_o \operatorname{sen} \omega t$$

Vimos en capítulos anteriores que la tensión en la bobina pura va adelantada 90° respecto a la intensidad. En el circuito formado por resistencia y bobina, la tensión ira adelantada un ángulo φ:

$$V = Vo \text{ sen } (\omega t + \varphi) \text{ Resultando:}$$

$$Vo \text{ sen } (\omega t + \varphi) = R\, Io \text{ sen } \omega t + \omega L\, Io \cos \omega t$$

Pasando a valores eficaces: $V = \frac{Vo}{\sqrt{2}}$ $\qquad I = \frac{Io}{\sqrt{2}}$

$$V \text{ sen } (\omega t + \varphi) = R\, I \text{ sen } \omega t + \omega L\, I \cos \omega t$$

Este valor se tiene que cumplir para cualquier valor de ωt.

Para $\omega t = 0 \Rightarrow V \text{ sen } (0 + \varphi) = R\, I \text{ sen } 0 + \omega L\, I \cos 0$ resultando:

$$V \text{ sen } \varphi = \omega L I$$

Para $\omega t = \pi/2 \Rightarrow V \text{ sen } (\pi/2 + \varphi) = R\, I \text{ sen } \pi/2 + \omega L\, I \cos \pi/2$ Resultando:

$$V \cos \varphi = R I \text{ ya que sen } (\pi/2 + \varphi) = \cos \varphi \text{ y } \cos \pi/2 = 0$$

Elevando al cuadrado ambas funciones y sumándolas:

$$V^2 \text{ sen}^2 \varphi = \omega^2 L^2 I^2$$

$$V^2 \cos^2 \varphi = R^2 I^2$$

$$V^2 (\text{sen}^2 \varphi + \cos^2 \varphi) = I^2 (\omega^2 L^2 + R^2)$$

Siendo $\omega L = X_L$ y $\text{sen}^2 \varphi + \cos^2 \varphi = 1$, resulta:

$$V^2 = I^2 (X_L^2 + R^2) \qquad V = I \sqrt{R^2 + XL^2}$$

Circuito equivalente:

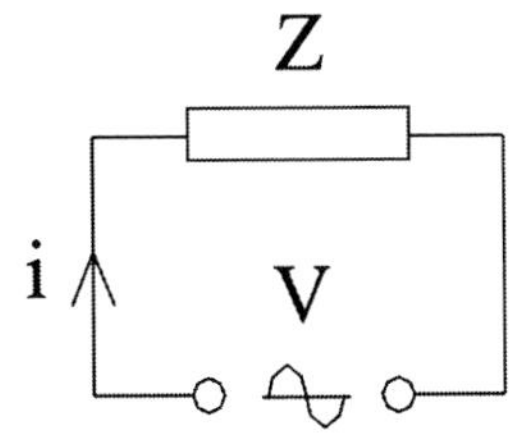

$$V = Z\,I$$
$$V = I\sqrt{R^2 + X_L^2}\Big\}\ Z = \sqrt{R^2 + XL^2}$$

$$\frac{V\,sen\,\varphi = \omega L\,I}{V cos\,\varphi = R\,I}\Big\}\ \frac{V\,sen\,\varphi}{V\cos\varphi} = \frac{\omega\,L\,I}{R\,I}\quad \text{Tag}\ \varphi = \frac{\omega\,L}{R} = \frac{XL}{R}$$

$$\frac{V\,cos\,\varphi = R\,I}{V = Z\,I}\Big\}\ \frac{V\,cos\,\varphi}{V} = \frac{R\,I}{Z\,I} \Rightarrow \cos\,\varphi = \frac{R}{\sqrt{R^2 + XL^2}}$$

$$\frac{V\,sen\,\varphi = XL\,I}{V = Z\,I}\Big\}\ \frac{V\,sen\,\varphi}{V} = \frac{XL\,I}{Z\,I}\quad \text{sen}\ \varphi = \frac{XL}{\sqrt{R^2 + XL^2}}$$

Otra forma de calcular este circuito (RL) es gráficamente. Para ello debemos partir, según vimos en párrafos anteriores, que la tensión en la resistencia está en fase con la intensidad y adelantada 90° en la bobina.

Aplicando la ley de Ohm, resulta:

$\mathbf{V} = \mathbf{V_1} + \mathbf{V_2}$ (ojo que, aunque no tenga flecha encima, son **vectores**)

$\mathbf{V_1 = R\,I}$ $\mathbf{V_2 = X_L\,I}$ Para efectuar gráficamente la suma de vectores $\mathbf{V_1}$ y $\mathbf{V_2}$ tenemos que referenciarlos respecto a un elemento común que, en el caso de un circuito en serie, es la intensidad de corriente.

El vector $\mathbf{V_1}$, al estar en bornes de la resistencia, está en fase con **I**; mientras que el vector $\mathbf{V_2}$, al estar en bornes de la bobina, estará adelantado 90° respecto a la intensidad **i**.

TRIÁNGULO
DE TENSIONES

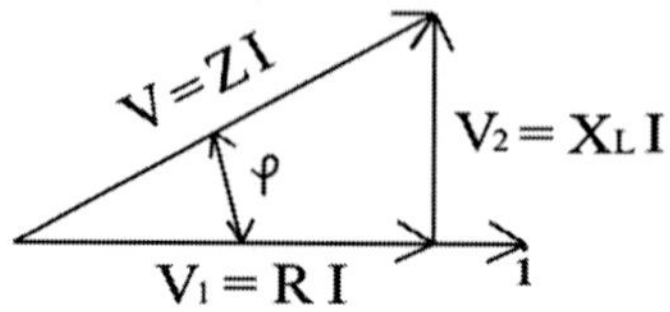

Si en este triángulo dividimos sus lados por I, obtendremos un triángulo semejante, cuyos lados son la resistencia R, la inductancia X_L y la impedancia Z, llamado **triángulo de impedancias**.

TRIÁNGULO
DE IMPEDANCIAS

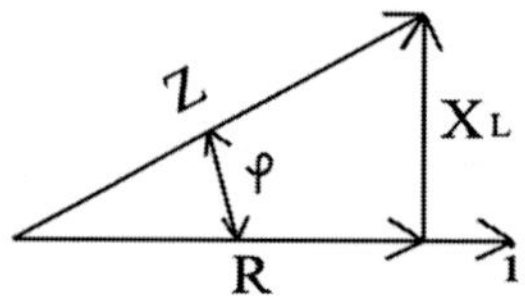

Si en el triángulo de tensiones multiplicamos sus lados por I, obtendremos un triángulo semejante, cuyos lados son las potencias (en corriente alterna tenemos tres potencias) potencia aparente (S), potencia activa (P) y potencia reactiva (Q).

TRIÁNGULO
DE POTENCIAS

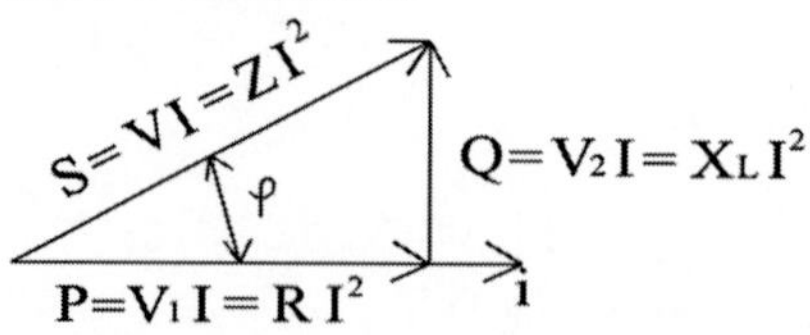

En el triángulo de impedancias, empleando números complejos, tenemos:

$\mathbf{Z} = R + X_L j$ $|Z| = \sqrt{R^2 + XL^2}$ $\text{sen}\ \varphi = \frac{XL}{|Z|} = \frac{XL}{\sqrt{R^2 + XL^2}}$

En el triángulo de potencias:

$\cos\varphi = \frac{P}{S}$ $P = S \cos\varphi$ $P = V\,I \cos\varphi$ $P = R\,I^2$

Vemos que la potencia activa consta de tres factores:

V = Tensión I = Intensidad $\cos\varphi$ = Factor de potencia

$\text{sen}\ \varphi = \frac{Q}{S}$ $Q = S\ \text{sen}\ \varphi$ $Q = V\,I\ \text{sen}\ \varphi$ $Q = X_L\,I^2$

$S = V\,I$ $S = Z\,I^2$

En el triángulo **de tensiones** observamos que en el circuito inductivo la tensión va adelantada respecto a la intensidad un ángulo φ:

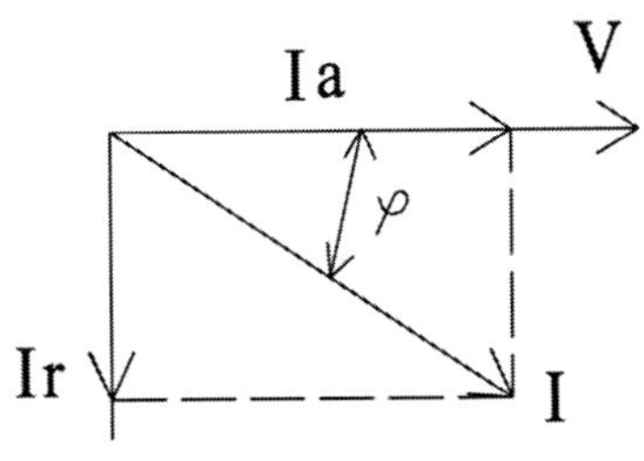

La intensidad I la podemos descomponer en sus dos componentes:

Ia = Componente activa

Ir = Componente reactiva

$Ia = I \cos\varphi$ $I_r = I\ \text{sen}\ \varphi$

$$P = V\,I\cos\varphi = V\,I_a$$

$$Q = V\,I\,\text{sen}\,\varphi = V\,I_r$$

$$P^2 + Q^2 = S^2$$

La potencia activa $P = R\,I^2$ es la potencia transformada en calor en la resistencia R. Para ello calculamos la energía transformada en calor en la resistencia R durante un periodo:

$$W = \int_0^T R\,i^2\,dt = \int_0^{2\pi} R\,Io^2\,sen^2\alpha\,d\alpha =$$

$$= R\,Io^2 \int_0^{2\pi} \frac{1-\cos 2\alpha}{2}\,d\alpha = R\,Io^2\left[\frac{\alpha}{2}\right]_0^{2\pi} - \frac{R\,Io2}{2}\left[-\,\text{sen}2\alpha\right]_0^{2\pi} =$$

$$= R\,I_0^2\,\frac{2\pi}{2} = R\,I_0^2\,\pi \qquad W = R\,I_0^2\,\frac{T}{2} \qquad \text{Potencia } P = \frac{W}{T} = \frac{R\,Io^2}{2}$$

$$I_0 = \sqrt{2}\,I \quad P = \frac{R}{2}(\sqrt{2}\,I)^2 = R\,I^2$$

11.7 CIRCUITO RESISTENCIA – CONDENSADOR. RC

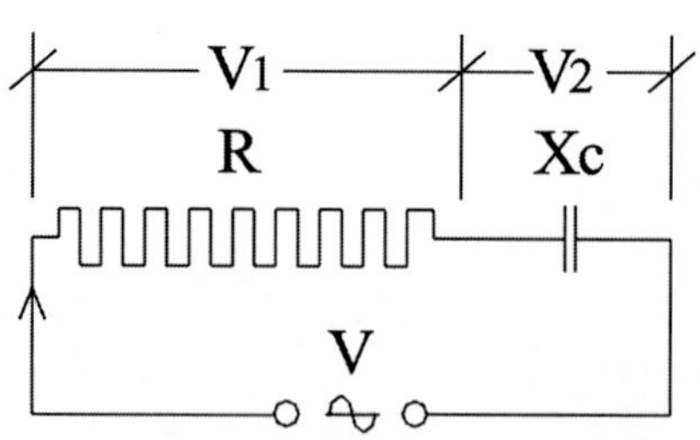

Consideremos un circuito formado por una resistencia óhmica R y una capacitancia Xc en serie, como indica la figura.

Aplicando la ley de Ohm generalizada, tenemos:

$$i = \frac{\sum e}{\sum R} = \frac{V - \frac{1}{C}\int i\,dt}{R} \quad \text{de donde } V = R\,i + \frac{1}{C}\int i\,dt$$

Tomando como origen de fases la correspondiente a la intensidad, resulta:

$$i = Io \text{ sen } \omega t$$

Vimos en los capítulos anteriores que la tensión en el condensador va retrasada 90° respecto a la intensidad; en el circuito formado por resistencia y condensador, la tensión irá retrasada un ángulo φ.

$$V = Vo \text{ sen } (\omega t - \varphi)$$

Resultando: $Vo \text{ sen } (\omega t - \varphi) = R\,Io \text{ sen } \omega t + \frac{1}{C}\int Io \text{ sen } \omega t\,dt$

$Vo \text{ sen } (\omega t - \varphi) = R\,Io \text{ sen } \omega t + \frac{1}{\omega C}\,Io\,[-\cos \omega t]$

Esta igualdad se tiene que cumplir para cualquier valor de ω t.

Para $\omega t = 0 \Rightarrow Vo \text{ sen } (-\varphi) = -\frac{Io}{\omega C}$

Para $\omega t = \frac{\pi}{2} \Rightarrow Vo \cos \varphi = R\,Io$

$$Vo^2 \text{ sen}^2 \varphi = \frac{Io^2}{(\omega C)^2}$$

$$Vo^2 \cos^2 \varphi = R^2\,Io^2$$

$$Vo^2 (\text{sen}^2 \varphi + \cos^2 \varphi) = Io^2 \left[R^2 + \frac{1}{(\omega C)^2} \right]$$

$$Vo = Io\sqrt{R^2 + \frac{1}{(\omega C)^2}} \quad \text{siendo } Xc = \frac{1}{\omega C}$$

Vo = Io $\sqrt{R^2 + Xc^2}$ Recordando que los valores eficaces:

$$V = \frac{\mathbf{Vo}}{\sqrt{2}} \qquad I = \frac{Io}{\sqrt{2}}$$

$$V = I\sqrt{R^2 + Xc^2} \quad \text{Siendo } V = Z\,I \quad Z = \sqrt{R^2 + Xc^2}$$

Procediendo de forma análoga al circuito RL, resulta:

$$\cos\varphi = \frac{R}{|Z|} = \frac{R}{\sqrt{R^2 + Xc^2}} \qquad \operatorname{sen}\varphi = \frac{-Xc}{|Z|} = \frac{-Xc}{\sqrt{R^2 + Xc^2}}$$

$$\operatorname{tang}\varphi = \frac{-Xc}{R}$$

Al igual que en el circuito RL, vamos a realizar el cálculo a través de la representación gráfica.

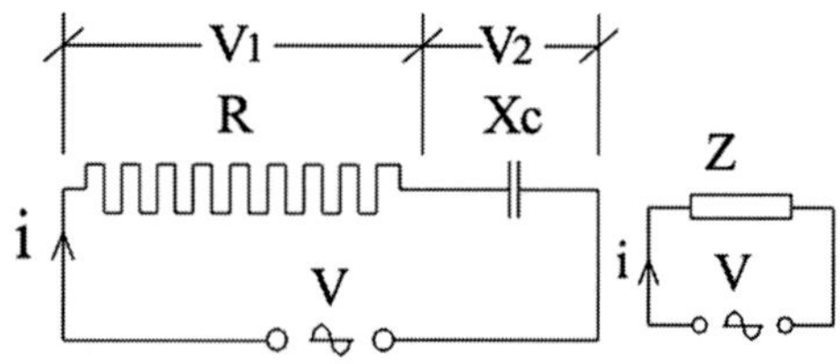

$V_1 = R\,I$ $\qquad V_2 = Xc\,I$ $\qquad V = Z\,I$ $\qquad \mathbf{V = V_1 + V_2}$

Para efectuar gráficamente la suma de los vectores V_1 y V_2, tomamos como referencia la intensidad, que es común a ambos, por ser un circuito serie.

Como sabemos, la tensión en la resistencia óhmica R está en fase con la intensidad y en el condensador está retrasada 90°.

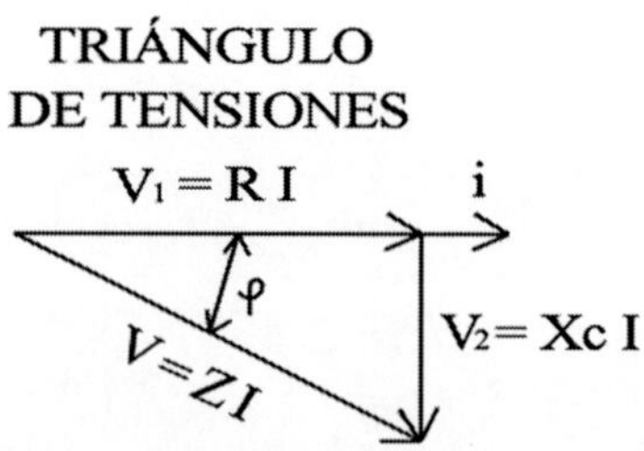

Si en este triángulo dividimos sus lados por I, obtendremos un triángulo semejante, cuyos lados son la resistencia, la capacitancia y la impedancia, llamado **triángulo de impedancias**.

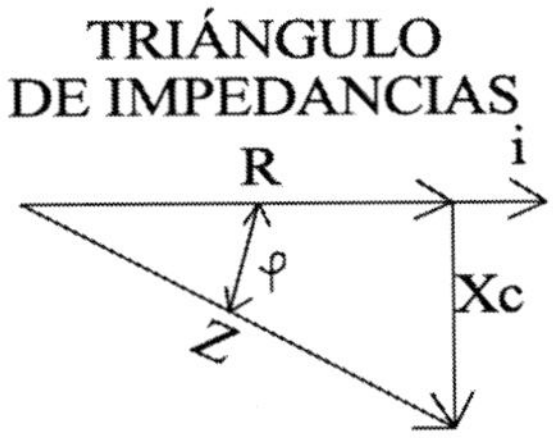

Si en el triángulo de tensiones multiplicamos sus lados por I, obtendremos otro triángulo semejante, cuyos lados son las potencias: **potencia aparente (S), potencia activa (P) y potencia reactiva (Q):**

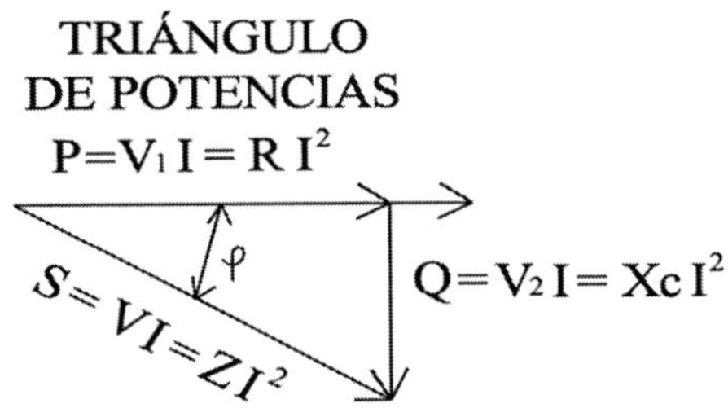

En el triángulo de impedancias, empleando números complejos, tenemos:

$\mathbf{Z} = R - X_C\, j$ $\quad |Z| = \sqrt{R^2 + Xc^2}$ $\quad \text{sen}\ \varphi = \dfrac{-Xc}{|Z|} = \dfrac{-Xc}{\sqrt{R^2 + Xc^2}}$

$\text{tang}\ \varphi = \dfrac{-Xc}{R}$

$$P = V\,I \cos \varphi = V\,I_a$$

$$Q = V\,I \operatorname{sen} \varphi = V\,I_r$$

$$P^2 + Q^2 = S^2$$

En el triángulo de tensiones observamos que en el circuito capacitivo la tensión va retrasada respecto a la intensidad un ángulo φ.

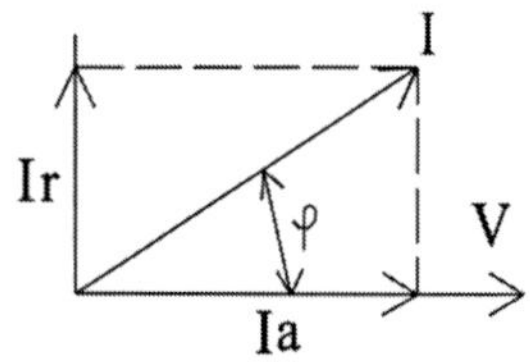

La intensidad I la podemos descomponer en sus dos componentes:

I_a = Componente activa

I_r = Componente reactiva

$I_a = I \cos \varphi$ $\quad I_r = I \operatorname{sen} \varphi$

11.8 CIRCUITO RESISTENCIA BOBINA CONDENSADOR RLC

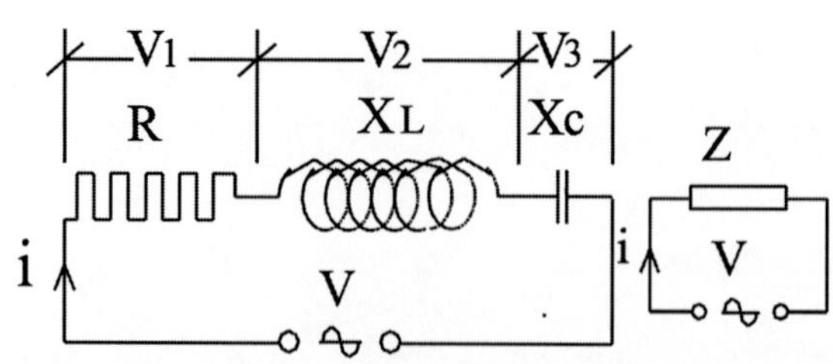

Consideremos un circuito formado por una resistencia óhmica R, una inductancia X_L y una capacitancia Xc en serie, como indica la figura.

Aplicando la ley de Ohm generalizada, tenemos:

$$i = \frac{\sum e}{\sum R} = \frac{V - L\frac{di}{dt} - \frac{1}{C}\int i\,dt}{R} \quad \text{de donde } V = R\,i + L\,\frac{di}{dt} + \frac{1}{C}\int i\,dt \ (1)$$

Tomando como origen de fases la correspondiente a la intensidad, resulta:

$$i = Io \operatorname{sen} \omega t$$

La tensión estará desfasada un ángulo φ $\quad V = Vo \operatorname{sen} (\omega t + \varphi)$

Aplicando estos valores en (1), derivando e integrando, resulta:

$$Vo \operatorname{sen} (\omega t + \varphi) = R\, Io \operatorname{sen} \omega t + \omega L\, Io \cos \omega t + \frac{1}{\omega C} Io\,(- \cos \omega t)$$

Pasando a valores eficaces: $V = \frac{Vo}{\sqrt{2}} \qquad I = \frac{Io}{\sqrt{2}}$

$$V \operatorname{sen} (\omega t + \varphi) = R\, I \operatorname{sen} \omega t + \omega L\, I \cos \omega t - \frac{1}{\omega C} I\,(\cos \omega t)$$

Esta igualdad se tiene que cumplir para cualquier valor de ωt.

Para $\omega t = 0$: $V \operatorname{sen} \varphi = \omega L I - \frac{1}{\omega t} I = I\,(\omega L - \frac{1}{\omega C})$

Para $\omega t = \pi/2$: $V \cos \varphi = R\, I$ $\quad$ siendo $\omega L = X_L \quad \frac{1}{\omega C} = Xc$

Elevando al cuadrado las dos funciones y sumando:

$$V^2 \operatorname{sen}^2 \varphi = I^2 (X_L - X_c)^2$$

$$V^2 \cos^2 \varphi = I^2 R^2$$

$$V^2 (\operatorname{sen}^2 \varphi + \cos^2 \varphi) = I^2 [R^2 + (X_L - X_c)^2]$$

$V^2 = I^2 [R^2 + ((X_L - X_c)^2]$ $V = I\sqrt{R^2 + (XL - Xc)^2}$

$V = I\,Z$ $Z = \sqrt{R^2 + (XL - Xc)^2}$

$\frac{V\,sen\,\varphi}{V} = \frac{I\,(X_L - Xc)}{ZI}$ $\text{sen}\ \varphi = \frac{X_L - Xc}{Z}$

$\frac{V \cos\varphi}{V} = \frac{R\,I}{ZI}$ $\cos\varphi = \frac{R}{Z}$ $\text{tang}\ \varphi = \frac{sen\,\varphi}{\cos\varphi} = \frac{(X_L - Xc)}{R}$

Cálculo a través de la representación gráfica:

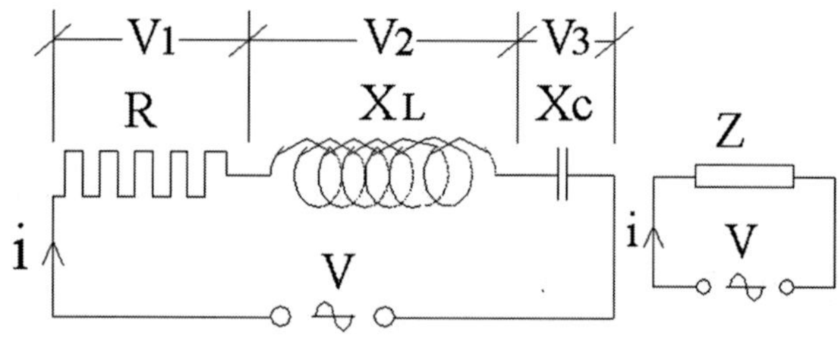

Igual que en los casos anteriores, tomamos la intensidad como referencia:

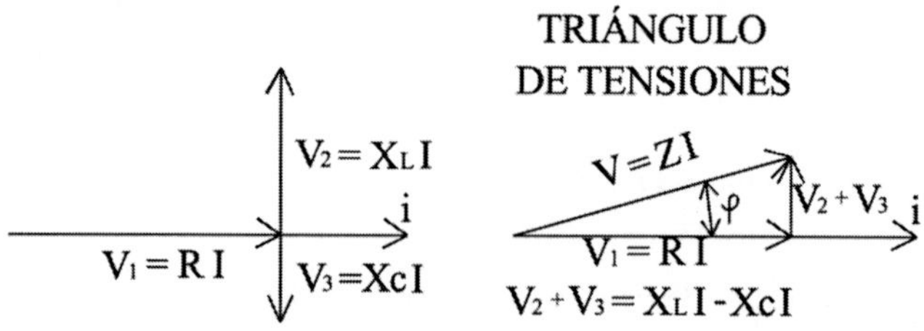

Nota. Hemos considerado $V_2 > V_3$, por lo que predomina la inductancia sobre la capacitancia, es decir, circuito inductivo. Recordamos que en corriente alterna se trabaja con vectores.

Dividiendo por I obtendremos un triángulo semejante, denominado triángulo de impedancias:

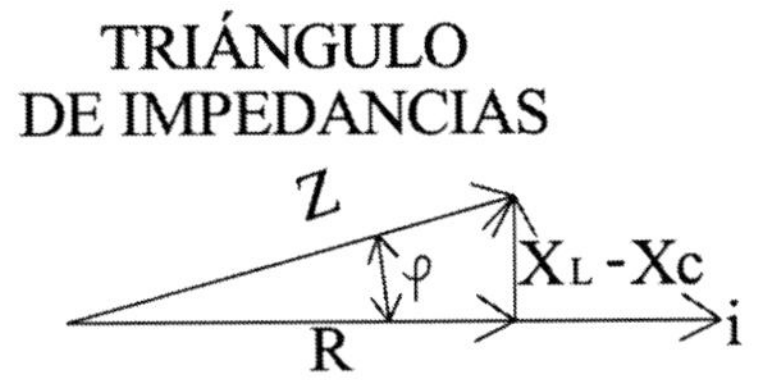

Multiplicando por I el triángulo de tensiones:

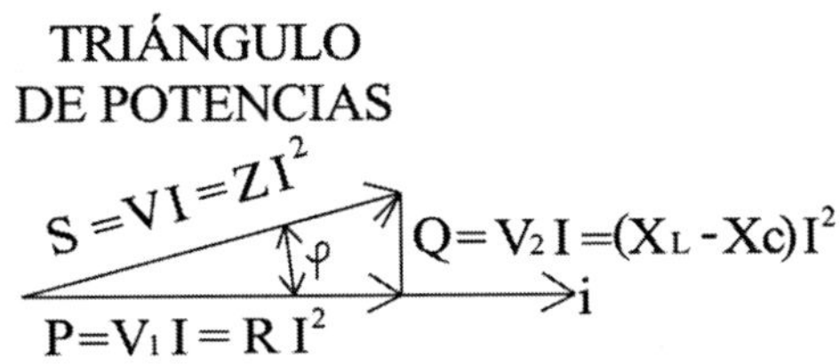

En el triángulo de impedancias:

$$Z = R + (XL - Xc)\,j \qquad |Z| = \sqrt{R^2 + (XL - Xc)^2}$$

$$\text{sen } \varphi = \frac{X_L - Xc}{|Z|} = \frac{X_L - Xc}{\sqrt{R^2 + (XL - Xc)^2}} \qquad \cos \varphi = \frac{R}{Z}$$

$$\text{tang } \varphi = \frac{sen\,\varphi}{\cos\varphi} = \frac{(X_L - Xc)}{R}$$

11.9 CIRCUITO SERIE EN GENERAL

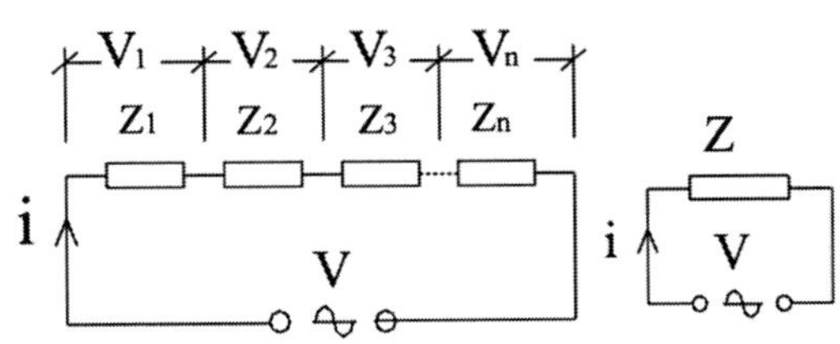

$V = V_1 + V_2 + V_3 + ... + V_n \quad V = Z\, I$

$V_1 = Z_1\, I \qquad V_2 = Z_2\, I \qquad V_3 = Z_3\, I \qquad V_n = Z_n\, I$

$Z\, I = I\, (Z_1 + Z_2 + Z_3 + ... + Z_n)$

$$Z = Z_1 + Z_2 + Z_3 + ... + Z_n$$

$\mathbf{Z_1} = R1 + X_1\, j \qquad \mathbf{Z_2} = R_2 + X_2\, j \qquad \mathbf{Z_3} = R_3 + X_3\, j \qquad \mathbf{Z_n} = R_n + X_n\, j$

$$Z = \sum_{i=1}^{i=n} \boldsymbol{Ri} + j \sum_{i=1}^{i=n} \boldsymbol{Xi}$$

11.10 RESONANCIA DE TENSIÓN

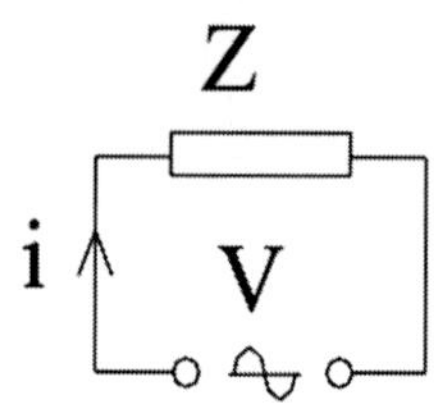

Consideremos un circuito formado por una impedancia Z, tal como indica la figura.

La impedancia Z estará compuesta de una resistencia óhmica R, una inductancia XL y una capacitancia Xc.

Representamos el triángulo de impedancias:

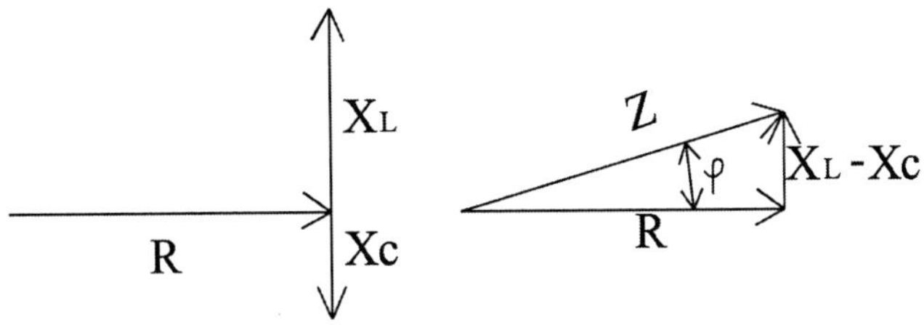

Se dice que un circuito es resonante cuando la tensión y la intensidad están en fase, es decir, $\varphi = 0$.

Para ello, $X_L = X_C$ $\quad \omega L = \frac{1}{\omega C}$ $\quad \omega = 2\pi f$ $\quad 2\pi f L = \frac{1}{2\pi f C}$

$(2\pi)^2 f^2 = \frac{1}{LC}$ frecuencia de resonancia:

$$f = \frac{1}{2\pi\sqrt{LC}}$$

11.11 CIRCUITO DERIVACIÓN

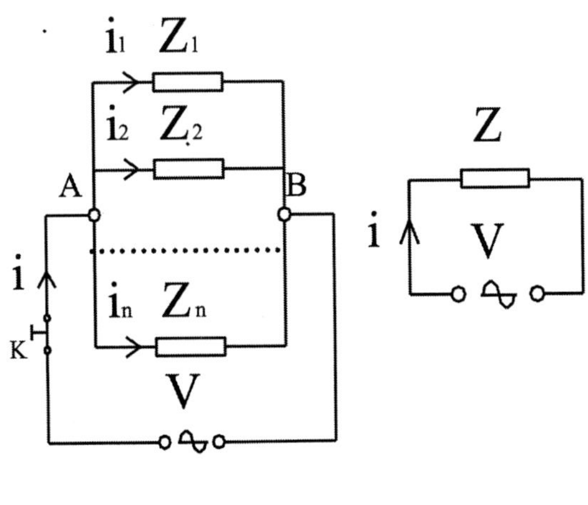

Consideremos un circuito formado por "n" impedancias en paralelo, como indica la figura.

Aplicando la 1.ª ley de Kirchhoff al nudo A:

$$i = i_1 + i_2 + \ldots + i_n$$

$$i = \frac{V}{Z} \quad i_1 = \frac{V}{Z1} \quad i_2 = \frac{V}{Z2} \quad i_n = \frac{V}{Zn}$$

$$\frac{V}{Z} = \frac{V}{Z1} + \frac{V}{Z2} + \ldots + \frac{V}{Zn} \quad \frac{1}{Z} = \frac{1}{Z1} + \frac{1}{Z2} + \ldots + \frac{1}{Zn}$$

$Z = \frac{1}{\frac{1}{Z1}+\frac{1}{Z2}+\cdots+\frac{1}{Zn}}$	$Z = \frac{1}{\sum_{i=1}^{i=n}\frac{1}{Zi}}$

Recordamos que estamos en corriente alterna, por lo cual hay que trabajar con vectores.

El cálculo de circuitos en derivación por impedancias presenta el inconveniente de la resolución matemática; este inconveniente se elimina haciendo el cálculo por admitancias. Se denomina admitancia a la inversa de la impedancia, siendo el siemens (S) su unidad.

Y = Admitancia $\mathbf{Y} = \frac{1}{Z}$

$$Y_1 = \frac{1}{Z1} \quad Y_2 = \frac{1}{Z2} \quad Yn = \frac{1}{Zn}$$

En el párrafo anterior teníamos:

$\frac{1}{Z} = \frac{1}{Z1} + \frac{1}{Z2} + \ldots + \frac{1}{Zn}$ Resultando:

$$Y = Y_1 + Y_2 + \ldots + Y_n$$

$Y = \sum_{i=1}^{n} \boldsymbol{Yi}$	I = V Y

Los componentes eléctricos normalmente vienen dados en forma óhmica, es decir, resistencia, inductancia y capacitancia. Veamos como, a partir de estos datos, calculamos la admitancia correspondiente.

Los casos que se pueden presentar en un circuito son:

a) Resonancia Z = R
b) Inductivo Z = R + Xj
c) Capacitivo Z = R - Xj

a) $Y = \frac{1}{Z} = \frac{1}{R}$

b) $Y = \frac{1}{Z} = \frac{1}{R+Xj} = \frac{R-Xj}{(R+Xj)(R-Xj)} = \frac{R-Xj}{R^2+X^2} =$

$= \frac{R}{R^2+X^2} - \frac{X}{R^2+X^2}\mathbf{j}$ $\frac{R}{R^2+X^2}$ = G Conductancia (S)

$\frac{X}{R^2+X^2}$ = B Susceptancia (S) Y = G - Bj

$G = \frac{R}{R^2+X^2} = \frac{1}{\sqrt{R^2+X^2}}\frac{R}{\sqrt{R^2+X^2}} = \frac{1}{Z}\cos\varphi = Y\cos\varphi$

$B = \frac{X}{R^2+X^2} = \frac{1}{\sqrt{R^2+X^2}}\frac{X}{\sqrt{R^2+X^2}} = \frac{1}{Z}\,\text{sen}\,\varphi = Y\,\text{sen}\,\varphi$

Elevando al cuadrado y sumando ambas, resulta:

$G^2 = Y^2 \cos^2 \varphi$

$B^2 = Y^2 \text{sen}^2 \varphi$

$G^2 + B^2 = Y^2 (\text{sen}^2 \varphi + \cos^2 \varphi) \quad G^2 + B^2 = Y^2$

$$Y = \sqrt{G^2 + B^2}$$

c) $$Y = \frac{1}{Z} = \frac{1}{R-Xj} = \frac{R+Xj}{(R-Xj)(R+Xj)} = \frac{R+XJ}{R^2+X^2}$$

$$Y = \frac{R}{R^2+X^2} + \frac{X}{R^2+X^2} j = G + B j$$

11.12 RESONANCIA DE CORRIENTE

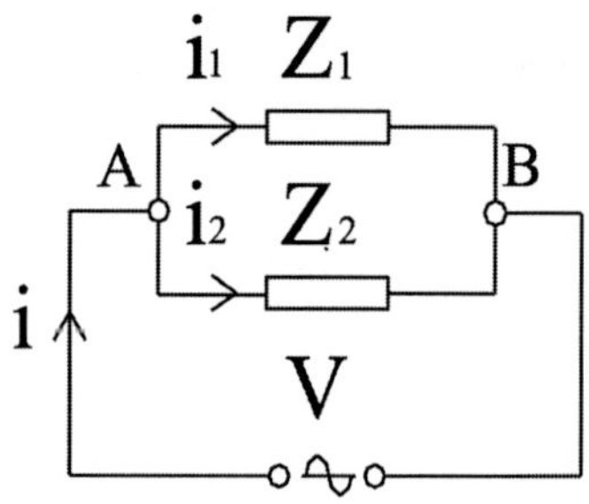

Consideremos un circuito paralelo formado por dos impedancias Z_1 y Z_2; Z_1 inductiva y Z_2 capacitiva:

$$Z_1 = R_1 + X_L j \qquad Z_2 = R_2 - Xc\, j$$

Aplicando la 1.ª ley de Kirchhoff al nudo A:

$$i = i_1 + i_2$$

Para representar las intensidades tomamos como referencia la tensión V, común a ambas impedancias:

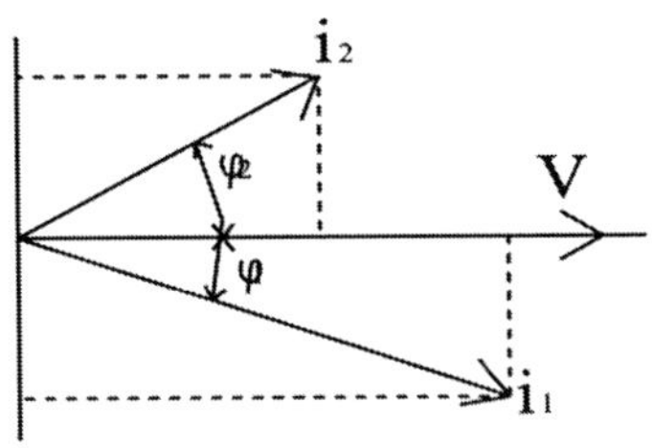

La resonancia se presenta cuando la intensidad está en fase con la tensión; para ello, las componentes reactivas de i_1 e i_2 serán iguales:

$$|i_1| = \frac{V}{\sqrt{R_1^2 + X_L^2}} \qquad \text{sen } \varphi_1 = \frac{X_L}{\sqrt{R_1^2 + X_L^2}}$$

$$|i_2| = \frac{V}{\sqrt{R_2^2 + X_C^2}} \qquad \text{sen } \varphi_2 = \frac{X_C}{\sqrt{R_2^2 + X_C^2}}$$

$$i_{1r} = i_1 \text{ sen } \varphi_1 = \frac{V}{\sqrt{R_1^2 + X_L^2}} \frac{X_L}{\sqrt{R_1^2 + X_L^2}}$$

$$i_{2r} = i_2 \text{ sen } \varphi_2 = \frac{V}{\sqrt{R_2^2 + X_C^2}} \frac{X_C}{\sqrt{R_2^2 + X_C^2}} \qquad i_{1r} = i_{2r}$$

$$\frac{V}{\sqrt{R_1^2 + X_L^2}} \frac{X_L}{\sqrt{R_1^2 + X_L^2}} = \frac{V}{\sqrt{R_2^2 + X_C^2}} \frac{X_C}{\sqrt{R_2^2 + X_C^2}}$$

$$\frac{X_L}{R_1^2 + X_L^2} = \frac{X_C}{R_2^2 + X_c^2}$$

$$\frac{\omega L}{R_1{}^2 + \omega^2 L^2} = \frac{\frac{1}{\omega C}}{R_2{}^2 + \frac{1}{\omega^2 C^2}}$$

Si $R_1 = 0$ $R_2 = 0$

$$\frac{\omega L}{\omega^2 L^2} = \frac{\frac{1}{\omega C}}{\frac{1}{\omega^2 C^2}} \quad \frac{1}{\omega L} = \omega C \quad \omega^2 L C = 1$$

$(2\pi)^2 f^2 L C = 1$ En este supuesto, observamos que la frecuencia de resonancia coincide con la de circuito serie.

$$f = \frac{1}{2\pi\sqrt{L C}}$$

11.13 CIRCUITOS MIXTOS

La solución de circuitos mixtos se realiza igual que en corriente continua, a través de circuitos equivalentes:

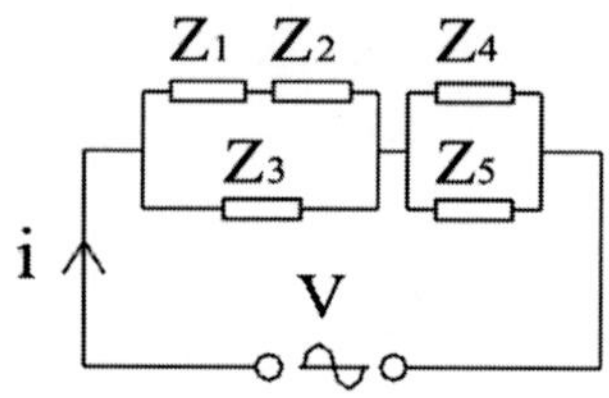

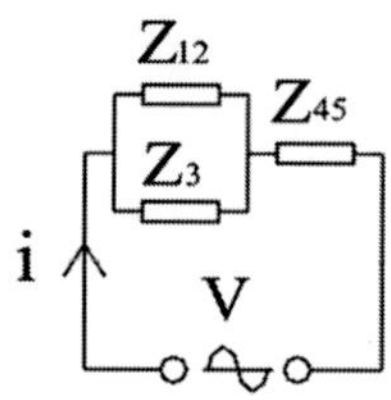

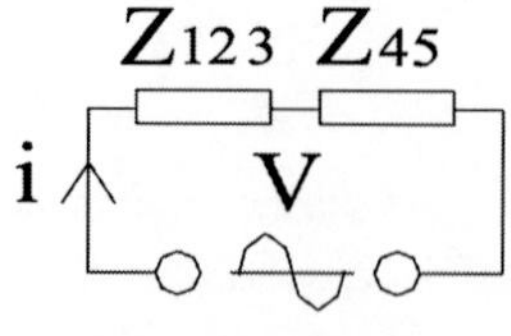

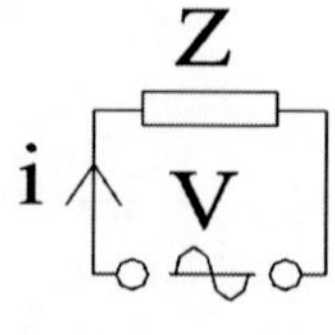

Ahora habría que calcular los circuitos equivalentes hasta llegar al más sencillo (en la resolución de ejercicios lo veremos detallado).

11.14 POTENCIA

Supongamos que entre los terminales de un receptor aplicamos una tensión alterna senoidal $V = Vo \operatorname{sen} \omega t$, la cual dará origen a una intensidad $I = Io \operatorname{sen} (\omega t - \varphi)$.

La potencia, producto de tensión por intensidad, resultará:

$$P = V I = Vo \operatorname{sen} \omega t \, Io \operatorname{sen} (\omega t - \varphi)$$

$$P = Vo \, Io \operatorname{sen} \omega t \operatorname{sen} (\omega t - \varphi)$$

$$\cos (a + b) = \cos a \cos b - \operatorname{sen} a \operatorname{sen} b$$

$$\cos (a - b) = \cos a \cos b + \operatorname{sen} a \operatorname{sen} b$$

$$\operatorname{sen} a \operatorname{sen} b = \frac{\cos (a-b) - \cos (a+b)}{2}$$ Resultando:

$$P = Vo \, Io \frac{\cos (\omega t - \omega t + \varphi) - \cos (\omega t + \omega t - \varphi)}{2}$$

Pasando a valores eficaces:

$$P = \frac{2}{\sqrt{2}} V \frac{2}{\sqrt{2}} I \frac{\cos \varphi - \cos(2\omega t - \varphi)}{2}$$

$$\boxed{P = V I \cos \varphi - V I \cos (2 \omega t - \varphi)}$$

$P = V I \cos \varphi$ = Potencia activa

$P = V I \cos (2 \omega t - \varphi)$ = Potencia fluctuante

11.15 MEJORA DEL FACTOR DE POTENCIA COS φ

Para un determinado consumo de potencia activa P, a una determinada tensión V, la intensidad depende del factor de potencia cos φ:

$I = \dfrac{P}{V \cos \varphi}$ Cuanto mayor sea cos φ, la intensidad será menor, con lo que las pérdidas por calentamiento (efecto Joule) serán menores: $R I^2$.

Por otra parte, cuanto mayor sea cos φ, menor será sen φ, con lo que la potencia reactiva V I sen φ (que no produce trabajo útil, pero forma parte de la tarifa) será menor.

Veamos cómo se puede mejorar:

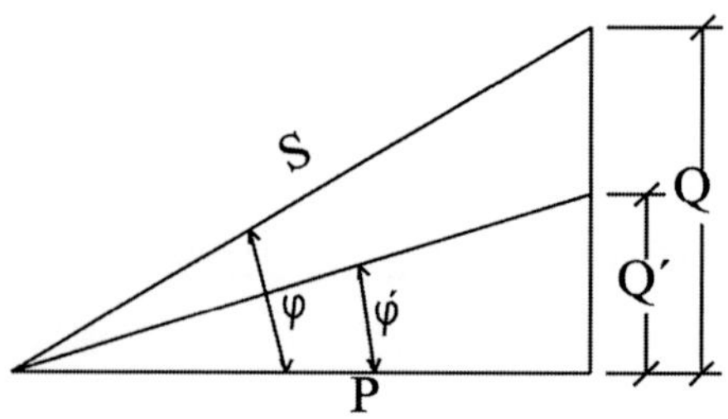

cos φ es una función inversa; por tanto, si queremos mejorarlo, tenemos que disminuir φ:

$$Q = P \text{ tang } \varphi \qquad Q' = P \text{ tang } \varphi'$$

$$Q - Q' = P (\text{tang } \varphi - \text{tang } \varphi')$$

La potencia del condensador que produce esa diferencia de potencia reactiva será:

$$Q - Q' = Xc\, I^2 = Xc \frac{V^2}{Xc^2} = \frac{V^2}{Xc} = \frac{V^2}{\frac{1}{\omega C}} = P\,(\text{tang}\,\varphi - \text{tang}\,\varphi')$$

$$\boxed{C = \frac{P\,(\text{tang}\,\varphi - \text{tang}\,\varphi')}{\omega V^2}}$$

CAPÍTULO 12

RESOLUCIÓN DE PROBLEMAS

Un circuito formado por una resistencia de 20 Ω y una inductancia de 100 mH, está sometido a una tensión alterna senoidal de 230 V.

Calcular la intensidad de corriente, factor de potencia, potencias y dibujar los triángulos de impedancia, tensión y potencias.

Nota. Salvo que se especifique lo contrario, los datos siempre se refieren a valores eficaces.

1.º Leer

2.º Datos: $R = 20\ \Omega$

$L = 100\ mH$

$V = 230\ V$

3.º Unidades: $R = 20\ \Omega$

$L = 100 \times 10^{-3} = 10^{-1}\ H$

$V = 230\ V$

4.ª y 5.º Esquemas y esquemas equivalentes:

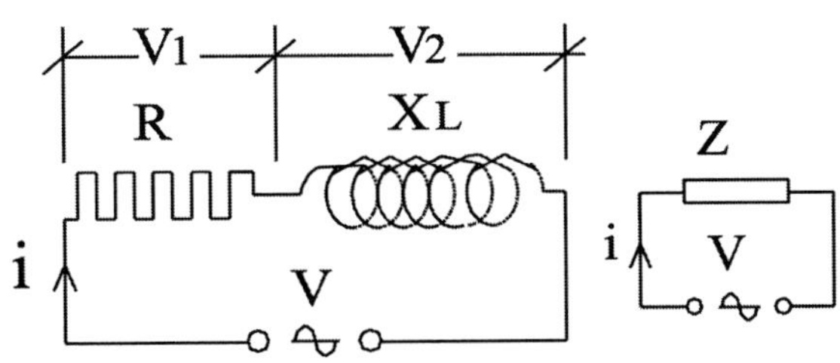

6.º Cálculo:

$$X_L = \omega L = 2\pi f L = 2\pi\, 50\, 10^{-1} = 31.40\ \Omega$$

$$Z = 20 + 31.40\,j \qquad |Z| = \sqrt{20^2 + 31.40^2} = 37.23\ \Omega$$

$$I = \frac{V}{|Z|} = \frac{230}{37.23} = 6.18\ \text{A} \qquad \cos\varphi = \frac{R}{|Z|} = \frac{20}{37.23} = 0.5372$$

$$\varphi = \text{arco}\cos 0.5372 = 57.50^{\circ}$$

$$S = V\,I = 230 \times 6.18 = 1421.4\ \text{VA}$$

$$P = V\,I\cos\varphi = 230 \times 6.18 \times 0.5372 = 763.58\ \text{W}$$

$$Q = V\,I\,\text{sen}\,\varphi = 230 \times 6.18 \times 0.8435 = 1198.95\ \text{Var}$$

$$V1 = R\,I = 20 \times 6.18 = 123.60\ \text{V}$$

$$V2 = XL\,I = 31.4 \times 6.18 = 194.05\ \text{V}$$

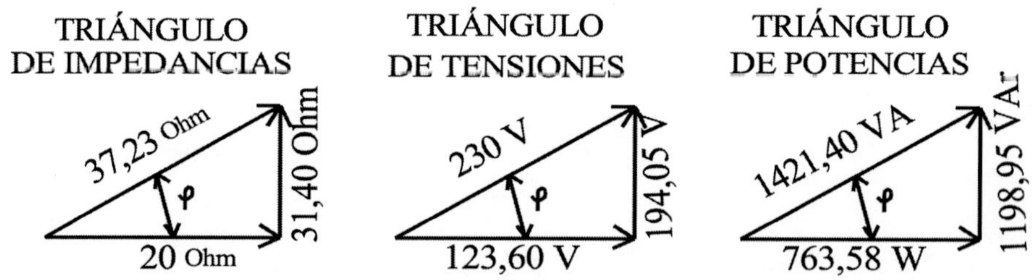

Nota. Cada triángulo con su escala

Un circuito inductivo formado por una resistencia de 16 Ω consume 2.56 kW. Sabiendo que la tensión es de 230 V, calcular:

a) Intensidad de corriente

b) Coeficiente de autoinducción de la bobina

c) Impedancia del circuito

d) Factor de potencia

e) Potencia aparente y reactiva

f) Elemento necesario para conseguir la resonancia

1.º Leer

2.º Datos: R = 16 Ω
P = 2.56 kW
V = 230 V

3.º Unidades: R = 16 Ω
P = 2560 W
V = 230 V

4.º y 5.º Esquema y esquema equivalente:

Ver ejercicio anterior.

6.º Cálculos:

Conociendo la potencia activa y la resistencia R, podemos calcular la intensidad I:

$$P = R\,I^2 \quad I = \sqrt{\frac{P}{R}} = \sqrt{\frac{2560}{16}} = 12.65\ \text{A}$$

Conociendo la tensión V y la intensidad I, podemos calcular la impedancia Z:

$$V = Z\,I \quad Z = \frac{V}{I} = \frac{230}{12.65} = 18.18\ \Omega$$

Conocemos la impedancia Z y la resistencia R, podemos calcular la inductancia X_L:

$$|Z|^2 = R^2 + X_L^2 \qquad X_L = \sqrt{|Z|^2 - R^2} = \sqrt{18.18^2 - 16^2} = 8.64\ \Omega$$

$$L = \frac{X_L}{\omega} = \frac{8.64}{2\pi 50} = 0.027\ H = 27\ mH$$

$$\cos\varphi = \frac{R}{|Z|} = \frac{16}{18.18} = 0.88 \qquad \text{sen}\ \varphi = \frac{X_L}{|Z|} = \frac{8.64}{18.18} = 0.48$$

$S = V\,I = 230 \times 12.65 = 2909.50$ VA

$Q = V\,I\ \text{sen}\ \varphi = 2909.50 \times 0.48 = 1396.56$ Var

Para que el circuito sea resonante, la tensión y la intensidad tienen que estar en fase; como el circuito es inductivo (la tensión está adelantada respecto a la intensidad), tendremos que acoplarle un condensador en paralelo de capacidad:

$$C = \frac{P(\text{tang}\ \varphi - \text{tang}\ \varphi')}{\omega V^2} \qquad \cos\varphi = 0.88 \rightarrow \text{tang}\ \varphi = 0.54$$

$$\text{tang}\ \varphi' = \text{tang}\ 0 = 0 \quad C = \frac{2560(0.54 - 0)}{2\,\pi\,50\,230^2} = 8.32 \times 10^{-5}\ F = 83.2\ \mu F$$

En el circuito de la figura circula una corriente de 100 mA. Sabiendo que $R_1 = 100\ \Omega$, $Xc_1 = 80\ \Omega$, $X_{L1} = 180\ \Omega$, $Xc_2 = 100\ \Omega$, $R_2 = 60\ \Omega$, $X_{L2} = 120\ \Omega$. Calcular la tensión aplicada, las potencias y el condensador necesario para conseguir un factor de potencia igual a 0.90.

1.° Leer

2.° Datos: $i = 100\ mA$

$R_1 = 100\ \Omega$

$R_2 = 60\ \Omega$

$X_{L1} = 180\ \Omega$

$X_{L2} = 120\ \Omega$

$Xc_1 = 80\ \Omega$

$Xc_2 = 100\ \Omega$

3.° Unidades: $i=10 \times 10^{-3} = 0.10\ A$

$R_1 = 100\ \Omega$

$R_2 = 60\ \Omega$

$X_{L1} = 180\ \Omega$

$X_{L2} = 120\ \Omega$

$Xc_1 = 80\ \Omega$

$Xc_2 = 100\ \Omega$

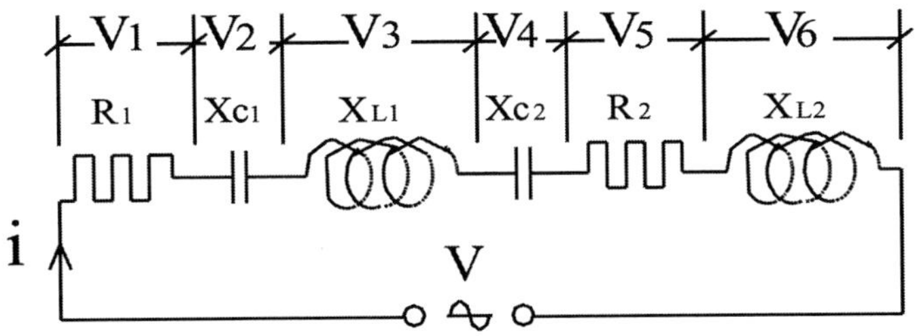

6.° Cálculos:

$Z = R_1 + R_2 + (X_{L1} + X_{L2} - Xc_1 - Xc_2)\ j$

$Z = 100 + 60 + (180 + 120 - 80 - 100)\ J$

$Z = 160 + 120\ j \quad |Z| = \sqrt{160^2 + 120^2} = 200\ \Omega$

Con Z y con I, podemos calcular V:

$V = Z \times I = 200 \times 0.10 = 20\ V$

Para calcular las potencias podemos hacerlo de dos formas:

$P = V\,I \cos \varphi \quad P = R\,I^2 \quad Q = V\,I \operatorname{sen} \varphi \quad Q = X\,I^2$

$S = V\,I \qquad S = Z\,I^2$

$\cos \varphi = \frac{R}{|Z|} = \frac{160}{200} = 0.80 \qquad \operatorname{sen} \varphi = \frac{X_L}{|Z|} = \frac{120}{200} = 0.60$

P = 20 × 0.10 × 0.80 = 1.60 W P = 160 × 0.10^2 = 1.60 W

Q = 20 × 0.10 × 0.60 = 1.20 Var Q = 120 × 0.10^2 = 1.20 VAr

S = 20 × 0.10 = 2.00 VA S = 200 × 0.10^2 = 2.00 VA

$$\text{tang } \varphi = \frac{sen\ \varphi}{\cos\varphi} = \frac{0.60}{0.80} = 0.75$$

$$\text{tang } \varphi' = \frac{sen\ \varphi'}{\cos\varphi'} = \frac{\sqrt{1-cos\varphi'^2}}{\cos\varphi} = \frac{\sqrt{1-0.90^2}}{0.90} = 0.4843$$

$$C = \frac{P(tang\ \varphi - tang\ \varphi')}{\omega V^2} = \frac{1.60(0.75-0.4843)}{2\pi\ 50\ 20^2} = 3.38 \times 10^{-6}\text{ F}$$

C = 3.38 μF

Un circuito inductivo de 80 Ω de resistencia, sometido a una tensión de 200 V, consume un 33.33 % más de potencia activa que reactiva.

Calcular el circuito y las potencias.

1.º Leer

2.º Datos:

R = 80 Ω

V = 200 V

P = 1.3333 Q

3.º Unidades:

Todos los datos están en el mismo sistema.

4.º y 5.º Esquema y esquema equivalente:

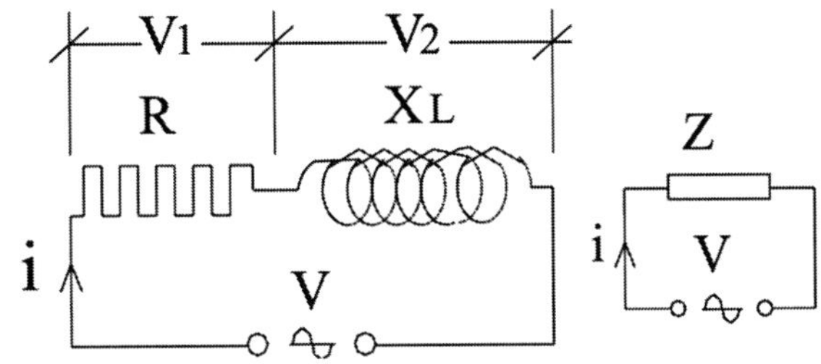

6.º Cálculos:

Con "R" y con "V" no obtenemos nuevos datos; por tanto, trabajaremos con las potencias activa y reactiva:

$P = R\,I^2$,, $Q = X_L\,I^2$,, $R\,I^2 = 1.3333\,X_L\,I^2$,, $X_L = \dfrac{R}{1.3333}$

$X_L = \dfrac{80}{1.3333} = 60\ \Omega$ $\quad$ $\mathbf{Z} = 80 + 60\,j$

$|Z| = \sqrt{80^2 + 60^2} = 100\ \Omega$

$I = \dfrac{V}{Z} = \dfrac{200}{100} = 2.00\ A \quad S = V\,I = 200 \times 2 = 400\ VA$

$P = R\,I^2 = 80 \times \quad 2^2 = 320\ W$

$Q = \mathbf{X_L}\,I^2 = 60 \times 2^2 = 240\ VAr$

En el circuito de la figura se aplica una tensión de 230 V. Sabiendo que Xc = 8 Ω, el factor de potencia es 0.60.

Calcular:

a) Resistencia eléctrica

b) Intensidad de corriente

1.º Leer

2.º Datos:

Xc = 8 Ω

V = 230 V

cos φ = 0.60

3.º Unidades:

Todos los datos están en el mismo sistema.

4.º y 5.º Esquema y esquema equivalente:

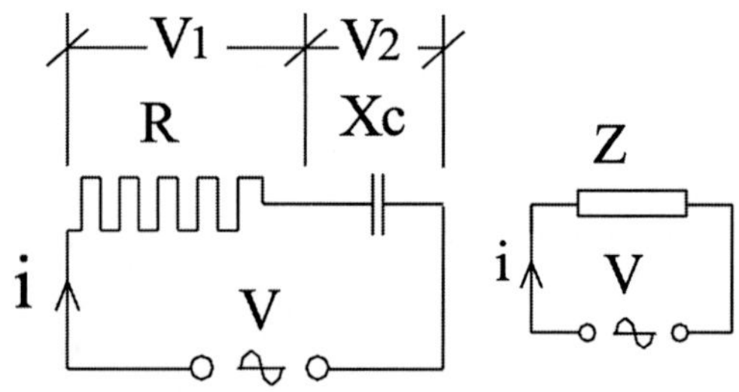

6.º Cálculos:

Sen φ = $\frac{X_C}{|Z|}$ |Z| = $\frac{X_C}{sen\,\varphi} = \frac{X_C}{\sqrt{1-\cos\varphi^2}} = \frac{8}{\sqrt{1-0{,}60^2}}$ = 10.00 Ω

tang φ = $\frac{X_C}{R}$ tang φ = $\frac{sen\,\varphi}{\cos\varphi} = \frac{\sqrt{1-\cos\varphi^2}}{\cos\varphi} = \frac{\sqrt{1-0.60^2}}{0.60} = \frac{8}{6}$

R = $\frac{X_C}{tang\,\varphi} = \frac{8}{\frac{8}{6}}$ = 6.00 Ω I = $\frac{V}{Z} = \frac{230}{10}$ = 23 A

En el circuito de la figura aplicamos una tensión de 230 V. Calcular:

a) Intensidad de corriente

b) Intensidades parciales

c) Potencias

d) Representación gráfica de tensión e intensidades

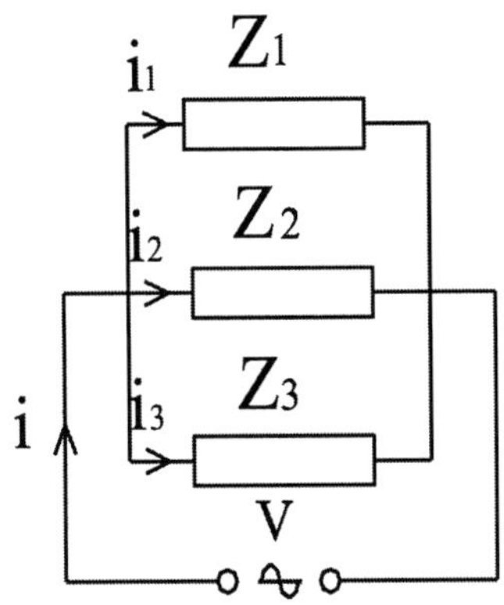

Las impedancias están compuestas por los siguientes elementos:

$$\left.\begin{matrix} R = 12\,\Omega \\ XL = 16\,\Omega \end{matrix}\right\} Z_1 \qquad \left.\begin{matrix} R = 6\,\Omega \\ Xc = 8\,\Omega \end{matrix}\right\} Z_2 \qquad \left.\begin{matrix} R = 4\,\Omega \\ XL = 3\,\Omega \end{matrix}\right\} Z_3$$

V = 230 V

Todos los datos están en el mismo sistema.

Esquemas equivalentes:

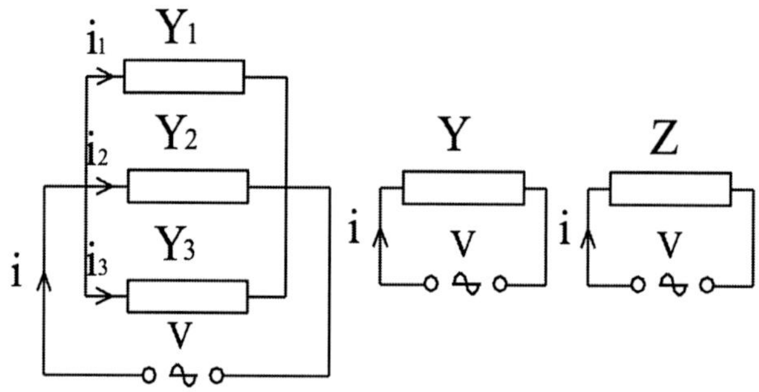

Cálculos:

$Y_1 = \frac{12}{12^2+16^2} - \frac{16}{12^2+16^2} j = 0.03 - 0.04\, j$

$|Y_1| = \sqrt{0.03^2 + 0.04^2} = 0.05\ S \quad \cos \varphi 1 = \frac{0.03}{0.05} = 0.60$

$\varphi 1 = \text{arc cos } 0.60 = 53.13°$

$Y_2 = \frac{6}{6^2+8^2} + \frac{8}{6^2+8^2} j = 0.06 + 0.08\, j$

$|Y_2| = \sqrt{0.06^2 + 0.08^2} = 0.10\ S \quad \cos \varphi 2 = \frac{0.06}{0.10} = 0.60$

$\varphi_2 = \text{arc cos } 0.60 = -\ 53.13°$

El signo menos se debe a que es una impedancia capacitiva.

$Y_3 = \frac{4}{4^2+3^2} - \frac{3}{4^2+3^2} j = 0.16 - 0.12\, j$

$|Y_3| = \sqrt{0.16^2 + 0.12^2} = 0.20\ S \qquad \cos \varphi 3 = \frac{0,16}{0.20} = 0,80$

$\varphi_3 = \text{arc cos } 0.80 = 36.87°$

$Y_1 = 0.03 - 0.04\,j$

$Y_2 = 0.06 + 0.08\,j$

$Y_3 = 0.16 - 0.12\,j$

$Y = 0{,}25 - 0.08\,j$ $\qquad Y = \sqrt{0.25^2 + 0.08^2} = 0.2625\ S$

$$\cos\varphi = \frac{0{,}25}{0.2625} = 0.952$$

$$\text{sen}\ \varphi = \frac{0.08}{0.2625} = 0.305$$

a) $I = V\,Y = 230 \times 0.2625 = 60\,375\ A$

b) $I_1 = V\,Y_1 = 230 \times 0.05 = 11.50\ A$

$I_2 = V\,Y_2 = 230 \times \quad 0.10 = 23.00\ A$

$I_3 = V\,Y_3 = 230 \times \quad 0.20 = 46.00\ A$

c) $S = V\,I = 230 \times 60.375 = 13\,886.25\ VA$

$P = V\,I\cos\varphi = 13\,886.25 \times 0.952 = 13\,219.71\ W$

$Q = V\,I\ \text{sen}\ \varphi = 13\,886.25 \times 0.305 = 4235.31\ Var$

d) Tomamos como referencia la tensión V, común a todas las impedancias.

La intensidad en un circuito inductivo va retardada respecto a la tensión; por tanto, la intensidad I_1 e I_3 irán retrasadas unos ángulos de 53.13° y 36.87°, respectivamente; mientras que en un circuito capacitivo la intensidad va adelantada respecto a la tensión, luego la intensidad I_2 irá adelantada 53.13°.

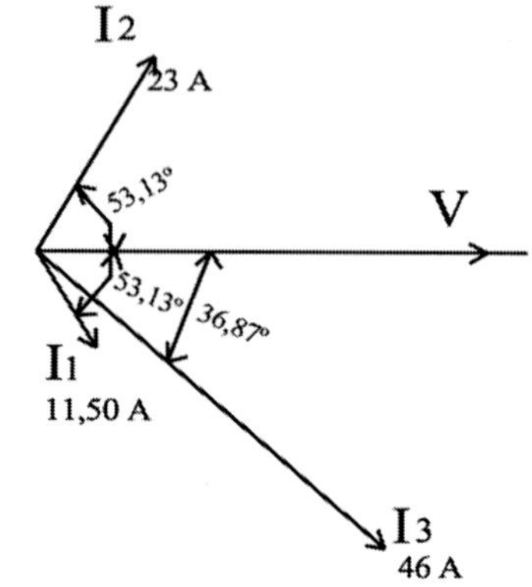

Si el cálculo lo realizamos por impedancias, resulta:

$Z_1 = 12 + 16\,j \quad |Z1| = \sqrt{12^2 + 16^2} = 20\ \Omega \quad \cos\varphi 1 = \frac{12}{20} = 0.60$

$Z_2 = 6 - 8\,j \quad |Z2| = \sqrt{6^2 + 8^2} = 10\ \Omega \quad \cos\varphi 2 = \frac{6}{10} = 0.60$

$Z_3 = 4 + 3\,j \quad |Z3| = \sqrt{4^2 + 3^2} = 5\ \Omega \quad \cos\varphi 3 = \frac{4}{5} = 0.80$

$$Z = \frac{1}{\frac{1}{Z_1}+\frac{1}{Z_2}+\frac{1}{Z_3}} = \frac{1}{\frac{1}{12+16\,j}+\frac{1}{6-8\,j}+\frac{1}{4+3\,j}} = \frac{1}{\frac{12-16\,j}{12^2+16^2}+\frac{6+8\,j}{6^2+8^2}+\frac{4-3\,j}{4^2+3^2}} =$$

$$= \frac{1}{\frac{12-16\,j+24+32\,j+64-48\,j}{400}} = \frac{400}{100-32\,j} = \frac{400\,(100+32\,j)}{100^2+32^2} =$$

$$= \frac{40\,000+12\,800\,j}{11\,024} = 3.63 + 1.16\,j$$

$$|Z| = \sqrt{3.63^2 + 1.16^2} = 3.81\ \Omega \qquad I = \frac{V}{Z} = \frac{230}{3.81} = 60.37\ \text{A}$$

La intensidad total I también podemos calcularla mediante la suma de las intensidades parciales; para ello, tenemos que calcular sus componentes activas y reactivas:

$$I_1 = \frac{V}{Z_1} = \frac{230}{20} = 11.50\ \text{A} \qquad I_2 = \frac{V}{Z_2} = \frac{230}{10} = 23.00\ \text{A}$$

$$I_3 = \frac{V}{Z_3} = \frac{230}{5} = 46.00 \text{ A}$$

$$\text{sen } \varphi_1 = \frac{16}{20} = 0.80 \quad \text{sen } \varphi_2 = \frac{8}{10} = 0.80 \quad \text{sen } \varphi_3 = \frac{3}{5} = 0.60$$

$I_{1a} = I_1 \cos \varphi_1 = 11.50 \times 0.60 = 6.90$ A

$I_{2a} = I_2 \cos \varphi_2 = 23.00 \times 0.60 = 13.80$ A

$I_{3a} = I_3 \cos \varphi_3 = 46.00 \times 0.80 = 36.80$ A

Suma .... 57.50 A

$I_{1r} = I_1 \text{ sen } \varphi_1 = 11.50 \times 0.80 = 9.20$ A

$I_{2r} = I_2 \text{ sen } \varphi_2 = 23.00 \times 0.80 = -18.40$ A

$I_{3r} = I_3 \text{ sen } \varphi_3 = 46.00 \times 0.60 = 27.60$ A

Suma .... 18.40 A

$$I = \sqrt{57.50^2 + 18.40^2} = 60.37 \text{ A}$$

En el circuito de la figura la tensión parcial V_2 es de 180 V. Calcular:

a) Intensidad total I

b) Intensidades parciales

c) Representar gráficamente I_3 respecto a V_1

$$\left.\begin{matrix} R = 24\,\Omega \\ \cos\varphi \text{ } inducivo = 0.80 \end{matrix}\right\} Z1 \qquad \left.\begin{matrix} R = 12\,\Omega \\ Q = 0.75\,P \\ I_2 \text{ } adelantada \text{ } de \text{ } V_2 \end{matrix}\right\} Z2$$

$$\left.\begin{matrix} R = 8\,\Omega \\ X_C = 6\,\Omega \end{matrix}\right\} Z3$$

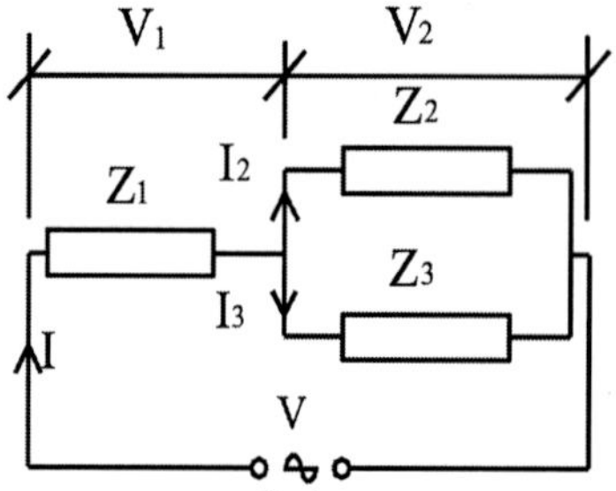

fig.1

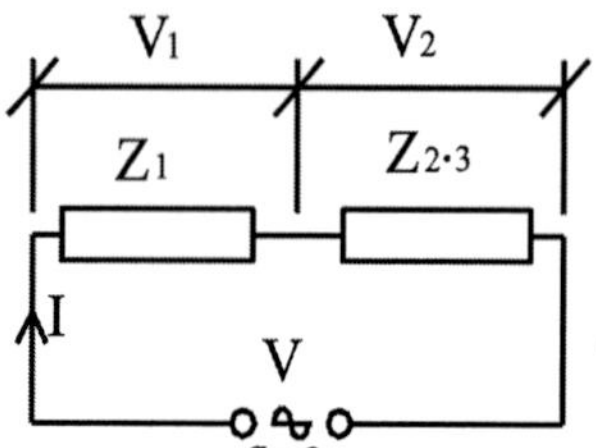

fig.2

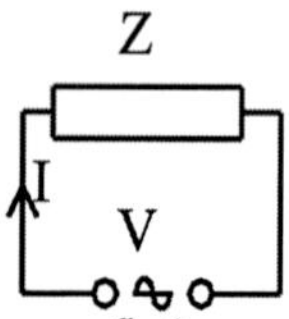

fig.3

Datos:

$V_2 = 180$ V

Unidades:

Todos los datos están en el mismo sistema.

Cálculos:

Procedemos como en corriente continua; primero calculamos el circuito original y vamos recorriendo los circuitos equivalentes hasta llegar al más sencillo, es decir, de izquierda a derecha (→).

Comenzamos por Z_1: Es inductiva; por tanto, estará formada por la resistencia de 24 Ω y una bobina de inductancia:

$$X_{L1} = R_1 \text{ tang } \varphi_1 \quad \text{tang } \varphi_1 = \frac{\sqrt{1-0.80^2}}{0.80} = 0.75 \quad X_{L1} = 24 \times 0.75 = 18\ \Omega$$

$Z_1 = 24 + 18\,j$ $\qquad |Z_1| = \sqrt{24^2 + 18^2} = 30\ \Omega$

$\cos \varphi_1 = 24/30 = 0.80 \quad \varphi_1 = \text{arco cos } 0.80 = 36.87°$

Cálculo de Z_2

Al estar I_2 adelantada respecto a V_2, nos indica que la impedancia es capacitiva; por tanto, estará formada por la resistencia de 12.00 Ω y un condensador de capacitancia:

$P = R\,I^2 \quad Q = X_c\,I^2 \quad Q = 0.75\,P \quad X_c\,I^2 = 0.75\,R\,I^2$

$X_c = 0.75\,R = 0.75 \times 12 = 9.00\ \Omega \quad Z_2 = 12 - 9\,j$

$|Z_2| = \sqrt{12^2 + 9^2} = 15.00\ \Omega \quad \cos\varphi_2 = \dfrac{12}{15} = 0.80$

$\text{Sen}\ \varphi_2 = \dfrac{9}{15} = 0.60 \quad \varphi_2 = \text{arco cos } 0.80 = -\,36.87^\circ$

Cálculo de Z_3:

$$Z_3 = 8 - 6\,j \quad |Z_3| = \sqrt{8^2 + 6^2} = 10.00\ \Omega$$

$$\text{Cos}\varphi_3 = \frac{8}{10} = 0.80 \quad \varphi_3 = \text{arco cos } 0.80 = -\,36.87^\circ$$

Pasamos al siguiente circuito (figura 2):

$$Z_{2.3} = \frac{Z_2 \times Z_3}{Z_2 + Z_3} = \frac{(12-9j)\times(8-6j)}{(12-9j)+(8-6j)} = \frac{96-72j-72j-54}{20-15j} = \frac{42-144j}{20-15j} =$$

$$= \frac{(42-144j)\times(20+15j)}{20^2+15^2} = \frac{840+630j-2880j+2160}{625} = \frac{3000-2250j}{625}$$

$$Z_{2.3} = 4.80 - 3.60\,j \quad |Z_{2.3}| = \sqrt{4.8^2 + 3.6^2} = 6.00\ \Omega$$

$\cos\ \varphi_{2.3} = \dfrac{4.80}{6.00} = 0.80$

$\varphi_{2.3} = \text{arcos } 0.80 = -\,36.87^\circ$ Ángulo negativo por ser capacitivo.

Otra forma de calcular $Z_{2.3}$:

$${}_{2.3} = \frac{Z_2 \times Z_3}{Z_2 + Z_3} = \frac{(15\,|-36.87|)\times(10\,|-36.87|)}{12-9j+8-6j} = \frac{150\,|-73.74|}{20-15j} =$$

$$= \frac{150\,|-73.74|}{25\,|-36.87|} = 6\,|-36.87^\circ| \quad Z_{2.3} = 4.80 - 3.60\,j$$

Nota: $4.80 = 6 \times \cos - 36.87^\circ \qquad -3.60 = 6 \times \text{sen} - 36.87^\circ$

Otra forma de realizar el cálculo es por admitancias:

$$Y_2 = \frac{12}{12^2 + 9^2} + \frac{9}{12^2 + 9^2}\,j = 0.0533 + 0.04\,j$$

$$Y_3 = \frac{8}{8^2 + 6^2} + \frac{6}{8^2 + 6^2}\,j = 0.08 + 0.06\,j$$

$$Y_{2.3} = Y_2 + Y_3 = 0.1333 + 0.10\,j$$

$$Z_{2.3} = \frac{1}{0.1333 + 0.10j} = \frac{0.1333 - 0.10j}{0.1333^2 + 0.10^2} = 4.80 - 3.60\,j$$

Pasamos al siguiente circuito (figura 3), donde aparece la impedancia total Z, que calculamos:

$$Z = Z_1 + Z_{2.3} = 24 + 18\,j + 4.80 - 3.60\,j = 28.80 + 14.40\,j$$

$$|Z| = \sqrt{28.80^2 + 14.40^2} = 32.20\ \Omega \quad \cos\varphi = \frac{28.80}{32.20} = 0.89$$

$$\varphi = \text{arco cos } 0.89 = 27.13^\circ$$

Una vez calculados los componentes de los circuitos, al igual que hicimos en corriente continua, analizamos el circuito más sencillo (figura 3) y observamos que no conocemos ni la tensión V, ni la intensidad I. Analizamos los datos y localizamos aquel que no hemos utilizado hasta ahora (el que tenemos "ocioso") y este es V_2, que aparece en el circuito de la figura 2, entre extremos de $Z_{2.3}$:

$$V_2 = Z_{2.3}\, I \qquad I = \frac{V_2}{Z_{2.3}} = \frac{180}{6} = 30\ \text{A}$$

Cada vez que obtenemos un nuevo dato, vamos al circuito más sencillo (figura 3):

$$V = Z\, I = 32.20 \times 30 = 966.00\ \text{V}$$

Una vez conocidos todos los componentes del circuito más sencillo, pasamos al anterior (figura 2):

$$V_1 = Z_1 I = 30 \times 30 = 900.00 \text{ V}$$

Conocidos V_1 y Z_1 pasamos al circuito de la figura 1:

$$V_2 = Z_2 I_2 \qquad I_2 = \frac{V_2}{Z_2} = \frac{180}{15} = 12 \text{ A}$$

$$V_2 = Z_3 I_3 \qquad I_3 = \frac{V_2}{Z_3} = \frac{180}{10} = 18 \text{ A}$$

Nota. Observamos que $|V| \neq |V_1| + |V_2|$ Efectivamente, estamos en corriente alterna y debemos hablar de vectores y no de módulos, es decir, se debe cumplir que:

$$\mathbf{V} = \mathbf{V_1} + \mathbf{V_2}$$

En cuanto a las intensidades I_2 e I_3, se da la circunstancia de que la suma de sus módulos es igual al módulo de I $|I| = |I_2| + |I_3|$, ya que ambas intensidades están en fase ($\cos \varphi_2 = \cos \varphi_3 = 0.80$) y sus impedancias son las dos capacitivas $30 = 12 + 18$

V_1 está adelantada (circuito inductivo) respecto a la intensidad un ángulo $\varphi 1$ = arco cos 0.80 = 36.87°

V2 está retrasada (circuito capacitivo $Z_{2.3}$) respecto a la intensidad un ángulo $\varphi_{2.3}$ = arco cos 0.80 = 36.87°

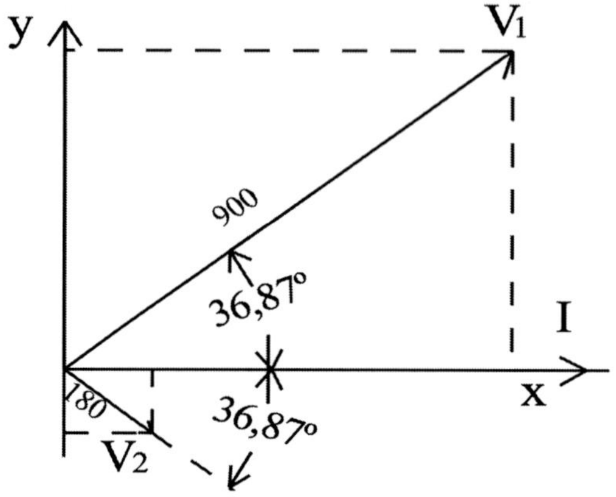

$V_{1x} = V_1 \cos \varphi_1 = 900 \times 0.80 = 720$ V

$V_{1y} = V_1 \text{ sen } \varphi_1 = 900 \times 0.60 = 540$ V

$V_{2x} = V_2 \cos \varphi_{2.3} = 180 \times 0.80 = 144$ V

$V_{2y} = V_2 \text{ sen } \varphi_{2.3} = 180 \times 0.60 = -108$ V

$V_x = V_{1x} + V_{2x} = 720 + 144 = 864$ V

$V_y = V_{1y} + V_{2y} = 540 - 108 = 432$ V

$V = \sqrt{864^2 + 432^2} = 966$ V

Veamos la representación de I_3 respecto a V_1:

1.º Representamos la I_3 respecto a V_2: nos lo indica la impedancia Z_3, que es capacitiva, luego I_3 va adelantada respecto a V_2 36.87º, si observamos el dibujo vemos que I_3 está en fase con I.

2.º Observando el dibujo vemos que V_1 está adelantado 36.87º respecto a I, pero al estar en fase I_3 con I, resulta que I_3 está retrasada 36.87º respecto a V_1.

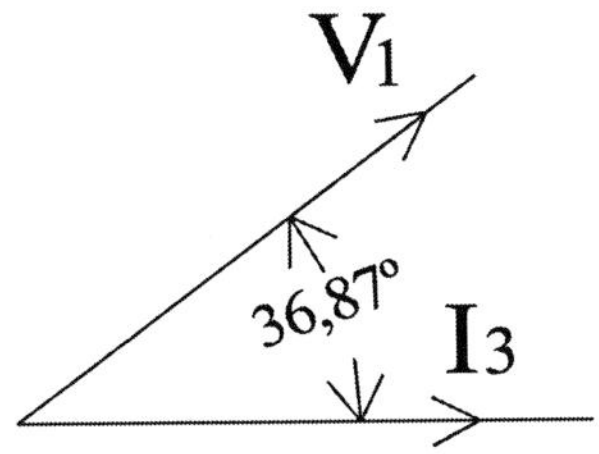

En el circuito de la figura la potencia consumida por la impedancia Z_3 es de 2.40 kW.

Calcular:

a) Intensidades de corriente

b) Tensiones parciales y total

c) Potencias totales del circuito

d) Representar la intensidad I_6 respecto a la tensión V_1

Las impedancias cumplen las siguientes condiciones:

$\left.\begin{matrix} R = 18.00\,\Omega \\ X_C = 24.00\,\Omega \end{matrix}\right\} Z_1$ $\quad$ $\left.\begin{matrix} R = 20.00\,\Omega \\ |I_1| = |I_2| \\ capacitivo \end{matrix}\right\} Z_2$ $\quad$ $\left.\begin{matrix} R = 36.00\,\Omega \\ Q = 0.50\,P \\ inductivo \end{matrix}\right\} Z_3$

$\left.\begin{matrix} R = 40.00\,\Omega \\ no\ consume\ Q \end{matrix}\right\} Z_4$ $\quad$ $\left.\vec{I}_5 = \vec{I}_6\right\} Z_5$ $\quad$ $\left.\begin{matrix} R = 30.00\,\Omega \\ X_L = 30.00\,\Omega \end{matrix}\right\} Z_6$

$\left.\begin{matrix} R = 12.00\,\Omega \\ X_C = 26.00\,\Omega \end{matrix}\right\} Z_7$ $\quad$ $\left.\begin{matrix} R = 8.00\,\Omega \\ X_C = 6.00\,\Omega \end{matrix}\right\} Z_8$

P = 2.40 kW $\qquad$ Unidades: P =2400 W

El resto de datos están todos en el mismo sistema.

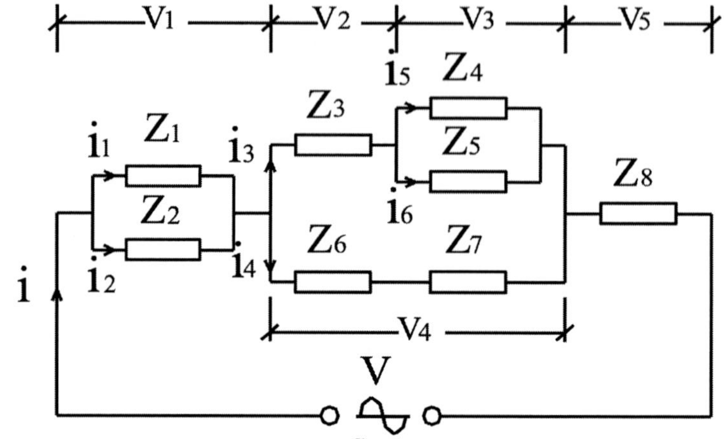

fig.1

Circuitos equivalentes

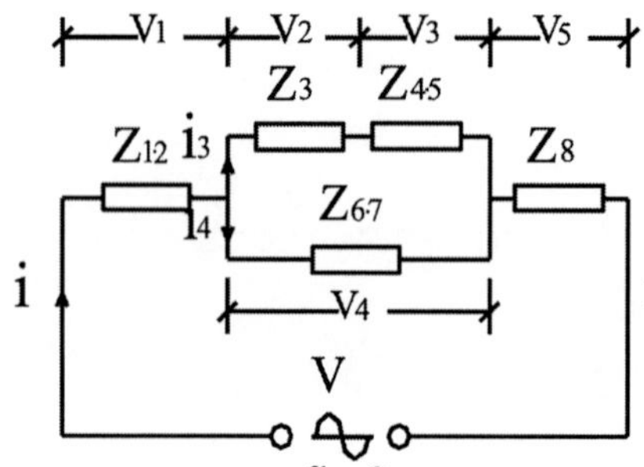

fig. 2

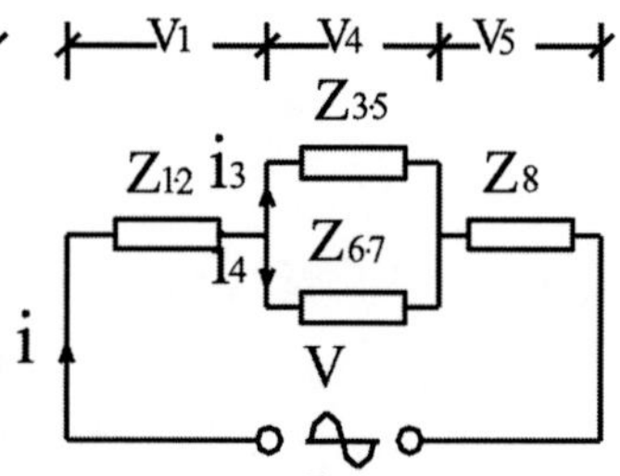

fig. 3

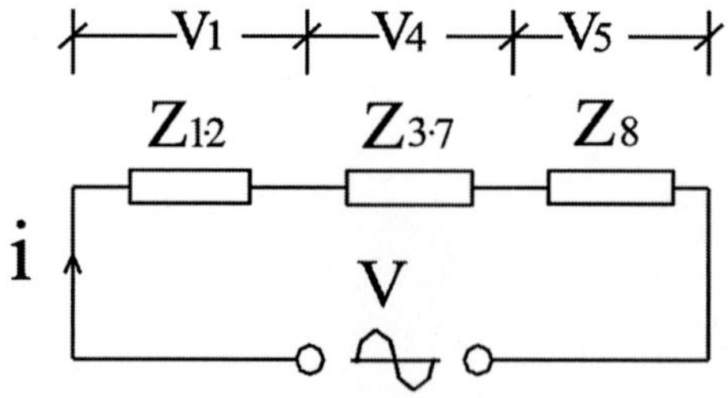

fig. 4

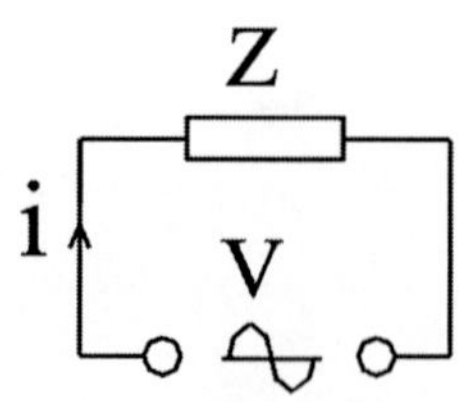

fig. 5

Cálculo:

Al igual que en corriente continua, comenzamos calculando los circuitos de 1 a 5 (→) y a continuación los recorremos en sentido contrario (←):

Circuito figura 1

$Z_1 = 18 + 24\,j \quad |Z_1| = \sqrt{18^2 + 24^2} = 30\ \Omega \quad \cos \varphi_1 = \dfrac{18}{30} = 0.60$

$\varphi_1 = \text{arco cos } 0.60 = 53.13^{\circ} \qquad Z_1 = 30\ |\underline{53.13^{\circ}}$

$Z_2 = 20 - Xc\,j \quad |I_1| = |I_2| \Rightarrow |Z_1| = |Z_2| = 30\ \Omega$

$Xc = \sqrt{|Z_2|^2 - 20^2} = \sqrt{30^2 + 20^2} = 22.36\ \Omega \quad Z_2 = 20 - 22.36\,j$

$\cos \varphi_2 = \dfrac{20}{30} = 0.66 \qquad \varphi_2 = \text{arco cos } 0.66 = -\,48.19^{\circ}$

$Z_2 = 30\ |\underline{-\,48.19^{\circ}}$

$Z_3 = 6 + X_L\,j \qquad Q = X_L\,I^2 \quad P = R\,I^2 \quad Q = 0.50\,P$

$X_L\,I^2 = 0.50\,R\,I^2 \Rightarrow X_L = 0.50\,R = 0.50 \times 6.00 = 3.00\ \Omega$

$Z_3 = 6 + 3\,j \quad Z_3 = \sqrt{6^2 + 3^2} = 6.71\ \Omega \quad \cos \varphi_3 = \dfrac{6}{6{,}71} = 0.89$

$\varphi_3 = \text{arco cos } 0.89 = 26.56^{\circ} \qquad Z_3 = 6{,}71\ |\underline{26.56^{\circ}}$

$Z_4 = 40 \pm X\,j \quad Q = 0 \quad Q = X\,I^2 \quad I \neq 0 \Rightarrow X = 0$

$Z_4 = 40 \quad |Z_4| = 40\ \Omega \quad \varphi_4 = 0^{\circ} \quad Z_4 = 40\ |\underline{0^{\circ}}$

$Z_5 : \underset{I_5}{\rightarrow} = \underset{I_6}{\rightarrow} \Rightarrow \underset{Z_5}{\rightarrow} = \underset{Z_4}{\rightarrow} \quad Z_5 = 40 \quad Z_5 = 40\ |\underline{0^{\circ}}$

$Z_6 = 30 + 30\,j \quad |Z_6| = \sqrt{30^2 + 30^2} = 42.43\ \Omega$

$\cos \varphi_6 = \dfrac{30}{42.43} = 0.7071$

$\varphi_6 = \text{arco cos } 0.7071 = 45^{\circ} \qquad Z_6 = 42.43\ |\underline{45^{\circ}}$

$Z_7 = 12 + 16\,j \quad |Z_7| = \sqrt{12^2 + 16^2} = 20.00\ \Omega \quad \cos\varphi_7 = \frac{12}{20} = 0.60$

$\varphi_7 = \text{arco}\cos 0.60 = 53.13\,^{\circ} \qquad Z_7 = 20\ |\underline{\ 53.13^{\circ}}$

$Z_8 = 8 - 6\,j \quad |Z_8| = \sqrt{8^2 + 6^2} = 10{,}00\ \Omega \quad \cos\varphi_8 = \frac{8}{10} = 0.80$

$\varphi_8 = \text{arco}\cos 0.80 = 36.87\,^{\circ} \qquad Z_8 = 10\ |\underline{\ -36.87^{\circ}}$

Circuito figura 2

$Z_{1.2} = \frac{Z_1 \times Z_2}{Z_1 + Z_2} = \frac{30\ |53.13^{\circ} \times 30\ |-48.19^{\circ}}{18+24\,j + 20-22.36\,j} = \frac{900\ |\ 4.94^{\circ}}{38 + 1.64\,j} = \frac{900\ |\ 4.94^{\circ}}{38.03\ |2.47}$

$Z_{1.2} = 23.67\ |\underline{2.47^{\circ}} \quad Z_{1.2} = 23.65 + 1.02\,j \quad \cos\varphi_{1.2} = \frac{23.65}{23.67} = 0.999$

$\varphi_{1.2} = \text{arco}\cos 0.999 = 2.36^{\circ}$

Al ser $Z_4 = Z_5$ $Z_{4.5} = \frac{Z_4}{2} = \frac{Z_5}{2} = \frac{40}{2} = 20 \quad |Z_{4.5}| = 20.00\ \Omega$

$\cos\varphi_{4.5} = 1 \quad Z_{4.5} = 20\ |\underline{0^{\circ}}$

$Z_{6.7} = Z_6 + Z_7 = 30 + 30\,j + 12 + 16\,j = 42 + 46\,j$

$|Z_{6.7}| = \sqrt{42^2 + 46^2} = 62.29\ \Omega \quad \cos\varphi_{6.7} = \frac{42}{62.29} = 0.6743$

$\varphi_{6.7} = \text{arco}\cos 0.6743 = 47.60\,^{\circ} \quad Z_{6.7} = 62.29\ |\underline{47{,}60^{\circ}}$

Circuito figura 3

$Z_{3.5} = Z_3 + Z_{4.5} = 6 + 3\,j + 20 = 26 + 3\,j$

$|Z_{3.5}| = \sqrt{26^2 + 3^2} = 26.17\ \Omega \quad \cos\varphi_{3.5} = \frac{26}{26.17} = 0.99$

$\varphi_{3.5} = \text{arco}\cos 0.99 = 6.58\,^{\circ} \quad Z_{3.5} = 26.17\ |\underline{6.58^{\circ}}$

Circuito figura 4

$$Z_{3.7} = \frac{Z_{3.5} \times Z_{6.7}}{Z_{3.5} + Z_{6.7}} = \frac{26.17\ |6.58^{\circ} \times 62.29\ |47.60^{\circ}}{26+3\,j + 42+46\,j\ j} = \frac{1630.13\ |\ 54.18^{\circ}}{68 + 49\,j} =$$

$$= \frac{1630.13\ |\ 54.18^{\circ}}{83.82\ |35.78^{\circ}} = 19.45\ |\underline{18.40^{\circ}} \qquad Z_{3.7} = 18.46 + 6.14\,j$$

Circuito figura 5

$$Z = Z_{1.2} + Z_{3.7} + Z_8 = 23{,}65 + 1.02\,j + 18.46 + 6.14\,j + 8 - 6\,j$$

$$Z = 50.11 + 1.16\,j \quad |Z| = \sqrt{50.11^2 + 1.16^2} = 50.12\ \Omega$$

$$\cos \varphi = \frac{50.11}{50.12} = 0.999 \qquad \text{sen}\ \varphi = \frac{1.16}{50.12} = 0.023$$

Una vez calculados los circuitos, localizamos el más sencillo en el que figuren los datos que aún no utilizamos; en este caso, el circuito de la figura 2, en el que aparece P_{Z3}:

$$P_{Z3} = V_2\ I_3 \cos \varphi_3\ (1) \qquad P_{Z3} = R_3\ I_3^2\ \ (2)$$

Nos interesa la (2), pues en ella conocemos P_{Z3} y R_3, por lo que podemos obtener I_3:

$$I_3 = \sqrt{\frac{P_{Z3}}{R_3}} = \sqrt{\frac{2400}{6}} = 20.00\ \text{A} \quad V_2 = Z_3\ I_3 = 6.71 \times 20 = 134.20\ \text{V}$$

I_3 y V_2 no figuran en los circuitos de la figura 5 ni la figura 4, pero en el circuito de la **figura 3** aparece I_3.

$$V_4 = Z_{3.5}\ I_3 = 26.17 \times 20 = 523.40\ \text{V}$$

V_4 aparece en el circuito de la **figura 4**.

$$V_4 = Z_{3.7}\,I \qquad I = \frac{V_4}{Z_{3.7}} = \frac{523.40}{19.45} = 26.91 \text{ A}$$

Figura 5

$$V = Z\,I = 50.12 \times 26.91 = 1348{,}73 \text{ V}$$

Potencias:

$S = V\,I = 1348.73 \times 26.91 = 36\,294.32$ VA

$P = S \cos \varphi = 36\,294.32 \times 0.999 = 36\,258.02$ W

$Q = S \operatorname{sen} \varphi = 36\,294.32 \times 0.023 = 834.77$ Var

Figura 4

$V_1 = Z_{1.2}\,I = 23.67 \times 26.91 = 636.96$ V

$V_5 = Z_8\,I = 10.00 \times 26.91 = 269.10$ V

Figura 3

$$I_4 = \frac{V_4}{Z_{6.7}} = \frac{523.40}{62.29} = 8.40 \text{ A}$$

Figura 2

$V_3 = Z_{4.5}\,I_3 = 20.00 \times 20.00 = 400.00$ V

Figura 1

$$I_5 = \frac{V_3}{Z_4} = \frac{400}{40} = 10.00 \text{ A} \qquad I_6 = \frac{V_3}{Z_5} = \frac{400}{40} = 10.00 \text{ A}$$

Representación gráfica de V_1 respecto a I_6:

1.º Representamos V_1 respecto a I mediante la impedancia $Z_{1.2}$ (figura 2), que al ser inductiva la tensión va adelantada un ángulo de 2.36º ($\varphi_{1.2}$):

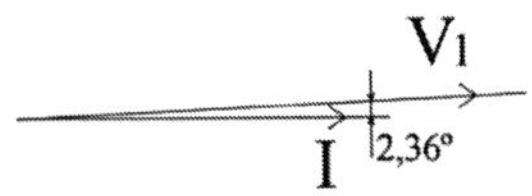

2.º Representamos V_4 respecto a I mediante la impedancia $Z_{3.7}$ (figura 4), que al ser inductiva la tensión va adelantada un ángulo 18.40º ($\varphi_{3.7}$):

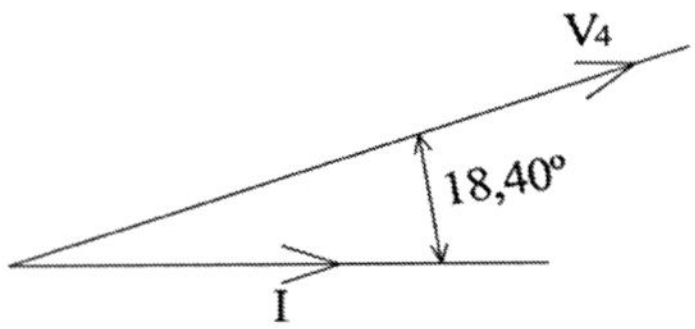

3.º Representamos V_3 respecto a I_3 mediante la impedancia $Z_{4.5}$ (figura 2), que al ser una resistencia pura, la tensión está en fase con la intensidad:

4.º Representamos V_4 respecto a I_3 mediante la impedancia $Z_{3.5}$ (figura 3), que al ser inductiva la tensión va adelantada un ángulo de 6,58º ($\varphi_{3.5}$):

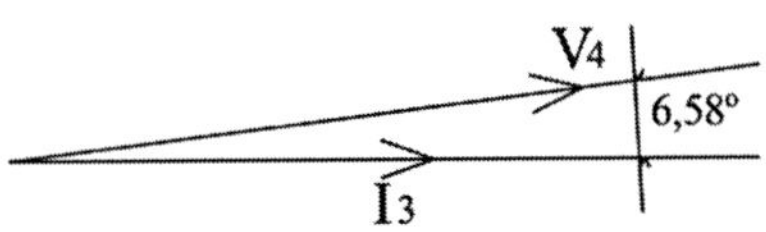

5.º Representamos V_3 respecto a I_6 mediante la impedancia Z_5 (figura 1), que al ser resistencia pura la tensión está en fase con la intensidad:

Combinando estos cinco puntos, resulta:

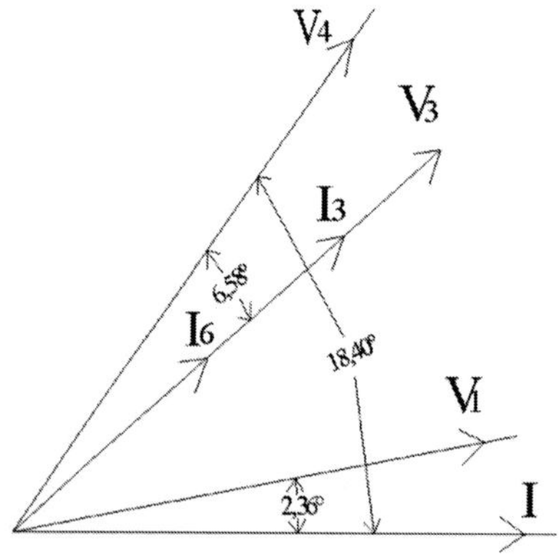

Nota. El dibujo no está hecho a escala, en especial los ángulos, para facilitar su comprensión.

1.º Representamos V_1 respecto a I.

2.º Representamos V_4 respecto a I.

3.º Representamos I_3 respecto a V_4.

4.º Representamos V_3 respecto a I_3.

5.º Representamos I_6 respecto a V_3.

Resultando que V_1 está retrasado respecto a I_6 un ángulo:

$$18.40 - 6.58 - 2.36 = 9.46^\circ$$

CAPÍTULO 13

SISTEMA BIFÁSICO

13.1 TENSIONES EN BIFÁSICO

El sistema bifásico está formado por dos tensiones alternas monofásicas desfasadas 90° con la misma amplitud y periodo:

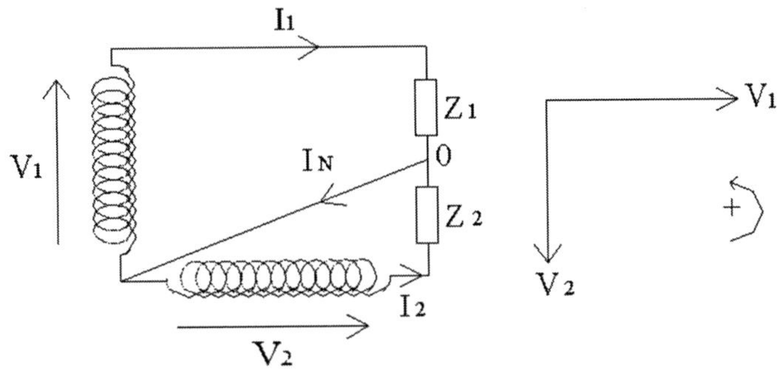

Si las cargas son iguales, $\mathbf{Z_1} = \mathbf{Z_2}$, las intensidades $\mathbf{I_1}$ e $\mathbf{I_2}$ también estarán desfasadas 90°. La corriente $\mathbf{I_N}$ será la suma de $\mathbf{I_1}$ e $\mathbf{I_2}$:

$$\mathbf{I_N} = \mathbf{I_1} + \mathbf{I_2} \quad I_1 = I_2 = I \quad \mathbf{I_1} = I\,|\underline{0^\circ} = I + 0\,j \quad \mathbf{I_2} = I|\underline{-90^\circ} = 0 - I\,j$$

$$\mathbf{I_N} = I + 0\,j + 0 - I\,j = I - I\,j \quad I_N = \sqrt{I^2 + I^2} \quad I_N = I\sqrt{2}$$

$$I_1 = I_2 = \frac{I_N}{\sqrt{2}} \quad V_1 = V_2 = V \quad \cos\varphi_1 = \cos\varphi_2 = \cos\varphi$$

$$P = V\frac{I_N}{\sqrt{2}}\cos\varphi + V\frac{I_N}{\sqrt{2}}\cos\varphi = 2V\frac{I_N}{\sqrt{2}}\cos\varphi = \sqrt{2}\,V\,I_N\cos\varphi$$

Nota. Para no tener que insertar la flecha representativa de vector, este (vector) lo representamos en negrita y el módulo en letra normal.

Si las cargas no son iguales, se procede al cálculo vectorial:

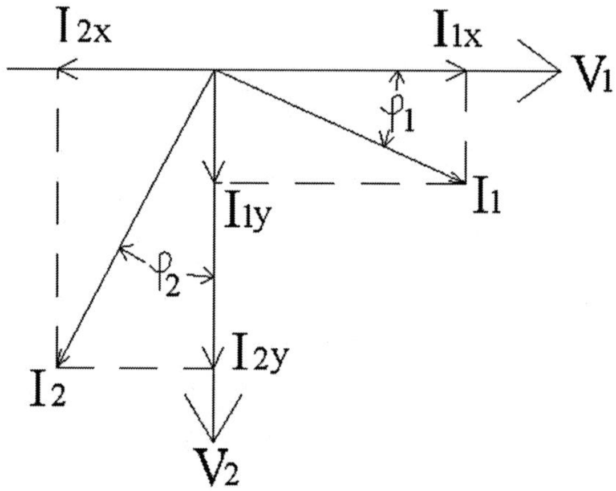

Supongamos que las impedancias $\mathbf{Z_1}$ y $\mathbf{Z_2}$ son inductivas ambas (figura).

$$\mathbf{Z_1} = R_1 + X_{L1}\,j \qquad \mathbf{Z_2} = R_2 + X_{L2}\,j$$

$$\left.\begin{matrix} I_{1x} - I_1 cos\varphi_1 \\ I_{2x} = I_2 sen\varphi_2 \end{matrix}\right\} I_{Nx} = I_{1x} - I_{2x} \qquad \left.\begin{matrix} I_{1y} = I_1 sen\varphi_1 \\ I_{2y} = I_2 cos\varphi_2 \end{matrix}\right\} I_{Ny} = I_{1y} + I_{2y}$$

$$I_N = \sqrt{I_{Nx}^2 + I_{Ny}^2}$$

Nota. Si la impedancia es inductiva, la tensión va adelantada respecto a la intensidad, y retrasada si la impedancia es capacitiva.

Otra forma de realizar este cálculo:

$\mathbf{Z_1} = Z_1 \underline{|\varphi_1}$ $\qquad$ $\mathbf{I_1} = \frac{V_1 |0}{Z_1 |\varphi_1} = I_1 \underline{|-\varphi_1}$

$\mathbf{Z_2} = Z_2 \underline{|\varphi_2}$ $\qquad$ $\mathbf{I_2} = \frac{V_2 |-90}{Z_2 |\varphi_2} = I_2 \underline{|-90-\varphi_2}$

Pasamos a forma binómica:

$\mathbf{I_1} = I_1 \cos(-\varphi_1) + I_1 \text{ sen } (-\varphi_1)\, j$

$\mathbf{I_2} = I_2 \cos(-90 - \varphi_2) + I_2 \text{ sen } (-90 - \varphi_2)\, j$

$\mathbf{I_N} = I_1 \cos(-\varphi_1) + I_2 \cos(-90 - \varphi_2) + [I_1 \text{ sen } (-\varphi_1) + I_2 \text{ sen } (-90 - \varphi_2)]\, j$

Si las impedancias no son ambas inductivas o capacitivas, sino que una es inductiva y la otra capacitiva, tenemos:

$\mathbf{Z_1} = R_1 + X_{L1}\, j$ (inductiva) $\quad$ $\mathbf{Z_2} = R_2 - X_{C2}\, j$ (capacitiva)

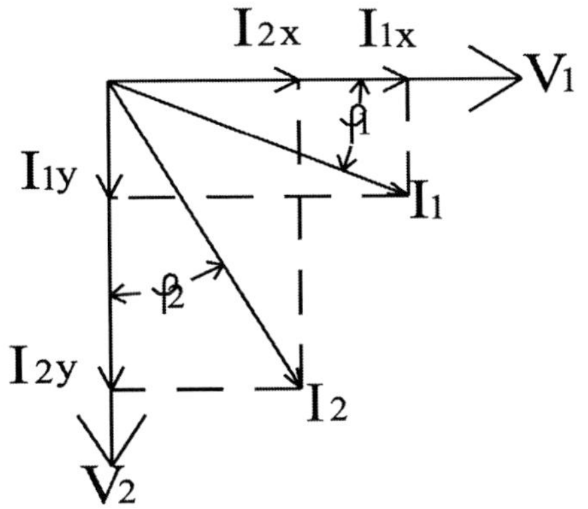

$\left.\begin{array}{l} I_{1x} = I_1 cos\varphi_1 \\ I_{2x} = I_2 sen\varphi_2 \end{array}\right\} I_{Nx} = I_{1x} + I_{2x}$ $\qquad$ $\left.\begin{array}{l} I_{1y} = I_1 sen\varphi_1 \\ I_{2y} = I_2 cos\varphi_2 \end{array}\right\} I_{Ny} = I_{1y} + I_{2y}$

$$I_N = \sqrt{I_{Nx}^2 + I_{Ny}^2}$$

$$\mathbf{Z_1} = Z_1 \,|\underline{\varphi_1} \qquad \mathbf{I_1} = \frac{V_1\,|0}{Z_1\,|\varphi_1} = I_1 \,|\underline{-\varphi_1}$$

$$\mathbf{Z_2} = Z_2 \,|\underline{-\varphi_2} \qquad \mathbf{I_2} = \frac{V_2\,|-90}{Z_2\,|-\varphi_2} = I_2 \,|\underline{-90+\varphi_2}$$

$$\mathbf{I_1} = I_1 \cos(-\varphi_1) + I_1 \operatorname{sen}(-\varphi_1)\, j$$

$$\mathbf{I_2} = I_2 \cos(-90+\varphi_2) + I_2 \operatorname{sen}(-90+\varphi_2)\, j$$

$$\mathbf{I_N} = I_1 \cos(-\varphi_1) + I_2 \cos(-90+\varphi_2) + [I_1 \operatorname{sen}(-\varphi_1) + I_2 \operatorname{sen}(-90+\varphi_2)]\, j$$

$\mathbf{Z_1} = R_1 - X_{C1}\, j$ (capacitiva) $\qquad \mathbf{Z_2} = R_2 + X_{L2}\, j$ (inductiva)

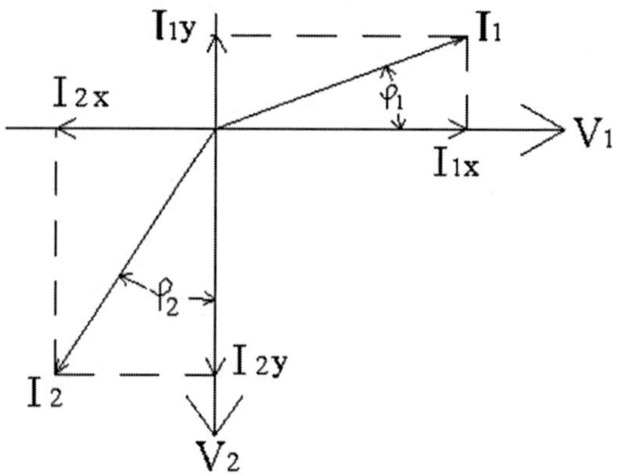

$$\left.\begin{aligned} I_{1x} &= I_1 cos\varphi_1 \\ I_{2x} &= I_2 sen\varphi_2 \end{aligned}\right\} I_{Nx} = I_{1x} - I_{2x} \qquad \left.\begin{aligned} I_{1y} &= I_1 sen\varphi_1 \\ I_{2y} &= I_2 cos\varphi_2 \end{aligned}\right\} I_{Ny} = I_{1y} - I_{2y}$$

$$I_N = \sqrt{I_{Nx}^2 + I_{Ny}^2}$$

$$\mathbf{Z_1} = Z_1 \,|\underline{-\varphi_1} \qquad \mathbf{I_1} = \frac{V_1\,|0}{Z_1\,|-\varphi_1} = I_1 \,|\underline{\varphi_1}$$

$$\mathbf{Z_2} = Z_2 \,|\underline{\varphi_2} \qquad \mathbf{I_2} = \frac{V_2\,|-90}{Z_2\,|\varphi_2} = I_2 \,|\underline{-90-\varphi_2}$$

$$\mathbf{I_1} = I_1 \cos \varphi_1 + I_1 \operatorname{sen} \varphi_1 \, j$$

$$\mathbf{I_2} = I_2 \cos(-90 - \varphi_2) + I_2 \operatorname{sen}(-90 - \varphi_2) \, j$$

$$\mathbf{I_N} = I_1 \cos \varphi_1 + I_2 \cos(-90 - \varphi_2) + [I_1 \operatorname{sen} \varphi_1 + I_2 \operatorname{sen}(-90 - \varphi_2)] \, j$$

CAPÍTULO 14

SISTEMA TRIFÁSICO

14.1 TENSIONES EN TRIFÁSICA

En el sistema trifásico existen dos tipos de tensiones: la tensión entre fase y neutro, llamada tensión simple, y la tensión entre fases, llamada tensión compuesta. Partiendo de las primeras (tensión entre fase y neutro) vamos a calcular los valores y desfases de las tensiones entre fases. Para ello consideramos el instante en que la tensión V_R, entre la fase R y el neutro forma un ángulo de 90° y su valor o módulo lo llamaremos "U"; considerando como sentido de giro positivo el contrario al de las agujas de un reloj. La tensión Vs entre la fase S y el neutro formará un ángulo de - 30° (desfasada en retardo respecto a V_R un ángulo de 120°) y su valor o módulo será también "U"; y finalmente la tensión V_T, entre fase T y neutro formará un ángulo de -150° (desfasada respecto a Vs un ángulo de 120°), y del mismo modo que la anterior, su módulo será "U".

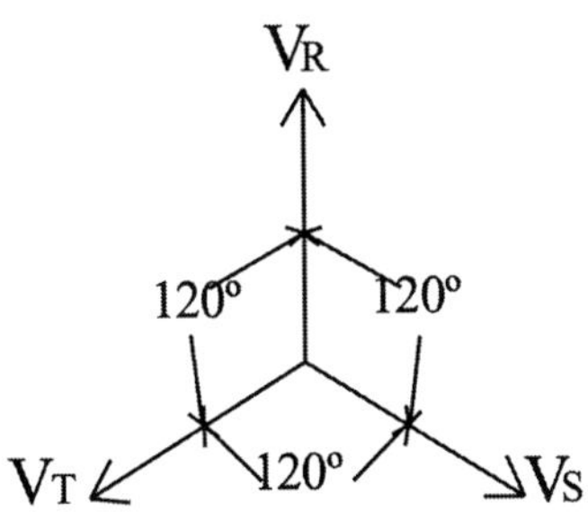

fig.1

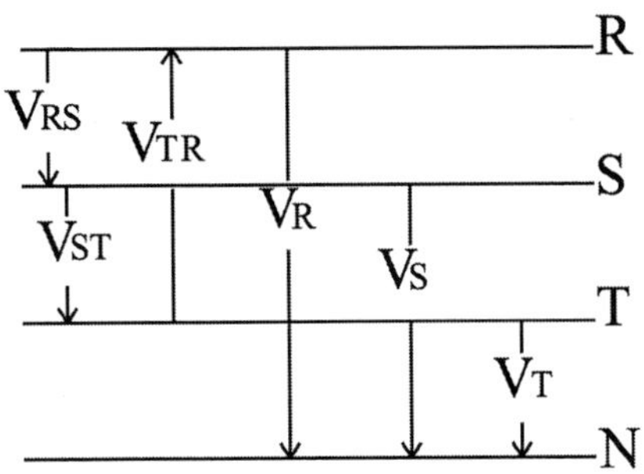

fig.2

Para calcular las tensiones compuestas V_{RS}, V_{ST}, y V_{TR}, **procedemos** de la siguiente forma:

Figura 2:

$$\mathbf{V_{RS} + V_S - V_R = 0} \qquad \mathbf{V_{RS} = V_R - V_S}$$

$$\mathbf{V_{ST} + V_T - V_S = 0} \qquad \mathbf{V_{ST} = V_S - V_T}$$

$$\mathbf{V_{TR} + V_R - V_T = 0} \qquad \mathbf{V_{TR} = V_T - V_R}$$

En forma polar:

$$\mathbf{V_R} = U \,|\underline{90^\circ} \qquad \mathbf{V_S} = U\,|\underline{-30^\circ} \quad \mathbf{V_T} = U\,|\underline{-150^\circ}$$

En forma binómica:

$$\mathbf{V_R} = U \cos 90^\circ + U \text{ sen } 90^\circ j = 0 + U j$$

$$\mathbf{V_S} = U \cos -30^\circ + U \text{ sen } -30^\circ j = \frac{\sqrt{3}}{2} U - \frac{1}{2} U j$$

$$\mathbf{V_T} = U \cos -150^\circ + U \text{ sen } -150^\circ j = -\frac{\sqrt{3}}{2} U - \frac{1}{2} U j$$

Calculamos las tensiones compuestas:

$$\mathbf{V_R} = U \cos 90^\circ + U \text{ sen } 90^\circ j = 0 + U j$$

$$\mathbf{V_S} = U \cos -30^\circ + U \text{ sen } -30^\circ j = \frac{\sqrt{3}}{2} U - \frac{1}{2} U j$$

$$\mathbf{V_{RS} = V_R - V_S} \;\ldots\ldots\ldots\ldots\ldots\ldots - \frac{\sqrt{3}}{2} U + \frac{3}{2} U j$$

$$|V_{RS}| = \sqrt{(\frac{\sqrt{3}}{2}\,U)^2 + (\frac{3}{2}U)^2} = \sqrt{\frac{3}{4}\,U^2 + \frac{9}{4}U^2} = \sqrt{3}\,U$$

$$\text{tang } \varphi_{RS} = \frac{\frac{3}{2}U}{-\frac{\sqrt{3}}{2}U} = \frac{3}{-\sqrt{3}} = -\sqrt{3} \qquad \varphi_{RS} = 120^\circ$$

$$\mathbf{V_{RS}} = \sqrt{3}\,U\,|\underline{120^\circ}$$

Procediendo de forma análoga con el resto de las tensiones, resulta:

$\mathbf{V_{ST}} = \sqrt{3}\, U \,|\underline{0^\circ}$ $\quad$ $\mathbf{V_{TR}} = \sqrt{3}\, U \,|\underline{- 120^\circ}$

Vemos que las tensiones compuestas son $\sqrt{3}$ veces mayores que las tensiones simples y están adelantadas 30° respecto a las mismas

$\mathbf{V_{RS}}$ adelantada 30° respecto a $\mathbf{V_R}$

$\mathbf{V_{ST}}$ adelantada 30° respecto a $\mathbf{V_S}$

$\mathbf{V_{TR}}$ adelantada 30° respecto a $\mathbf{V_T}$

En España, las tensiones normalizadas tienen de valores 230/400 V.

Otra forma de calcular las tensiones compuestas es mediante la figura 1:

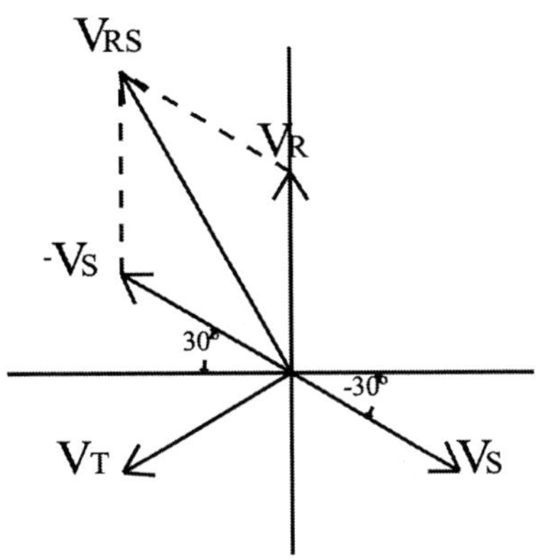

$\mathbf{V_R} = 0 + U\, j \quad -\mathbf{V_S} = -\, U \cos 30^\circ + U \operatorname{sen} 30^\circ\, j$

$\mathbf{V_{RS}} = -\, U \cos 30^\circ + (U + U \operatorname{sen} 30^\circ)\, j = -\frac{\sqrt{3}}{2} U + (U + \frac{1}{2} U)\, j =$

$= -\frac{\sqrt{3}}{2}U + \frac{3}{2}U j \qquad |V_{RS}| = \sqrt{(\frac{\sqrt{3}}{2}U)^2 + (\frac{3}{2}U)^2} = \sqrt{3}\,U$

Y el ángulo igual que en el cálculo anterior.

14.2 RECEPTORES TRIFÁSICOS EQUILIBRADOS

A) En estrella

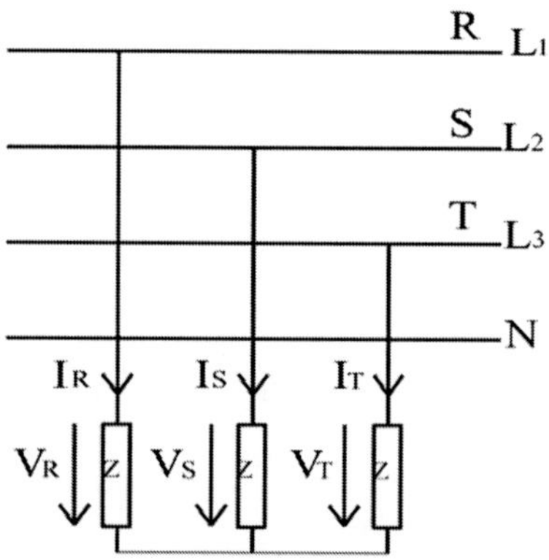

Hemos visto que las tensiones compuestas (también llamadas tensiones de línea) V_{RS}, V_{ST}, y V_{TR} son $\sqrt{3}$ veces mayores que las tensiones simples V_R, V_S, y V_T:

$$I_R = \frac{V_R}{Z} \quad I_S = \frac{V_S}{Z} \quad I_T = \frac{V_T}{Z}$$

$$P = 3\,V_R\,I_R \cos\varphi = 3\,\frac{V_{RS}}{\sqrt{3}}\,I_R \cos\varphi = \sqrt{3}\,V\,I\cos\varphi$$

Siendo V tensión de línea e I intensidad de línea.

Otra forma:

$$\mathbf{V_R} = U|\underline{90^o} \quad \mathbf{V_S} = U|\underline{-30^o} \quad \mathbf{V_T} = U|\underline{-150^o} \quad \mathbf{Z} = Z|\underline{\varphi}$$

$$I_R = \frac{U|90^o}{Z|\varphi} = I|\underline{90-\varphi} \quad I_S = \frac{U|-30^o}{Z|\varphi} = I|\underline{-30-\varphi} \quad I_T = \frac{U|-150^o}{Z|\varphi} = I|\underline{-150-\varphi}$$

Pasando a la forma binómica y sumando las tres intensidades debe resulta cero (0).

B) En triángulo

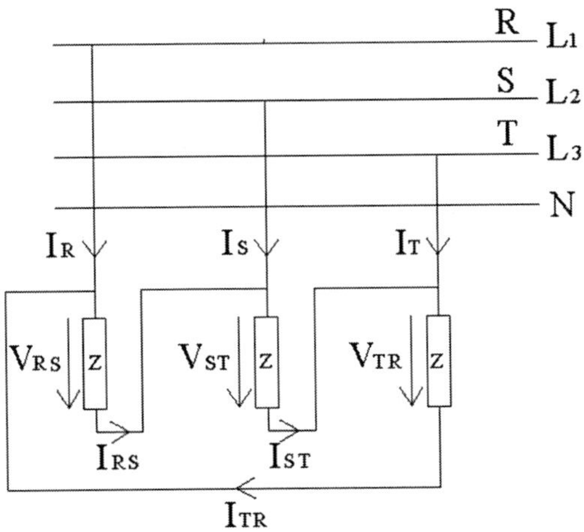

$I_{RS} = \frac{V_{RS}}{Z} \quad I_{ST} = \frac{V_{ST}}{Z} \quad I_{TR} = \frac{V_{TR}}{Z}$

$P = 3\ V_{RS}\ I_{RS} \cos\varphi = 3\ V \frac{I_R}{\sqrt{3}} \cos\varphi = \sqrt{3}\ V\ I \cos\varphi$

Otra forma:

$I_{RS} = \frac{V|120^{\circ}}{Z|\varphi} \quad I_{ST} = \frac{V|0^{\circ}}{Z|\varphi} \quad I_{TR} = \frac{V|-120^{\circ}}{Z|\varphi}$

Pasando a la forma binómica y sumando, deben dar cero.

La potencia en triángulo con respecto a estrella es tres veces mayor:

La tensión entre extremos de la impedancia es $\sqrt{3}$ veces mayor en triángulo que en estrella. La intensidad, al ser la tensión $\sqrt{3}$ mayor y la impedancia la misma, también es $\sqrt{3}$ veces mayor en triángulo que en estrella; por tanto:

$$P_{Triángulo} = \sqrt{3}\,\sqrt{3}\,P_{estrella} = 3\,P_{estrella}$$

Esta es la razón por la que, en motores de cierta potencia, el arranque se realiza a través del acoplamiento en estrella-triángulo.

En el acoplamiento en triángulo equilibrado, la intensidad de línea está retrasada respecto a la de fase un ángulo de 30°, y su módulo es $\sqrt{3}$ veces mayor:

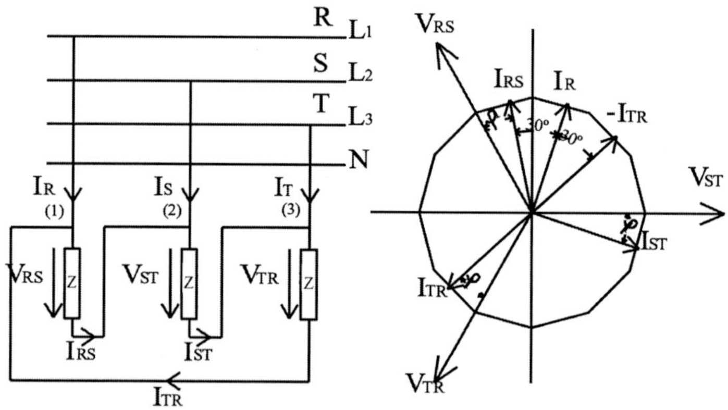

Nudo 1: $\mathbf{I_R} + \mathbf{I_{TR}} = \mathbf{I_{RS}}$ $\quad \mathbf{I_R} = \mathbf{I_{RS}} - \mathbf{I_{TR}}$

Entre $\mathbf{I_{RS}}$ e I_{TR} hay 120°, luego entre I_{RS} y $-I_{TR}$ hay 60°; como I_R es la resultante entre dos vectores con el mismo módulo y separados 60°, estará en la mitad del ángulo (30°) y de módulo $\sqrt{I_{RS}^2 + I_{TR}^2 + 2\,I_{RS}\,I_{TR}} = \sqrt{3\,I^2} = I\sqrt{3}$

Resumiendo:

$\mathbf{I_R}$ está retrasada 30° respecto $\mathbf{I_{RS}}$.

$\mathbf{I_S}$ está retrasada 30° respecto $\mathbf{I_{ST}}$.

$\mathbf{I_T}$ está retrasada 30° respecto $\mathbf{I_{TR}}$.

En ambas, su módulo es $\sqrt{3}$ veces mayor que las intensidades de fase.

14.3 RECEPTORES TRIFÁSICOS DESEQUILIBRADOS

A) En estrella con neutro

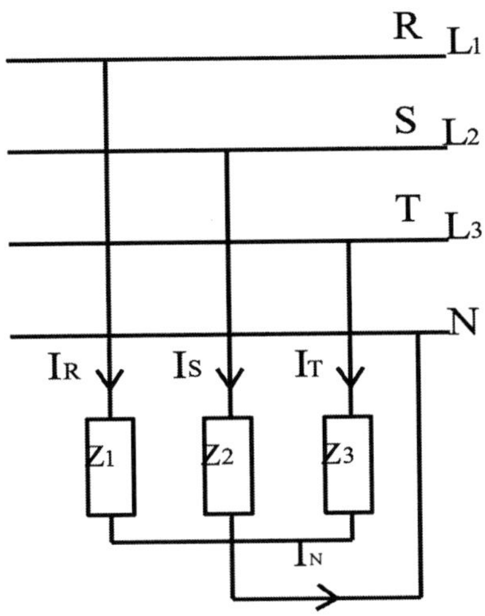

Se procede igual que en el caso de receptores equilibrados, con la excepción de que la suma de las corrientes no resulta cero (0), sino que su suma circulará por el conductor neutro.

Supongamos

$\mathbf{Z_1}$: inductiva $\quad \mathbf{Z_1} = Z_1 \,|\underline{\varphi_1}$

$\mathbf{Z_2}$: capacitiva $\quad \mathbf{Z_2} = Z_2 \,|\underline{-\varphi_2}$

$\mathbf{Z_3}$: inductiva $\quad \mathbf{Z_3} = Z_3 \,|\underline{\varphi_3}$

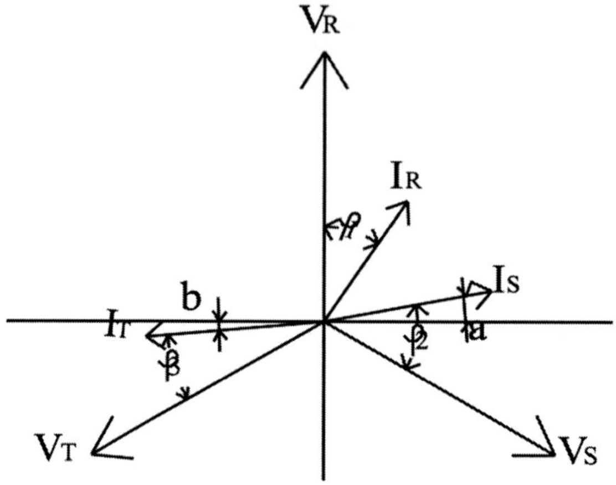

Según el valor de los ángulos φ_2 y φ_3, las intensidades I_S e I_T estarán en un cuadrante u otro:

Ángulo "a" = $\varphi_2 - 30^\circ$ Ángulo "b" = $30^\circ - \varphi_3$

$I_{RX} = I_R \text{ sen } \varphi_1$ $I_{RY} = I_R \cos \varphi_1$ $I_{SX} = I_S \cos a$ $I_{SY} = I_S \text{ sen } a$

$I_{TX} = - I_T \cos b$ $I_{TY} = - I_T \text{ sen } b$

$\mathbf{I_R} = I_R \text{ sen } \varphi_1 + I_R \cos \varphi_1 \, j$ $\mathbf{I_S} = I_S \cos a + I_S \text{ sen } a \, j$

$\mathbf{I_T} = - I_T \cos b - I_T \text{ sen } b \, j$

$|I_R| = \sqrt{(I_R \, sen \, \varphi_1)^2 + (I_R \, cos\varphi_1)^2}$

$|I_S| = \sqrt{(I_S \cos a)^2 + (I_S \, sen \, a)^2}$

$|I_T| = \sqrt{(I_T \cos b)^2 + (I_T \, sen \, b)^2}$

$I_N = I_R + I_S + I_T$

B) En triángulo

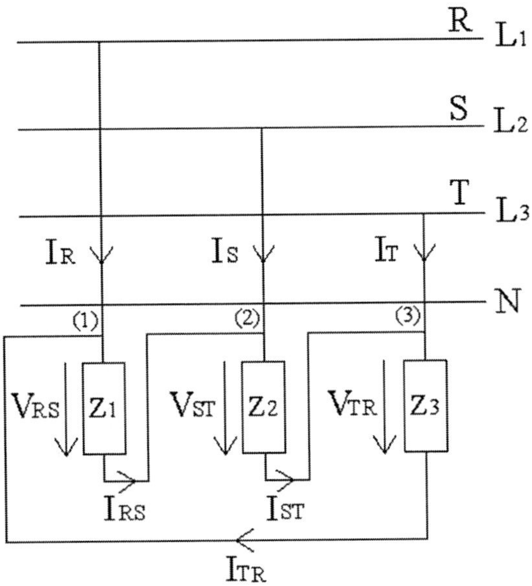

Supongamos

$\mathbf{Z_1}$: inductiva	$\mathbf{Z_1} = Z_1 \,|\underline{\varphi_1}$
$\mathbf{Z_2}$: capacitiva	$\mathbf{Z_2} = Z_2 \,|\underline{-\varphi_2}$
$\mathbf{Z_3}$: inductiva	$\mathbf{Z_3} = Z_3 \,|\underline{\varphi_3}$

Ángulo “a” = $30^\circ - \varphi_1$ ángulo “b” = $60^\circ - \varphi_3$

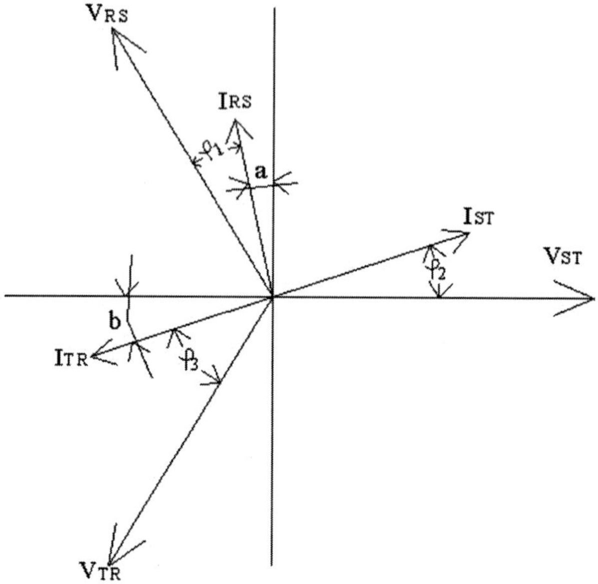

I_{RSX} = I_{RS} sen a I_{RSY} = I_{RS} cos a I_{STX} = I_{ST} cos φ_2 I_{STY} = I_{ST} sen φ_2

I_{TRX} = I_{TR} cos b I_{TRY} = I_{TR} sen b

I_{RS} = -IRS sen a + I_{RS} cos a j I_{ST} = I_{ST} cos φ_2 + I_{ST} sen φ_2 j

I_{TR} = - I_{TR} cos b – I_{TR} sen b j

$$|I_{RS}| = \sqrt{(I_{RS}\, sen\ a)^2 + (I_{RS} \cos a)^2}$$

$$|I_{ST}| = \sqrt{(I_{ST}\, cos\ \varphi_2)^2 + (I_{ST}\ \text{sen}\ \varphi_2)^2}$$

$$|I_{TR}| = \sqrt{(I_{TR}\, cos\ b)^2 + (I_{TR}\ \text{sen b})^2}$$

C) En estrella sin neutro

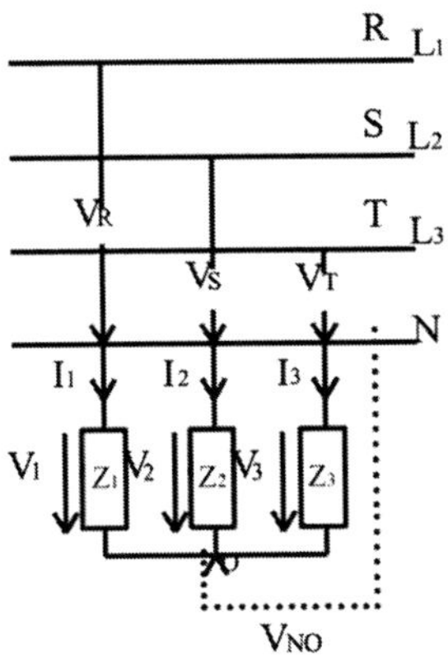

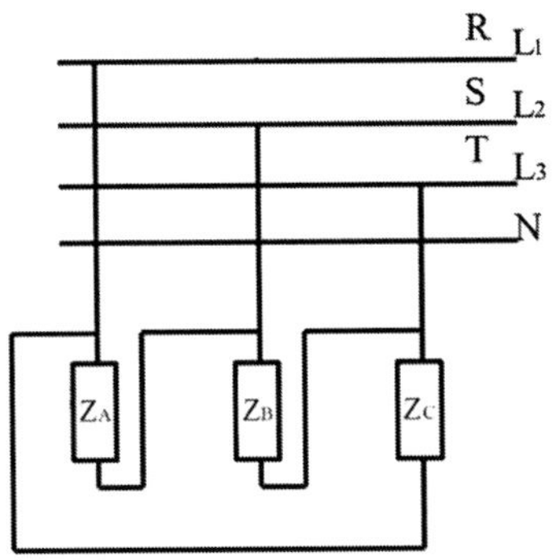

Este acoplamiento se puede calcular por tres métodos distintos:

A) Transformando la estrella en triángulo (ver apartado 4.5)

$$Z_A = \frac{Z_1 \times Z_2 + Z_1 \times Z_3 + Z_2 \times Z_3}{Z_3} \qquad Z_B = \frac{Z_1 \times Z_2 + Z_1 \times Z_3 + Z_2 \times Z_3}{Z_1}$$

$$Z_C = \frac{Z_1 \times Z_2 + Z_1 \times Z_3 + Z_2 \times Z_3}{Z_2}$$

B) Aplicando mallas

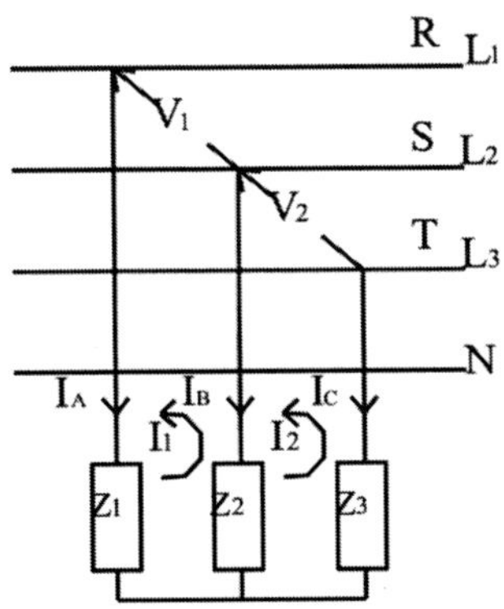

$V_1 = I_1\ (Z_1 + Z_2) - I_2\ Z_2$

$V_2 = -\ I_1\ Z_2 + I_2\ (Z_2 + Z_3)$

Siendo $Z_{12} = Z_1 + Z_2$ y $Z_{23} = Z_2 + Z_3$, resulta:

$V_1 = I_1\ Z_{12} - I_2\ Z_2$

$V_2 = -\ I_1\ Z_2 + I_2\ Z_{23}$

$$I_1 = \frac{\begin{vmatrix} V_1 & -Z_2 \\ V_2 & Z_{23} \end{vmatrix}}{\begin{vmatrix} Z_{12} & -Z_2 \\ -Z_2 & Z_{23} \end{vmatrix}} \qquad I_2 = \frac{\begin{vmatrix} Z_{12} & V_1 \\ -Z_2 & V_2 \end{vmatrix}}{\begin{vmatrix} Z_{12} & -Z_2 \\ -Z_2 & Z_{23} \end{vmatrix}}$$

Nota. Recordamos que estamos en corriente alterna, por lo que tenemos que trabajar con vectores y no con módulos.

Resolviendo el sistema, obtenemos $\mathbf{I_1}$ e $\mathbf{I_2}$:

$I_A = I_1 \quad I_B = I_2 - I_1 \quad I_C = -\ I_2$

C) Aplicando Millman

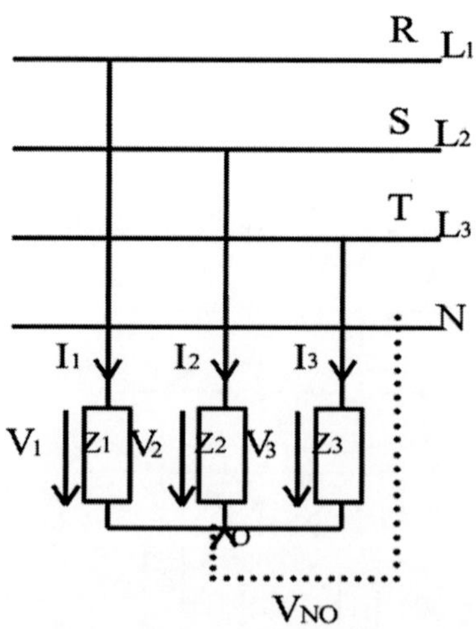

$V_R + V_{N0} - V_1 = 0 \quad V_1 = V_R + V_{N0}$

$V_S + V_{N0} - V_2 = 0 \quad V_2 = V_S + V_{N0}$

$V_T + V_{N0} - V_3 = 0 \quad V_3 = V_T + V_{N0}$

Aplicando Millman: $V_{N0} = -\dfrac{V_R \times Y_1 + V_S \times Y_2 + V_T \times Y_3}{Y_1 + Y_2 + Y_3}$

Con V_{N0} calculamos V_1, V_2 y V_3 y con estas tensiones calculamos las intensidades I_1, I_2 e I_3:

$$I_1 = \frac{V_1}{Z_1} \qquad I_2 = \frac{V_2}{Z_2} \qquad I_3 = \frac{V_3}{Z_3}$$

Este procedimiento también se conoce como "desplazamiento del neutro".

14.4 MEJORA DEL FACTOR DE POTENCIA

En capítulos anteriores veíamos que la capacidad necesaria para mejorar el factor de potencia de una instalación se calculaba mediante la expresión:

$$C = \frac{P \times (\tan\varphi - \tan\varphi')}{\omega \times V^2}$$

Siendo: P = Potencia activan consumida.

φ = Desfase entre tensión e intensidad en el circuito actual

φ' = Desfase entre tensión e intensidad que se desea obtener:
$\omega = 2\pi f$ V = Tensión

En los sistemas trifásicos la expresión que nos determina la capacidad de los condensadores necesarios para mejorar el factor de potencia es idéntica a la anterior, en la cual solamente se nos plantea una duda, y es cuál de las dos tensiones disponibles en un sistema trifásico emplearemos. La respuesta a esta duda es clara; si deseamos mejorar el factor de potencia con la mínima capacidad posible, los acoplaremos en triángulo, pues así la tensión a la que están sometidos los condensadores es $\sqrt{3}$ veces mayor que en estrella, y como la capacidad necesaria es inversamente proporcional al cuadrado de la tensión, en triángulo necesitaremos la tercera parte de capacidad que si los acoplamos en estrella.

CAPÍTULO 15

EJERCICIOS

En un circuito bifásico de 230 V de tensión se acoplan dos impedancias iguales de 18 Ω de resistencia y 10 mH de coeficiente de autoinducción.

Calcular:

a) Intensidades

b) Potencia

1.º Leer

2.º Datos	V = 230 V	**3.º Unidades**	V = 230 V
	R= 18 Ω		R = 18 Ω
	L = 10 mH		$L = 10 \times 10^{-3} = 10^{-2}$ H

4.º y 5.º Esquema:

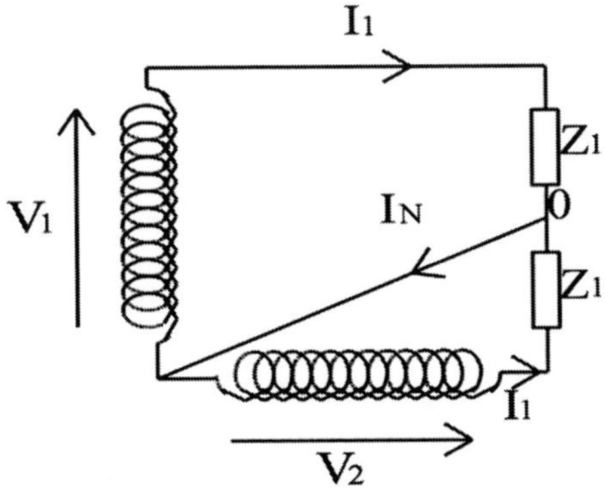

6.º Cálculos:

$X_L = \omega L = 2\pi f L = 2\pi\, 50\, 10^{-2} = 3.14\ \Omega$

$Z_1 = 18 + 3.14\,j \qquad |Z_1| = \sqrt{18^2 + 3.14^2} = 18.27\ \Omega$

$\cos\varphi = \dfrac{18}{18.27} = 0.98$

$I_1 = \dfrac{V_1}{Z_1} = \dfrac{230}{18.27} = 12.59\ A \qquad I_N = \sqrt{2} \times 12.59 = 17.80\ A$

$P = \sqrt{2}\, V\, I \cos\varphi = \sqrt{2} \times 230 \times 17.80 \times 0.98 = 5673.99\ W$

En el circuito del ejercicio anterior acoplamos dos impedancias Z_1 y Z_2. Sabiendo que Z_1 está formada por una resistencia de 60 Ω y una bobina de 80 Ω, y la impedancia Z_2 por una resistencia de 40 Ω y una capacitancia de 30 Ω.

Calcular:

a) Intensidades

b) Potencias

1.º Leer

2.º Datos:

V = 230 V

$Z_1 \begin{cases} \boldsymbol{R = 60\ \Omega} \\ \boldsymbol{X_L = 80\ \Omega} \end{cases} \qquad Z_2 \begin{cases} \boldsymbol{R = 40\ \Omega} \\ \boldsymbol{X_C = 30\ \Omega} \end{cases}$

3.º Unidades:

Todos los datos están en el mismo sistema.

4.º y 5.º Esquema:

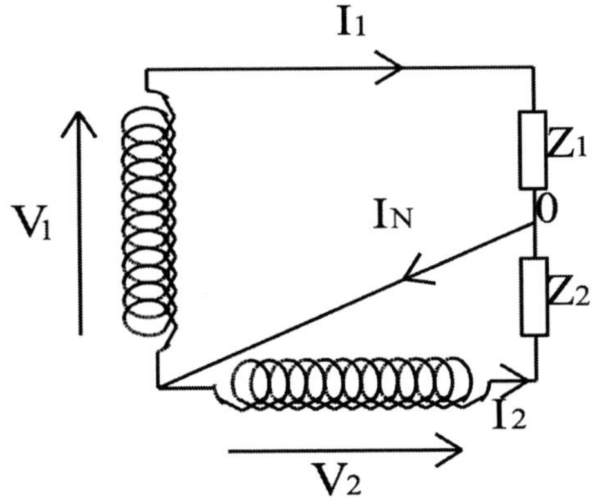

6.º Cálculos:

$\mathbf{Z_1}$ = 80 + 60 j $|Z_1| = \sqrt{80^2 + 60^2}$ = 100 Ω cos $\varphi_1 = \frac{80}{100} = 0.80$

φ_1 = arco cos 0.80 = 36.87° $\mathbf{Z_1}$ = 100 |36.87

$\mathbf{Z_2}$ = 40 – 30 j $|Z_2| = \sqrt{40^2 + 30^2}$ = 50 Ω cos $\varphi_2 = \frac{40}{50} = 0.80$

φ_2 = arco cos 0,80 = - 36.87° $\mathbf{Z_2}$ = 50 |- 36.87

$I_1 = \frac{V}{Z_1} = \frac{230}{100} = 2.30$ A $I_2 = \frac{V}{Z_2} = \frac{230}{50} = 4.60$ A

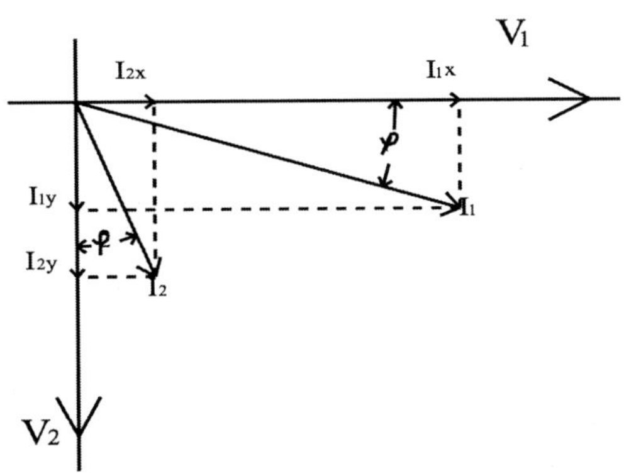

$I_{1X} = I_1 \cos \varphi_1 = 2.30 \times 0.80 = 1.84$ A

$I_{2X} = I_2$ sen $\varphi_2 = 4.60 \times 0.60 = 2.76$ A

$I_{1Y} = -I_1$ sen $\varphi_1 = -2.30 \times 0.60 = -1.38$ A

$I_{2Y} = -I_2 \cos \varphi_2 = -4.60 \times 0.80 = -3.68$ A

$I_{NX} = I_{1X} + I_{2X} = 1.84 + 2.76 = 4.60$ A

$I_{NY} = I_{1Y} + I_{2Y} = -1.38 - 3.68 = -5.06$ A

$I_N = \sqrt{4.60^2 + 5.06^2} = 6.84$ A

$P_{Z1} = R_1 I_1^2 = 80 \times 2.30^2 = 423.20$ W

$P_{Z2} = R_1 I_2^2 = 40 \times 4.60^2 = 864.40$ W

Otra forma de calcular:

$$I_1 = \frac{V_1}{Z_1} = \frac{230|0}{100|36.87} = 2.30\ |\underline{-36.87}$$

$$I_2 = \frac{V_2}{Z_2} = \frac{230|-90}{50|-36.87} = 4.600\ |\underline{-53.13}$$

$\mathbf{I_1} = 2.30 \times \cos(-36.87) + 2.30 \times \text{sen}(-36.87)\,j$ $\mathbf{I_1} = 1.84 - 1.38\,j$

$\mathbf{I_2} = 4.60 \times \cos(-53.13) + 4.60 \times \text{sen}(-53.13)$ $\mathbf{I_2} = 2.76 - 3.68\,j$

$\mathbf{I_N} = \mathbf{I_1} + \mathbf{I_2} = 1{,}84 + 2{,}76 - (1.38 + 3.68)\,j = 4.60 - 5.06\,j$

$I_N = \sqrt{4.60^2 + 5.06^2} = 6.84$ A

En un circuito bifásico, la tensión entre fases (RS) es de 282.84 V. Entre RO conectamos una impedancia capacitiva que consume 1.20 kW con un factor de potencia de 0.60, y entre S y O conectamos otra impedancia de 20 Ω de resistencia y 15 Ω de inductancia.

Calcular las corrientes, las impedancias y las potencias.

1.° Leer

2.° Datos: $V_{RS} = 282.84$ V

$$Z_1 \begin{cases} P = 1.20 \text{ kW} \\ \cos \varphi = 0.60 \\ \text{capacitiva} \end{cases}$$

$$Z_2 \begin{cases} R = 20\ \Omega \\ X_L = 15\ \Omega \end{cases}$$

3.° Unidades: $V_{RS} = 282.84$ V

$$Z_1 \begin{cases} P = 1200 \text{ W} \\ \cos \varphi = 0.60 \\ \text{capacitiva} \end{cases}$$

$$Z_2 \begin{cases} R = 20\ \Omega \\ X_L = 15\ \Omega \end{cases}$$

4.° y 5.° Esquema:

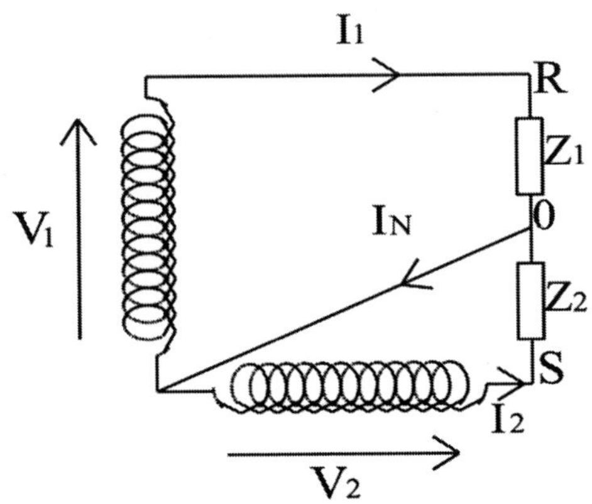

6.º Cálculos:

$V_{RO} = V_{SO} = \frac{V_{RS}}{\sqrt{2}} = \frac{282.84}{\sqrt{2}} = 200$ V

$P_{Z1} = V_{RO}\ I_1 \cos \varphi_1 = R_1\ I_1^2$

$I_1 = \frac{P_{Z1}}{V_{RO}\ \cos \varphi_1} = \frac{1200}{200 \times 0.60} = 10$ A

$1200 = R_1\ 10^2 \quad R_1 = \frac{1200}{100} = 12\ \Omega$

$\cos \varphi_1 = 0.60 \quad \text{sen}\ \varphi_1 = 0.80 \quad \text{tang}\ \varphi_1 = \frac{4}{3} = \frac{X_C}{R_1}$

$X_C = R_1 \frac{4}{3} = 12\ \frac{4}{3} = 16\ \Omega \quad Z_1 = 12 - 16\ j \quad |Z_1| = \sqrt{12^2 + 16^2} = 20\ \Omega$

$\varphi_1 = \text{arco}\ \cos 0.60 = -\ 53.13^\circ \qquad Z_1 = 20\ |\underline{-\ 53.13^\circ}$

$Z_2 = 20 + 15\ j \quad |Z_2| = \sqrt{20^2 + 15^2} = 25\ \Omega \quad \cos\varphi_2 = \frac{20}{25} = 0.80$

$\varphi_2 = \text{arco}\ \cos 0.80 = 36.87^\circ \qquad Z_2 = 25\ |\underline{36.87^\circ}$

$I_2 = \frac{V_{S0}}{Z_2} = \frac{200}{25} = 8$ A $\qquad P_{Z2} = R_2\ I_2^2 = 20 \times 8^2 = 1280$ W

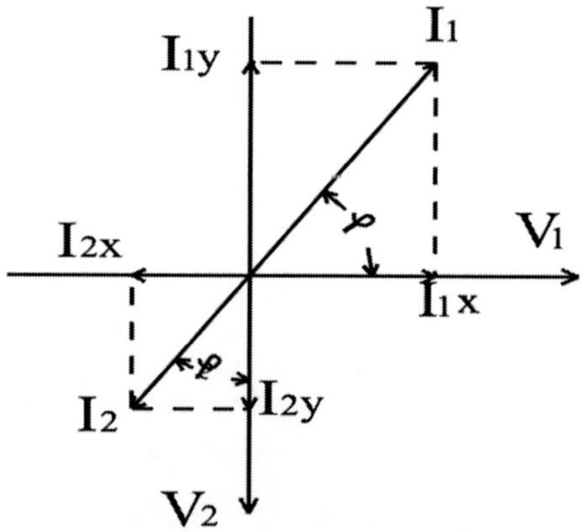

$I_{1X} = I_1 \cos \varphi_1 = 10.00 \times 0.60 = 6.00$ A

$I_{2X} = -\ I_2\ \text{sen}\ \varphi_2 = -\ 8.00 \times 0.60 = -\ 4.80$ A

$I_{1Y} = I_1 \text{ sen } \varphi_1 = 10.00 \times 0.80 = 8.00 \text{ A}$

$I_{2Y} = -I_2 \cos \varphi_2 = -8.00 \times 0.80 = -6.40 \text{ A}$

$I_{NX} = I_{1X} + I_{2X} = 6.00 - 4.80 = 1.20 \text{ A}$

$I_{NY} = I_{1Y} + I_{2Y} = 8.00 - 6.40 = 1.60 \text{ A}$

$I_N = \sqrt{1.20^2 + 1.60^2} = 2.00 \text{ A}$

Otra forma de calcular:

$$\mathbf{I_1} = \frac{200|0}{20|-53.13} = 10.00 \ |\underline{53.13^\circ}$$

$$\mathbf{I_2} = \frac{200|-90}{25|36.87} = 8.00 \ |\underline{-126.87}$$

$\mathbf{I_1} = 10.00 \times \cos 53.13 + 10.00 \times \text{sen } 53.13 \text{ j}$

$\mathbf{I_1} = 6.00 + 8.00 \text{ j}$

$\mathbf{I_2} = 8.00 \times \cos(-126.87) + 8.00 \times \text{sen } (-126.87) \text{ j}$

$\mathbf{I_2} = -4.80 - 6.40 \text{ j}$

$\mathbf{I_N} = \mathbf{I_1} + \mathbf{I_2} = 6.00 - 4.80 + (8.00 - 6.40) \text{ j} = 1.20 + 1.60 \text{ j}$

$$I_N = \sqrt{1.20^2 + 1.60^2} = 2.00 \text{ A}$$

Tres impedancias iguales, formadas por una resistencia de 30 Ω y una inductancia de 40 Ω, se acoplan en estrella a una línea trifásica de 230/400 V, 50 Hz.

Calcular:

a) Intensidades de corriente

b) Potencia consumida

c) Diagrama de tensiones e intensidades

d) Condensadores necesarios para corregir cos φ = 0.86

1.º Leer

2.º Datos:

U = 230 V

V = 400 V

$$Z \begin{cases} R = 30\,\Omega \\ X_L = 40\,\Omega \end{cases}$$

f = 50 Hz

3.º Unidades:

Todos los datos están en el mismo sistema.

4.º y 5.º Esquema:

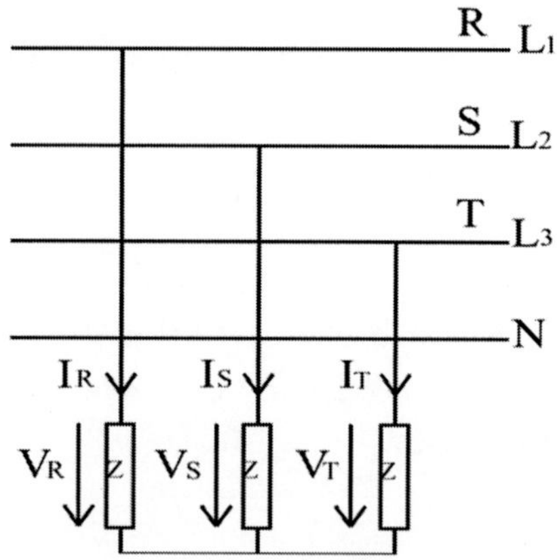

6.º Cálculo:

$\mathbf{Z} = 30 + 40\,j \quad |Z| = \sqrt{30^2 + 40^2} = 50\ \Omega$

$$\cos\varphi = \frac{30}{50} = 0.60 \qquad \operatorname{sen}\varphi = \frac{40}{50} = 0.80$$

$$\varphi = \text{arco}\cos 0.60 = 53.13^\circ \qquad \mathbf{Z} = 50\ |\underline{53.13^\circ}$$

$$\mathbf{V_R = 230\ |\underline{90^\circ}} \qquad \mathbf{I_R} = \frac{V_R}{Z} = \frac{230\ |90^\circ}{50\ |53.13^\circ} = 4.60\ |\underline{36.87^\circ}$$

$$\mathbf{V_S = 230\ |\underline{-30^\circ}}\ \mathbf{I_S} = \frac{V_S}{Z} = \frac{230\ |-30^\circ}{50\ |53.13^\circ} = 4.60\ |\underline{-83.13^\circ}$$

$$\mathbf{V_T = 230\ |\underline{-150^\circ}} \qquad \mathbf{I_T} = \frac{V_T}{Z} = \frac{230\ |-150^\circ}{50\ |53.13^\circ} = 4.60\ |\underline{-203.13^\circ}$$

Obsérvese que, al ser un circuito equilibrado, las corrientes son todas iguales, desfasadas 120°.

En forma binómica:

$\mathbf{I_R} = 4.60 \cos 36.87 + 4.60 \operatorname{sen} 36.87\ j = 3.68 + 2.76\ j$

$\mathbf{I_S} = 4.60 \cos (- 83.13) + 4.60 \operatorname{sen} (- 83.13)\ j = 0.55 - 4.57\ j$

$\mathbf{I_T} = 4.60 \cos (- 203.13 + 4.60 \operatorname{sen} (- 203.13\ j = - 4.23 + 1.81\ j$

$\sum \boldsymbol{I} = I_R + I_S + I_T = \ldots\ldots\ldots\ldots\ldots\ldots\ldots\ldots\ldots\ldots \quad 0 + 0\ j$

En los circuitos equilibrados $\sum \boldsymbol{I} = 0$

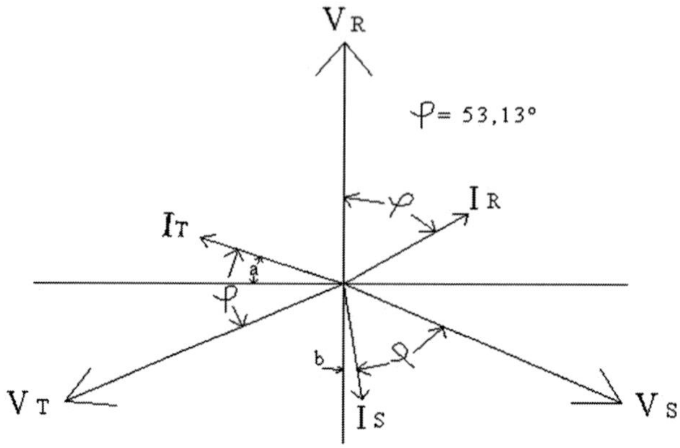

Otra forma de calcular las intensidades:

$|I_R| = |I_S| = |I_T| = \dfrac{|V_R|}{|Z|} = \dfrac{230}{50} = 4.6$ A

$a = \varphi - 30 = 53.13 - 30 = 23.13°$ $\quad b = 60 - 53.13 = 6.87°$

$I_{RX} = I_R \text{ sen } 53.13 = 3.68$ $\quad I_{RY} = I_R \cos 53.13 = 2.76$

$I_{SX} = I_S \text{ sen } 6.87 = 0.55$ $\quad I_{SY} = - I_S \cos 6.87 = - 4.57$

$I_{TX} = - I_T \cos 23.13 = - 4.23$ $\quad I_{TY} = I_T \text{ sen } 23.13 = 1.81$

$I_R = \sqrt{3.68^2 + 2.76^2} = 4.60$ A $\quad I_S = \sqrt{0.55^2 + 4.57^2} = 4.60$ A

$I_T = \sqrt{4.23^2 + 1.81^2} = 4.60$ A

Potencias:

$S = \sqrt{3}\, V\, I = \sqrt{3} \times 400 \times 4.60 =$ 3186.97 VA

$P = \sqrt{3}\, V\, I \cos \varphi = 3.186.97 \times 0.60 = 1912.18$ W

$Q = \sqrt{3}\, V\, I \text{ sen } \varphi = 3186.97 \times 0.8 = 2549.58$ Var

Tang φ = tang 53.13° = 1.33   tang φ' = tang arco cos 0.86 = 0.59

$$C = \frac{P(tang\ \varphi - \text{tang}\ \varphi')}{\omega \times V^2} = \frac{1912.18\ (1.33 - 0.59)}{2\ \pi\ 50 \times 400^2} = 28.165 \times 10^{-9}\ F$$

C_1 = 28.165/3 = 9.388 × 10^{-9} F

En un circuito trifásico de 400 V de tensión entre fases (tensión de línea) acoplamos en estrella tres impedancias iguales, compuestas cada una de ellas por una resistencia de 60 Ω y una capacidad de 39.81 μF.

Calcular las intensidades y la potencia total consumida.

1.° Leer

2.° Datos: V_{RS} = 400 V

$$Z \begin{cases} R = 60\Omega \\ C = 39.81\ \mu F \end{cases}$$

3.° Unidades: V_{RS} = 400 V

$$Z \begin{cases} R = 60\ \Omega \\ C = 39.81 \times 10^{-6}\ F \end{cases}$$

4.° y 5.° Esquema:

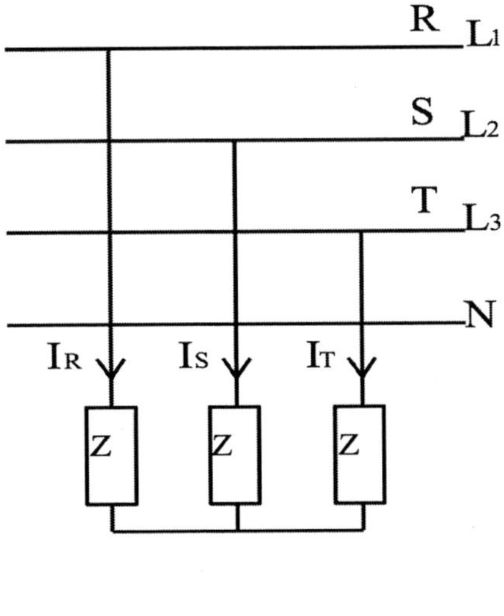

$\mathbf{Z} = 60 - \frac{1}{\omega C} j = 60 - \frac{1}{2\pi 50 \times 39.81 \times 10^{-6}} j = 60 - 80 j$

$|Z| = \sqrt{60^2 + 80^2} = 100\ \Omega$ $\cos\varphi = \frac{60}{100} = 0.60$ φ = arco cos 0.60 = - 53.13° $\mathbf{Z} = 100\ |\underline{-53.13^{\circ}}$

$V_{RS} = V_{ST} = V_{TR} = 400$ V

$V_R = V_S = V_T = \frac{400}{\sqrt{3}} = 230$ V

$V_R = 230\ |\underline{90^{\circ}}$ $V_S = 230\ |\underline{-30^{\circ}}$ $V_T = 230\ |\underline{-150}$

$I_R = \frac{V_R}{Z} = \frac{230|90^{\circ}}{100|-53.13} = 2.30\ |\underline{143.13^{\circ}}$

$I_R = 2.30 \cos 143.13^{\circ} + 2.30 \operatorname{sen} 143.13^{\circ} = -1.84 + 1.38 j$

$I_R = -1.84 + 1.38 j$

$I_S = \frac{V_S}{Z} = \frac{230|-30^{\circ}}{100|-53.13} = 2.30\ |\underline{23.13^{\circ}}$

$I_S\ 2.30 \cos 23.13 + 2.30 \operatorname{sen} 23.13^{\circ}$ $I_S = 2.12 + 0.90 j$

$I_T = \frac{V_T}{Z} = \frac{230|-150^{\circ}}{100|-53.13} = 2.30\ |\underline{-96.87^{\circ}}$

$I_T = 2.30 \cos(-96.87^{\circ}) + 2.30 \operatorname{sen}(-96.87^{\circ}) = -0.28 - 2.28 j$

$I_R = -1.84 + 1.38 j$

$I_S = 2.12 + 0.90 j$

$I_T = -0.28 - 2.28 j$

____

$\sum I = \ldots\ldots\ 0 + 0 j$

$P = \sqrt{3}\ V I \cos\varphi = \sqrt{3} \times 400 \times 2.30 \times 0.60 = 956.09$ W

Las impedancias del ejercicio anterior las acoplamos en triángulo al mismo circuito.

Calcular las intensidades y la potencia consumida.

1.º Leer

2.º **Datos:** $V_{RS} = 400$ V

$$Z\begin{cases} R = 60\Omega \\ C = 39.81\ \mu F \end{cases}$$

3.º **Unidades:** $V_{RS} = 400$ V

$$Z\begin{cases} R = 60\ \Omega \\ C = 39.81 \times 10^{-6}\ F \end{cases}$$

Z = 60 – 80 j cos φ = 0.60 φ = - 53.13º

Z = $100\ |\underline{-53.13^\circ}$

4.º y 5.º Esquema:

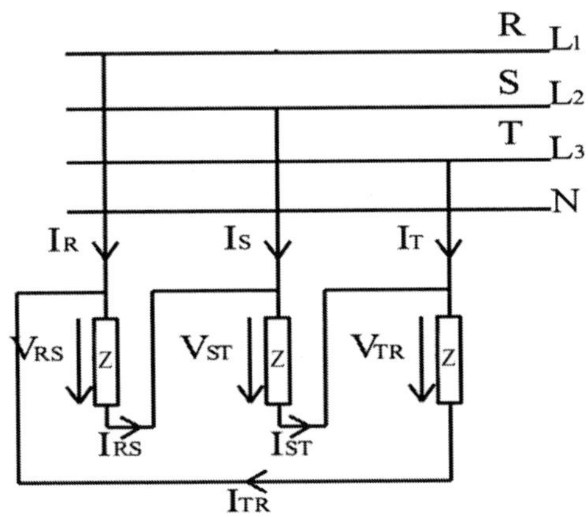

6.º Cálculos:

$\mathbf{V_{RS}} = 400\ |\underline{120^\circ}$ $\mathbf{V_{ST}} = 400\ |\underline{0^\circ}$ $\mathbf{V_{TR}} = 400\ |\underline{-120^\circ}$

$$I_{RS} = \frac{V_{RS}}{Z} = \frac{400\ |120^\circ}{100\ |-53.13^\circ} = 4.00\ |\underline{173.13^\circ}$$

$$I_{ST} = \frac{V_{ST}}{Z} = \frac{400\ |0^\circ}{100\ |-53.13^\circ} = 4.00\ |\underline{53.13^\circ}$$

$I_{TR} = \frac{V_{TR}}{Z} = \frac{400 |- 120º}{100 |- 53.13º} = 4.00 \ |\underline{- 66.87º}$

$\mathbf{I_{RS}} = 4.00 \times \cos 173.13 + 4.00 \text{ sen } 173.13 \text{ j} = -3.97 + 0.48 \text{ j}$

$\mathbf{I_{ST}} = 4.00 \times \cos 53.13 + 4.00 \text{ sen } 53.13 \text{ j} = 2.40 + 3.20 \text{ j}$

$\mathbf{I_{TR}} = 4.00 \times \cos (- 66.87) + 4.00 \text{ sen } (- 66.87) \text{ j} = 1.57 - 3.68 \text{ j}$

$\sum \boldsymbol{I}$ = ... $0 + 0 \text{ j}$

$\mathbf{I_R} + \mathbf{I_{TR}} = \mathbf{I_{RS}}$ $\quad \mathbf{I_R} = \mathbf{I_{RS}} - \mathbf{I_{TR}} = - 3.97 - 1.57 + (0.48 + 3.68) \text{ j}$

$\mathbf{I_R} = - 5.54 + 4.16 \text{ j}$ $\quad |I_R| = \sqrt{5.54^2 + 4.16^2} = 6.93 \text{ A}$

$\mathbf{I_S} + \mathbf{I_{RS}} = \mathbf{I_{ST}}$ $\quad \mathbf{I_S} = \mathbf{I_{ST}} - \mathbf{I_{RS}} = 2.40 + 3.97 + (3.20 - 0.48) \text{ j}$

$\mathbf{I_S} = 6.37 + 2.72 \text{ j}$ $\quad |I_S| = \sqrt{6.37^2 + 2.72^2} = 6.93 \text{ A}$

$\mathbf{I_T} + \mathbf{I_{ST}} = \mathbf{I_{TR}}$ $\quad \mathbf{I_T} = \mathbf{I_{TR}} - \mathbf{I_{ST}} = 1.57 - 2.40 + (- 3.68 - 3.20) \text{ j}$

$\mathbf{I_T} = - 0.83 - 6.88 \text{ j}$ $\quad |I_T| = \sqrt{0.83^2 + 6.88^2} = 6.93 \text{ A}$

$\mathbf{P} = 3 \text{ R } I^2 = 3 \times 60 \times 4^2 = 2.880 \text{ W}$

$\mathbf{P} = \sqrt{\mathbf{3}} \text{ V I } \cos \varphi = \sqrt{3} \times 400 \times 6.93 \times 0.60 = 2880 \text{ W}$

Tres impedancias iguales formadas por una resistencia de 60 Ω y una bobina de 80 Ω se conectan en estrella a una línea trifásica de 40 Ω de resistencia y 20 Ω de inductancia, de 230/400 V, 50 Hz.

Calcular:

Intensidades de línea

Tensión en bornes de la carga

Caída de tensión en la línea

1.º Leer

2.º Datos:

$R_C = 60\ \Omega$

$R_L = 40\ V$

$U = 230\ V$

$X_{LC} = 80\ \Omega$

$X_{LL} = 20\ \Omega$

$V = 400\ V$

Unidades:

Todos los datos están en el mismo sistema.

4.º y 5.º Esquema:

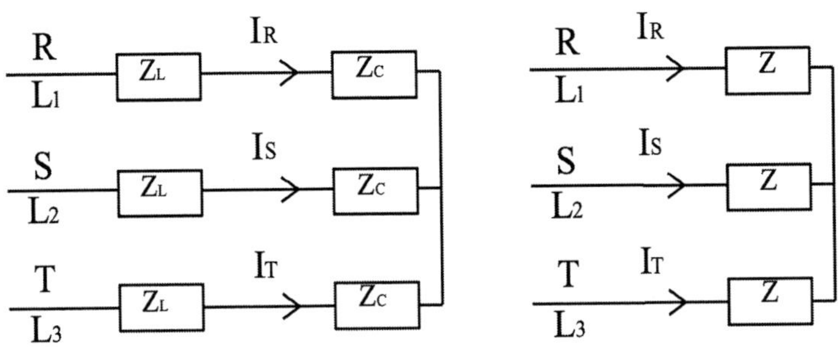

6.º Cálculos:

$\mathbf{Z_C} = 60 + 80\,j \quad |Z_C| = \sqrt{60^2 + 80^2} = 100\ \Omega \quad \cos \varphi_C = \frac{60}{100} = 0.60$

$\varphi_C = \text{arco cos } 0.60 = 53.13^\circ \quad \mathbf{Z_C} = 100\ |\underline{53.13^\circ}$

$\mathbf{Z_L}$ = 40 + 20 j $|Z_L| = \sqrt{40^2 + 20^2}$ = 44.72 Ω cos $\varphi_L = \dfrac{40}{44.72}$ = 0.89

φ_L = arco cos 0.89 = 26.56° $\mathbf{Z_L}$ = 44.72 |<u>26.56°</u>

$\mathbf{Z} = \mathbf{Z_C} + \mathbf{Z_L}$ = 60 + 80 j + 40 + 20 j = 100 + 100 j

$|Z| = \sqrt{100^2 + 100^2}$ = 141.42 Ω cos φ = $\dfrac{100}{141.42}$ = 0.707

φ = arco cos 0.707 = 45° **Z** = 141.42 |<u>45°</u>

V_R = 230 |<u>90°</u> V_S = 230 |<u>- 30°</u> V_T = 230 |<u>- 150°</u>

$\mathbf{I_R} = \dfrac{V_R}{Z} = \dfrac{230\,|90º}{141.42|45º}$ = 1.626 |<u> 45° </u>→ 1.15 + 1.15 j

$\mathbf{I_S} = \dfrac{V_S}{Z} = \dfrac{230\,|-30º}{141.42|45º}$ = 1.626 |<u> - 75° </u>→ 0.42 - 1.57 j

$\mathbf{I_T} = \dfrac{V_T}{Z} = \dfrac{230\,|-150º}{141.42|45º}$ = 1.626 |<u> - 195° </u>→ - 1.57 + 0.42 j

---

$\sum \boldsymbol{I}$ = ... 0 + 0 j

Tensión en bornes de la carga (Z_C) en cada fase:

R) $\mathbf{V_C} = \mathbf{Z_C}\,\mathbf{I_R}$ = 100 |<u>53.13° </u> 1.626 |<u> 45° </u>= 162.6 |<u>98.13°</u>

S) $\mathbf{V_C} = \mathbf{Z_C}\,\mathbf{I_S}$ = ... = 162.6 |<u>- 21.87°</u>

T) $\mathbf{V_C} = \mathbf{Z_C}\,\mathbf{I_T}$ = ... = 162.6 |<u>- 141.87°</u>

Tensión en bornes de la línea en cada fase (caídas de tensión):

R) $\mathbf{V_L} = \mathbf{Z_L}\,\mathbf{I_R} = 44.72\ |\underline{26.56^\circ} \times 1.626\ |\underline{45^\circ} = 72.715\ |\underline{71.56^\circ}$

S) $\mathbf{V_L} = \mathbf{Z_L}\,\mathbf{I_S} =$ .... $= 72.715\ |\underline{-48.44^\circ}$

T) $\mathbf{V_L} = \mathbf{Z_L}\,\mathbf{I_T} =$ .... $= 72.715\ |\underline{-168.44^\circ}$

Nota. En cada fase, la suma de las tensiones entre bornes de carga y de línea debe coincidir con la tensión de la fase. Para comprobarlo, pasamos a la forma binómica las tensiones calculadas anteriormente.

R) $\mathbf{V_C} = -23.00 + 160.97\,j$ $\mathbf{V_L} = 23.00 + 68.98\,j$

S) $\mathbf{V_C} = 150.90 - 60.57\,j$ $\mathbf{V_L} = 48.24 - 54.41\,j$

T) $\mathbf{V_C} = -127.90 - 100.40\,j$ $\mathbf{V_L} = -71.24 - 14.57\,j$

Suma de tensiones:

$\mathbf{V_C} = -23.00 + 150.90 - 127.90 + (160.97 - 60.57 - 100.40)\,j = 0 + 0\,j$

$\mathbf{V_L} = 23.00 + 48.24 - 71.24 + (68.98 - 54.41 - 14.57)\,j = 0 + 0\,j$

1.º La suma de las tres tensiones resultantes es cero (circuito equilibrado).

2.º Calculamos los módulos y ángulos de las tensiones resultantes y deben coincidir con las tensiones simples (V_R, V_S y V_T).

R) $\mathbf{V_C} + \mathbf{V_L} = -23.00 + 23.00 + (160.97 + 68.98)\,j = 0 + 229.95\,j$

$V_C + V_L \cong 0 + 230\,j$ $|V_C + V_L| = 230\ V$ $\boldsymbol{\varphi = 90^\circ}$ (V_R)

S) $\mathbf{V_C} + \mathbf{V_L} = 150.90 + 48.24 + (-60.57 - 54.41)\,j = 199.14 - 114.98\,j$ $|\mathbf{V_C} + \mathbf{V_L}| = \sqrt{199.14^2 + 114.98^2} = \mathbf{229.95\ V}$ $\cos\varphi = \frac{199.14}{229.95} =$

0.866 φ = arco cos 0.866 = - 30º | $\mathbf{V_C + V_L}$| $\cong$ **230 *V*** φ = - 30º ($\mathbf{V_S}$)

T) $\mathbf{V_C + V_L}$ = - 127.90 - 71.24 + (- 100.40 – 14.57) j = -199.14 – 114.97 j |$\mathbf{V_C + V_L}$| = $\sqrt{199.14^2 + 114.97^2}$ = **229.95 V** cos φ = $\frac{199.14}{229.95}$ = 0.866 φ = arco cos 0.866 = - 150º

| $\mathbf{V_C + V_L}$| $\cong$ **230 *V*** φ = - 150º ($\mathbf{V_T}$)

Nota. El ángulo negativo - 30 es debido a que la parte imaginaria es negativa (- 114.98) y el ángulo negativo - 150 es debido a que tanto la parte real como imaginaria son negativos (- 199.14 y - 114.97).

Tres impedancias iguales formadas por una resistencia de 40 Ω y una inductancia de 30 Ω se acoplan en estrella a una línea trifásica con tensión de línea de 400 V. Otras tres impedancias, también iguales, constituidas por una resistencia de 27 Ω y una capacitancia de 36 Ω se acoplan en triángulo.

Calcular los valores de las intensidades en cada una de las impedancias y en cada una de las fases (R, S, T), así como las potencias activas de las dos conexiones.

1.º Leer

2.º Datos:

R_1 = 40 Ω

R_2 = 27 Ω

V = 400 V

X_{L1} = 30 Ω

X_{C2} = 36 Ω

3.º Unidades:

Todos los datos están en el mismo sistema.

4.º y 5.º Esquema:

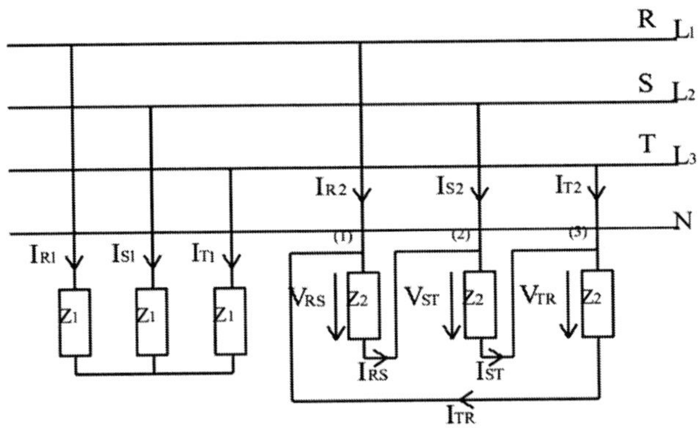

6.º Cálculo:

$$U = \frac{V}{\sqrt{3}} = \frac{400}{\sqrt{3}} = 230 \text{ V}$$

$\mathbf{Z_1} = 40 + 30\,j$ $\quad |\mathbf{Z_1}| = \sqrt{40^2 + 30^2} = 50.00\ \Omega$ $\quad \cos \varphi_1 = \frac{40}{50} = 0.80$

$\varphi_1 = \text{arco cos } 0.80 = 36.87^\circ$ $\quad \mathbf{Z_1} = 50\ |\underline{36.87^\circ}$

$\mathbf{Z_2} = 27 - 36\,j$ $\quad |\mathbf{Z_2}| = \sqrt{27^2 + 36^2} = 45.00\ \Omega$ $\quad \cos \varphi_2 = \frac{27}{45} = 0.60$

$\varphi_2 = \text{arco cos } 0.60 = -\,53.13^\circ$ $\quad \mathbf{Z_2} = 45\ |\underline{-\,53.13^\circ}$

$\mathbf{V_R} = 230\ |\underline{90^\circ}$ $\qquad \mathbf{V_{RS}} = 400\ |\underline{120^\circ}$

$\mathbf{V_S} = 230\ |\underline{-\,30^\circ}$ $\qquad \mathbf{V_{ST}} = 400\ |\underline{0^\circ}$

$\mathbf{V_T} = 230\ |\underline{-150^o}$ $\mathbf{V_{TS}} = 400\ |\underline{-120^o}$

$$\mathbf{I_{R1}} = \frac{V_R}{Z_1} = \frac{230|90^{\underline{o}}}{50|36.87^{\underline{o}}} = 4.60|\underline{53.13^o} \rightarrow 2.76 + 3.68\,j$$

$$\mathbf{I_{S1}} = \frac{V_S}{Z_1} = \frac{230|-30^{\underline{o}}}{50|36.87^{\underline{o}}} = 4.60|\underline{-66.87^o} \rightarrow 1.81 - 4.23\,j$$

$$\mathbf{I_{T1}} = \frac{V_T}{Z_1} = \frac{230|-150^{\underline{o}}}{50|36.87^{\underline{o}}} = 4.60|\underline{-186.87^o} \rightarrow -4.57 + 0.55\,j$$

$$\mathbf{I_{RS}} = \frac{V_{RS}}{Z_2} = \frac{400|120^{\underline{o}}}{45|-53.13^{\underline{o}}} = 8.89|\underline{173.13^o} \rightarrow -8.83 + 1.06\,j$$

$$\mathbf{I_{ST}} = \frac{V_{ST}}{Z_2} = \frac{400|0^{\underline{o}}}{45|-53.13^{\underline{o}}} = 8.89|\underline{53.13^o} \rightarrow 5.34 + 7.12\,j$$

$$\mathbf{I_{TR}} = \frac{V_{TR}}{Z_2} = \frac{400|-120^{\underline{o}}}{45|-53.13^{\underline{o}}} = 8.89|\underline{-66.87^o} \rightarrow 3.49 - 8.18\,j$$

Aplicando Kirchhoff a los nudos 1, 2 y 3, resulta:

Nudo 1 $I_{R2} + I_{TR} = I_{RS}$ $I_{R2} = I_{RS} - I_{TR} = -8.83 + 1.06\,j - (3.49 - 8.18\,j)$

$I_{R2} = -12.32 + 9.24\,j$

Nudo 2 $I_{S2} + I_{RS} = I_{ST}$ $I_{S2} = I_{ST} - I_{RS} = 5.34 + 7.12\,j - (-8.83 + 1.06\,j)$

$I_{S2} = 14.17 + 6.06\,j$

Nudo 3 $I_{T2} + I_{ST} = I_{TR}$ $I_{T2} = I_{TR} - I_{ST} = 3.49 - 8.18\,j - (5.34 + 7.12\,j)$

$I_{T2} = -1.85 - 15.30\,j$

Otra forma de realizar el cálculo:

Las intensidades en las impedancias en estrella son las mismas que las de la línea.

En el acoplamiento en triángulo, las intensidades de línea van retrasadas 30° respecto a las de fase, y su módulo es $\sqrt{3}$ veces mayor; por tanto:

$I_{R2} = I_{RS}\sqrt{3}\ |\underline{173.13^\circ - 30^\circ} = 8.89 \times \sqrt{3}\ |\underline{143.13^\circ} \rightarrow -12.32 + 9.24\,j$

$I_{S2} = I_{ST}\sqrt{3}\ |\underline{53.13^\circ - 30^\circ} = 8.89 \times \sqrt{3}\ |\underline{23.13^\circ} \rightarrow 14.17 + 6.06\,j$

$I_{T2} = I_{TR}\sqrt{3}\ |\underline{-66.87^\circ - 30^\circ} = 8.89 \times \sqrt{3}\ |\underline{-96.87^\circ} \rightarrow -1.85 - 15.30\,j$

En el ejercicio anterior, la línea está constituida por una resistencia de 12 Ω y una inductancia de 16 Ω.

Calcular:

Intensidades en las impedancias y en la línea

Tensión en bornes de la carga

Caída de tensión en la línea

1.º Leer

2.º Datos:

$R_1 = 40\ \Omega$

$R_2 = 27\ \Omega$

$R_3 = 12\ \Omega$

$X_{L1} = 30\ \Omega$

$X_{C2} = 36\ \Omega$

$X_{L3} = 16\ \Omega$

$V = 400\ V$

3.º Unidades:

Todos los datos están en el mismo sistema.

4.º y 5.º Esquema:

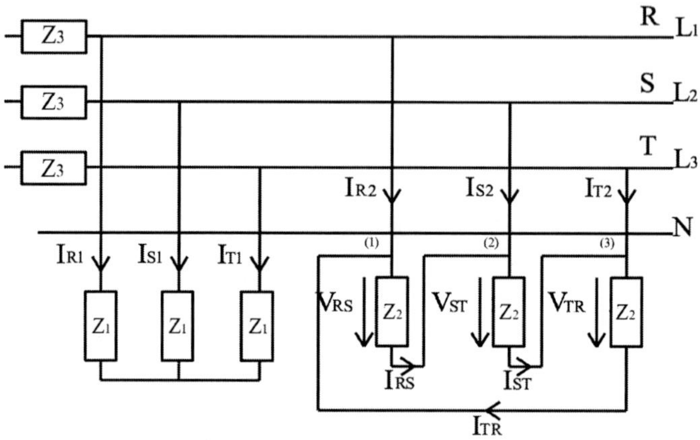

$\mathbf{Z_1}$ = 50 |$\underline{36.87^{o}}$ $\mathbf{Z_2}$ = 45 |$\underline{-\ 53.13^{o}}$ $\mathbf{Z_3}$ = 12 + 16 j

$|\mathbf{Z_3}| = \sqrt{12^2 + 16^2} = 20\ \Omega$ $\cos\varphi_3 = \frac{12}{20} = 0.60$ $\varphi_3 = 53.13^{o}$

$\mathbf{Z_3}$ = 20 |$\underline{53.13^{o}}$

Transformamos triángulo en estrella:

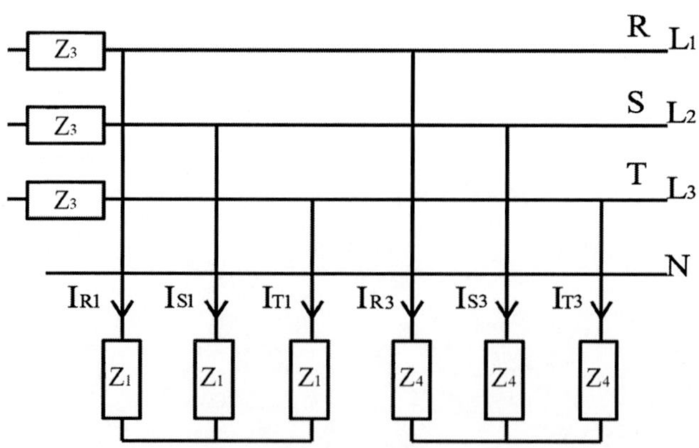

$$\mathbf{Z_4} = \frac{Z_2 \times Z_2}{Z_2 + Z_2 + Z_2} = \frac{Z_2}{3} = \frac{45|-53.13}{3} = 15\ |\underline{-\ 53.13}$$

Las impedancias Z_1 y Z_4 están en paralelo dos a dos:

$$\mathbf{Z_5} = \frac{Z_1 \times Z_4}{Z_1 + Z_4} = \frac{50|36.87 \times 15|-53.13}{40+30\,j+9-12j} = \frac{750|-16.26^{\circ}}{49+18\,j} = \frac{750|-16.26^{\circ}}{52.20\,|20.17^{\circ}} =$$

$= 14.37\ |\underline{-36.43^{\circ}} \rightarrow 11.56 - 8.53\ j$

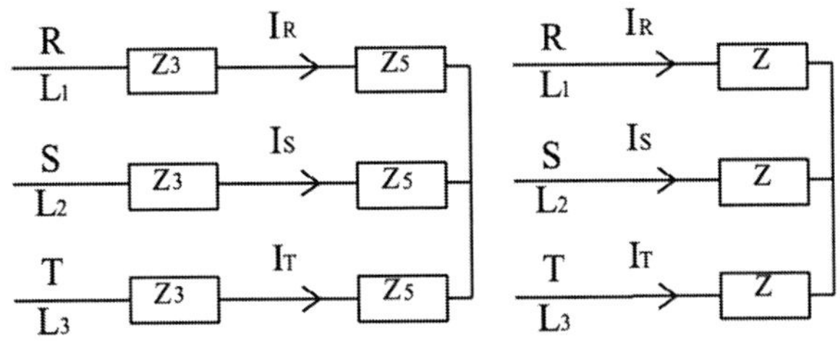

$\mathbf{Z} = \mathbf{Z_3} + \mathbf{Z_5} = 12 + 16\ j + 11.56 - 8.53\ j = 23.56 + 7.47\ j$

$|\mathbf{Z}| = \sqrt{23.56^2 + 7.47^2} = 24.72\ \Omega$ tang $\varphi = \dfrac{7.47}{23.56} = 0.317$

φ = arco tang $0.317 = 17.59^{\circ}$ $\quad \mathbf{Z} = 24.72\ |\underline{17.59^{\circ}}$

Intensidades en la línea:

$\mathbf{I_R} = \dfrac{V_R}{Z} = \dfrac{230\ |90^{\circ}}{24.72\ |17.59^{\circ}} = 9.30\ |\underline{72.41^{\circ}} \rightarrow\ \ 2.81 + 8.87\ j$

$\mathbf{I_S} = \dfrac{V_S}{Z} =$ .... $9.30\ |\underline{-47.59^{\circ}} \rightarrow\ \ 6.27 - 6.87\ j$

$\mathbf{I_T} = \dfrac{V_T}{Z} =$ .... $9.30\ |\underline{-167.59^{\circ}} \rightarrow -9.08 - 2.00\ j$

Tensión en bornes de carga:

$\mathbf{V_{RC}} = Z_5\ I_R = 14.37|\underline{-36.43^{\circ}} \times 9.30\ |\underline{72.41^{\circ}} = 133.41|\underline{35.98^{\circ}}$

$\mathbf{V_{SC}} = Z_5\ I_S =$ ....$= 133.41|\underline{-84.02^{\circ}}$

$\mathbf{V_{TC}} = Z_5\ I_T =$ .... $= 133.41|\underline{-204.02^{\circ}}$

Caída de tensión en la línea:

$\mathbf{V_{RL}} = Z_3\, I_R = 20.00|\underline{53.13^{\circ}} \times 9.30\ |\underline{72.41^{\circ}} = 186.00|\underline{125.54^{\circ}}$

$\mathbf{V_{SL}} = Z_3\, I_S =$ .... $= 186.00|\underline{5.54^{\circ}}$

$\mathbf{V_{TL}} = Z_3\, I_T =$ .... $= 186.00|\underline{-\ 114.46^{\circ}}$

Pasando a la forma binómica, resulta:

$\mathbf{V_{RC}} = 107.96 + 78.38\, j$

$\mathbf{V_{RL}} = -108.12 + 151.35\, j$

$\mathbf{V_{SC}} = 13.90 - 132.68\, j$

$\mathbf{V_{SL}} = 185.13 + 17.96\, j$

$\mathbf{V_{TC}} = -12\ 186 + 54.30\, j$

$\mathbf{V_{TL}} = -\ 77.01 - 169.31\, j$

Si queremos calcular la tensión de línea en bornes de la carga, recordamos que su módulo es $\sqrt{3}$ veces mayor que el módulo de la tensión de fase, y su ángulo está retrasado 30º.

Tensión de línea en bornes de la carga:

$\mathbf{V_{RS}} = 133.41\ \sqrt{3}|\underline{35.98^{\circ} - 30^{\circ}} = 231.07\ |\underline{5.98^{\circ}}$

$\mathbf{V_{ST}} =$ .... $= 231.07\ |\underline{-\ 114.02^{\circ}}$

$\mathbf{v_{TR}} =$ .... $= 231.07\ |\underline{-\ 234.02^{\circ}}$

Como comprobación, la suma de la tensión en bornes de la carga más la caída de tensión en la línea debe dar la tensión total (V_R, V_S y V_T):

$V_R = V_{RC} + V_{RL}$ $V_S = V_{SC} + V_{SL}$ $V_T = V_{TC} + V_{TL}$

$V_{RC} = 107.96 + 78.38\,j$

$V_{RL} = -108.12 + 151.35\,j$

$V_{RC} + V_{RL} = -0.16 + 229.73\,j \cong 230|\underline{90^o}\ (V_R)$

$V_{SC} = 13.90 - 132.68\,j$

$V_{SL} = 185.13 + 17.96\,j$

$V_{SC} + V_{SL} = 199.03 - 114.72\,j \cong 230\,|\underline{-30^o}\quad (V_S)$

$V_{TC} = -12186 + 54.30\,j$

$V_{TL} = -77.01 - 169.31\,j$

$V_{TC} + V_{TL} = -198.87 - 115.01\,j \cong 230|\underline{-150^o}\,(V_T)$

Intensidades en cada una de las impedancias de carga:

$$I_{R1} = \frac{V_{RC}}{Z_1} = \frac{133.41|35.98^{\underline{o}}}{50\,|36.87^{\underline{o}}} = 2.67|\underline{-0.89^o} \rightarrow \quad 2.67 - 0.04\,j$$

$$I_{S1} = \frac{V_{SC}}{Z_1} = \ldots\ldots\ldots\ldots\ldots\ldots\ldots\ldots\ 2.67|\underline{-120.89^o} \rightarrow -1.37 - 2.29\,j$$

$$I_{T1} = \frac{V_{TC}}{Z_1} = \ldots\ldots\ldots\ldots\ldots\ldots\ldots\ldots\ 2.67|\underline{-240.89^o} \rightarrow -1.30 + 2.33\,j$$

$$I_{R3} = \frac{V_{RC}}{Z_4} = \frac{133.41|35.98^{\underline{o}}}{15\,|-53.13^{\underline{o}}} = 8.89|\underline{89.11^o} \rightarrow \quad 0.14 + 8.89\,j$$

$$I_{S3} = \frac{V_{SC}}{Z_4} = \ldots\ldots\ldots\ldots\ldots\ldots\ 8.89|\underline{-30.89^o} \rightarrow\ 7.63 - 4.56\,j$$

$$I_{T3} = \frac{V_{TC}}{Z_4} = \ldots\ldots\ldots\ldots\ldots\ldots\ 8.89|\underline{-150.89^o} \rightarrow -7.77 - 4.33\,j$$

Para calcular I_{R2}, I_{S2} e I_{T2} podemos hacerlo de dos formas:

1. Aplicando Kirchhoff en los nudos o multiplicando el módulo de la intensidad de fase por $\sqrt{3}$ y restando 30° al ángulo:

$$I_{RS} = \frac{V_{RC}}{Z_2} = = \frac{133.41|35.98^{\circ}}{45|-53.13^{\circ}} = 2.96|\underline{89.11^{\circ}}$$

$$I_{ST} = \frac{V_{SC}}{Z_2} = = \frac{133.41|-84.02^{\circ}}{45|-53.13^{\circ}} = 2.96|\underline{-30.89^{\circ}}$$

$$I_{TR} = \frac{V_{TC}}{Z_2} = = \frac{133.41|-204.02^{\circ}}{45|-53.13^{\circ}} = 2.96|\underline{-150.89^{\circ}}$$

$I_{R2} = 2.96\sqrt{3}\ |\underline{59.11^{\circ}} \rightarrow\ 2.63 + 4.40\,j$

$I_{S2} = 2.96\sqrt{3}\ |\underline{-60.89^{\circ}} \rightarrow\ 2.49 - 4.48\,j$

$I_{T2} = 2.96\sqrt{3}\ |\underline{-180.89^{\circ}} \rightarrow -5.12 + 0.08\,j$

$I_{R3} + I_{R1} = I_R$ $\qquad$ $I_{S3} + I_{S1} = I_S$ $\qquad$ $I_{T3} + I_{T1} = I_T$

Nota. La pequeña diferencia es debido a los decimales.

Tres impedancias Z_1, Z_2 y Z_3 se acoplan en triángulo a una línea trifásica 230/400 V, 50 Hz (según la figura).

Calcular las intensidades de línea, sabiendo que las impedancias están constituidas por los siguientes elementos:

$$Z_1 \begin{cases} R = 18\,\Omega \\ X_L = 24\,\Omega \end{cases} \quad Z_2 \begin{cases} R = 40\,\Omega \\ X_C = 30\,\Omega \end{cases} \quad Z_3 \begin{cases} R = 20\,\Omega \\ X_L = 20\,\Omega \end{cases}$$

1.º Leer

2.º Datos:

V = 230/400 V 50 Hz

3.º Unidades:

Todos los datos están en el mismo sistema.

4.º y 5.º Esquemas:

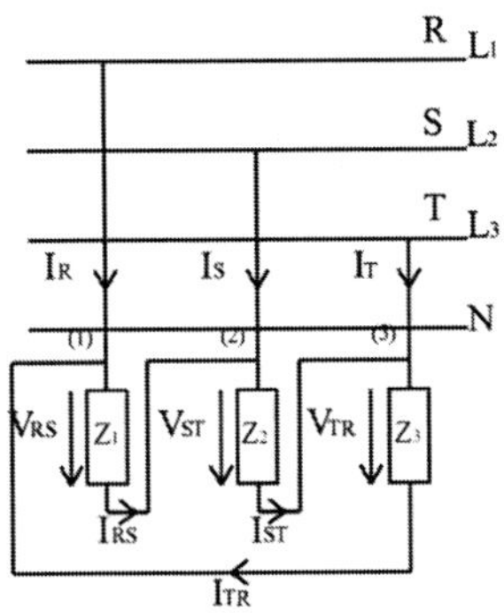

6.º Cálculos:

$\mathbf{Z_1}$ = 18 + 24 j $|Z_1| = \sqrt{18^2 + 24^2}$ = 30 Ω cos $\varphi_1 = \frac{18}{30}$ = 0.60

φ_1 = arco cos 0.60 = 53.13° $\mathbf{Z_1}$ = 30|53.13°

$\mathbf{Z_2}$ = 40 - 30 j $|Z_2| = \sqrt{40^2 + 30^2}$ = 50 Ω cos $\varphi_1 = \frac{40}{50}$ = 0.80

φ_1 = arco cos 0.80 = - 36.87° $\mathbf{Z_2}$ = 50|- 36.87°

$\mathbf{Z_3}$ = 20 + 20 j $|Z_3| = \sqrt{20^2 + 20^2}$ = 28.28 Ω tang $\varphi_3 = \frac{20}{20}$ = 1.00

φ_3 = arco tang 1.00 = 45° $\mathbf{Z_3}$ = 28.28|45°

$$I_{RS} = \frac{V_{RS}}{Z_1} = \frac{400|120^{\circ}}{30|53.13^{\circ}} = 13.33|\underline{66.87^{\circ}} \rightarrow 5.24 + 12.26\,j$$

$$I_{ST} = \frac{V_{ST}}{Z_2} = \frac{400|0^{\circ}}{50|-36.87^{\circ}} = 8.00|\underline{36.87^{\circ}} \rightarrow 6.40 + 4.80\,j$$

$$I_{TR} = \frac{V_{TR}}{Z_3} = \frac{400|-120^{\circ}}{28.28|45.00^{\circ}} = 14.14|\underline{-165^{\circ}} \rightarrow -13.66 - 3.66\,j$$

Intensidades en la línea:

Nudo 1:

$\mathbf{I_R} = \mathbf{I_{RS}} - \mathbf{I_{TR}} = 5.24 + 12.26\,j - (-13.66 - 3.66\,j) = 18.90 + 15.92\,j$

Nudo 2:

$\mathbf{I_S} = \mathbf{I_{ST}} - \mathbf{I_{SR}} = 6.40 + 4.80\,j - (5.24 + 12.26\,j) = 1.16 - 7.46\,j$

Nudo 3:

$\mathbf{I_T} = \mathbf{I_{TR}} - \mathbf{I_{ST}} = -13.66 - 3.66\,j - (6.40 + 4.80\,j) = -20.06 - 8.46\,j$

Las tres impedancias del ejercicio anterior se acoplan en estrella con neutro, como indica la figura.

Calcular las intensidades de línea y neutro.

1.º Leer

2.º Datos:

Ver ejercicio anterior.

3.º Unidades:

Ver ejercicio anterior.

4.º y 5.º Esquema:

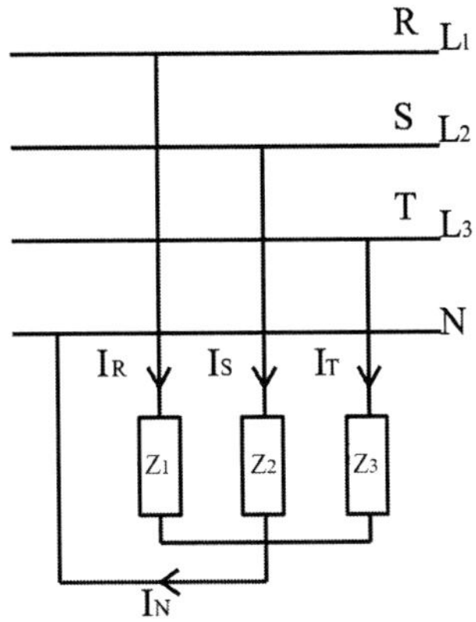

6.º Cálculo:

$$\mathbf{I_R} = \frac{V_R}{Z_1} = \frac{230|90^{\circ}}{30|53.13^{\circ}} = 7.67\ |\underline{36.87} \rightarrow 6.14 + 4.60\ j$$

$$\mathbf{I_S} = \frac{V_S}{Z_2} = \frac{230|-30^{\circ}}{50|-36.87^{\circ}} = 4.60\ |\underline{6.87} \rightarrow 4.57 + 0.55\ j$$

$$\mathbf{I_T} = \frac{V_T}{Z_3} = \frac{230|-150^{\circ}}{28.28|45^{\circ}} = 8.13\ |\underline{-195^{\circ}} \rightarrow -7.85 + 2.10\ j$$

$$\mathbf{I_N} = \mathbf{I_R} + \mathbf{I_S} + \mathbf{I_T} = 6.14 + 4.60\ j + (4.57 + 0.55\ j) + (-7.85 + 2.10\ j)$$

$$\mathbf{I_N} = 2.86 + 7.25\ j$$

Las tres impedancias del ejercicio anterior se acoplan en estrella sin neutro, como indica la figura.

Calcular las intensidades de línea.

1.º leer

2º Datos:

Ver ejercicio anterior

3.º Unidades:

Ver ejercicio anterior

4.º y 5.º Esquema:

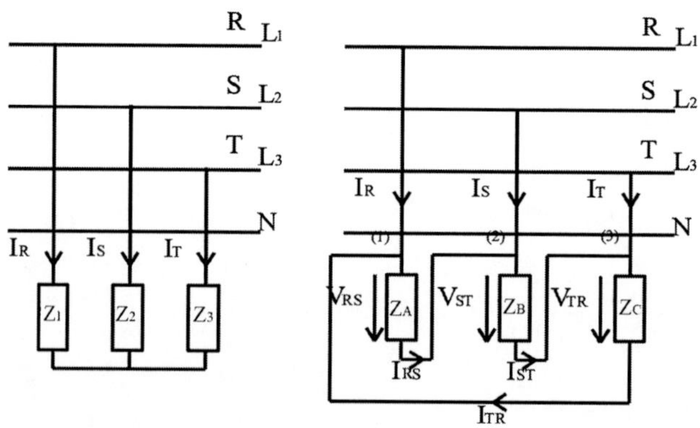

6.º Cálculos:

A) Transformando la estrella en triángulo:

$$Z_A = \frac{Z_1 \times Z_2 + Z_1 \times Z_3 + Z_2 \times Z_3}{Z_3}$$

$\mathbf{Z_1} \times \mathbf{Z_2}$ = $30|\underline{53.13^\circ} \times 50|\underline{-36.87^\circ} = 1500|\underline{16.26^\circ} \rightarrow 1440 + 420\,j$

$\mathbf{Z_1} \times \mathbf{Z_3}$ = $30|\underline{53.13^\circ} \times 28.28|\underline{45^\circ} = 848.40|\underline{98.13^\circ} \rightarrow$

$\rightarrow - 119.98 + 839.87\,j$

$\mathbf{Z_2} \times \mathbf{Z_3}$ = $50|\underline{-36.87^\circ} \times 28.28|\underline{45^\circ} = 1414|\underline{8.13^\circ} \rightarrow$

$\rightarrow 1399.79 + 199.97\,j$

$\sum ZZ = \ldots\ldots\ldots\ldots\ldots\ldots\ldots\ldots\ldots\ldots\ldots\ 2719.81 + 1459.84\,j$

$\sum ZZ = 3086.83|\underline{28.22^\circ}$

$\mathbf{Z_A} = \dfrac{3086.83|28.22^\circ}{28.28|45^\circ} = 109.15|\underline{-16.78^\circ}$

$\mathbf{Z_B} = \dfrac{\sum ZZ}{Z_1} = \dfrac{3086.83|28.22^\circ}{30|53.13^\circ} = 102.89|\underline{-24.91^\circ}$

$\mathbf{Z_C} = \dfrac{\sum ZZ}{Z_2} = \dfrac{3086.83|28.22^\circ}{50|-36.87^\circ} = 61.74|\underline{65.09^\circ}$

$\mathbf{I_{RS}} = \dfrac{V_{RS}}{Z_A} = \dfrac{400|120^\circ}{109.15|-16.78^\circ} = 3.66|\underline{136.87^\circ} \rightarrow - 2.67 + 2.50\,j$

$\mathbf{I_{ST}} = \dfrac{V_{ST}}{Z_B} = \dfrac{400|0^\circ}{102.89|-24.91^\circ} = 3.89|\underline{24.91^\circ} \rightarrow 3.53 + 1.64\,j$

$\mathbf{I_{TR}} = \dfrac{V_{TR}}{Z_C} = \dfrac{400|-120^\circ}{61.74|65.09^\circ} = 6.48|\underline{-185.69^\circ} \rightarrow - 6.45 + 0.64\,j$

$\mathbf{I_R} = \mathbf{I_{RS}} - \mathbf{I_{TR}} = - 2.67 + 2.50\,j - (-6.45 + 0.64\,j) = 3.78 + 1.86\,j$

$\mathbf{I_S} = \mathbf{I_{ST}} - \mathbf{I_{RS}} = 3.53 + 1.64\,j - (- 2.67 + 2.50\,j) = 6.20 - 0.86\,j$

$\mathbf{I_T} = \mathbf{I_{TR}} - \mathbf{I_{ST}} = - 6.45 + 0.64\,j - (3.53 + 1.64\,j) = - 9.98 - 1.00\,j$

B) Aplicando mallas:

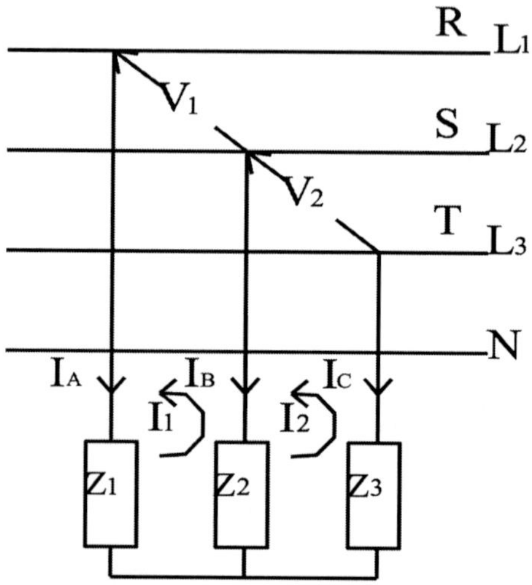

$\mathbf{Z_1}$ = 18 + 24 j → 30|$\underline{53.13^o}$

$\mathbf{Z_2}$ = 40 – 30 j → 50|$\underline{-36.87^o}$

$\mathbf{Z_3}$ = 20 + 20 j → 28.28|$\underline{45^o}$

$\mathbf{V_1 = I_1 (Z_1 + Z_2) - I_2 Z_2}$

$\mathbf{V_2 = - I_1 Z_2 + I_2 (Z_2 + Z_3)}$

Siendo $Z_{11} = Z_1 + Z_2$ y $Z_{22} = Z_2 + Z_3$

$\mathbf{Z_{11}}$ = 18 + 24 j + 40 – 30 j = 58 – 6 j → 58.31|- $\underline{5.91^o}$

$\mathbf{Z_{22}}$ = 40 – 30 j + 20 + 20 j = 60 – 10 j → 60.83|- $\underline{9.46^o}$

$\mathbf{V_1 = I_1 Z_{11} - I_2 Z_2}$

$\mathbf{V_2 = - I_1 Z_2 + I_2 Z_{22}}$

$$\mathbf{I_1} = \frac{\begin{vmatrix} V_1 & -Z_2 \\ V_2 & Z_{22} \end{vmatrix}}{\begin{vmatrix} Z_{11} & -Z_2 \\ -Z_2 & Z_{22} \end{vmatrix}} = \frac{\mathbf{V_1 \times Z_{22} + V_2 \times Z_2}}{\mathbf{Z_{11} \times Z_{22} - Z_2 \times Z_2}}$$

$\mathbf{V_1 \times Z_{22}} = 400|\underline{120^o} \times 60.83|\underline{-946^o} = 24\,332|\underline{110.54^o} \rightarrow$

$\rightarrow -8537 + 22785\,j$

$\mathbf{V_2 \times Z_2} = 400|\underline{0^o} \times 50|\underline{-36.87^o} = 20\,000|\underline{-36.87^o} \rightarrow$

$\rightarrow 16\,000 - 12\,000\,j$

$\Sigma = \ldots\ldots\ldots\ldots\ldots\ldots\ldots\ldots\ldots\ldots\ldots\ldots\ldots\ldots 7463 + 10\,785\,j$

$\mathbf{Z_{11} \times Z_{22}} = 58.31|\underline{-5.91} \times 60.83|\underline{-9.46^o} = 3547|\underline{-15.37^o} \rightarrow$

$\rightarrow 3420 - 940\,j$

$\mathbf{Z_2 \times Z_2} = 50|\underline{-36.87^o} \times 50|\underline{-36.87^o} = 2500|\underline{-73.74^o} \rightarrow$

$\rightarrow 700 - 2400\,j$

Resta .... $2720 + 1460\,j$

$7463 + 10\,785\,j \rightarrow 13\,115|\underline{55.32^o}$

$2720 + 1460\,j \rightarrow 3087|\underline{28.23^o}$

$$\mathbf{I_1} = \frac{13\,115|55.32}{3087|28.23^o} = 4.25\,|\underline{27.09^o} \rightarrow 3.78 + 1.94\,j$$

$$I_2 = \frac{\begin{vmatrix} Z_{11} & V_1 \\ -Z_2 & V_2 \end{vmatrix}}{\begin{vmatrix} Z_{11} & -Z_2 \\ -Z_2 & Z_{22} \end{vmatrix}} = \frac{Z_{11} \times V_2 + V_1 \times Z_2}{Z_{11} \times Z_{22} - Z_2 \times Z_2} = \frac{Z_{11} \times V_2 + V_1 \times Z_2}{Z_{11} \times Z_{22} - Z_2 \times Z_2}$$

$\mathbf{Z_{11}} \times \mathbf{V_2} = 58.31|\underline{-5.91} \times 400|\underline{0^\circ} = 23\,324|\underline{-5.91^\circ} \rightarrow$

$\rightarrow 23200 - 2402\,j$

$\mathbf{V_1} \times \mathbf{Z_2} = 400\,|\underline{120^\circ} \times 50|\underline{-36.87^\circ} = 20\,000|\underline{83.13^\circ} \rightarrow$

$\rightarrow 2392 + 19\,856\,j$

$\Sigma =$ .... $25\,592 + 17\,454\,j$

$25\,592 + 17\,454\,j \rightarrow 30\,977|\underline{34.29^\circ}$

$$\mathbf{I_2} = \frac{30\,977|34.29^\circ}{3087|28.23^\circ} = 10.03\,|\underline{6.06^\circ} \rightarrow 9.97 + 1.06\,j$$

$\mathbf{I_A} = \mathbf{I_1} = 3.78 + 1.94\,j$

$\mathbf{I_B} = \mathbf{I_2} - \mathbf{I_1} = 9.97 + 1.06\,j - (3.78 + 1.94\,j) = 6.19 - 0.88\,j$

$\mathbf{I_C} = -\mathbf{I_2} = -9.97 - 1.06\,j$

C) Aplicando Millman

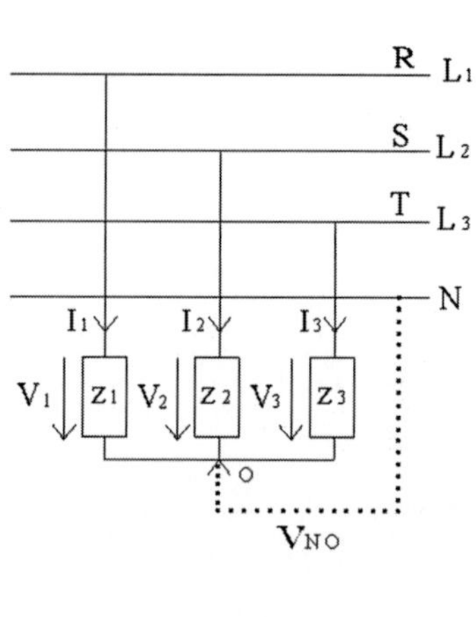

$\mathbf{Z_1} = 18 + 24\,j$ $\mathbf{Z_2} = 40 - 30\,j$ $\mathbf{Z_3} = 20 + 20\,j$

$\mathbf{Z_1} = 30|\underline{53.13^\circ}$ $\mathbf{Z_2} = 50|\underline{-36.87^\circ}$ $\mathbf{Z_3} = 28.28|\underline{45^\circ}$

$\mathbf{V_R} + \mathbf{V_{NO}} - \mathbf{V_1} = 0 \quad \mathbf{V_1} = \mathbf{V_R} + \mathbf{V_{NO}}$

$$\mathbf{V_{NO}} = -\frac{\mathbf{V_R \times Y_1 + V_S \times Y_2 + V_T \times Y_3}}{\mathbf{Y_1 + Y_2 + Y_3}}$$

$$\mathbf{Y_1} = \frac{1}{30}\,|\underline{-\,53.13^\circ} = 0.02 - 0.027\,j$$

$$\mathbf{Y_2} = \frac{1}{50}\,|\underline{36.87^\circ} = 0.016 + 0.012\,j$$

$$\mathbf{Y_3} = \frac{1}{28.28}\,|\underline{-\,45^\circ} = 0.025 - 0.025\,j$$

$$\mathbf{Y_1 + Y_2 + Y_3} = 0.061 - 0.04\,j \rightarrow = 0.073|\underline{-\,33.25^\circ}$$

$$\mathbf{V_R Y_1} = 230|\underline{90^\circ}\ \ 0.03333\ |\underline{-\,53.13^\circ} = 7.67\ |\underline{36.87^\circ} \rightarrow 6.14 + 4.60\,j$$

$$\mathbf{V_S Y_2} = 230|\underline{-\,30^\circ}\ \ 0.02\ |\underline{36.87^\circ} = 4.60\ |\underline{6.87^\circ} \rightarrow \quad 4.57 + 0.55\,j$$

$$\mathbf{V_T Y_3} = 230|\underline{-\,150^\circ}\ \ 0.0354\ |\underline{-\,45^\circ} = 8.142\ |\underline{-\,195^\circ} \rightarrow -\,7.86 + 2.107\,j$$

$$\mathbf{V_R Y_1 + V_S Y_2 + V_T Y_3} = \ldots\ldots\ldots\ldots\ldots\ldots\ldots\ldots\ldots\ldots \quad 2.85 + 7.257\,j$$

$$\mathbf{V_R Y_1 + V_S Y_2 + V_T Y_3} = 7.80\ |\underline{68.56^\circ}$$

$$\mathbf{V_{NO}} = -\frac{7.80|68.56^\circ}{0.073|-33.25^\circ} - [106.85|\underline{101.81^\circ}\,] = 21.87 - 104.59\,j$$

$$\mathbf{V_1 = V_R + V_{NO}} = 0 + 230\,j + 21.87 - 104.59\,j = 21.87 + 125.41\,j$$

$$\mathbf{V_2 = V_S + V_{NO}} = 199.19 - 115.00\,j + 21.87 - 104.59\,j =$$

$$= 221.06 - 219.59\,j$$

$$\mathbf{V_3 = V_T + V_{NO}} = -\,199.19 - 115.00\,j + 21.87 - 104.59\,j =$$

$$= -\,177.32 - 219.59\,j$$

$$\mathbf{V_1} = 127.30|\underline{80.11^\circ}\quad \mathbf{V_2} = 311.59|\underline{-\,44.81^\circ} \qquad \mathbf{V_3} = 282.24|\underline{231.08^\circ}$$

$$\mathbf{I_1} = \frac{V_1}{Z_1} = \frac{127.30|80.11^\circ}{30|53.13^\circ} = 4.24|\underline{26.98^\circ} \rightarrow 3.78 + 1.92\,j$$

$$I_2 = \frac{V_2}{Z_2} = \frac{311.59|-44.81^{\circ}}{50|-36.87^{\circ}} = 6.23|\underline{-7.94^{\circ}} \rightarrow 6.17 - 0.86\,j$$

$$I_3 = \frac{V_3}{Z_3} = \frac{282.24|231.08^{\circ}}{28.28|45^{\circ}} = 9.98|\underline{186.08^{\circ}} \rightarrow -9.92 - 1.06\,j$$

Nota. Las pequeñas diferencias que puedan existir se deben a los decimales, tanto en cantidades como en ángulos.

En un circuito trifásico de 400 V de tensión entre fases (tensión de línea) acoplamos un conjunto de impedancias como indica la figura, cuyos componentes figuran en los datos.

Calcular las intensidades.

1.º Leer

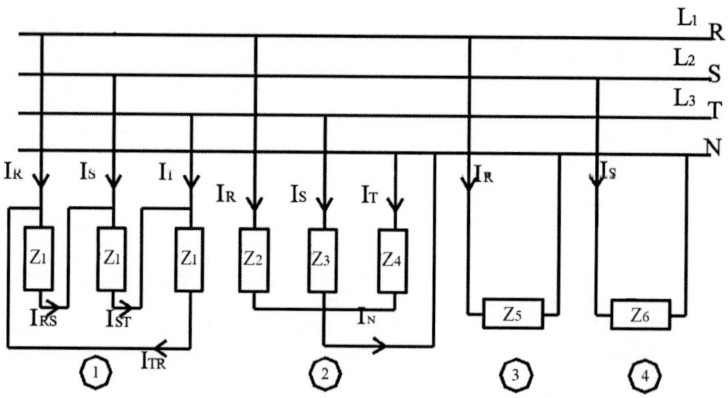

$$Z_1 \begin{cases} R = 60\ \Omega \\ \cos\varphi = 0.60 \\ \text{inductivo} \end{cases} \qquad Z_2 \begin{cases} R = 80\ \Omega \\ X_C = 60\ \Omega \end{cases} \qquad Z_3 \begin{cases} R = 40\ \Omega \\ P = \frac{4}{3}\,Q \\ \text{inductiva} \end{cases}$$

Z_4 $\begin{cases} R = 30\Omega \\ \text{La intensidad está retrasada} \\ \textit{respecto a la tensión } 45^{\circ} \end{cases}$ Z_5 $\begin{cases} P = 3000\ W \\ \cos\varphi = 0.60 \\ \text{capacitiva} \end{cases}$

Z_6 $\begin{cases} \text{Estufa} \\ 2000\ W \end{cases}$

Unidades: Todos los datos están en el mismo sistema.

Cálculos: $\mathbf{Z_1} = 60 + X_{L1}\,j \quad |Z_1| = \dfrac{60}{\cos\varphi_1} = \dfrac{60}{0.60} = 100\ \Omega$

$X_{L1} = \sqrt{100^2 - 60^2} = 80\ \Omega \qquad \varphi_1 = \text{arco cos } 0.60 = 53.13^{\circ}$

$\mathbf{Z_1} = 60 + 80\,j$	$\mathbf{Z_1} = 100\lvert\underline{53.13^{\circ}}$

$\mathbf{Z_2} = 80 - 60\,j \quad |Z_2| = \sqrt{80^2 + 60^2} = 100\ \Omega \quad \cos\varphi_2 = \dfrac{80}{100} = 0.80$

$\varphi_2 = \text{arco cos } 0.80 = -\ 36.87$

$\mathbf{Z_2} = 80 - 60\,j$	$\mathbf{Z_2} = 100\lvert -\ 36.87^{\circ}$

$\mathbf{Z_3} = 40 + X_{L3}\,j \qquad P = 4/3\ Q \quad R \times I^2 = 4/3\ X_{L3} \times I^2$

$R = 4/3\ X_{L3} \qquad X_{L3} = \dfrac{3}{4} R \quad X_{L3} = \dfrac{3}{4}\,40 = 30\ \Omega$

$\mathbf{Z_3} = 40 + 30\,j \qquad |Z_3| = \sqrt{40^2 + 30^2} = 50\ \Omega$

$\cos\varphi_3 = \dfrac{40}{50} = 0.80 \qquad \varphi_3 = \text{arco cos } 0.80 = 36.87^{\circ}$

$\mathbf{Z_3} = 40 + 30\,j$	$\mathbf{Z_3} = 50\ \lvert\underline{36.87}$

Si la intensidad está retrasada respecto a la tensión, la impedancia es inductiva:

$\mathbf{Z_4} = 30 + X_{L4}\,j \qquad \text{tang } 45^{\circ} = 1 = \dfrac{X_{L4}}{30} \qquad X_{L4} = 30\ \Omega$

$|Z_2| = \sqrt{30^2 + 30^2} = 42.43\ \Omega$

Z_4 = 30 + 30 j	**Z_4** = 42.43 $|\underline{45^{\circ}}$

P = V I cos φ $\quad I = \dfrac{P}{V \times \cos\varphi} = \dfrac{3000}{230 \times 0.60} = 21.74$ A

P = R I² $\quad R = \dfrac{P}{I^2} = \dfrac{3000}{21.74^2} = 6.35\ \Omega$

$\cos\varphi_5 = \dfrac{R}{|Z_5|} \quad |Z_5| = \dfrac{R}{\cos\varphi_5} = \dfrac{6.35}{0.60} = 10.58\ \Omega$

$X_C = \sqrt{10.58^2 - 6.35^2} = 8.47\ \Omega \quad \varphi_5 = \text{arco}\cos 0.60 = -53.13^{\circ}$

Z_5 = 6.35 – 8.47 j	**Z_5** = 10.58 $|\underline{-53.13^{\circ}}$

$P = V I \quad I = \dfrac{2000}{230} = 8.70$ A $\quad P = R I^2 \quad R = \dfrac{P}{I^2} = \dfrac{2000}{8.70^2} = 26.42\ \Omega$

Z_6 = 26.42	**Z_6** = 26.42 $|\underline{0^{\circ}}$

Receptor 1

$\mathbf{I_{RS}} = \dfrac{V_{RS}}{Z_1} = \dfrac{400|120^{\circ}}{100|53.13^{\circ}} = 4.00\ |\underline{66.87^{\circ}} \rightarrow 1.57 + 3.68\,j$

$\mathbf{I_{ST}} = \dfrac{V_{ST}}{Z_1} =$ .... $= 4.00\ |\underline{-53.13^{\circ}} \rightarrow 2.40 - 3.20\,j$

$\mathbf{I_{TR}} = \dfrac{V_{TR}}{Z_1} =$ .... $= 4.00\ |\underline{-173.13^{\circ}} \rightarrow -3.97 - 0.48\,j$

$\mathbf{I_R} = \mathbf{I_{RS}} - \mathbf{I_{TR}} = 1.57 + 3.68\,j - (-3.97 - 0.48\,j) = 5.54 + 4.16\,j$

$\mathbf{I_S} = \mathbf{I_{ST}} - \mathbf{I_{RS}} = 2.40 - 3.20\,j - (1.57 + 3.68\,j) = 0.83 - 6.88\,j$

$\mathbf{I_T} = \mathbf{I_{TR}} - \mathbf{I_{ST}} = -3.97 - 0.48\,j - (2.40 - 3.20\,j) = -6.37 + 2.72\,j$

Receptor 2

$$\mathbf{I_R} = \frac{V_R}{Z_2} = \frac{230|90^{\circ}}{100|-36.87^{\circ}} = 2.30\,|\underline{126.87^{\circ}} \rightarrow -1.56 + 1.84\,j$$

$$\mathbf{I_S} = \frac{V_S}{Z_3} = \frac{230|-30^{\circ}}{50\,|36.87^{\circ}} = 4.60\,|\underline{-66.87^{\circ}} \rightarrow 1.81 - 4.23\,j$$

$$\mathbf{I_T} = \frac{V_T}{Z_4} = \frac{230|-150^{\circ}}{42.43|45^{\circ}} = 5.42\,|\underline{-195^{\circ}} \rightarrow -5.24 + 1.40\,j$$

$\mathbf{I_N} = \mathbf{I_R} + \mathbf{I_S} + \mathbf{I_T} = -1.56 + 1.84\,j + (1.81 - 4.23\,j) + (-5.24 + 1.40\,j)$

$\mathbf{I_N} = -4.99 - 0.99\,j \rightarrow 4.99 + 0.99\,j$

Receptor 3

$$\mathbf{I_R} = \frac{V_R}{Z_5} = \frac{230|90^{\circ}}{10.58|-53.13^{\circ}} = 21.74\,|\underline{143.13^{\circ}} \rightarrow -17.39 + 22.34\,j$$

$\mathbf{I_N} = \mathbf{I_R} = -17.39 + 22.34\,j$

Receptor 4

$$\mathbf{I_S} = \frac{V_S}{Z_6} = \frac{230|-30^{\circ}}{26.42|0^{\circ}} = 8.71|\underline{-30^{\circ}} \rightarrow 7.54 - 4.36\,j$$

$\mathbf{I_N} = \mathbf{I_S} = 7.54 - 4.36\,j$

Intensidades totales en cada fase

$\mathbf{I_R} = \mathbf{I_{R1}} + \mathbf{I_{R2}} + \mathbf{I_{R3}} = 5.54 + 4.16\,j + (-1.56 + 1.84\,j) + (-17.39 +$
$+ 22.34\,j)$

$\mathbf{I_R}$ = - 13.41+ 28.34 j $|I_R| = \sqrt{13.41^2 + 28.34^2}$ = 31.35 A

tang $\varphi_R = \dfrac{28.34}{-13.41}$ = - 2.11 → φ_R = arco tang – 2.11 = - 64.68°

$\mathbf{I_R}$ = 31.35 |<u>- 64.68°</u>

$\mathbf{I_S} = \mathbf{I_{S1}} + \mathbf{I_{S2}} + \mathbf{I_{S4}}$ = 0.83 – 6.88 j + (1.81 – 4.23 j) + (7.54 – 4.36 j)

$\mathbf{I_S}$ = 10.18 – 15 47 j $|I_S| = \sqrt{10.18^2 + 15.47^2}$ = 18.52 A

tang $\varphi_S = \dfrac{-15.47}{10.18}$ = - 1.52 → φ_S = arco tang – 1.52 = - 56.65°

$\mathbf{I_S}$ = 18.52 |<u>- 56.65°</u>

$\mathbf{I_T} = \mathbf{I_{T1}} + \mathbf{I_{T2}}$ = - 6.37 + 2.72 j + (- 5.24 + 1.40 j)

$\mathbf{I_T}$ = - 11.61 + 4.12 j $|I_T| = \sqrt{11.61^2 + 4.12^2}$ = 12.32 A

tang $\varphi_S = \dfrac{4.12}{-11.61}$ = - 0.35 → φ_T = arco tang – 0.35 = - 19.29°

$\mathbf{I_T}$ = 12.32 |<u>- 19.29°</u>

$\mathbf{I_N} = \mathbf{I_{N2}} + \mathbf{I_{N3}} + \mathbf{I_{N4}}$ = 4.99 + 0.99 j + (- 17.39 + 22.34 j) + (7.54 – 4.36j)

$\mathbf{I_N}$ = - 4.86 + 18.97 j $|I_N| = \sqrt{4.86^2 + 18.97^2}$ = 19.58 A

tang $\varphi_N = \dfrac{18.97}{-4.96}$ = - 3.82 → φ_N = arco tang – 3.82 = - 75.33°

$\mathbf{I_N}$ = 19.58 |<u>- 75.33°</u>

CAPÍTULO 16

CÁLCULO DE CONDUCTORES EN BT C.C.

16.1 GENERALIDADES

Teniendo en cuenta que los conductores en BT (baja tensión) no están sometidos a esfuerzos mecánicos por ir alojados en el interior de tubos o grapados a las paredes o techos, los cálculos que vamos a desarrollar para obtener la sección de los mismos se refieren al aspecto eléctrico.

Los conductores deberán cumplir, desde el punto de vista eléctrico, dos condiciones:

a) La caída de tensión en la línea deberá estar comprendida dentro de unos límites establecidos.
b) Deberán soportar la intensidad de corriente que los recorre, sin llegar a fundirse (intensidad máxima admisible).

16.2 CAÍDAS DE TENSIÓN

Según REBT

Acometidas: Empresa suministradora

Línea repartidora:

Contadores individuales ....1 %

Contadores concentrados por planta ... 1 %

Contadores totalmente concentrados ... 0.5 %

Derivaciones individuales:

Contadores individuales .... 0.5 %

Contadores concentrados por planta ... 0.5 %

Contadores totalmente concentrados .. 1 %

En contadores totalmente concentrados, la caída de tensión entre el origen de la instalación y cualquier punto de la misma será, como máximo:

Alumbrado: 3 %

Fuerza: 5 %

Estos porcentajes se refieren a la tensión nominal en el origen de la instalación.

INTENSIDAD MÁXIMA ADMISIBLE EN AMPERIOS PARA CABLES CON CONDUCTOR DE COBRE AISLADOS CON GOMA O CON POLICLORURO DE VINILO (servicio permanente temperatura ambiente 40 °C)

S mm^2	AL AIRE O DIRECTAMENTE EMPOTRADOS					BAJO TUBO O CONDUCTO				
	UN SOLO CABLE			VARIOS CABLES		UN SOLO CABLE			VARIOS CABLES	
	1 Unip.	1 Bipo.	1 Trip.	2 Unip.	3 Unip.	1 Unip.	1 Bip.	1 Trip.	2 Unip.	3 Unip.
0.50	7.5	5.5	5	6	5.5	7	5	4.5	5.5	5
0.75	10	8	6.5	8.5	7	9	7	6	7.5	6.5

1	13	10.5	9.5	12	9	12	8.5	7.5	9.5	8.5
1.5	17	13	12	15	12	15	12	10	12	11
2.5	23	18	17	21	17	21	16	14	17	15
4	31	25	23	28	23	28	22	19	23	20
6	40	32	26	36	29	34	28	24	29	26
10	55	44	40	50	40	49	38	34	40	36
16	74	59	54	67	54	64	51	44	54	48
25	97	78	71	88	73	85	68	59	71	64
35	120	97	88	110	87	110	83	72	88	78
50	145	115	105	130	110	130	98	85	110	95
70	185	140	120	165	140	160	118	100	135	120
95	225	166	145	200	180	200	140	120	165	145
120	260	-	-	235	210	230	-	-	190	170
150	300	-	-	270	240	265	-	-	220	195

Nota. Para la aplicación correcta de esta tabla, extraída del REBT, es necesario tener en cuenta las observaciones y "factores de corrección" que figuran en dicho reglamento. Para una mayor sencillez en la exposición y resolución de los problemas, nosotros no tendremos en cuenta dichas observaciones ni "factores". Pero se recuerda al lector que, dado el caso, es necesario su aplicación.

16.3 PROCEDIMIENTO DE CÁLCULO

En primer lugar, calculamos la sección necesaria para que la caída de tensión esté dentro de los límites establecidos. Conocida esta sección, comprobamos que la corriente que la recorre (en su zona más cargada) es igual o inferior a la que dicho conductor soporta según tablas del reglamento.

16.4 CORRIENTE CONTINUA. LÍNEA BIFILAR

A) Un solo receptor o abonado:

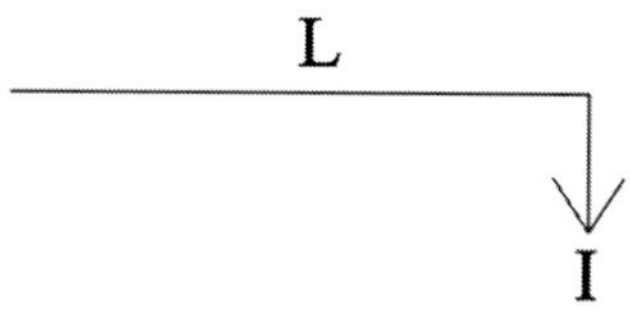

u = Caída de tensión (V)

R = Resistencia de la línea (Ω)

I = Intensidad de corriente (A)

L = Longitud entre el origen y el final de línea (m)

Lc = Longitud del conductor (m)

ρ = Coeficiente de resistividad $(\frac{\Omega\, mm^2}{m})$

c = Coeficiente de conductividad $(\frac{1}{\rho})$

$$\left.\begin{array}{l} u = R\,I \\ R = \rho\,\frac{Lc}{S} \\ Lc = 2\,L \end{array}\right\} \quad u = \rho\,\frac{2L}{S}\,I \qquad S = \frac{2\,\rho}{u}\,L\,I \qquad S = \frac{2}{c\,u}\,L\,I$$

Nota. Lc =2L debido a que son dos conductores (línea bifilar).

Una vez calculada la sección en función de la caída de tensión, se redondea a la sección comercial más próxima por exceso. Con esta sección se comprueba que la intensidad que la recorre es igual o menor de la que es capaz de soportar según las tablas, con los correspondientes factores de corrección, y si dicha sección no soporta la intensidad que la recorre, aumentaríamos la sección hasta encontrar aquella que soporte dicha corriente.

Si en lugar de la corriente I, lo calculamos en función de la potencia:

$$I = \frac{P}{V} \qquad S = \frac{2\rho}{V \times u} P\,L \qquad S = \frac{2}{V \times c \times u} P\,L$$

B) Varios receptores o abonados:

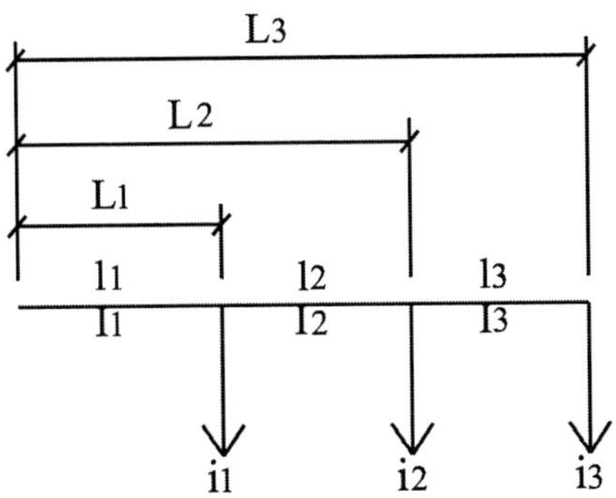

Nota. Asignamos letras minúsculas a las intensidades y longitudes parciales, y letras mayúsculas a las intensidades y longitudes totales.

En el cálculo de la sección en función de la caída de tensión la vamos a realizar de dos formas distintas, las cuales, obviamente, conducirán al mismo resultado.

1) Calculamos las caídas de tensión que se producen en cada tramo, las sumamos y así obtenemos la caída de tensión en toda la línea:

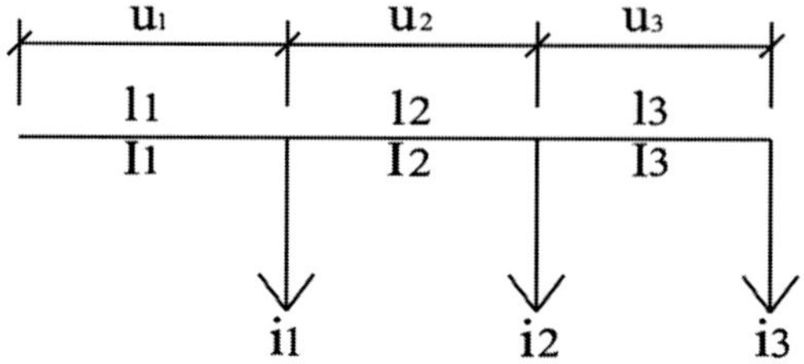

$I_1 = i_1 + i_2 + i_3$ $\quad$ $u = u_1 + u_2 + u_3$ $\quad$ $I_2 = i_2 + i_3$

$I_3 = i_3$

$$u_1 = \frac{2\rho}{S} l_1 I_1 \qquad u_2 = \frac{2\rho}{S} l_2 I_2 \qquad u_3 = \frac{2\rho}{S} l_3 I_3$$

$$u_1 + u_2 + u_3 = \frac{2\rho}{S} (l_1 I_1 + l_2 I_2 + l_3 I_3) = \frac{2\rho}{S} \sum l\, I$$

$$S = \frac{2\rho}{u} \sum l\, I \qquad S = \frac{2}{c \times u} \sum l\, I$$

2) Calculamos la caída de tensión que producen cada una de las corrientes; la caída de tensión total de la línea será la suma de las caídas de tensión que producen dichas corrientes:

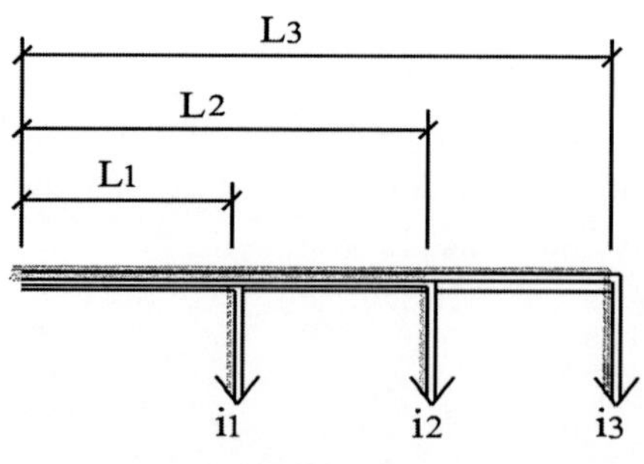

u_1: caída de tensión debido a i_1

u_2: caída de tensión debido a i_2

u_3: caída de tensión debido a i_3

$u_1 + u_2 + u_3 = u$

$u_1 = \frac{2\rho}{S} L_1 i_1$ $\qquad u_2 = \frac{2\rho}{S} L_2 i_2$ $\qquad u_3 = \frac{2\rho}{S} L_3 i_3$

$$u_1 + u_2 + u_3 = \frac{2\rho}{S} (L_1 i_1 + L_2 i_2 + L_3 i_3)$$

$S = \frac{2\rho}{u} \sum L i$ $\qquad S = \frac{2}{c \times u} \sum L i$

Si observamos estas dos fórmulas y las comparamos con las obtenidas en el apartado 1), el primer factor ($\frac{2\rho}{u}$ o $\frac{2}{c \times u}$) es igual en ambos casos. Por lo que respecta al segundo factor, vemos que en el caso 1) es la suma de las distancias parciales por las intensidades totales, mientras que en el caso 2) es la suma de las distancias totales (distancias al origen) por las intensidades parciales; no obstante, vamos a demostrar que ambas sumas coinciden; por tanto, las fórmulas obtenidas en ambos casos son iguales:

$$\sum l I = l_1 I_1 + l_2 I_2 + l_3 I_3 = l_1 (i_1 + i_2 + i_3) + l_2 (i_2 + i_3) + l_3 i_3$$

$$\sum l I = l_1 i_1 + l_1 i_2 + l_1 i_3 + l_2 i_2 + l_2 i_3 + l_3 i_3$$

$$\sum l I = i_1 l_1 + i_2 (l_1 + l_2) + i_3 (l_1 + l_2 + l_3)$$

$$\sum l I = \sum L i$$

Si en lugar de las corrientes i_1, i_2, i_3, ... disponemos de las potencias P_1, P_2, P_3 ... resulta:

$i_1 = \frac{P_1}{V}$ $\quad i_2 = \frac{P_2}{V}$ $\qquad i_3 = \frac{P_3}{V}$ $\qquad S = \frac{2\rho}{u} \sum L i = \frac{2\rho}{u} \sum L \frac{P}{V}$

Como V es constante, podemos sacarlo fuera de la suma:

$$S = \frac{2\rho}{u \times V} \Sigma L P = \frac{2}{c \times u \times V} \Sigma L P$$

C) Línea con ramificaciones:

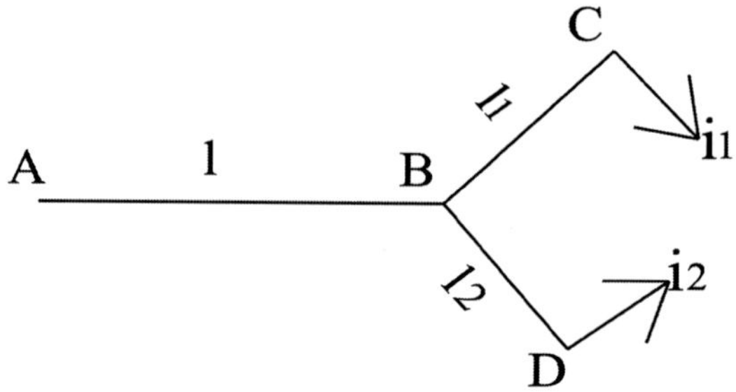

En este caso obtenemos tres secciones, S_1 en el tramo AB, S_2 en el tramo BC y S_3 en el tramo BD.

Para efectuar el cálculo de las secciones consideramos una caída de tensión u_1 para el primer tramo (AB) común y una caída de tensión u_2 para cada uno de los tramos (BC y BD), de tal forma que la suma de las caídas de tensión parciales debe ser la caída de tensión total: $u = u_1 + u_2$, resultando:

$$S_1 = \frac{2\rho}{u_1} l \,(i_1 + i_2) \qquad S_2 = \frac{2\rho}{u_2} l_1\, i_1 \qquad S_3 = \frac{2\rho}{u_2} l_2\, i_2$$

Una vez efectuado este cálculo debemos comprobar que la sección S_1 soporta la corriente $i_1 + i_2$, la sección S_2 la corriente i_1 y la sección S_3 la corriente i_2.

Como es obvio, las secciones así obtenidas variarán según el valor (a voleo) que damos a u1, con lo cual todas las soluciones serán técnicamente correctas, pero habrá una que, además de correcta, será la más económica.

Para determinar las secciones más económicas, calculamos el volumen de los conductores en función de u1 y luego hallamos el mínimo de esta función, para así calcular u1.

El volumen del conductor, al ser un cilindro, será el producto del área de su base por la altura.

Vc = Volumen del conductor = $S_1\, l + S_2\, l_1 + S_3\, l_2$

$$Vc = \frac{2\rho}{u_1} l\,(i1 + i2)\, l + \frac{2\rho}{u_2} l1\ i1\ l1 + \frac{2\rho}{u_2} l2\ i2\ l2$$

$$Vc = \frac{2\rho}{u_1} l2\,(i1 + i2) + \frac{2\rho}{u_2} l12\ i1 + \frac{2\rho}{u_2} l22\ i2$$

$$Vc = \frac{2\rho}{u_1} l2\,(i1 + i2) + \frac{2\rho}{u-u_1} l12\ i1 + \frac{2\rho}{u-u_1} l22\ i2$$

$$\frac{dVc}{du_1} = \frac{-2\rho \times l^2(i_1+i_2)}{u_1^2} + \frac{2\rho\, l_1^2 \times i_1}{(u-u_1)^2} + \frac{2\rho\, l_2^2 \times i_2}{(u-u_1)^2}$$

Igualando a cero esta derivada para calcular el mínimo, resulta:

$$\frac{-2\rho \times l^2(i_1+i_2)}{u_1^2} + \frac{2\rho\, l_1^2 \times i_1}{(u-u_1)^2} + \frac{2\rho\, l_2^2 \times i_2}{(u-u_1)^2} = 0$$

simplificando:

$$\frac{l^2(i_1+i_2)}{u_1^2} = \frac{l_1^2 \times i_1 + l_2^2 \times i_2}{(u-u_1)^2}$$

$$u_1^2\,(l_1^2 \times i_1 + l_2^2 \times i_2) = (u-u_1)^2 l^2 (i_1 + i_2)$$

$$u_1^2\,(l_1^2 \times i_1 + l_2^2 \times i_2)/\,l^2(i_1 + i_2) = (u-u_1)^2 = u^2 + u_1^2 - 2uu_1$$

$$u_1^2\left[\frac{l_1^2 \times i_1 + l_2^2 \times i_2}{l^2(i_1+i_2)} - 1\right] + 2uu_1 - u^2 = 0$$

$$u1 = \frac{-2u \pm \sqrt{4u^2\left(\frac{l_1^2 \times i_1 + l_2^2 \times i_2}{l^2(i_1+i_2)} - 1\right.}}{2\left(\frac{l_1^2 \times i_1 + l_2^2 \times i_2}{l^2(i_1+i_2)} - 1\right)} = \frac{2u\left(\sqrt{\left(\frac{l_1^2 \times i_1 + l_2^2 \times i_2}{l^2(i_1+i_2)} - 1\right.}\right.}{2\left(\frac{l_1^2 \times i_1 + l_2^2 \times i_2}{l^2(i_1+i_2)} - 1\right)}$$

Siendo = $\frac{l_1^2 \times i_1 + l_2^2 \times i_2}{l^2\,(i_1+i_2)}$ resulta:

$$u1 = \frac{u(\sqrt{a}-1)}{a-1} = \frac{u}{\frac{a-1}{\sqrt{a}-1}} = \frac{u}{1+\sqrt{a}} = \frac{u}{1+\sqrt{\frac{l_1^2 \times i_1 + l_2^2 \times i_2}{l^2(i_1+i_2)}}}$$

Calculando la segunda derivada y aplicando el valor de u1 obtenido, se comprueba que es superior a cero, con lo que resulta un mínimo de la función.

Obsérvese que se descartó la solución negativa de la función de segundo grado, debido a que esta conduciría a una caída tensión (u1) negativa

Nota.

$$l_1^2 \times i_1 = l_1\, i_1\, l_1$$

$$l_2^2 \times i_2 = l_2\, i_2\, l_2$$

$$l^2\, (i_1 + i_2) = l\, (i_1 + i_2)\, l$$

El producto $l_1\, i_1$ es el momento de corriente en el ramal BC, $l_2\, i_2$ es el momento de corriente en el ramal BD y $l\, (i_1 + i_2)$ es el momento de corriente en el tramo principal AB.

Con todo lo anterior, generalizando para el caso de varios ramales y con varias cargas o abonados en cada una, resulta:

$$u_1 = \frac{u}{1 + \sqrt{\dfrac{\sum \text{momentos de corrientes} \times \text{longitudes (ramales)}}{\text{momento de corriente} \times \text{longitud (tramo principal)}}}}$$

Una vez calculada la caída de tensión atribuida al ramal principal (u_1) se calcula la sección S_1 de ese ramal, pero la sección real que va a resultar, normalmente, es mayor que la teóricamente calculada con u_1, con lo cual la caída de tensión real en ese tramo va a resultar inferior a la teórica u_1 calculada; por todo ello, para calcular la caída de tensión disponible para los ramales, restaremos del total disponible (u) la que resulte de calcular en el tramo principal con la sección finalmente adoptada.

D) Líneas en anillo:

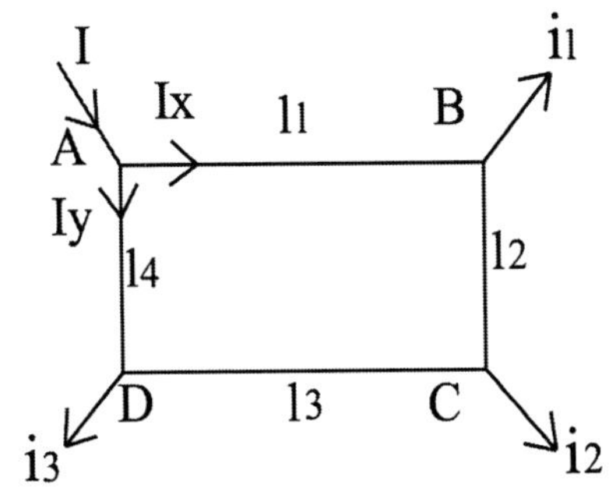

El primer paso es calcular las corrientes I_X e I_Y. Para ello, cortamos por el punto A y desarrollamos el circuito, y en él calculamos las caídas de tensión en cada uno de los tramos AB, BC, CD y DA, y teniendo en cuenta que su suma es la caída de tensión desde el punto A al mismo (A), como puede apreciarse en la siguiente figura, tendremos que dicha suma será cero, pues la caída de tensión que hay en un punto es nula.

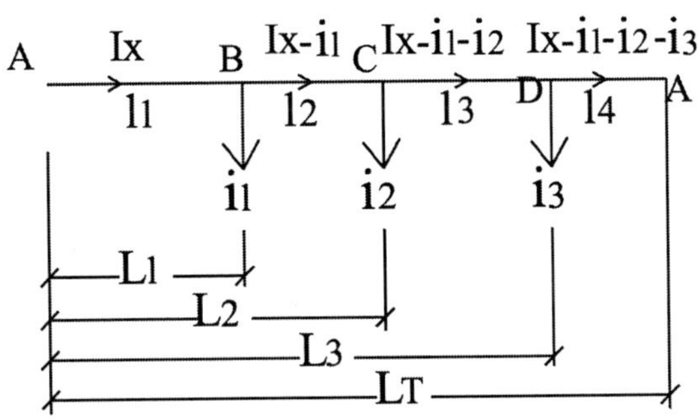

$$u_{AB} = \frac{2\rho}{S} l_1 I_X$$

$$u_{BC} = \frac{2\rho}{S} l_2 (I_X - i_1)$$

$$u_{CD} = \frac{2\rho}{S} l_3 (I_X - i_1 - i_2)$$

$$u_{DA} = \frac{2\rho}{S} l_4 (I_X - i_1 - i_2 - i_3)$$

$$\Sigma u_S = \frac{2\rho}{S} [l_1 I_X + l_2 (I_X - i_1) + l_3 (I_X - i_1 - i_2) + l_4 (I_X - i_1 - i_2 - i_3)]$$

$\Sigma u_S = \Sigma u_{AA} = 0$ por ser nula la caída de tensión en un punto.

$$0 = \frac{2\rho}{S} [l_1 I_X + l_2 (I_X - i_1) + l_3 (I_X - i_1 - i_2) + l_4 (I_X - i_1 - i_2 - i_3)]$$

Cuando el producto de dos factores da cero, y uno de ellos es distinto de cero, el otro factor necesariamente tiene que ser cero. En nuestro caso tenemos los dos factores:

$\frac{2\rho}{S}$ y $[l_1 I_X + l_2 (I_X - i_1) + l_3 (I_X - i_1 - i_2) + l_4 (I_X - i_1 - i_2 - i_3)]$

$\frac{2\rho}{S}$ no es cero, porque $\rho \neq 0$ y $S \neq \infty$; *por tanto*, el segundo factor necesariamente tiene que ser igual a cero, es decir:

$$[l_1 I_X + l_2 (I_X - i_1) + l_3 (I_X - i_1 - i_2) + l_4 (I_X - i_1 - i_2 - i_3)] = 0$$

$$I_X (l_1 + l_2 + l_3 + l_4) = l_2 i_1 + l_3 i_1 + l_3 i_2 + l_4 i_1 + l_4 i_2 + l_4 i_3$$

$$I_X L_T = i_1 (l_2 + l_3 + l_4) + i_2 (l_3 + l_4) + i_3 l_4$$

$$I_X = \frac{i_1 (l_2 + l_3 + l_4) + i_2 (l_3 + l_4) + i_3 \times l_4}{L_T}$$

Obsérvese que $l_2 + l_3 + l_4$ es la distanciada de la corriente i_1 al origen por el lado contrario a la corriente I_X que se está calculando, lo mismo ocurre con $l_3 + l_4$, que es la distancia al origen de la corriente i_2 y con l_4, que es la distancia al origen de la corriente i_3.

Lo mismo podíamos desarrollar para calcular I_Y, y llegaríamos a la conclusión:

$$I_Y = \frac{i_1 \times l_1 + i_2(l_1 + l_2) + i_3(l_1 + l_2 + l_3)}{L_T}$$

Generalizando, podemos decir que la corriente I_X o I_Y se obtiene dividiendo la suma de los momentos de corriente (obtenidos mediante el producto de las distancias al origen por las intensidades parciales) del lado contrario a la corriente que se trata de calcular, dividido entre la longitud total del anillo; es decir, si queremos calcular I_X, tomaremos momentos de corriente por el lado de I_Y; si lo que deseamos es I_Y, tomaremos momentos de corriente por el lado de I_X, insistiendo en que deben ser longitudes al origen.

Como comprobación, se debe cumplir: $I_X + I_Y = i_1 + i_2 + i_3$

Una vez calculadas estas corrientes (IX e IY), determinamos el punto de mínima tensión (M), que será aquel en el que se encuentran las dos corrientes (I_X e I_Y). Supongamos que este punto de mínima (M) está en i_2. Podemos desglosar el anillo en dos ramales:

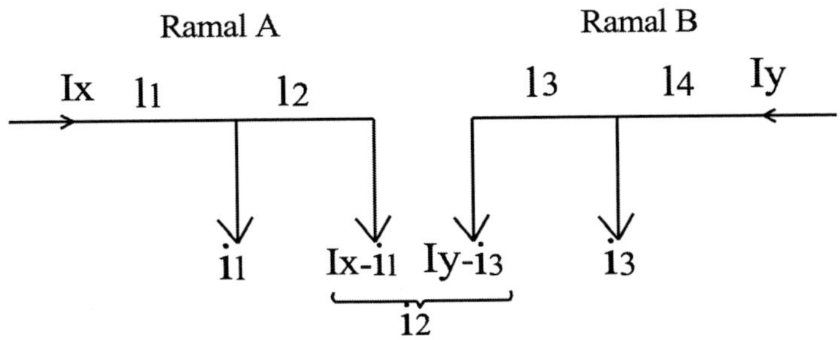

La sección y la caída de tensión en ambos ramales es la misma:

$$S = \frac{2\rho}{u} \sum L\, i \qquad\qquad S = \frac{2\rho}{u} \sum l\, I$$

Ramal A

$\sum L\, i = l_1\, i_1 + (l_1 + l_2)\,(I_X - i_1) \qquad \sum l\, I = l_1\, I_X + l_2\,(I_X - i_1)$

Ramal B

$\sum L\, i = l_4\, i_3 + (l_4 + l_3)\,(I_Y - i_3) \qquad \sum l\, I = l_4\, I_Y + l_3\,(I_Y - i_3)$

Estas cuatro sumas deben dar resultados idénticos.

E) Líneas en anillo con ramificaciones:

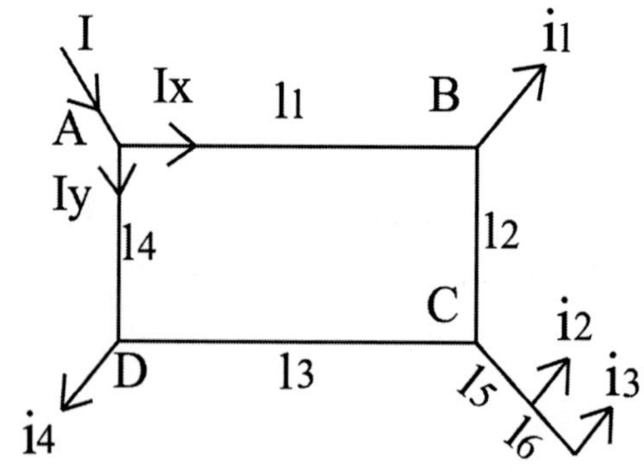

Se comienza igual que en el caso anterior calculando I_X e I_Y, para ello el ramal del punto C se considera igual que los restantes, pero con una corriente $i_2 + i_3$; a continuación, se determina el punto de mínima tensión (M), pudiendo darse dos casos:

A) Que M no coincida en C (el punto de la ramificación).

B) Que M coincida en C.

A) Supongamos que M no coincide en C.

1.º Calculamos la sección S del anillo.

2.º Con la sección S calculamos la caída de tensión de A a C.

3.º La caída de tensión disponible para el ramal será la diferencia entre la caída de tensión total del circuito y la caída de tensión entre A y C. Con esta caída de tensión calculamos la sección del ramal S_1.

Nota. La caída de tensión entre A y C se calcula como suma de caídas de tensión parciales entre A y D y D y C.

$$u_{AD} = \frac{2\rho}{S} l_4 I_Y \quad u_{DC} = \frac{2\rho}{S} l_3 (I_Y - i_4) \quad u_{AC} = \frac{2\rho}{S} [l_4 I_Y + l_3 (I_Y - i_4)]$$

Nota. No es correcto el cálculo mediante intensidades parciales y longitudes al origen.

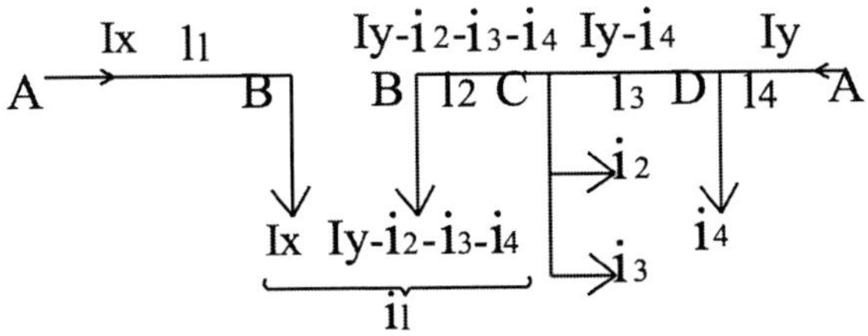

B) El punto de mínima coincide en C.

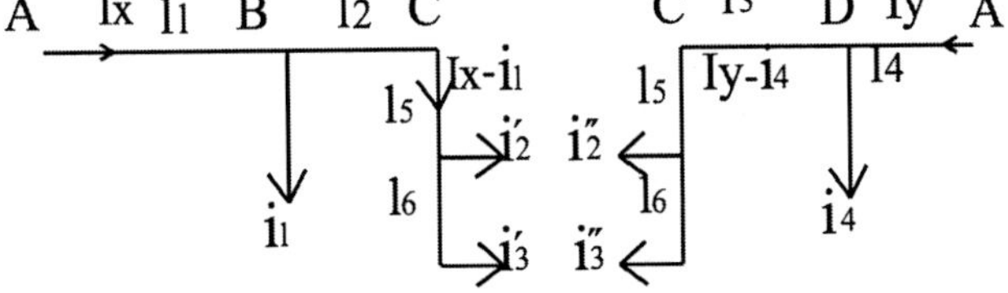

1.° Determinamos la caída de tensión u_1 para el tramo principal por el método de la sección económica estudiada con anterioridad:

$l_5 \times i_2''$	$l_5 \times i_2'$	$l_1\, i_1$
$(l_5 + l_6)\, i_3''$	$(l_5 + l_6)\, i_3'$	$(l_1 + l_2)\,(I_X - i_1)$
———	———	———
$\Sigma = B$	$\Sigma = B$	$\Sigma = A$

Se toma la menor de estas dos.

Las corrientes i_2', i_2'', i_3' e i_3'' se obtienen repartiendo proporcionalmente $I_x - i_1$ entre i_2 e i_3 e $I_Y - i_4$ entre i_2 e i_3:

$$u_1 = \frac{u}{1+\sqrt{\frac{B\,(l_5+l_6)}{A\,(l_1+l_2}}}$$

2.° Calculamos la sección de dicho tramo:

$$S = \frac{2\rho}{u_1} A \rightarrow Sr \text{ (sección real)}$$

3.° Con la sección real adoptada se calcula la caída de tensión real del tramo principal:

$$u_1 = \frac{2\rho}{S_r} A$$

4.° La caída de tensión disponible para el ramal será: $u_2 = u - u_1$

Luego $S_1 = \frac{2\rho}{u_2} B$

Para la comprobación de la intensidad admisible se tendrá en cuenta el mayor valor de I_X o I_Y en el anillo, y la intensidad en el primer tramo del ramal para este.

F) Línea telescópica:

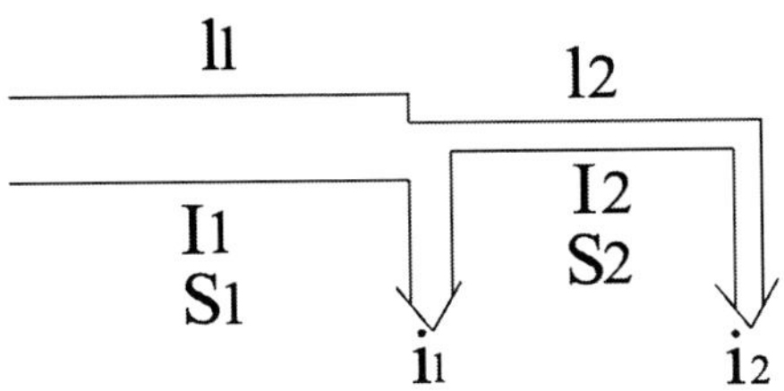

En este tipo de línea la sección disminuye a medida que la intensidad de corriente es menor.

El cálculo de las distintas secciones se puede realizar atribuyendo a cada tramo una caída de tensión u1, u2, de forma que su suma sea igual a la caída de tensión total disponible u = u1 + u2; de esta forma, al igual que ocurría en la línea con ramificaciones, obtenemos distintas secciones, según el valor que asignemos a las caídas parciales de tensión, pero existirá una solución que, además de ser técnicamente correcta, será la más económica.

Para calcular las secciones más económicas, procederemos de una forma similar a como hicimos en la línea con ramificaciones antes realizada:

$$S_1 = \frac{2\rho}{u_1} l_1 I_1 \qquad S_2 = \frac{2\rho}{u_2} l_2 I_2 = \frac{2\rho}{u - u_1} l_2 I_2$$

Volumen del conductor $Vc = 2 S_1 l_1 + 2 S_2 l_2$

$$Vc = \frac{4\rho}{u_1} l_1^2 I_1 + \frac{4\rho}{u - u_1} l_2^2 I_2 \qquad \frac{d V_C}{d u_1} = \frac{-4 \rho \times l_1^2 \times I_1}{u_1^2} + \frac{4 \rho \times l_2^2 \times I_2}{(u - u_1)^2}$$

$$\frac{-4 \rho \times l_1^2 \times I_1}{u_1^2} + \frac{4 \rho \times l_2^2 \times I_2}{(u - u_1)^2} = 0 \qquad \frac{4 \rho \times l_1^2 \times I_1}{u_1^2} = \frac{4 \rho \times l_2^2 \times I_2}{(u - u_1)^2}$$

Simplificando: $\frac{l_1\sqrt{I_1}}{u_1} = \frac{l_2\sqrt{I_2}}{u_2} = ... = \frac{l_n\sqrt{I_n}}{u_n}$

Teniendo en cuenta que:

$$\frac{l_1\sqrt{I_1}}{u_1} = \frac{l_2\sqrt{I_2}}{u_2} = ... = \frac{l_n\sqrt{I_n}}{u_n} = \frac{l_1\sqrt{I_1} + l_2\sqrt{I_2} + \cdots + l_n\sqrt{I_n}}{u_{1} + u_2 + \cdots + u_n} = \frac{\sum l\sqrt{I}}{u}$$

Despejando cada una de las caídas de tensión parciales:

$$\frac{l_1\sqrt{I_1}}{u_1} = \frac{\sum l\sqrt{I}}{u} \qquad u_1 = u\,\frac{l_1\sqrt{I_1}}{\sum l\sqrt{I}}$$

$$\frac{l_2\sqrt{I_2}}{u_2} = \frac{\sum l\sqrt{I}}{u} \qquad u_2 = u\,\frac{l_2\sqrt{I_2}}{\sum l\sqrt{I}}$$

....

$$\frac{l_n\sqrt{I_n}}{u_n} = \frac{\sum l\sqrt{I}}{u} \qquad u_n = u\,\frac{l_n\sqrt{I_n}}{\sum l\sqrt{I}}$$

$$S_1 = \frac{2p}{u_1}\, l_1\, I_1 = \frac{2p}{u\,\frac{l_1\sqrt{I_1}}{\sum l\sqrt{I}}}\, l_1\, I_1 = \frac{2p\sqrt{I_1}}{u}\sum l\sqrt{I}$$

$$Sn = \frac{2p\sqrt{I_n}}{u}\sum l\sqrt{I} = \frac{2\sqrt{I_n}}{c \times u}\sum l\sqrt{I}$$

En este caso, la sección en algún tramo se puede tomar inferior a su cálculo teórico, siempre que la intensidad de corriente sea admisible, pues queda margen en los demás tramos para compensar el exceso de caída de tensión por este concepto.

G) Línea con cargas idénticas uniformemente repartidas:

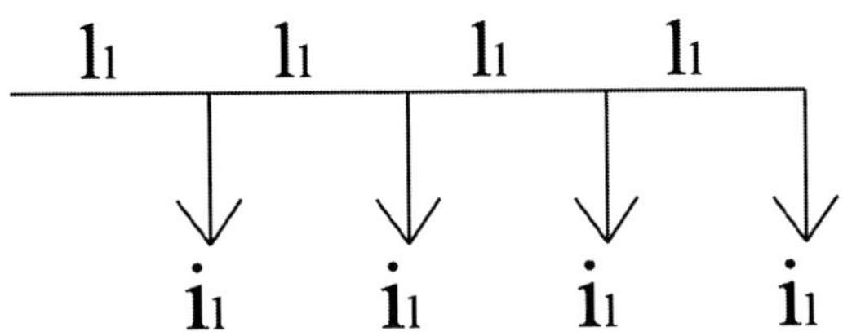

$$S = \frac{2\rho}{u} \sum L\, i$$

$\sum L\, i : l_1\, i_1$

$(l_1 + l_1)\, i_1$

$(l_1 + l_1 + l_1)\, i_1$

....

$(l_1 + l_1 + l_{1\,+\,\ldots\,+}\, l_1)\, i_1$

$\sum = l_1\, i_1\, (1 + 2 + 3 + \ldots\ldots + n)$

1, 2, 3, ... n es una progresión aritmética de razón r = 1

$$\text{Suma} = \frac{a_1 + a_n}{2} n = \frac{a_1 + a_1 + (n-1)r}{2} n = \frac{1 + 1 + (n-1)1}{2} n = \frac{1 + n}{2} n$$

$$S = \frac{2\rho}{u} l_1\, i_1 \frac{1 + n}{2} n \qquad S = \frac{2}{c \times u} l_1\, i_1 \frac{1 + n}{2} n$$

CAPÍTULO 17

RESOLUCIÓN DE PROBLEMAS LÍNEAS BT C.C.

Calcular la sección del conductor de cobre de la figura sabiendo que la instalación se realiza bajo tubo, un solo cable bipolar, siendo la caída de tensión admisible de 6.60 V.

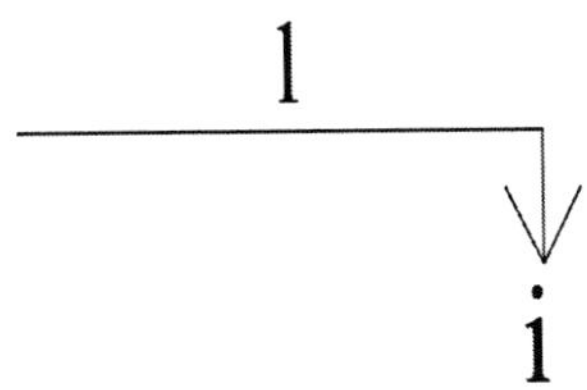

l = 50 m

i = 4 A

$$S = \frac{2\rho}{u} \, l \, i = \frac{2}{c \times u} \, l \, i = \frac{2}{56 \times 6.60} \, 50 \times 4 = 1.08 \text{ mm}^2 \rightarrow 1.50 \text{ mm}^2$$

Tablas 1.50 $\text{mm}^2 \rightarrow$ 12 A > 4 A Admisible

La caída de tensión real que tenemos será:

$$u = = \frac{2}{c \times S} \, l \, i = \frac{2}{56 \times 1.50} \, 50 \times 4 = 4.76 \text{ V} < 6.60 \text{ V}$$

Nota. ρ del cobre vale 0.018 $\frac{\Omega \text{ mm}^2}{\text{m}}$ *y c=* $\frac{1}{\rho} \cong 56 \frac{\text{m}}{\Omega \text{ mm}^2}$

Calcular la sección del conductor de cobre de la línea de la figura sabiendo que la caída de tensión máxima es del 5 % y que la instalación se realiza bajo tubo, varios cables, 2 unipolares.

1.º Leer

2.º Datos:

l = 40.00 m V = 230 V P = 2 CV η = 80 %

3.º Unidades:

l = 40.00 m V = 230 V P = 2 × 736 = 1472 W η = 80 %

Esquema:

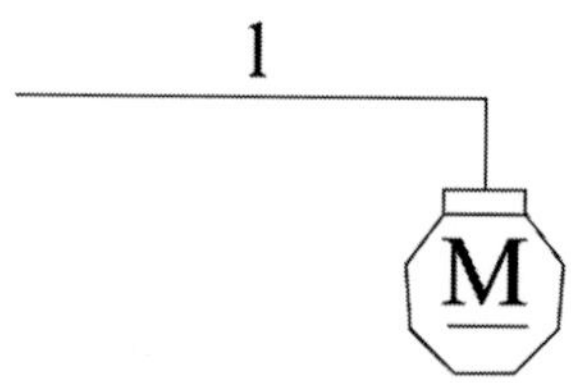

6.º Cálculos:

Según REBT, cuando en una línea exista uno o varios motores, la intensidad del motor de mayor potencia se incrementará en un 25 %. Si se trata de tubos fluorescentes, su intensidad se incrementará un 80 %.

PT = Potencia total que el motor reclama de la línea

$$P_T = \frac{Pu}{\eta} = \frac{1472}{0.80} = 1840 \text{ W} \rightarrow 1.25 \times 1840 = 2300 \text{ W}$$

$$u = 5\ \%\ 230 = 11.50 \text{ V} \qquad I = \frac{P_T}{V} = \frac{2300}{230} = 10 \text{ A}$$

$$S = \frac{2\rho}{u} l\, i = \frac{2 \times 0.018}{11.50} 40 \times 10 = 1.25 \text{ mm}^2$$

$$S = \frac{2\,\rho}{V \times u} l\, P = \frac{2 \times 0.018}{230 \times 11.50} 40 \times 2300 = 1.25 \text{ mm}^2 \rightarrow 2.50 \text{ mm}^2 \ (*)$$

Tablas 2.50 mm^2 $\rightarrow$ 17 A $>$ 10 A Admisible **S = 2.50 mm^2**

La caída de tensión real:

$$u = \frac{2\,\rho}{V \times S} l\, P = \frac{2 \times 0.018}{230 \times 2.50} 40 \times 2300 = 5.76 \text{ V} < 11.50 \text{ V}$$

(*) La sección mínima en circuito de fuerza es de 2.50 mm^2.

Calcular la sección del conductor de cobre de la línea de la figura sabiendo que la caída de tensión máxima es del 3 % y que la instalación se realiza bajo tubo, varios cables, 2 unipolares.

1.º Leer

2.º Datos:

l_1 = 20.00 m l_2 = 50.00 m l_3 = 30.00 m l_4 = 40.00 m

V = 230 V u = 3 % 230 = 6.90 V

i_1 = 4 A i_2 = 8A i_3 = 6 A i_4 = 10 A

3.º Unidades:

Todos los datos están en el mismo sistema.

4.º Esquema:

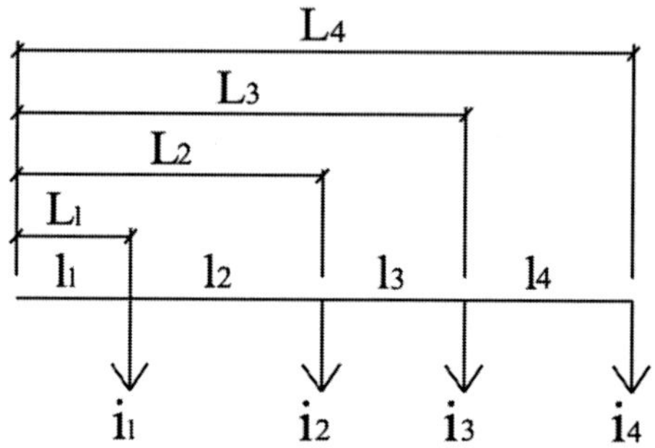

6.º Cálculos:

$L_1 = l_1 = 20.00$

$L_2 = l_1 + l_2 = 20.00 + 50.00 = 70.00$ m

$L_3 = L_2 + l_3 = 70.00 + 30.00 = 100.00$ m

$L_4 = L_3 + l_4 = 100.00 + 40.00 = 140.00$ m

$\sum L\,i$: $20 \times 4 = 80.00$

$70 \times 8 = 560.00$

$100 \times 6 = 600.00$

$140 \times 10 = 1400.00$

$\sum = \dots\dots\dots\ 2640.00$

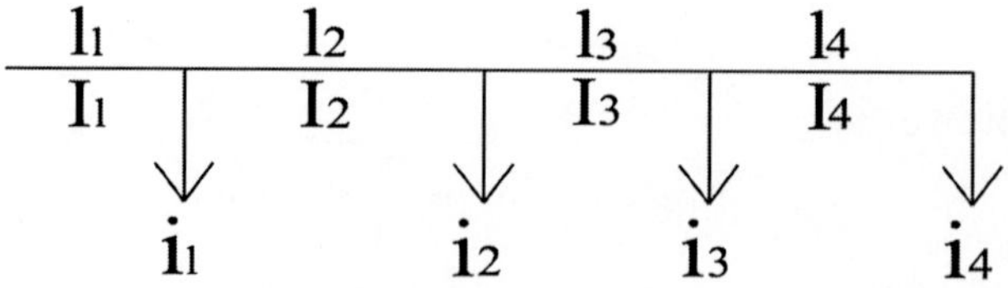

$I_1 = i_1 + i_2 + i_3 + i_4 = 4 + 8 + 6 + 10 = 28$ A

$I_2 = I_1 - i_1 = 28 - 4 = 24$ A

$I3 = I2 - i2 = 24 - 8 = 16$ A

$I4 = I3 - i3 = 16 - 6 = 10$ A

$\Sigma\, l\, I$:

	$20 \times 28 =$	560.00
	$50 \times 24 =$	1200.00
	$30 \times 16 =$	480.00
	$40 \times 10 =$	400.00
	$\Sigma = \ldots\ldots$	2640.00

Observamos que el resultado es el mismo, no dependiendo del método empleado, es decir: $\Sigma\, L\, i = \Sigma\, l\, I$

$$S = \frac{2\rho}{u}\Sigma L\, i = \frac{2\rho}{u}\Sigma l\, I \qquad S = \frac{2\times 0.018}{6.90}2640 = 13.77\ \text{mm}^2 \rightarrow 16\ \text{mm}^2$$

Tablas 16 mm$^2 \rightarrow 54$ A > 28 A Admisible

La caída de tensión resultante será:

$$u = \frac{2\rho}{S}\Sigma L\, i = \frac{2\times 0.018}{16}2640 = 5.94\ \text{V} < 6.90\ \text{V}$$

Para calcular las caídas de tensiones parciales, y con ellas las tensiones de cada una de las cargas, tenemos:

$$u_1 = \frac{2\rho}{S}l_1\, I_1 = \frac{2\times 0.018}{16}20 \times 28 = 1.26\ \text{V}$$

$$u_2 = \frac{2\rho}{S}l_2\, I_2 = \frac{2\times 0.018}{16}50 \times 24 = 2.70\ \text{V}$$

$$u_3 = \frac{2\rho}{S} l_3 \, I_3 = \frac{2\times 0.018}{16} 30 \times 16 = 1.08 \text{ V}$$

$$u_1 = \frac{2\rho}{S} l_4 \, I_4 = \frac{2\times 0.018}{16} 40 \times 10 = 0.90 \text{ V}$$

Σ = ... 5.94 V

$V_1 = V - u_1 = 230.00 - 1.26 = 228.74$ V

$V_2 = V_1 - u_2 = 228.74 - 2.70 = 226.04$ V

$V_3 = V_2 - u_3 = 226.04 - 1.08 = 224.96$ V

$V_4 = V_3 - u_4 = 224.96 - 0.90 = 224.06$ V

$$V = 230 - 5.94 = 224.06$$

Nota. Estos resultados se producirán en el supuesto de que todos los receptores funcionen al mismo tiempo.

Calcular la sección del conductor de cobre de la línea de la figura, sabiendo que la caída de tensión máxima admisible es del 5 %, y que la instalación se realiza bajo tubo, varios cables, 2 unipolares.

1.º Leer

2.º Datos:		3º Unidades:	
	$l_1 = 20.00$ m		$l_1 = 20.00$ m
	$l_2 = 10.00$ m		$l_2 = 10.00$ m
	$l_3 = 30.00$ m		$l_3 = 30.00$ m
	$i_1 = 16.00$ A		$i_1 = 16.00$ A
	$i_3 = 20.00$ A		$i_3 = 20.00$ A
	P = 3 CV		$P = 3 \times 736 = 2208$ W
	$\eta = 80$ %		$\eta = 80$ %
	V = 230 V		V = 230 V
	u = 5 %		u = 5 % 230 = 11.50 V

4.º Esquema:

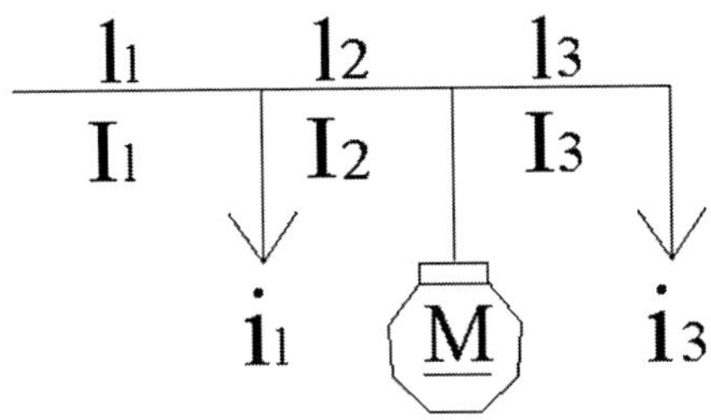

6.º Cálculos:

$$P_T = \frac{Pu}{\eta} = \frac{2208}{0.80} = 2760 \text{ W}$$

$$i_M = \frac{P_T}{V} = \frac{2760}{230} = 12.00 \rightarrow 1.25 \times 12.00 = 15.00 \text{ A}$$

$I_1 = i_1 + i_M + i_3 = 16.00 + 15.00 + 20.00 = 51$ A

$I_2 = i_M + i_3 = 15.00 + 20.00 = 35.00$ A

$I_3 = i_3 = 20.00$ A

$\sum l \times I$: 20 × 51
10 × 35
30 × 20

$\sum$ = ……... 1970

$\sum L \times i$: 20 × 16
30 × 15
60 × 20

$\sum$ = ……… 1970

$$S = \frac{2 \times 0.018}{11.5} 1970 = 6.17 \text{ mm}^2 \rightarrow 10 \text{ mm}^2$$

Tablas: 10 mm^2 → 40 A < 51 A No admisible

Tablas: 16 mm^2 → 54 A > 51 A Admisible

La caída de tensión real:

$$u = \frac{2 \times 0.018}{16} 1970 = 4.43 \text{ V} < 11.50 \text{ V}$$

Las caídas de tensión parciales:

$$u_1 = \frac{2 \times 0.018}{16} 20 \times 51 = 2.29 \text{ V}$$

$$u_2 = \frac{2 \times 0.018}{16} 10 \times 35 = 0.79 \text{ V}$$

$$u_3 = \frac{2 \times 0.018}{16} 30 \times 20 = 1.35 \text{ V}$$

Σ = ... 4.43 V

Calcular la sección de los conductores de cobre de la línea de la figura, sabiendo que la caída de tensión máxima admisible es del 3 %, y que la instalación se realiza bajo tubo, varios cables, 2 unipolares.

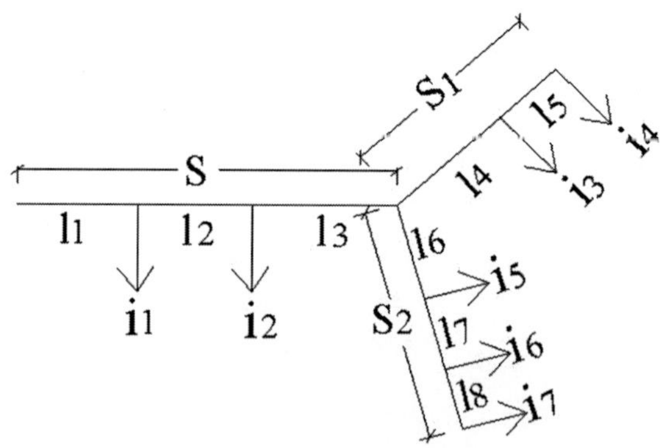

Datos:

i_1 = 10 A i_2 = 16 A i_3 = 5 A i_4 = 10 A i_5 = 10 A

I_6 = 8 A i_7 = 16 A

l_1 = 20 m l_2 = 30 m l_3 = 40 m l_4 = 40 m l_5 = 20 m

l_6 = 30 m l_7 = 10 m l_8 = 10 m

V = 230 V u = 3 % 230 = 6.90 V

Unidades:

Todos los datos están en el mismo sistema.

Esquema:

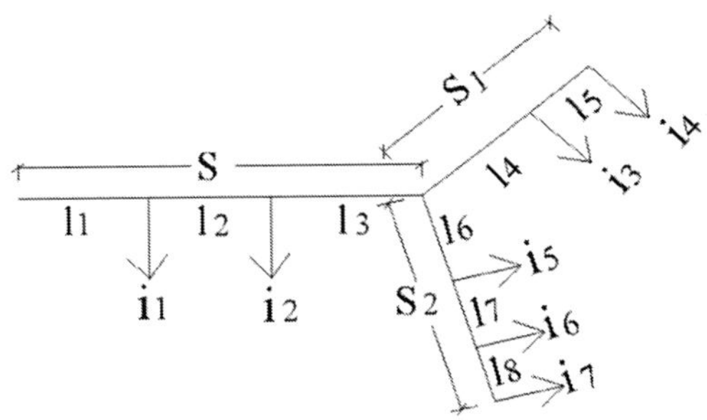

Para realizar el cálculo descomponemos el circuito en sus tres fases:

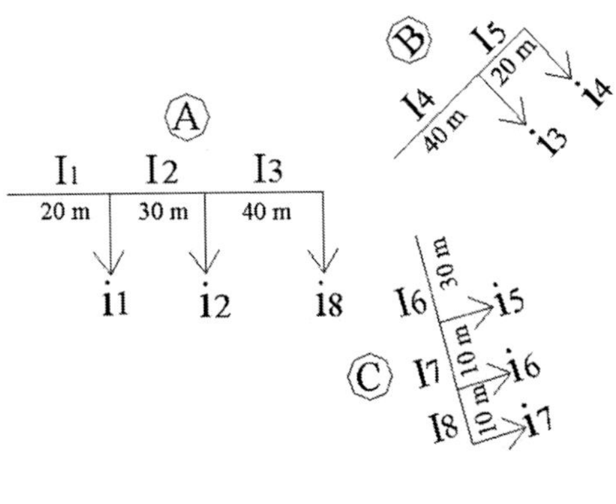

$I_1 = i_1 + i_2 + i_3 + i_4 + i_5 + i_6 + i_7 = 10 + 16 + 5 + 10 + 10 + 8 + 16 = 75\ A$

$I_2 = I_1 - i_1 = 75 - 10 = 65\ A$

$I_3 = I_2 - i_2 = 65 - 16 = 49\ A$

$I_4 = i_3 + i_4 = 5 + 10 = 15\ A$

$I_5 = i_4 = 10\ A$

$I_6 = i_5 + i_6 + i_7 = 10 + 8 + 16 = 34\ A$

$I_7 = i_6 + i_7 = 8 + 16 = 24\ A$

$I_8 = i_7 = 16\ A$

$i_8 = i_3 + i_4 + i_5 + i_6 + i_7 = 5 + 10 + 10 + 8 + 16 = 49\ A$

A) Σ l I:

20×75
30×65
40×49

$\Sigma = 5410$

Σ L i:

20×10
50×16
90×49

$\Sigma = 5410$

B) Σ l I:

40×15
20×10

$\Sigma = 800$

B) Σ L i:

40×5
60×10

$\Sigma = 800$

C) Σ l I:

30×34
10×24
10×16

$\Sigma = 1420$

C) Σ L i:

30×10
40×8
50×16

$\Sigma = 1420$

$$u_1 = \frac{u}{1+\sqrt{\frac{B\times L_1 + C\times L_2}{A \times L}}} = \frac{6.9}{1+\sqrt{\frac{800\times 60+1420\times 50}{5410 \times 90}}} = 4.62\ V$$

$$S = \frac{2\rho}{u_1} A = \frac{2 \times 0.018}{4.62} 5410 = 42.15 \text{ mm}^2 \rightarrow 50 \text{ mm}^2$$

Tablas: 50 mm^2 → 110 A > 75 A Admisible

La caída de tensión que realmente se produce en el tramo principal con una sección de 50 mm^2, será:

$$u_1 = \frac{2\rho}{S} A = \frac{2 \times 0.018}{50} 5410 = 3.90 \text{ V}$$

La caída de tensión disponible para los ramales será:

$$u_2 = 6.90 - 3.90 = 3.00 \text{ V}$$

$$S_1 = \frac{2\rho}{u_2} B = \frac{2 \times 0.018}{3.00} 800 = 9.60 \text{ mm}^2 \rightarrow 10 \text{ mm}^2$$

Tablas: 10 mm^2 → 40 A > 15 A Admisible

$$S_2 = \frac{2\rho}{u_2} C = \frac{2 \times 0.018}{3.00} 1420 = 17.04 \text{ mm}^2 \rightarrow 25 \text{ mm}^2$$

Tablas: 25 mm^2 → 71 A > 34 A Admisible

Las caídas de tensión en los ramales B y C serán:

$$\text{B: } u_2 = \frac{2\rho}{S_1} B = \frac{2 \times 0.018}{10} 800 = 2.88 \text{ V}$$

$$\text{C: } u_2 = \frac{2\rho}{S_2} C = \frac{2 \times 0.018}{25} 1420 = 2.05 \text{ V}$$

Las caídas de tensión total de las cargas más perjudicadas (10 A en B y 16 A en C), serán:

10 A en B: 3.90 + 2.88 = 6.78 V < 6.90 V

16 A en C: 3.90 + 2.05 = 5.95 V < 6.90 V

Calcular las secciones de los conductores de cobre de la línea de la figura, sabiendo que la caída de tensión máxima admisible es del 5 %, y que la instalación se realiza bajo tubo, varios cables, 2 unipolares.

Datos:

$i_1 = 10$ A $i_2 = 16$ A $i_3 = 8$ A $i_4 = 20$ A $i_5 = 8$ A

$i_6 = 10$ A $i_7 = 8$ A $i_8 = 16$ A $i_9 = 8$ A $i_{10} = 10$ A

V = 230 V u = 5 % 230 = 11.50 V El resto, en el esquema.

Unidades:

Todos los datos están en el mismo sistema.

Esquema:

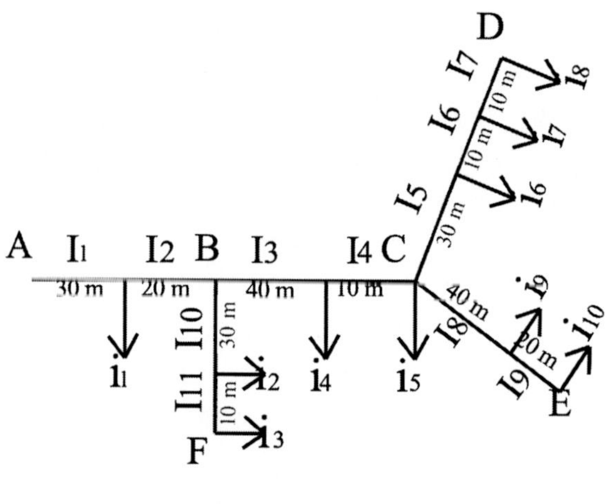

Consideramos el tramo AC = S_A

Ramal CD = S_B

Ramal CE = S_C

Ramal BF = S_D

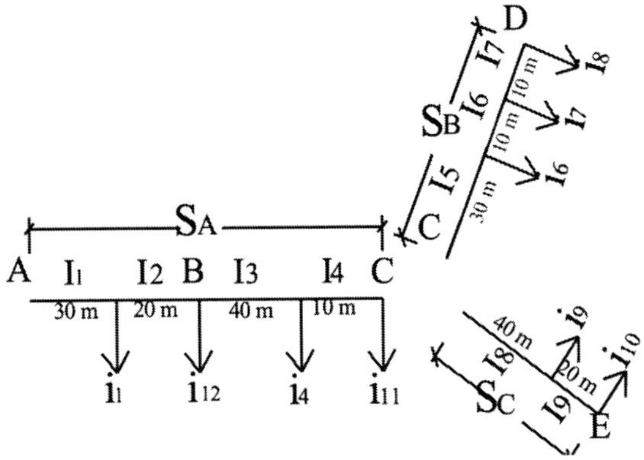

$i_{11} = i_5 + i_6 + i_7 + i_8 + i_9 + i_{10} = 8 + 10 + 8 + 16 + 8\ 10 = 60$ A

$i_{12} = i_2 + i_3 = 16 + 8 = 24$ A

$I_1 = i_1 + i_{12} + i_4 + i_{11} = 10 + 24 + 20 + 60 = 114$ A

$I_2 = I_1 - i_1 = 114 - 10 = 104$ A

$I_3 = I_2 - i_{12} = 104 - 24 = 80$ A

$I_4 = I_3 - i_4 = 80 - 20 = 60$ A

$I_5 = i_6 + i_7 + i_8 = 10 + 8 + 16 = 34$ A

$I_6 = i_7 + i_8 = 8 + 16 = 24$ A

$I_7 = i_8 = 16$ A

$I_8 = i_9 + i_{10} = 8 + 10 = 18$ A

$I_9 = i_{10} = 10$ A

A Σ l I: 30×114 | Σ L i: 30×10

A Σ l I:	30×114	Σ L i: 30×10
	20×104	50×24
	40×80	90×20
	10×60	100×60
	$\Sigma = 9300$	$\Sigma = 9300$
B) Σ l I:	30×34	Σ L i: 30×10
	10×24	40×8
	10×16	50×16
	$\Sigma = 1420$	$\Sigma = 1420$
C) Σ l I:	40×18	Σ L i: 40×8
	20×10	60×10
	$\Sigma = 920$	$\Sigma = 920$

$$u_1 = \frac{u}{1+\sqrt{\frac{B \times L_1 + C \times L_2}{A \times L}}} = \frac{11.50}{1+\sqrt{\frac{1420 \times 50 + 920 \times 60}{9300 \times 100}}} = 8.40 \text{ V}$$

$$S_A = \frac{2\rho}{u_1} A = \frac{2 \times 0.018}{8.40} 9300 = 39.86 \text{ mm}^2 \rightarrow 50 \text{ mm}^2$$

Tablas: 50 mm^2 $\rightarrow$ 110 A < 114 A No admisible $\rightarrow$ 70 mm^2

70 mm^2 $\rightarrow$ 135 A > 114 A Admisible

$$u_1 = \frac{2\rho}{S_A} A = \frac{2 \times 0.018}{70} 9300 = 4.78 \text{ V}$$

$u_2 = u - u_1 = 11.50 - 4.78 = 6.72$ V

$$S_B = \frac{2\rho}{u_2} B = \frac{2 \times 0.018}{6.72} 1420 = 7.61\ mm^2 \rightarrow 10\ mm^2$$

Tablas: $10\ mm^2 \rightarrow 40\ A > 34\ A$ Admisible

$$S_C = \frac{2\rho}{u_2} C = \frac{2 \times 0.018}{6.72} 920 = 4.93\ mm^2 \rightarrow 6\ mm^2$$

Tablas: $6\ mm^2 \rightarrow 29\ A > 18\ A$ Admisible

Para calcular el ramal BF, calculamos previamente la caída tensión entre A y B:

$$u_{AB} = \frac{2\rho}{S_A} l_1 I_1 + \frac{2\rho}{S_A} l_2 I_2 = \frac{2\rho}{S_A} (l_1 I_1 + l_2 I_2)$$

$$u_{AB} = \frac{2 \times 0.018}{70} (30 \times 114 + 20 \times 104) = 2.83\ V$$

$$u_{BF} = u - u_{AB} = 11.5 - 2.83 = 8.67\ V$$

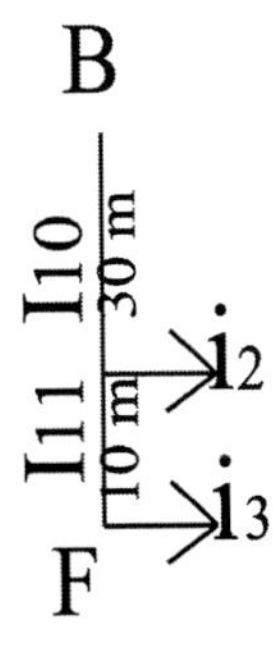

$I_{10} = i_2 + i_3 = 16 + 8 = 24\ A$ $\qquad$ $I_{11} = 8\ A$

$\Sigma\, l\, I$: 30×24	$\Sigma\, L\, i$: 30×16
10×8	40×8
$\Sigma = 800$	$\Sigma = 800$

$$S_{BF} = \frac{2 \times 0.018}{8.67} 800 = 3.32 \text{ mm}^2 \rightarrow 4 \text{ mm}^2$$

Tablas: 4 mm^2 → 23 A < 24 A No admisible

Tablas: 6 mm^2 → 29 A > 24 A Admisible

S_{BF} = 6 mm^2

El resto es igual que en el ejercicio anterior.

Calcular la sección del conductor de cobre de la línea de la figura, sabiendo que la caída de tensión máxima admisible es del 5 %, y que la instalación se realiza bajo tubo, un solo cable, 1 bipolar.

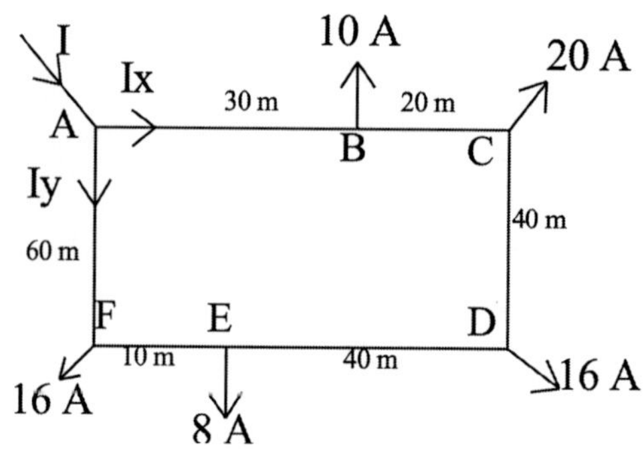

1.º Leer

2.º Datos:

V = 230 V   u = 5 % 230 = 11.50 V (ver esquema)

3.º Unidades:

Todos los datos están en el mismo sistema.

4.º y 5.º Esquema:

Ver figura.

6.º Cálculo:

I_X : Σl I : 60 × 16 | I_Y : ΣL : 30 × 10

70 × 8 | 50 × 20

110 × 16 | 90 × 16

150 × 20 | 130 × 8

170 × 10 | 140 × 16

Σ = 7980 | Σ = 6020

$$I_X = \frac{7980}{200} = 39.90\ A \qquad I_Y = \frac{6020}{200} = 30.10\ A$$

$10 + 20 + 16 + 8 + 16 = 70\ A = I_X + I_Y$

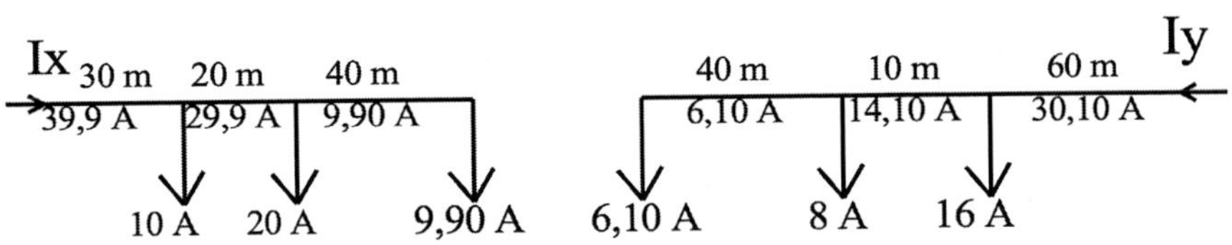

Σl I : 30 × 39.90 | Σl I : 60 × 30.10

20 × 29.90 | 10 × 14.10

40 × 9.90 | 40 × 6.10

Σ = 2191 | Σ = 2191

ΣL i : 30 × 10.00
50 × 20.00
90 × 9.90

Σ = 2191

ΣL i : 60 × 16.00
70 × 8.00
110 × 6.10

Σ = 2191

$$\mathbf{S} = \frac{2\rho}{u}\Sigma l\, I = \frac{2 \times 0.018}{11.50} 2191 = 6.86\ mm^2 \rightarrow 6\ mm^2 \rightarrow 10\ mm^2$$

Tablas: 10 mm^2 → 38 A < 39.9 A No admisible

Tablas: 16 mm^2 → 51 A > 39.9 A Admisible

S = 16 mm^2

Para el resto (caídas de tensión parciales y tensión en bornes de cada abonado), ver ejercicios anteriores.

Calcular las secciones de los conductores de cobre de la línea de la figura, sabiendo que la caída de tensión máxima admisible es del 5 %, y que la instalación se realiza bajo tubo, un solo cable, 1 bipolar.

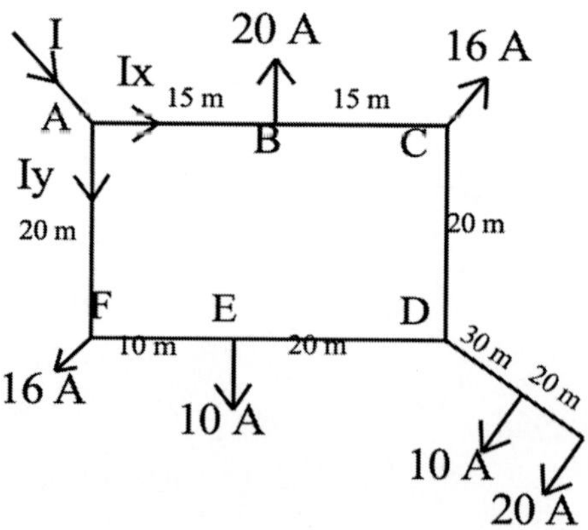

1.º Leer

2.º Datos:

V = 230 V   u = 5 % 230 = 11.50 V

3.º Unidades:

Todos los datos están en el mismo sistema.

6.º Cálculos:

I_X : $\sum L\,i$: 20×16	I_Y : $\sum l\,I$: 15×20
30×10	30×16
50×30	50×30
70×16	70×10
85×20	80×16
$\sum = 4940$	$\sum = 4260$

$$I_X = \frac{4940}{100} = 49.40 \text{ A} \qquad I_Y = \frac{4260}{100} = 42.60 \text{ A}$$

$$\sum i = 20 + 16 + 30 + 10 + 16 = 92 \text{ A} = I_X + I_Y$$

El punto de mínima es el D.

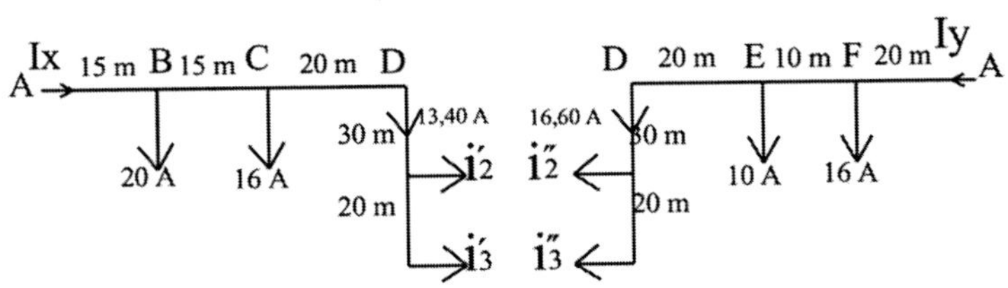

$$16.60 > 13.40 \rightarrow i_2' = \frac{13.40}{10+20} 10 = 4.47 \text{ A} \quad i_3' = \frac{13.40}{10+20} 20 = 8.93 \text{ A}$$

Tramo AD :

ΣL i : 15 × 20	ΣL i : 20 × 16
30 × 16	30 × 10
50 × 13.40	50 × 16.60
Σ = 1450	Σ = 1450

Ramal:

Σ L i : 30 × 4.47

50 × 8.93

Σ = 580.60

$$u_1 = \frac{11.50}{1+\sqrt{\frac{580.60 \times 50}{1450 \times 50}}} = 7.04 \text{ V}$$

$$S_{AD} = \frac{2 \times 0.018}{7.04} 1450 = 7.41 \text{ mm}^2 \rightarrow 10 \text{ mm}^2$$

Tablas: 10 mm^2 → 38 A < 49.40 A No admisible

Tablas: 16 mm^2 → 51 A > 49.40 A Admisible

S = 16 mm^2

$$u_{AD} = \frac{2 \times 0.018}{16} 1450 = 3.26 \text{ V} \quad u_2 = u - u_{AD} = 11.50 - 3.26 = 8.24 \text{ V}$$

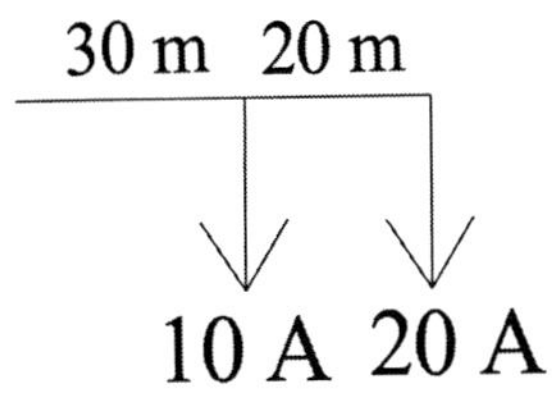

Σ L i: 30×10	Σ l I: 30×30
50×20	20×20
$\Sigma = 1300$	$\Sigma = 1300$

$$\text{Ramal: } S = \frac{2 \times 0.018}{8.24} 1300 = 5.68 \text{ mm}^2 \rightarrow 6 \text{ mm}^2$$

Tablas: $6 \text{ mm}^2 \rightarrow 28 \text{ A} < 30 \text{ A}$ No admisible

Tablas: $10 \text{ mm}^2 \rightarrow 38 \text{ A} > 30 \text{ A}$ Admisible

$$S = 10 \text{ mm}^2$$

Calcular las secciones de los conductores de cobre de la línea de la figura, sabiendo que la caída de tensión máxima admisible es del 5 %, y que la instalación se realiza bajo tubo, un solo cable, 1 bipolar.

1.º Leer

2.º Datos:

V = 230 V u = 5 % 230 = 11.50 V

El resto de datos figuran en el esquema.

3.º Unidades:

Todos los datos están en el mismo sistema.

4.º y 5.º Esquemas:

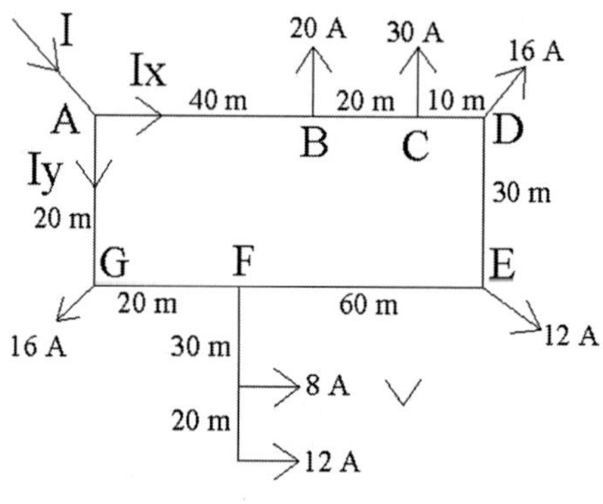

6.º Cálculos:

$I_X : \sum L\, i : 20 \times 16$ $I_Y : \sum L\, i : 40 \times 20$

40×20 60×30

100×12 70×16

130×16 100×12

140×30 160×20

160×20 180×16

$\Sigma = 11\,800$ $\Sigma = 11\,000$

$$I_X = \frac{11\,800}{200} = 59 \text{ A} \qquad I_Y = \frac{11\,000}{200} = 55 \text{ A}$$

Comprobación: $\Sigma i = 20 + 30 + 16 + 12 + 20 + 16 = 114$ A

$\Sigma I_X + I_Y = 59 + 55 = 114$ A

El punto de mínima está en el punto D:

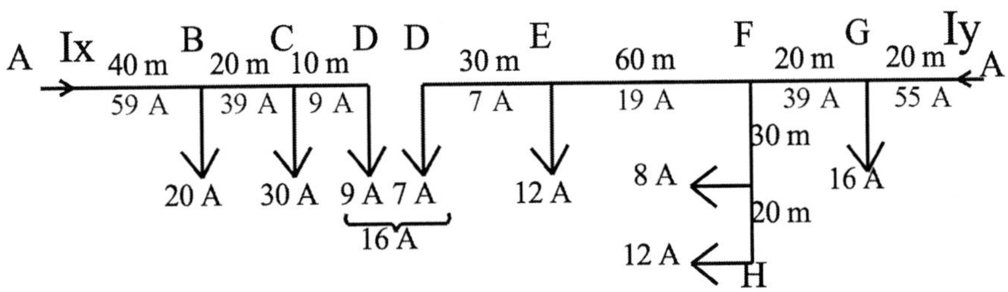

Ix: Σ I l = 40×59

20×39

10×9

$\Sigma = 3230$

IY: Σ I l = 20×55

20×39

60×19

30×7

$\Sigma = 3230$

$$S = \frac{2 \times 0.018}{11.50}$$

$3230 = 10.11\ mm^2 \rightarrow 16\ mm^2$

Tablas: $16\ mm^2 \rightarrow 51\ A < 59\ A$ No admisible

Tablas: $25\ mm^2 \rightarrow 68\ A > 59\ A$ Admisible

$$S = 25\ mm^2$$

Calculamos la caída de tensión de A a F:

$$u_{AG} = \frac{2 \times 0.018}{25} 20 \times 55 = 1.584\ V$$

$$u_{AG} = \frac{2 \times 0.018}{25} 20 \times 39 = 1.123\ V$$

$u_{AF} = \ldots\ldots\ldots\ldots\ldots\ldots\ldots\ldots\ldots\ldots\ 2.707\ V$

$u_{FH} = u - u_{AF} = 11.50 - 2.707 = 8.793\ V$

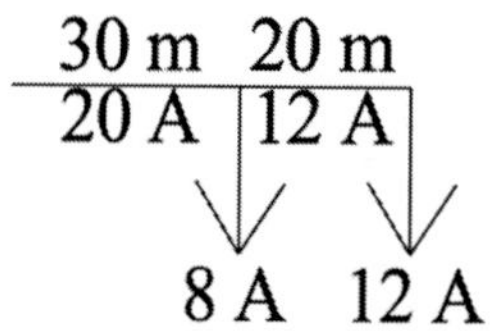

$\Sigma\, L\, i = 30 \times 8$

50×12

$\Sigma = 840$

$\Sigma\, l\, I = 30 \times 20$

20×12

$\Sigma = 840$

$$S_{FH} = \frac{2 \times 0.018}{8.793} 840 = 3.43\ mm^2 \rightarrow 4\ mm^2$$

Tablas: $4\ mm^2 \rightarrow 22\ A > 20\ A$ Admisible

$$S_{FH} = 4\ mm^2$$

Calcular las secciones de la línea telescópica de la figura, sabiendo que la caída de tensión es del 5 % y que la instalación se realiza bajo tubo, un solo cable, 1 bipolar.

1.º Leer

2.º Datos:

V = 230 V u = 5 % 230 = 11.5 V

P = 4 CV = 4 × 736 =2944 W η = 90 % Los demás datos están en la figura.

3.º Unidades:

Todos los datos están en el mismo sistema.

4.º y 5.º Esquema:

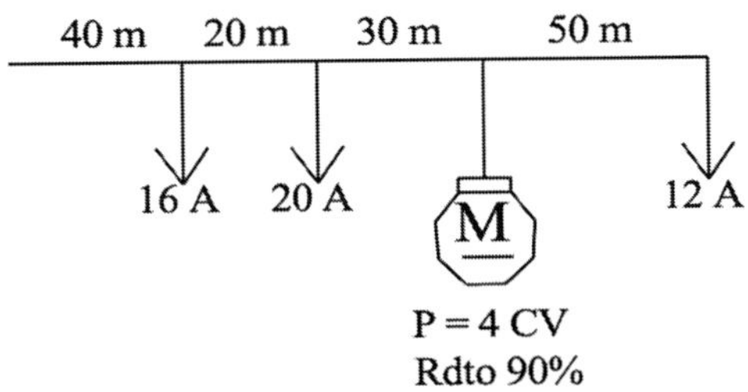

$$P_T = \frac{Pu}{\eta} = \frac{2944}{0.90} = 3271.11 \text{ W} \quad I_M = \frac{P_T}{V} = \frac{3271.11}{230} = 14.22 \text{ A}$$

$$14.22 \times 1.25 = 17.78 \text{ A}$$

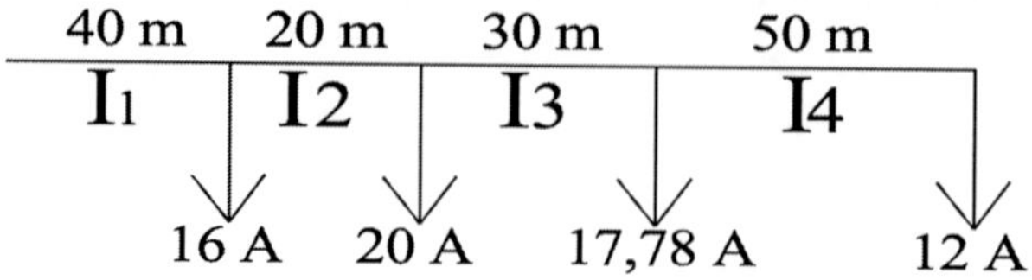

$I_1 = 16 + 20 + 17.78 + 12 = 65.78$ A $\quad \sqrt{I_1} = \sqrt{65.78} = 8.11$

$I_2 = 20 + 17.78 + 12 = 49.78 \quad \sqrt{I_2} = \sqrt{49.78} = 7.06$

$I_3 = 17.78 + 12 = 29.78$ A $\quad \sqrt{I_3} = \sqrt{29.78} = 5.46$

$I_4 = 12$ A $\quad \sqrt{I_4} = \sqrt{12} = 3.46$

$$\begin{aligned} \Sigma\, l \sqrt{I} = {} & 40 \times 8.11 \\ & 20 \times 7.06 \\ & 30 \times 5.46 \\ & 50 \times 3.46 \\ \hline & \Sigma = 802.40 \end{aligned}$$

$S = \frac{2 \times \rho}{u} \Sigma\, l \sqrt{I} \sqrt{I_N}$ Si hacemos $\frac{2 \times \rho}{u} \Sigma\, l \sqrt{I} = K$

$S_N = K \sqrt{I_N} \quad K = \frac{2 \times 0.018}{11.50} 802.40 = 2.51186$

$S_1 = K \sqrt{I_1} = 2.51186 \times 8.11 = 20.37\ mm^2 \rightarrow 25\ mm^2$

Tablas: $25\ mm^2 \rightarrow 68$ A > 65.78 A Admisible

$S_2 = K \sqrt{I_2} = 2.51186 \times 7.06 = 17.73\ mm^2 \rightarrow 25\ mm^2$

Tablas: $25\ mm^2 \rightarrow 68$ A > 49.78 A Admisible

$S_3 = K\sqrt{I_3} = 2.51186 \times 5.46 = 13.71\ mm^2 \rightarrow 16\ mm^2$

Tablas: $16\ mm^2 \rightarrow 51\ A > 29.78\ A$ Admisible

Para calcular la sección del último tramo, previamente calculamos la caída de tensión en los tramos anteriores con la sección real que hemos adoptado y se la restamos a la caída total disponible, obteniendo así la caída disponible para este tramo:

$$u_1 = \frac{2 \times 0.018}{25} 40 \times 65.78 = 3.79\ V$$

$$u_2 = \frac{2 \times 0.018}{25} 20 \times 49.78 = 1.43\ V$$

$$u_3 = \frac{2 \times 0.018}{16} 30 \times 29.78 = 2.01\ V$$

$\Sigma =$ .... $7.23\ V$

$u_4 = 11.50 - 7.23 = 4.27\ V$

$$S_4 = \frac{2 \times 0.018}{4.27} 50 \times 12 = 5.05\ mm^2 \rightarrow 6\ mm^2$$

Tablas: $6\ mm^2 \rightarrow 28\ A > 12\ A$ Admisible

$S_1 = 25\ mm^2$

$S_2 = 25\ mm^2$

$S_3 = 16\ mm^2$

$S_4 = 6\ mm^2$

Calcular las secciones de los conductores de cobre de la línea de la figura, sabiendo que la caída de la tensión máxima admisible es del 5 %, el ramal FH es telescópico y la instalación se realiza bajo tubo, varios cables, 2 unipolares.

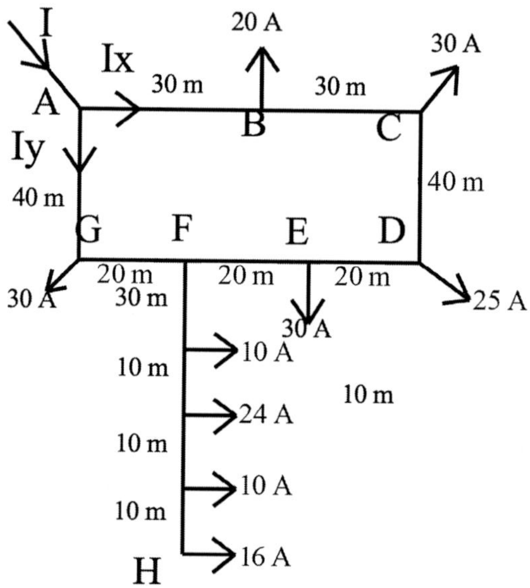

1.º Leer

2.º Datos:

V = 230 V u = 5 % 230 = 11.50 V

3.º Unidades:

Todos los datos están en el mismo sistema.

4.º Esquema:

Ver dibujo.

6.º Cálculos:

Calculamos el punto M de mínima:

$I_X: \sum L\,i: 40 \times 30$	$I_Y: \sum L\,i: 30 \times 20$
60×60	60×30
80×30	100×25
100×25	120×30
140×30	140×60
170×20	160×30
$\Sigma = 17\,300$	$\Sigma = 21\,700$

$$I_X = \frac{17\,300}{200} = 86.50 \text{ A} \qquad I_Y = \frac{217\,00}{200} = 108.50 \text{ A}$$

Comprobación:

$$\sum i = 20 + 30 + 25 + 30 + 60 + 30 = 195 \text{ A}$$
$$I_X + I_Y = 86.50 + 108.50 = 195 \text{ A}$$

El punto de mínima está en el punto E:

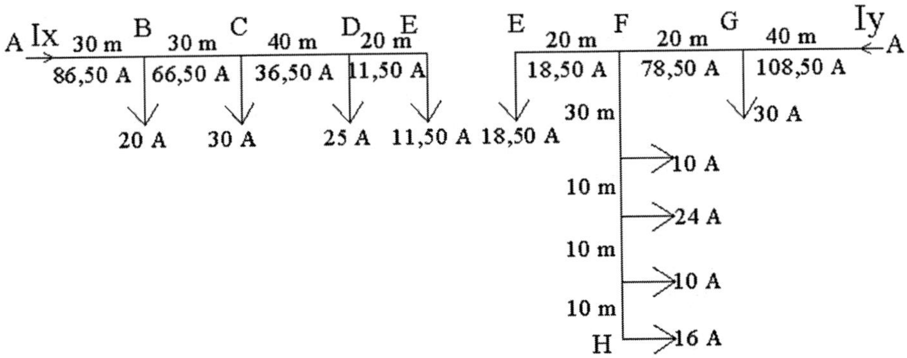

$\Sigma\, l\, I$: 30×86.50

30×66.50

40×36.50

20×11.5

$\Sigma = 6280$

$\Sigma\, l\, I$: 40×108.50

20×78.50

20×18.50

$\Sigma = 6280$

$$S = \frac{2 \times 0.018}{11.50} 6280 = 19.66\ mm^2 \rightarrow 25\ mm^2$$

Tablas: $25\ mm^2 \rightarrow 71\ A < 108.50\ A$ No admisible

Tablas: $50\ mm^2 \rightarrow 110\ A > 108.50\ A$ Admisible

Caída de tensión desde A a F:

$$u_{AG} = \frac{2 \times 0.018}{50} 40 \times 108.50 = 3.12\ V$$

$$u_{GF} = \frac{2 \times 0.018}{50} 20 \times 78.50 = 1.13\ V$$

---

u_{AF} = ... 4.25 V

$u_{\Gamma II} = 11.50 - 4.25 = 7.25\ A$

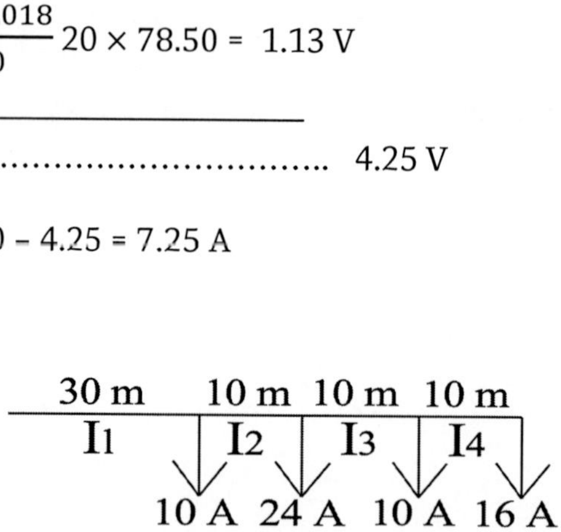

$I_1 = 10 + 24 + 10 + 16 = 60\ A$ $\sqrt{I_1} = 7.75$

$I_2 = 24 + 10 + 16 = 50\ A$ $\sqrt{I_2} = 7.07$

$I_3 = 10 + 16 = 26$ A $\sqrt{I_3} = 5.10$

$I_4 = 16$ A $\sqrt{I_4} = 4.00$

$\Sigma l \sqrt{I}$: 30×7.75
10×7.07
10×5.10
10×4.00

$\Sigma = 394.20$

$$S_N = \frac{2 \times 0.018}{7.25} 394.20 \times \sqrt{I_N} \qquad \frac{2 \times 0.018}{7.25} 394.20 = K$$

$S_1 = K \times \sqrt{I_1} = 15.17 \text{ mm}^2 \rightarrow 16 \text{ mm}^2$

Tablas: $16 \text{ mm}^2 \rightarrow 54$ A < 60 A No admisible
Tablas: $25 \text{ mm}^2 \rightarrow 71$ A > 60 A Admisible

$S_2 = K \times \sqrt{I_2} = 13.84 \text{ mm}^2 \rightarrow 16 \text{ mm}^2$
Tablas: $16 \text{ mm}^2 \rightarrow 54$ A > 50 A Admisible

$S_3 = K \times \sqrt{I_3} = 9.98 \text{ mm}^2 \rightarrow 10 \text{ mm}^2$
Tablas: $10 \text{ mm}^2 \rightarrow 40$ A > 26 A Admisible

Con estas secciones calculamos la caída de tensión en estos 3 tramos:

$$u_1 = \frac{2 \times 0.018}{25} 30 \times 60.00 = 2.59 \text{ V}$$

$$u_2 = \frac{2 \times 0.018}{16} 10 \times 50.00 = 1.12 \text{ V}$$

$$u_3 = \frac{2 \times 0.018}{10} 10 \times 26.00 = 0.94 \text{ V}$$

$$\Sigma = \ldots\ldots\ldots\ldots\ldots\ldots\ldots\ldots\ 4.65 \text{ V} \qquad u_4 = 7.25 - 4.65 = 2.60 \text{ V}$$

$$S_4 = \frac{2 \times 0.018}{2.60} 10 \times 16 = 2.21 \text{ mm}^2 \rightarrow 2.50 \text{ mm}^2$$

Tablas: 2.50 $mm^2 \rightarrow$ 17 A < 26 A No admisible

Tablas: 6 $mm^2 \rightarrow$ 29 A > 26 A Admisible

S = 50 mm^2

S_1 = 25 mm^2

S_2 = 16 mm^2

S_3 = 10 mm^2

S_4 = 6 mm^2

Calcular la sección del conductor de cobre de la línea de la figura, sabiendo que la caída de tensión máxima admisible es del 3 % y la instalación se realiza bajo tubo, varios cables, 2 unipolares.

1.º Leer

2.º Datos:

V = 230 V

P1 = 60 Lámparas de 100 W/ud. = 6000 W

u = 3 % 230 = 6.90 V El resto de datos figuran en el esquema

3.º Unidades:

Todos los datos están en el mismo sistema.

4.º y 5.º Esquema:

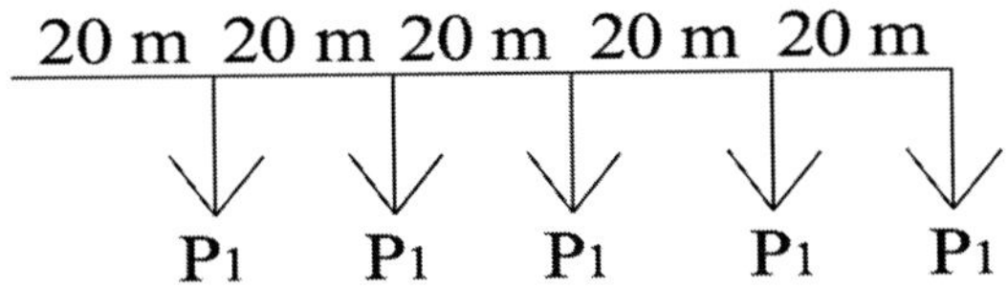

6.º Cálculos:

$$S = \frac{2\rho}{u} l_1 i_1 \frac{1+n}{2} n \qquad i_1 = \frac{100}{230} 60 = 26.09 \text{ A}$$

$$S = \frac{2 \times 0.018}{6.90} 20 \times 26.09 \frac{1+5}{2} 5 = 40.84 \text{ mm}^2 \rightarrow 50 \text{ mm}^2$$

$$I_T = 5 \times \frac{100}{230} 60 = 130.43 \text{ A}$$

Tablas: 50 $mm^2 \rightarrow$ 110 A < 130.43 A No admisible

Tablas: 70 $mm^2 \rightarrow$ 135 A > 130.43 A Admisible

$$S = 70 \text{ mm}^2$$

CAPÍTULO 18

CÁLCULO DE CONDUCTORES EN BT C.A.

18.1 CORRIENTE ALTERNA MONOFÁSICA (2 HILOS)

Siendo V_1 la tensión al comienzo de la línea, V_2 la tensión final, y "u" la caída de tensión en la línea, resulta:

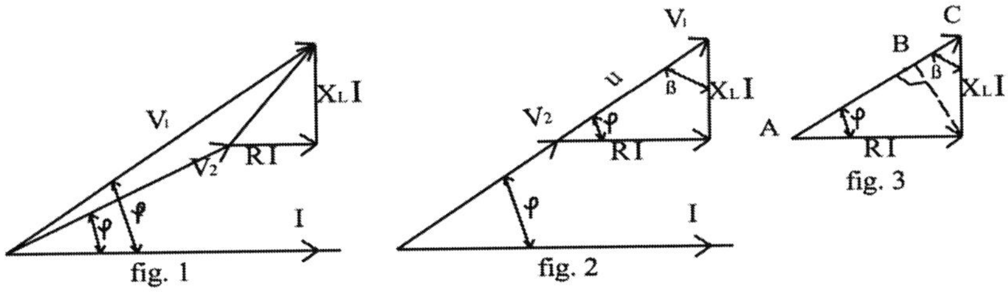

R = Resistencia de la línea

X_L = Inductancia de la línea

En la práctica, $\varphi_1 \cong \varphi_2 = \varphi$, dado que el desfase entre tensión e intensidad es prácticamente el mismo al principio y final de línea; el resultado es el mismo que el correspondiente al de la figura 2.

$V_1 = V_2 + u$

En la figura 3: $\varphi + ß = 90^\circ$ $\quad u = AC = AB + BC$

$$\cos \varphi = \frac{AB}{R\,I} \qquad AB = R\,I \cos \varphi$$

$$\cos ß = \frac{BC}{X_L\,I} \qquad BC = X_L\,I \cos ß = X_L\,I\ \text{sen}\ \varphi$$

$u = AB + BC = R\, I \cos \varphi + X_L\, I \,\text{sen}\, \varphi$

Teniendo en cuenta que son dos hilos y la longitud se refiere a la distancia geométrica:

$$u = \rho \frac{2\, l}{S} I \cos \varphi + 2\, \omega\, L\, I \,\text{sen}\, \varphi$$

L = Coeficiente de autoinducción del conductor, que en líneas de baja tensión y longitudes pequeñas L ≅ 0, resultando:

$$u = \frac{2\, \rho}{S} l\, I \cos \varphi$$

$$\boxed{S = \frac{2\, \rho}{u} l\, I \cos \varphi}$$

Observamos que I cos φ es la componente activa de la intensidad; por tanto, para calcular la sección en función de la caída de tensión admisible procederemos igual que en corriente continua, actuando con estas intensidades (componentes activas), y para determinar si la sección es admisible, calcularemos la intensidad total en el tramo que corresponda; para ello determinamos las componentes activas y reactivas de la intensidad y con ellas la intensidad total.

18.2 Líneas con un solo abonado o receptor

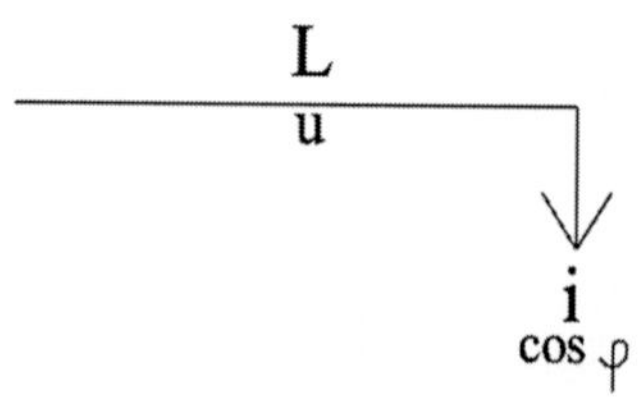

$P = V\, i \cos \varphi \quad i = \frac{P}{V \cos \varphi} \quad S = \frac{2\, \rho}{u} L\, i \cos \varphi \qquad S = \frac{2\, \rho}{u\, V} L\, P$

18.3 Línea con varios abonados o receptores

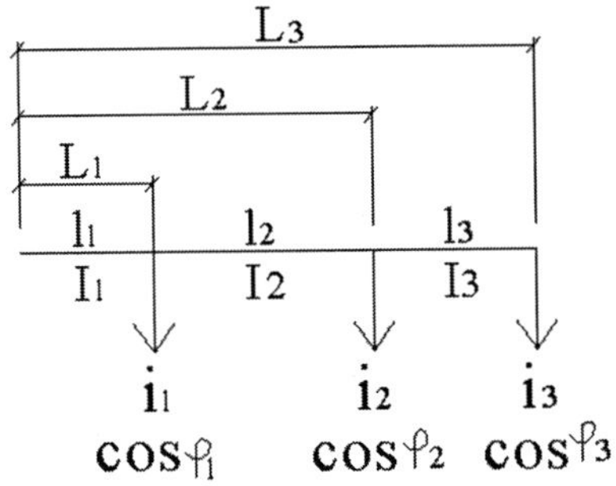

$$S = \frac{2\,\rho}{u}\,\Sigma L\,i\cos\varphi \qquad\qquad S = \frac{2\,\rho}{u}\,\Sigma l\,I\cos\varphi'$$

Si calculamos previamente las componentes activa y reactiva de cada abonado o receptor, podíamos representar las expresiones anteriores de la siguiente forma:

$$S = \frac{2\,\rho}{u}\,\Sigma L\,i_a \qquad\qquad S = \frac{2\,\rho}{u}\,\Sigma l\,I_a$$

Siendo i_a las componentes activas de las corrientes parciales e I_a las componentes activas de las corrientes totales en cada tramo:

$i_{a1} = i_1 \cos\varphi_1$ $\quad i_{a2} = i_2 \cos\varphi_2$ $\quad i_{a3} = i_3 \cos\varphi_3$

$I_{a1} = I_1 \cos\varphi'_1$ $\quad I_{a2} = I_2 \cos\varphi'_2$ $\quad I_{a3} = I_3 \cos\varphi'_3$

No obstante, si procedemos como indicábamos en el párrafo anterior, es decir, calculando previamente las componentes activas y reactivas de las corrientes parciales, resulta:

$I_{a3} = i_{a3}$ $\quad I_{a2} = I_{a3} + i_{a2}$ $\quad I_{a1} = I_{a2} + i_{a1}$

$i_{r1} = i_1 \operatorname{sen}\varphi_1$ $\quad i_{r2} = i_2 \operatorname{sen}\varphi_2$ $\quad i_{r3} = i_3 \operatorname{sen}\varphi_3$

$I_{r3} = i_{r3}$ $\quad I_{r2} = I_{r3} + i_{r2}$ $\quad I_{r1} = I_{r2} + i_{r1}$

El valor de la corriente total en cada tramo (para comprobar si la sección es admisible):

$$I_1 = \sqrt{I_{a1}^2 + I_{r1}^2} \qquad I_2 = \sqrt{I_{a2}^2 + I_{r2}^2} \qquad I_3 = \sqrt{I_{a3}^2 + I_{r3}^2}$$

Si deseamos obtener el factor de potencia de cada intensidad total:

$$\cos \rho_1 = \frac{I_{a1}}{I_1} \qquad \cos \rho_2 = \frac{I_{a2}}{I_2} \qquad \cos \varphi_3 = \frac{I_{a3}}{I_3}$$

Con todo lo indicado procederemos igual que en corriente continua, calculando la sección con las componentes activas de las corrientes, comprobando que la sección comercial adoptada soporta la intensidad de corriente total.

18.4 Línea con ramificaciones

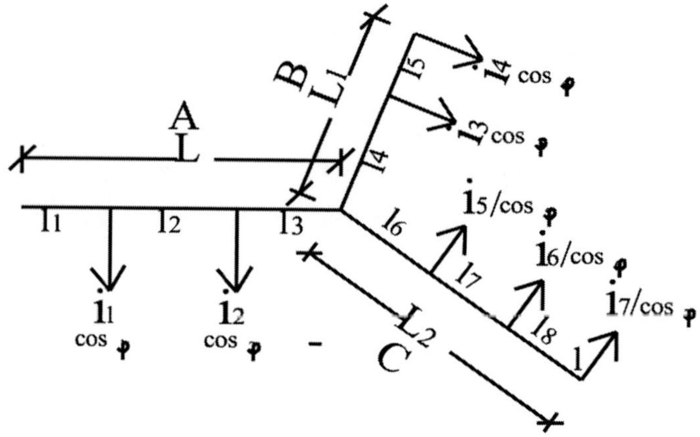

Se procede igual que en corriente continua con las componentes activas de las corrientes, excepto en lo referente a la densidad de corriente admisible, que se comprobará con la corriente total.

A)

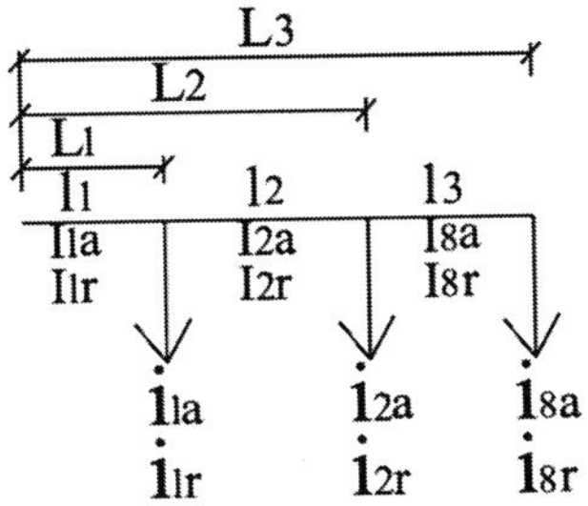

$i_{1a} = i_1 \cos \varphi_1$ $i_{2a} = i_2 \cos \varphi_2$ $i_{3a} = i_3 \cos \varphi_3$ $i_{4a} = i_4 \cos \varphi_4$ $i_{1r} = i_1 \operatorname{sen} \varphi_1$ $i_{2r} = i_2 \operatorname{sen} \varphi_2$ $i_{3r} = i_3 \operatorname{sen} \varphi_3$ $i_{4r} = i_4 \operatorname{sen} \varphi_4$

$i_{5a} = i_5 \cos \varphi_5$ $i_{6a} = i_6 \cos \varphi_6$ $i_{7a} = i_7 \cos \varphi_7$ $i_{8a} = i_8 \cos \varphi_8$

$i_{5r} = i_5 \operatorname{sen} \varphi_5$ $i_{6r} = i_6 \operatorname{sen} \varphi_6$ $i_{7r} = i_7 \operatorname{sen} \varphi_7$ $i_{8r} = i_8 \operatorname{sen} \varphi_8$

$I_{8a} = i_{3a} + i_{4a} + i_{5a} + i_{6a} + i_{7a}$ $I_{2a} = I_{8a} + i_{2a}$ $I_{1a}=I_{2a}+i_{1a}$ $I_{8r} = i_{3r} + i_{4r} + i_{5r} + i_{6r} + i_{7r}$ $I_{2r} = I_{8r} + i_{2r}$ $I_{1r} = I_{2r} + i_{1r}$

$\Sigma\, l\, I_a$: $\dfrac{\Sigma\, l_1 I_{1a} + l_2 I_{2a} + l_3 I_{8a}}{\Sigma = A}$ $\Sigma\, L\, i_a$: $\dfrac{\Sigma L_1 i_{1a} + L_2 i_{2a} + L_3 i_{8a}}{\Sigma = A}$

B)

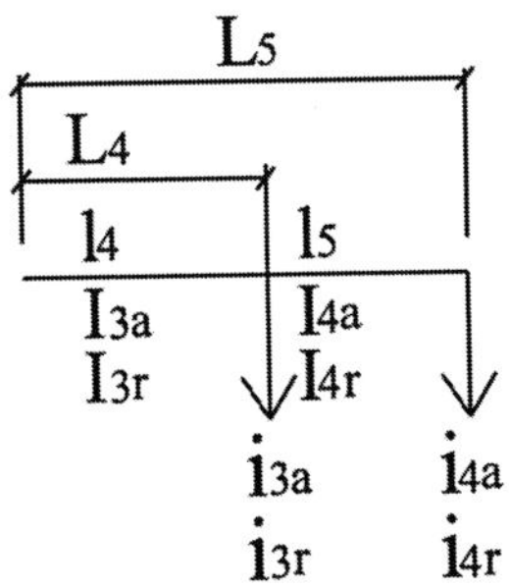

$I_{4a} = i_{4a}$ $\qquad$ $I_{3a} = i_{4a} + i_{3a}$

$I_{4r} = i_{4r}$ $\qquad$ $I_{3r} = i_{4r} + i_{3r}$

$\sum l\, I_a$: $\; l_4\, I_{3a} + l_5\, I_{4a}$ $\qquad$ $\sum L\, i_a$: $\; L_4\, i_{3a} + L_5\, i_{4a}$

$\sum = B$ $\qquad$ $\sum = B$

C)

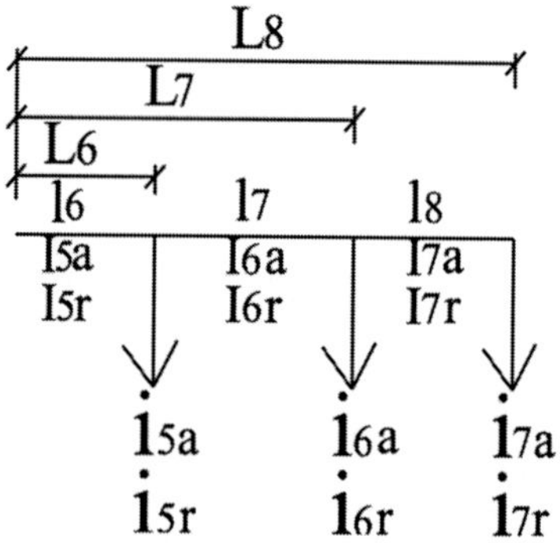

$I_{7a} = i_{7a}$ $\qquad$ $I_{6a} = I_{7a} + i_{6a}$ $\qquad$ $I_{5a} = I_{6a} + i_{5a}$

$I_{7r} = i_{7r}$ $\qquad$ $I_{6r} = I_{7r} + i_{6r}$ $\qquad$ $I_{5r} = I_{6r} + i_{5r}$

$\sum l\, I_a$: $\; l_6\, I_{5a} + l_7\, I_{6a} + L_8\, i_{7a}$ $\qquad$ $\sum L\, i_a$: $\; L_6\, i_{5a} + L_7\, i_{6a} + l_8\, I_{7a}$

$\sum = C$ $\qquad$ $\sum = C$

$$u_1 = \frac{u}{1+\sqrt{\dfrac{B \times L_1 + C \times L_2}{A \times L}}}$$

$S_A = \dfrac{2\,\rho}{u_1} A$ con esta sección se comprueba si admite la intensidad I_1,

siendo: $I_1 = \sqrt{I_{1a}^2 + I_{1r}^2}$

Una vez calculada la sección S_A definitiva, se recalcula u_1

$$u_1 = \frac{2\,\rho}{S_A} A \quad \text{con lo que:} \quad u_2 = u - u_1$$

$S_B = \dfrac{2\,\rho}{u_2} B$ con esta sección se comprueba si admite la intensidad I_3,

siendo: $I_3 = \sqrt{I_{3a}^2 + I_{3r}^2}$

$S_C = \dfrac{2\,\rho}{u_2} C$ con esta sección se comprueba si admite la intensidad I_5,

siendo: $I_5 = \sqrt{I_{5a}^2 + I_{5r}^2}$

18.5 Línea en anillo

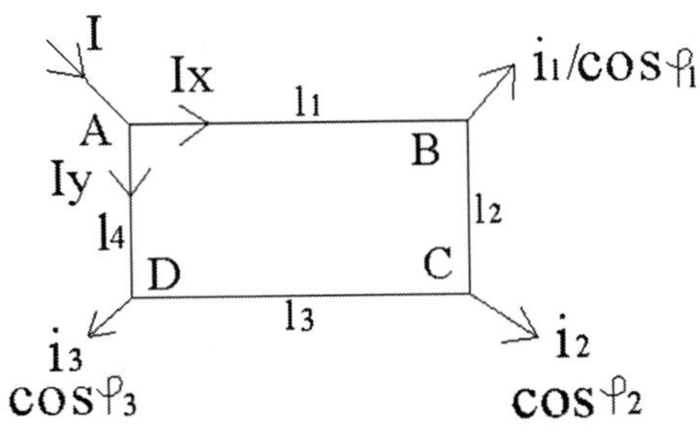

Se calculan las corrientes I_{Xa} e I_{ya} exactamente igual que en el caso de corriente continua:

I_{Xa}: $\Sigma\, L\, i_a : l_4\, i_{3a}$

$(l_4 + l_3)\, i_{2a}$

$(l_4 + l_3 + l_2)\, i_{1a}$

$\Sigma = A$ $\qquad\qquad I_{Xa} = \dfrac{A}{L_T}$

I_{ya}: $\Sigma L\, i_a : l_1\, i_{1a}$

$$(l_1 + l_2)\, i_{2a}$$

$$(l_1 + l_2 + l_3)\, i_{3a}$$

$$\Sigma = B \qquad\qquad I_{ya} = \frac{B}{L_T}$$

Procediendo con las componentes activas igual que en corriente continua, determinamos el punto de mínima tensión (M) y la sección del conductor.

Para comprobar si la sección admite la intensidad de corriente máxima, partimos del ramal que tenga mayor intensidad total.

Supongamos que el punto de mínima se produce en el punto C:

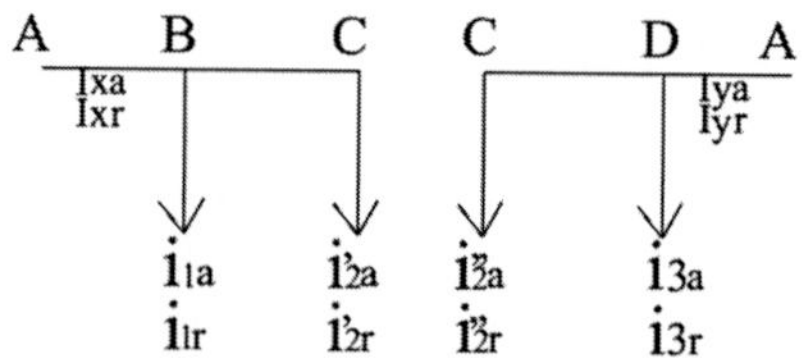

I_{Xa} ya está calculada para determinar M.

I_{ya} ya está calculada para determinar M.

$I_{Xr} = i_{1r} + i'_{2r} \quad I_{yr} = i_{3r} + i''_{2r}$

$I_X = \sqrt{I_{xa}^2 + I_{xr}^2} \quad I_y = \sqrt{I_{ya}^2 + I_{yr}^2}$

Se comprobará que la sección resultante admita la mayor de estas corrientes.

18.6 Línea telescópica

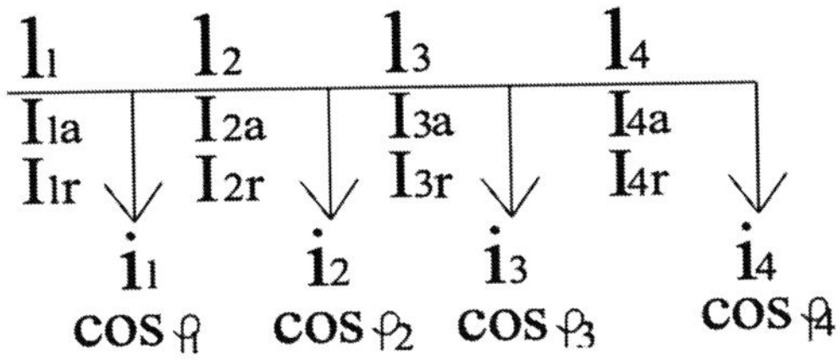

$I_{4a} = i_4 \times \cos \varphi_4$ $\quad$ $I_{3a} = i_3 \times \cos \varphi_3 + I_{4a}$ $\quad$ $I_{2a} = i_2 \times \cos \varphi_2 + I_{3a}$

$I_{4r} = i_4 \times \operatorname{sen} \varphi_4$ $\quad$ $I_{3r} = i_3 \times \operatorname{sen} \varphi_3 + I_{4r}$ $\quad$ $I_{2r} = i_2 \times \operatorname{sen} \varphi_2 + I_{3r}$

$I_{1a} = i_1 \times \cos \varphi_1 + I_{2a}$ $\quad$ $I_{1r} = i_1 \times \operatorname{sen} \varphi_2 + I_{2r}$

$$Sn = \frac{2\rho\sqrt{I_{na}}}{u} \Sigma l \sqrt{Ia}$$

$\Sigma l \sqrt{Ia}$:

$l_1 \sqrt{I_{1a}}$

$l_2 \sqrt{I_{2a}}$

$l_3 \sqrt{I_{3a}}$

$l_4 \sqrt{I_{4a}}$

$\Sigma = l \sqrt{Ia}$

En cada una de las secciones obtenidas deberá comprobarse que admiten las intensidades a que están sometidas.

S_1 debe admitir la intensidad I_1, siendo $I_1 = \sqrt{I_{1a}^2 + I_{1r}^2}$

$S_N = \sqrt{I_{na}^2 + I_{nr}^2}$

18.7 Línea con cargas idénticas uniformemente repartidas

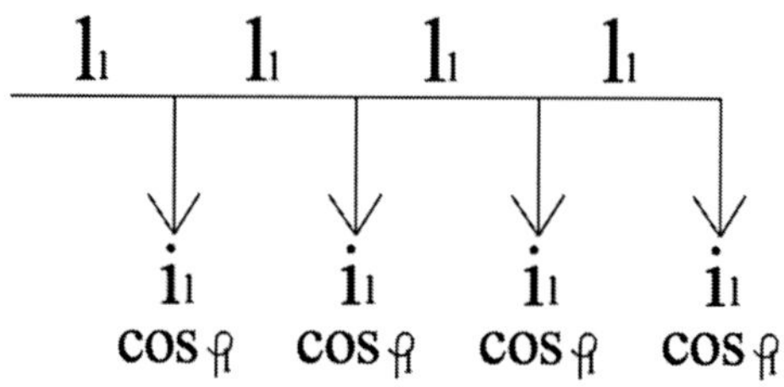

$$S = \frac{2\rho}{u} \sum l\ i \cos\varphi$$

$\sum l\ i \cos\varphi$: $l_1\ i_1 \cos\varphi_1$

$(l_1 + l_1)\ i_1 \cos\varphi_1$

$(l_1 + l_1 + l_1)\ i_1 \cos\varphi_1$

$(l_1 + l_1 + \ldots\ l_1)\ i_1 \cos\varphi_1$

$\sum = l_1\ i_1 \cos\varphi_1 (1+2+3+ \ldots\ n)$

$$S = \frac{2\rho}{u}\ l_1\ i_1 \cos\varphi_1 \frac{1+n}{2}\ n$$

CAPÍTULO 19

EJERCICIOS DE LÍNEAS EN BT C.A.

Calcular la sección del conductor de cobre de la línea de la figura, sabiendo que la instalación se realiza bajo tubo, un solo cable, 1 bipolar y la caída de tensión admisible es del 3 %.

1.º Leer

2.º Datos:

V = 230 V

u = 3 % 230 = 6.90 V

l = 60 m

i = 8 A

cos φ = 0.80

3.º Unidades:

Todos los datos están en el mismo sistema.

4.º y 5.º Esquema:

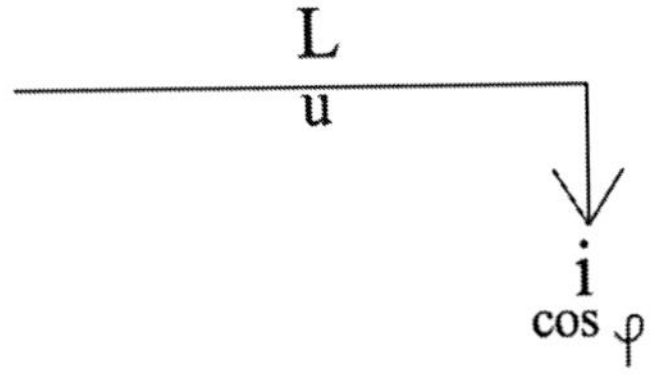

6.° Cálculo:

$i_a = 8 \times 0.80 = 6.40$ A $\qquad$ $i_r = 8 \times 0.60 = 4.80$ A

$$S = = \frac{2\,\rho}{u} L\, i \cos\varphi = \frac{2 \times 0.018}{6.90} 60 \times 6.40 = 2.00 \text{ mm}^2 \rightarrow 2.5 \text{ mm}^2$$

Tablas: 2.5 $mm^2 \rightarrow 16$ A > 8 A Admisible

La caída de tensión real con la sección de 2.5 mm^2:

$$u = \frac{2 \times 0.018}{2.5} 60 \times 6.40 = 5.53 \text{ V} < 6.90 \text{ V}$$

Calcular la sección del conductor de cobre de la figura, sabiendo que la instalación se realiza bajo tubo, varios cables, 2 unipolares y la caída de tensión admisible es del 5 %.

1.° Leer

2º Datos:

V = 230 V
u = 5% 230 = 11,5 V
P = 3 CV
cos φ = 0,80
η = 90%
L = 100 m

3º Unidades:

V = 230 V
u = 11,50 V
P = 3 × 736 = 2208 W
cos φ = 0,80
η = 90%
L = 100 m

4.° y 5.° Esquema:

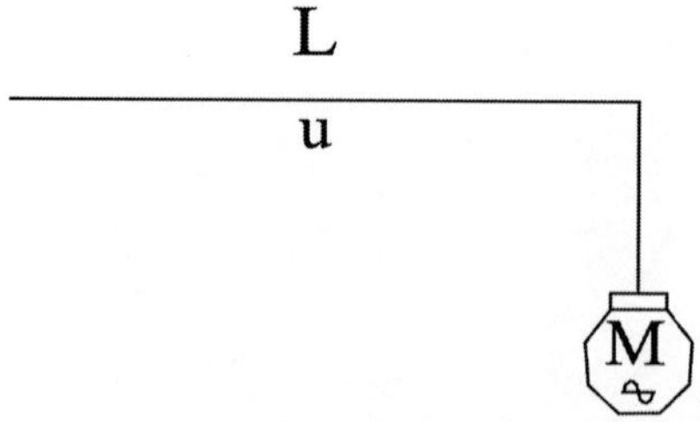

6.° Cálculos:

$$P_T = \frac{P_u}{\eta} = \frac{2208}{0.90} = 2453.33\ W \rightarrow 1.25 \times 2453.33 = 3066.67\ W$$

$$I = \frac{P}{V \cos\varphi} = \frac{3066.67}{230 \times 0.80} = 16.67\ A$$

$$S = \frac{2\rho}{u} L\, i \cos\varphi = \frac{2 \times 0.018}{11.50} 100 \times 16.67 \times 0.80 = 4.17\ mm^2$$

$$S = \frac{2\rho}{uV} l\, P = \frac{2 \times 0.018}{11.50 \times 230} 100 \times 3066.67 = 4.17\ mm^2$$

Tablas: 6 $mm^2 \rightarrow$ 29 A > 16.67 A Admisible

Caída de tensión con el conductor de 6 mm^2:

$$u = \frac{2 \times 0.018}{6 \times 230} 100 \times 3066.67 = 8.00\ V < 11.50\ V$$

Calcular la sección del conductor de cobre de la figura, sabiendo que la instalación se realiza bajo tubo, varios cables, 2 unipolares y la caída de tensión admisible es del 3 %.

1.° Leer

2°. Datos:

V = 230 V	i_1 = 4 A	cos φ_1 = 0.80
u = 3 % 230 = 6.90 V	i_2 = 8 A	cos φ_2 = 0.60
l_1 = 20 m	i_3 = 6 A	cos φ_3 = 1
l_2 = 50 m	i_4 = 10 A	cos φ_4 = 0.707
l_3 = 30 m		
l_4 = 40 m		

3.° Unidades:

Todos los datos están en el mismo sistema.

4.º y 5.º Esquema:

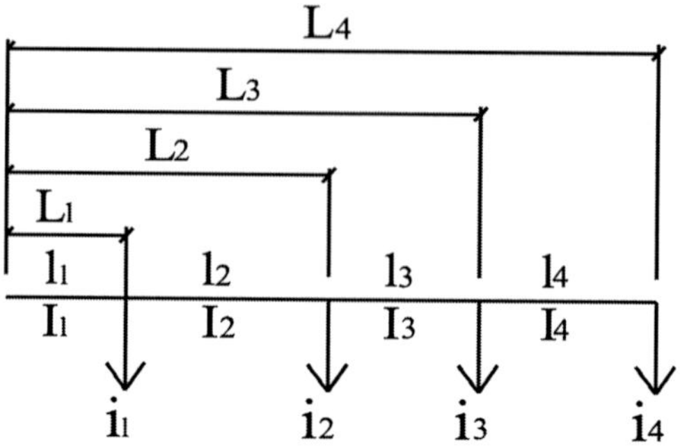

6.º Cálculos:

$i_{1a} = 4 \times 0.80 = 3.20$ A $\quad$ $i_{1r} = 4 \times 0.60 = 2.40$ A

$i_{2a} = 8 \times 0.60 = 4.80$ A $\quad$ $i_{2r} = 8 \times 0.80 = 6.40$ A

$i_{3a} = 6 \times 1 = 6.00$ A $\quad$ $i_{3r} = 6 \times 0 = 0$ A

$i_{4a} = 10 \times 0.707 = 7.07$ A $\quad$ $i_{4r} = 10 \times 0.707 = 7.07$ A

$I_{4a} = i_{4a} = 7.07$ A

$I_{4r} = i_{4r} = 7.07$ A

$I_{3a} = I_{4a} + i_{3a} = 7.07 + 6.00 = 13.07$ A

$I_{3r} = I_{4r} + i_{3r} = 7.07 + 0 = 7.07$ A

$I_{2a} = I_{3a} + i_{2a} = 13.07 + 4.80 = 17.87$ A

$I_{2r} = I_{3r} + i_{2r} = 7.07 + 6.40 = 13.47$ A

$I_{1a} = I_{2a} + i_{1a} = 17.87 + 3.20 = 21.07$ A

$I_{1r} = I_{2r} + i_{1r} = 13.47 + 2.40 = 15.87$ A

$\sum l \times I \times \cos \varphi = \sum l \times I_a$: 20×21.07

50×17.87

30×13.07

40×7.07

$\sum = 1989.80$

$\sum L \times i \times \cos \varphi = \sum L \times i_a$: 20×3.20

70×4.80

100×6.00

140×7.07

$\sum = 1989.80$

$$I_1 = \sqrt{I_{1a}^2 + I_{1r}^2} = \sqrt{21.07^2 + 15.87^2} = 26.38 \text{ A}$$

$$S = \frac{2\rho}{u} \sum L \, i \cos \varphi = \frac{2 \times 0.018}{6.90} 1989.80 = 10.38 \text{ mm}^2 \rightarrow 16 \text{ mm}^2$$

Tablas: $16 \text{ mm}^2 \rightarrow 54 \text{ A} > 26.38$ Admisible

$$u = \frac{2 \times 0.018}{16} 1989.80 = 4.48 \text{ V} < 6.90 \text{ V}$$

Para calcular las caídas de tensión parciales y con ellas las tensiones de cada una de las cargas, tenemos:

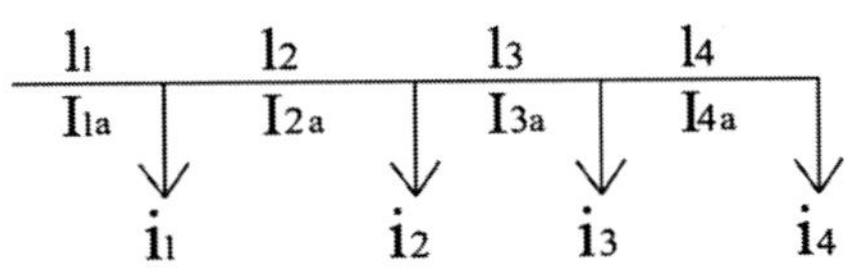

$$u_1 = \frac{2 \times 0.018}{16} 20 \times 21.07 = 0.95 \text{ V}$$

$$u_2 = \frac{2 \times 0.018}{16} 50 \times 17.87 = 2.01 \text{ V}$$

$$u_3 = \frac{2 \times 0.018}{16} 30 \times 13.07 = 0.88 \text{ V}$$

$$u_4 = \frac{2 \times 0.018}{16} 40 \times 7.07 = 0.64 \text{ V}$$

Σ = ...4.48 V

$V_1 = 230 - 0.95 = 229.05$ V
$V_2 = V_1 - 2.01 = 229.05 - 2.01 = 227.04$ V
$V_3 = V_2 - 0.88 = 227.04 - 0.88 = 226.16$ V
$V_4 = V_3 - 0.64 = 226.16 - 0.64 = 225.52$ V

Nota. La caída de tensión máxima permitida se refiere al último abonado o abonado más perjudicado, en este caso V_4, y si nos permiten una caída de tensión de 6.9 V, quiere decir que esta tensión (V_4) será como mínimo 230 – 6.90 = 223.10 V y, como podemos observar, es de 225.52 > 223.10 V.

Calcular la sección del conductor de cobre de la figura, sabiendo que la instalación se realiza bajo tubo, varios cables, 2 unipolares y la caída de tensión admisible es del 5 %.

1.º Leer

2.º Datos: V = 230 V
u = 5 % 230 = 11.50 V
P = 4 CV
η = 80 %

3.º Unidades: V = 230 V
u = 11.50 V
P = 4 × 736 = 2944 W
η = 0.80 %

El resto de datos figuran en el esquema.

4.º y 5.º Esquema:

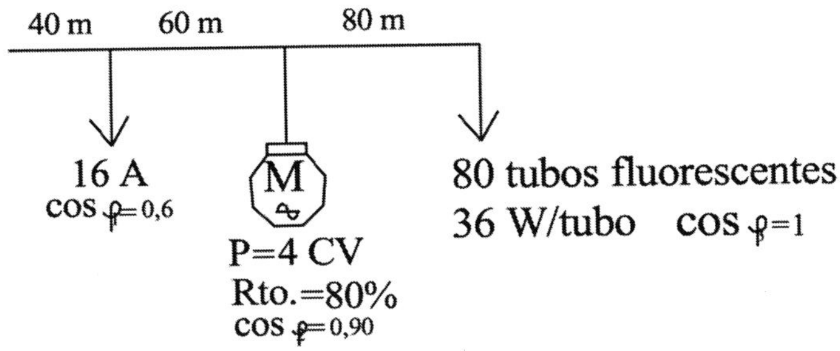

6.º Cálculos:

$$P_T = \frac{P_u}{\eta} = \frac{2944}{0.80} = 3680\ W \rightarrow 1.25 \times 3680 = 4600\ W$$

$$I_M = \frac{P_T}{V \times \cos\varphi} = \frac{4600}{230 \times 0.90} = 22.22\ A$$

$$P_{Tubos} = 36 \times 80 = 2880\ W \rightarrow 1.8 \times 2880 = 5184\ W$$

$$I_{Tubos} = \frac{5184}{230} = 22.54\ A$$

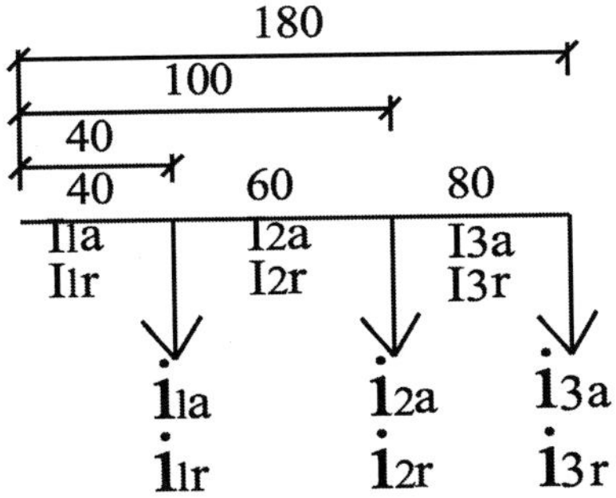

$i_a = i \times \cos\varphi$ $\quad$ $i_r = i \times \text{sen}\,\varphi$

$i_{1a} = 16 \times 0.60 = 9.60$ A $\quad$ $i_{1r} = 16 \times 0.80 = 12.80$ A

$i_{2a} = 22.22 \times 0.90 = 20.00$ A $\quad$ $i_{2r} = 22.22 \times 0.436 = 9.68$ A

$i_{3a} = 22.54 \times 1 = 22.54$ A $\quad$ $i_{3r} = 22.54 \times 0 = 0$ A

$I_{3a} = i_{3a} = 22.54$ A

$I_{3r} = i_{3r} = 0$ A

$I_{2a} = I_{3a} + i_{2a} = 22.54 + 20.00 = 42.54$ A

$I_{2r} = I_{3r} + i_{2r} = 0 + 9.68\text{ A} = 9.68$ A

$I_{1a} = I_{2a} + i_{1a} = 42.54 + 9.60 = 52.14$ A

$I_{1r} = I_{2r} + i_{1r} = 9.68 + 12.80 = 22.48$ A

$\Sigma\, l\, I \cos\varphi = \Sigma\, l\, I_a = 40 \times 52.14$

$\Sigma\, L\, i \cos\varphi = \Sigma\, L\, i_a = 40 \times 9.60$

60×42.54	100×20.00
80×22.54	180×22.54
$\Sigma = 6441.20$	$\Sigma = 6441.20$

$$I_1 = \sqrt{I_{1a}^2 + I_{1r}^2} = \sqrt{52.14^2 + 22.48^2} = 56.78 \text{ A}$$

$$S = \frac{2 \times 0.018}{11.50} 6441.20 = 20.16 \text{ mm}^2 \rightarrow 25 \text{ mm}^2$$

Tablas: 25 mm^2 $\rightarrow$ 71 A > 56.78 A Admisible

$$S = 25 \text{ mm}^2$$

$$u = \frac{2 \times 0.018}{25} 6441.20 = 9.28 \text{ V} < 11.50 \text{ V}$$

Calcular las secciones de los conductores de cobre de la figura, sabiendo que la instalación se realiza bajo tubo, varios cables, 2 unipolares y la caída de tensión admisible es del 5 %.

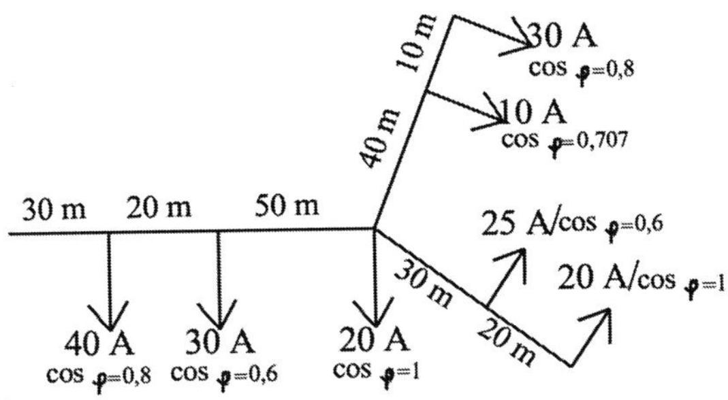

1.º Leer

2.º Datos:

V = 230 V u = 5 %230 = 11.50 V Los demás datos están en la figura.

3.º Unidades:

Todos los datos están en el mismo sistema.

4.º Esquema equivalente:

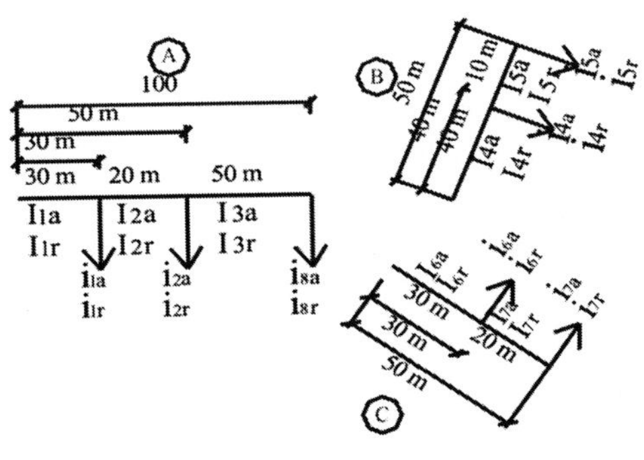

6.º Cálculos:

$i_a = i \times \cos\varphi$

$i_r = i \times \text{sen}\,\varphi$

$i_{1a} = 40 \times 0.80 = 32.00\ A$

$i_{2a} = 30 \times 0.60 = 18.00\ A$

$i_{3a} = 20 \times 1 = 20.00\ A$

$i_{1r} = 40 \times 0.60 = 24.00\ A$

$i_{2r} = 30 \times 0.80 = 24.00\ A$

$i_{3r} = 20 \times 0 = 0\ A$

$i_{4a} = 10 \times 0.707 = 7.07\ A$

$i_{5a} = 30 \times 0.80 = 24.00\ A$

$i_{6a} = 25 \times 0.60 = 15.00\ A$

$i_{7a} = 20 \times 1 = 20.00\ A$

$i_{4r} = 10 \times 0.707 = 7.07\ A$

$i_{5r} = 30 \times 0.60 = 18.00\ A$

$i_{6r} = 25 \times 0.8 = 20.00\ A$

$i_{7r} = 20 \times 0 = 0\ A$

B) $I_{5a} = i_{5a} = 24.00\ A$

$I_{5r} = i_{5r} = 18.00\ A$

$I_{4a} = I_{5a} + i_{4a} = 24.00 + 7.07 = 31.07\ A$

$I_{4r} = I_{5r} + i_{4r} = 18.00 + 7.07 = 25.07\ A$

$\Sigma L\, i_a$:

40×7.07

50×24.00

$\Sigma = 1482.80$

$\Sigma\, l\, I_a$:

40×31.07

10×24.00

$\Sigma = 1482.80$

C) $I_{7a} = i_{7a} = 20.00\ A$

$I_{7r} = i_{7r} = 0\ A$

$I_{6a} = I_{7a} + i_{6a} = 20.00 + 15.00 = 35.00\ A$

$I_{6r} = I_{7r} + i_{6r} = 0 + 20.00 = 20.00\ A$

$\sum L\, i_a$: 30 × 15.00

50 × 20.00.

$\sum = 1450.$

$\sum l\, I_a$: 30 × 35.00

20 × 20.00

$\sum = 1450$

A) $i_{8a} = i_{3a} + I_{4a} + I_{6a} = 20.00 + 31.07 + 35.00 = 86.07$ A

$i_{8r} = i_{3r} + I_{4r} + I_{6r} = 0.00 + 25.07 + 20.00 = 45.07$A

$I_{3a} = i_{8a} = 86.07$ A

$I_{3r} = i_{8r} = 45.07$ A

$I_{2a} = I_{3a} + i_{2a} = 86.07 + 18.00 = 104.07$ A

$I_{2r} = I_{3r} + i_{2r} = 45.07 + 24.00 = 69.07$ A

$I_{1a} = I_{2a} + i_{1a} = 104.07 + 32.00 = 136.07$ A

$I_{1r} = I_{2r} + i_{1r} = 69.07 + 24.00 = 93.07$ A

$\sum L\, i_a$: 30 × 32.00

50 × 18.00

100 × 86.07

$\sum = 10\,467$

$\sum l\, I_a$: 30 × 136.07

20 × 104.07

50 × 86.07

$\sum = 10\,467$

$$u_1 = \frac{u}{1+\sqrt{\frac{B1\times L_B + C\times L_C}{A\times L}}} = \frac{11.50}{1+\sqrt{\frac{1482.80\times 50+1450\times 50}{10\,467\times 100}}} = 8.37 \text{ V}$$

$$I_1 = \sqrt{I_{1a}^2 + I_{1r}^2} = \sqrt{136.07^2 + 93.07^2} = 164.85 \text{ A}$$

$$S_A = \frac{2\times 0.018}{8.37}\, 10\,467 = 45.01 \text{ mm}^2 \rightarrow 50 \text{ mm}^2$$

Tablas: $50 \text{ mm}^2 \rightarrow 110 \text{ A} < 164.85 \text{ A}$ No admisible

Tablas: $95 \text{ mm}^2 \rightarrow 165 \text{ A} > 164.85 \text{ A}$ Admisible

$$S_A = 95 \text{ mm}^2$$

$$u_1 = \frac{2 \times 0.018}{95} 10\,467 = 3.97 \text{ V} \quad u_2 = 11.50 - 3.97 = 7.53 \text{ V}$$

$$I_4 = \sqrt{I_{4a}^2 + I_{4r}^2} = \sqrt{31.07^2 + 25.07^2} = 39.92 \text{ A}$$

$$S_B = \frac{2 \times 0.018}{7.53} 1482.8 = 7.09 \text{ mm}^2 \rightarrow 10 \text{ mm}^2$$

$$S_B = 10 \text{ mm}^2$$

Tablas: $10 \text{ mm}^2 \rightarrow 40 \text{ A} > 39.92 \text{ A}$ Admisible

$$I_6 = \sqrt{I_{6a}^2 + I_{6r}^2} = \sqrt{35^2 + 20^2} = 40.31 \text{ A}$$

$$S_C = \frac{2 \times 0.018}{7.53} 1450 = 9.93 \text{ mm}^2 \rightarrow 10 \text{ mm}^2$$

Tablas: $10 \text{ mm}^2 \rightarrow 40 \text{ A} < 40.31 \text{ A}$ No admisible
Tablas: $16 \text{ mm}^2 \rightarrow 54 \text{ A} > 40.31 \text{ A}$ Admisible

$$S_C = 16 \text{ mm}^2$$

Calcular las secciones de los conductores de cobre de la figura, sabiendo que la instalación se realiza bajo tubo, varios cables, 2 unipolares y la caída de tensión admisible es del 5 %.

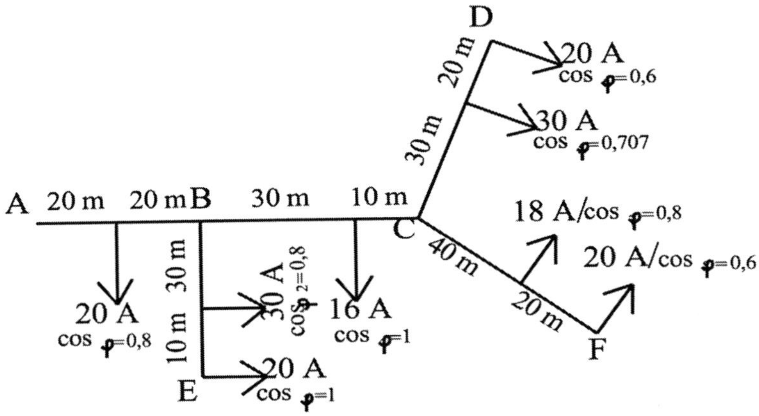

1.° Leer

2.° Datos:

V = 230 V

u = 5 %230 = 11.50 V

El resto de datos figuran en el esquema.

3.° Unidades:

Todos los datos están en el mismo sistema.

6.° Cálculos:

$i_a = i \times \cos \varphi$ $\qquad$ $i_r = i \times \text{sen } \varphi$

$i_{1a} = 20 \times 0.80 = 16.00$ A

$i_{2a} = 30 \times 0.80 = 24.00$ A

$i_{3a} = 20 \times 1 = 20.00$ A

$i_{1r} = 20 \times 0.60 = 12.00$ A

$i_{2r} = 30 \times 0.60 = 18.00$ A

$i_{3r} = 20 \times 0 = 0$ A

$i_{4a} = 16 \times 1 = 16.00$ A

$i_{5a} = 30 \times 0.707 = 21.21$ A

$i_{4r} = 16 \times 0 = 0$ A

$i_{5r} = 30 \times 0.707 = 21.21$ A

$i_{6a} = 20 \times 0.60 = 12.00$ A

$i_{7a} = 18 \times 0.80 = 14.40$ A

$i_{6r} = 20 \times 0.8 = 16.00$ A

$i_{7r} = 18 \times 0.60 = 10.80$ A

$i_{8a} = 20 \times 0.60 = 12.00$ A

$i_{9a} = i_{2a} + i_{3a} = 24 + 20 = 44$ A

$i_{8r} = 20 \times 0.8 = 16.00$ A

$i_{9r} = i_{2r} + i_{3r} = 18 + 0 = 18$ A

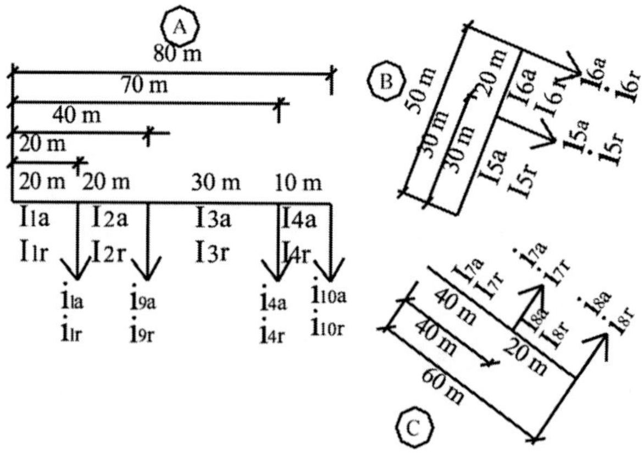

B) $I_{6a} = i_{6a} = 12.00$ A

$I_{6r} = i_{6r} = 16.00$ A

$I_{5a} = I_{6a} + i_{5a} = 12.00 + 21.21 = 33.21$ A

$I_{5r} = I_{6r} + i_{5r} = 16.00 + 21.21 = 37.21$ A

$\Sigma L\, i_a$: 30×21.21

50×12.00

$\Sigma = 1236.3$

$\Sigma\, l\, I_a$: 30×33.21

20×12.00

$\Sigma = 1236.3$

C) $I_{8a} = i_{8a} = 12.00\ A$ $\qquad I_{8r} = i_{8r} = 16.00\ A$

$I_{7a} = I_{8a} + i_{7a} = 12.00 + 14.40 = 26.40\ A$

$I_{7r} = I_{8r} + i_{7r} = 16.00 + 10.80 = 26.80\ A$

$\sum L\, i_a$: 40×14.40

60×12.00

$\sum = 1296.00$

$\sum l\, I_a$: 40×26.40

20×12.00

$\sum = 1296.00$

A) $I_{10a} = I_{5a} + I_{7a} = 33.21 + 26.40 = 59.61\ A$

$I_{10r} = I_{5r} + I_{7r} = 37.21 + 26.80 = 64.01\ A$

$I_{4a} = I_{10a} = 59.61\ A$

$I_{4r} = I_{10r} = 64.01\ A$

$I_{3a} = I_{4a} + i_{4a} = 59.61 + 16.00 = 75.61\ A$

$I_{3r} = I_{4r} + i_{4r} = 64.01 + 0.00 = 64.01\ A$

$I_{2a} = I_{3a} + i_{9a} = 75.61 + 44.00 = 119.61\ A$

$I_{2r} = I_{3r} + i_{9r} = 64.01 + 18.00 = 82.01\ A$

$I_{1a} = I_{2a} + i_{1a} = 119.61 + 16.00 = 135.61\ A$

$I_{1r} = I_{2r} + i_{1r} = 82.01 + 12.00 = 94.01\ A$

$\sum L\, i_a$: 20×16.00

40×44.00

70×16.00

80×59.61

$\sum = 7968.80$

$\sum l\, I_a$: 20×135.61

20×119.61

30×75.61

10×59.61

$\sum = 7968.80$

$$u_1 = \frac{u}{1+\sqrt{\frac{B1 \times L_B + C \times L_C}{A \times L}}} = \frac{11.50}{1+\sqrt{\frac{1236.30 \times 50 + 1296.00 \times 60}{7968.80 \times 80}}} = 7.83\ V$$

$$I_1 = \sqrt{I_{1a}^2 + I_{1r}^2} = \sqrt{135.61^2 + 94.01^2} = 165.00 \text{ A}$$

$$S_A = \frac{2 \times 0.018}{7.83} 7968.80 = 36.64 \text{ mm}^2 \rightarrow 50 \text{ mm}^2$$

Tablas: 50 mm² → 110 A < 165.00 A No admisible

Tablas: 95 mm² → 165.00 A = 165.00 A Admisible

$$S_A = 95 \text{ mm}^2$$

La caída de tensión de 7.83 V correspondía a una sección de 36.64 mm², como la sección resultante es de 95 mm², la caída de tensión en este primer tramo resulta:

$$u_1 = \frac{2 \times 0.018}{95} 7968.80 = 3.02 \text{ V}$$

Luego la caída de tensión disponible para los ramales será:

$$u_2 = 11.50 - 3.02 = 8.48 \text{ V}$$

$$I_5 = \sqrt{I_{5a}^2 + I_{5r}^2} = \sqrt{33.21^2 + 37.21^2} = 49.87 \text{ A}$$

$$S_B = \frac{2 \times 0.018}{8.48} 1236.30 = 5.25 \text{ mm}^2 \rightarrow 6 \text{ mm}^2$$

Tablas: 6 mm² → 29 A < 49.87 A No admisible

Tablas: 16 mm² →54 A > 49.87 A Admisible

$$\mathbf{S_B = 16 \text{ mm}^2}$$

$$I_7 = \sqrt{I_{7a}^2 + I_{7r}^2} = \sqrt{26.40^2 + 26.80^2} = 37.62 \text{ A}$$

$$S_C = \frac{2 \times 0.018}{8.48} 1296.00 = 5.50 \text{ mm}^2 \rightarrow 6 \text{ mm}^2$$

Tablas: 6 $mm^2 \rightarrow$ 29 A < 37.62 A No admisible

Tablas: 10 $mm^2 \rightarrow$ 40 A > 37.62 A   Admisible

$S_C = 10\ mm^2$

Para calcular la sección del tramo BE, calculamos previamente la caída de tensión de A a B:

$$u_{AB} = \frac{2 \times 0.018}{95}(20 \times 135.61 + 20 \times 119.61) = 1.93\ V$$

$$u_{BE} = 11.50 - 1.93 = 9.57\ V$$

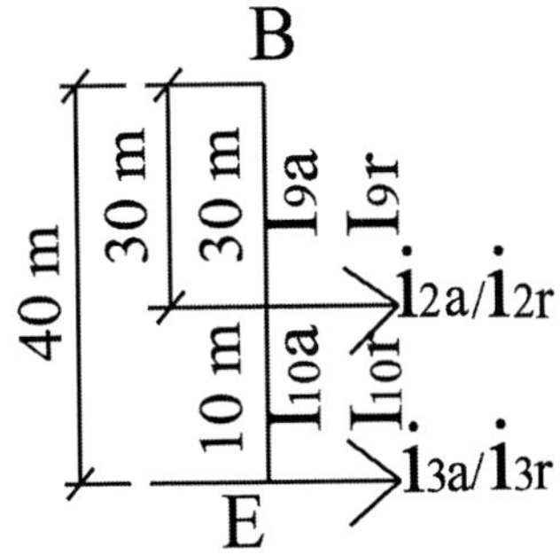

$I_{9a} = i_{9a} = 44.00$ A $I_{9r} = i_{9r} = 18.00$ A

$I_{10a} = i_{3a} = 20.00$ A $I_{10r} = i_{3r} = 0.00$ A

$\Sigma L\, i_a$:	30×24.00	$\Sigma l\, I_a$: 30×44.00
	40×20.00	10×20.00
	$\Sigma = 1520.00$	$\Sigma = 1520.00$

$$I_9 = \sqrt{I_{9a}^2 + I_{9r}^2} = \sqrt{44.00^2 + 18.00^2} = 47.54\ A$$

$$S_{BE} = \frac{2 \times 0.018}{9.57} 1520.00 = 5.72 \text{ mm}^2 \rightarrow 6 \text{ mm}^2$$

Tablas: 6 mm^2 → 29 A < 47.54 A No admisible

Tablas: 16 mm^2 →54 A > 47.54 A Admisible

$$S_{BE} = 16 \text{ mm}^2$$

Calcular la sección del conductor de cobre de la figura, sabiendo que la instalación se realiza bajo tubo, un solo cable, 1 bipolar y la caída de tensión admisible es del 5 %.

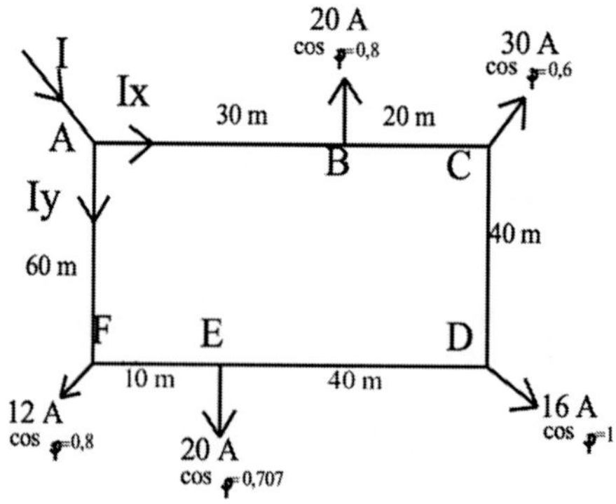

1.º Leer

2.º Datos:

V = 230 V

u = 5 % 230 = 11.50 V

El resto de datos figuran en el esquema.

3.º Unidades:

Todos los datos están en el mismo sistema.

6.º Cálculo:

$i_{1a} = 20 \times 0.80 = 16.00$ A

$i_{2a} = 30 \times 0.60 = 18.00$ A

$i_{3a} = 16 \times 1 = 16.00$ A

$i_{4a} = 20 \times 0.707 = 14.14$ A

$i_{5a} = 12 \times 0.80 = 9.60$ A

$i_{1r} = 20 \times 0.60 = 12.00$ A

$i_{2r} = 30 \times 0.80 = 24.00$ A

$i_{3r} = 16 \times 0 = 0$ A

$i_{4r} = 20 \times 0.707 = 14.14$ A

$i_{5r} = 12 \times 0.60 = 7.20$ A

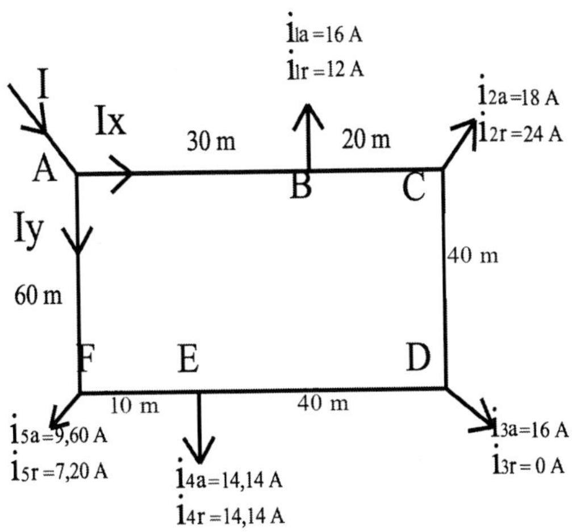

$I_X : \sum L\,i =$
60×9.60
70×14.14
110×16.00
150×18.00
170×16.00

$\sum = 8745.80$

$I_Y : \sum L\,i =$
30×16.00
50×18.00
90×16.00
130×14.14
140×9.60

$\sum = 6002.20$

$$I_X = \frac{8745.80}{200} = 43.729\ A \qquad I_Y = \frac{6002.20}{200} = 30.011\ A$$

$\sum ia = 16.00 + 18.00 + 16.00 + 14.14 + 9.60 = 73.74\ A$

$\sum I_X + I_Y = 43.729 + 30.011 = 73.74\ A$

El punto de mínima tensión (M) está en el punto D:

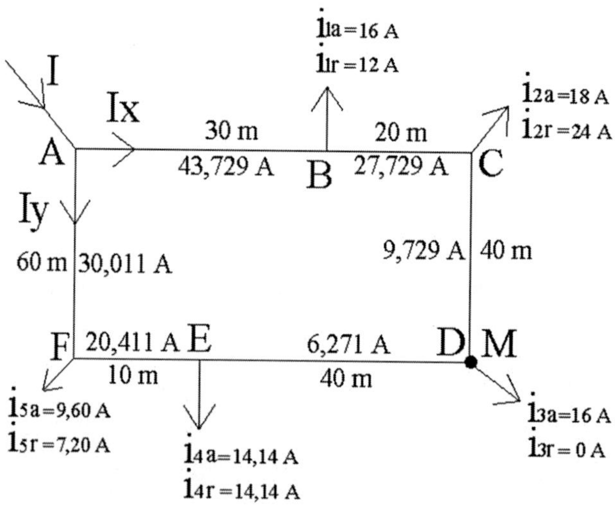

Descomponiendo la malla en dos circuitos, resulta:

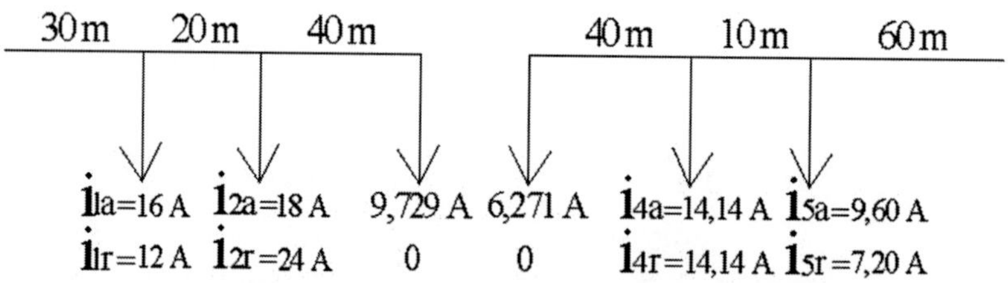

Σ L i: 30×16.00 | 60×9.60
50×18.00 | 70×14.14
90×9.729 | 110×6.271

$\Sigma = 2255.61$ | $\Sigma = 2255.61$

$I_{AB} = 43.729$ A Ir = 12 + 24 + 0 = 36.00 A

$$I = \sqrt{I_a^2 + I_r^2} = \sqrt{43.729^2 + 36.00^2} = 56.64 \text{ A}$$

$$S = \frac{2 \times 0.018}{11.50} 2255.61 = 7.06 \text{ mm}^2 \rightarrow 10 \text{ mm}^2$$

Tablas: 10 mm^2 → 38 A < 56.64 A No admisible

Tablas: 16 mm^2 →68 A > 56.64 A Admisible

S = 25 mm^2

Calcular las secciones de los conductores de cobre de la figura, sabiendo que la instalación se realiza bajo tubo, un solo cable, 1 bipolar y la caída de tensión admisible es del 5 %.

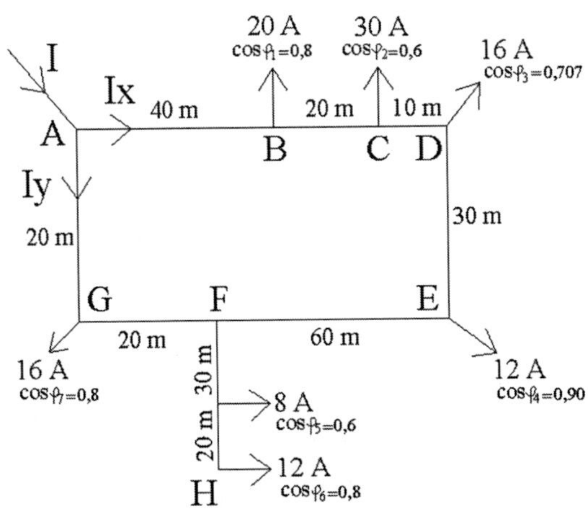

1.º Leer

2.º Datos:

V= 230 V   u= 5 % 230 =11.50 V

El resto de datos figuran en el esquema.

3.º Unidades:

Todos los datos están en el mismo sistema.

6.º Cálculo:

i_{1a} = 20 × 0.80 = 16.00 A	i_{1r} = 20 × 0.60 = 12.00 A
i_{2a} = 30 × 0.60 = 18.00 A	i_{2r} = 30 × 0.80 = 24.00 A
i_{3a} = 16 × 0.707 = 11.31 A	i_{3r} = 16 × 0.707 = 11.31 A
i_{4a} = 12 × 0.90 = 10.80 A	i_{4r} = 12 × 0.44 = 5.23 A
i_{5a} = 8 × 0.60 = 4.80 A	i_{5r} = 8 × 0.80 = 6.40 A
i_{6a} = 12 × 0.80 = 9.60 A	i_{6r} = 12 × 0.60 = 7.20 A
i_{7a} = 16 × 0.80 = 12.80 A	i_{7r} = 16 × 0.60 = 9.60 A

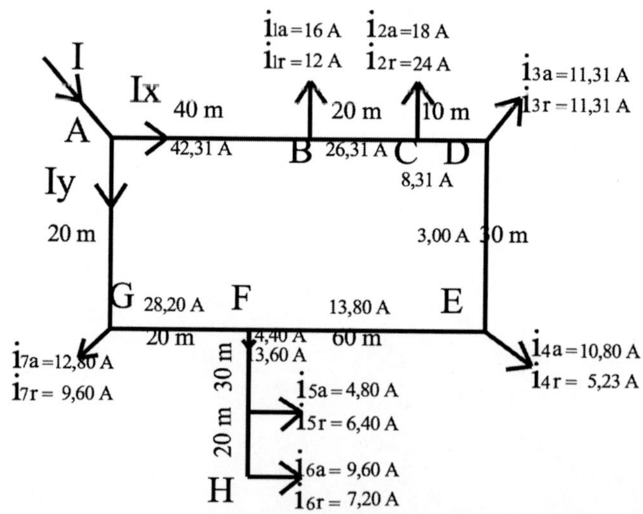

$I_X : \sum L\, i_a$: 20×12.80

40×14.40

100×10.80

130×11.31

140×18.00

160×16.00

$\sum = 8462.30$

$I_Y : \sum L\, i_a$: 40×16.00

60×18.00

70×11.31

100×10.80

160×14.40

180×12.80

$\sum = 8199.70$

$$I_X = \frac{8462.30}{200} = 42.31\ A \qquad I_Y = \frac{8199.70}{200} = 41.00\ A$$

Comprobación:

$I_X + I_Y = 42.31 + 41.00 = 83.31$

$\sum i_a = 16 + 18 + 11.31 + 10.80 + 4.80 + 9.60 + 12.80 = 83.31\ A$

Vemos que el punto de mínima tensión (M) está en el punto D; desglosando el anillo en dos líneas, tenemos:

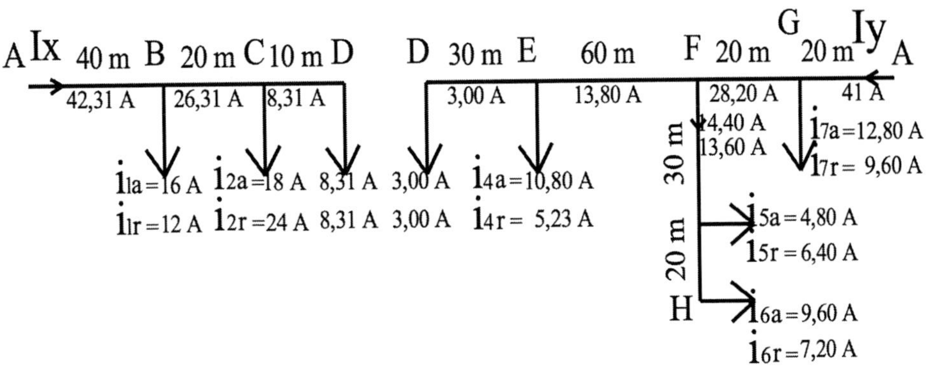

$\Sigma L i_a$: 40×16.00
60×18.00
70×8.31

$\Sigma = 2301.70$

I_Y: $\Sigma L i_a$: 20×12.80
40×14.40
100×10.80
130×3.00

$\Sigma = 2302$

Nota. La pequeña diferencia es debido a los redondeos.

I_{AB}

$I_a = 42.31$ A $\quad I_r = 12.00 + 24.00 + 8.31 = 44.31$ A

$$I = \sqrt{I_a^2 + I_r^2} = \sqrt{42.31^2 + 44.31^2} = 61.27 \text{ A}$$

$$S = \frac{2 \times 0.018}{11.50} 2302 = 7.21 \text{ mm}^2 \rightarrow 10 \text{ mm}^2$$

Tablas: 10 mm^2 → 38 A < 61.27 A No admisible

Tablas: 25 mm^2 →68 A > 61.27 A Admisible

$S = 25 \text{ mm}^2$

Calculamos a continuación la caída de tensión de A a F

$$\text{AF: } u_{AF} = \frac{2 \times 0.018}{25} (20 \times 41 + 20 \times 28.20) = 1.99 \text{ V}$$

Para el ramal dispondremos de una caída de tensión de:

$u_{FH} = 11.50 - 1.99 = 9.51$ V

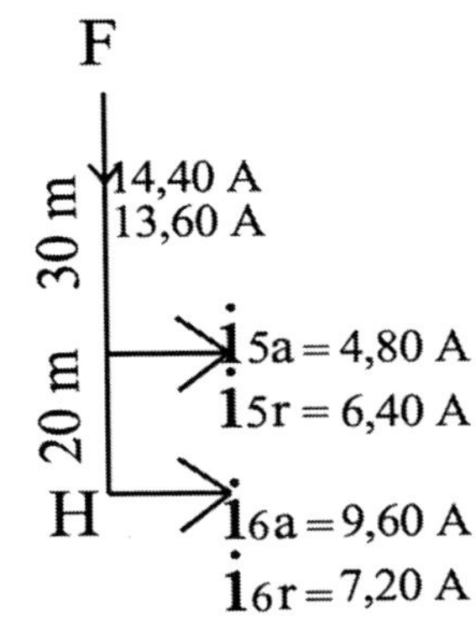

$\Sigma L\, i_a = 30 \times 4.80$ $\qquad$ $\Sigma l\, I_a = 30 \times 14.40$

$\quad 50 \times 9.60$ $\qquad$ 20×9.60

$\Sigma = 624.00$ $\qquad$ $\Sigma = 624.00$

$$I = \sqrt{14.40^2 + 13.60^2} = 19.81 \text{ A}$$

$$S_{FH} = \frac{2 \times 0.018}{9.51} 624.00 = 2.36 \text{ mm}^2 \rightarrow 2.5 \text{ mm}^2$$

Tablas: 2.5 mm^2 → 16 A < 19.81 A No admisible

Tablas: 4 mm^2 → 22 A > 19.81 A Admisible

$$S_{FH} = 4 \text{ mm}^2$$

Calcular las secciones de los conductores de cobre de la línea de la figura, sabiendo que la instalación se realiza bajo tubo, un solo cable, 1 bipolar y la caída de tensión admisible es del 5 %.

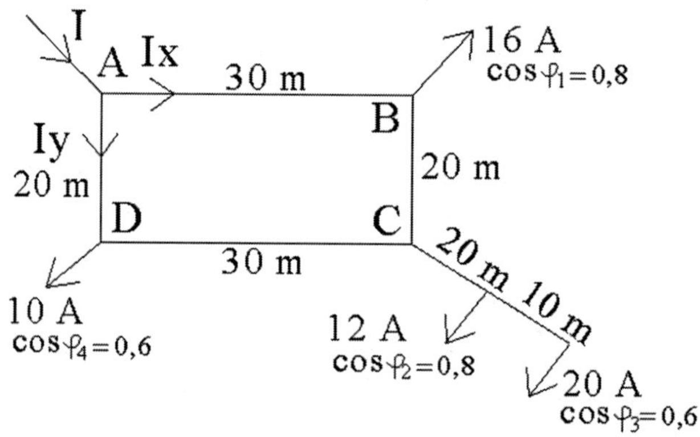

1.º Leer

2.º Datos:

V = 230 V

u = 5 % 230 = 11.50 V

El resto de datos figuran en el esquema.

3.º Unidades:

Todos los datos están en el mismo sistema.

6.º Cálculo:

Comenzamos calculando las componentes activa y reactiva de las intensidades:

$i_{1a} = 16 \times 0.80 = 12.80$ A $\qquad$ $i_{1r} = 16 \times 0.60 = 9.60$ A

$i_{2a} = 12 \times 0.80 = 9.60$ A $\qquad$ $i_{2r} = 12 \times 0.60 = 7.20$ A

$i_{3a} = 20 \times 0.60 = 12.00$ A $\quad i_{3r} = 20 \times 0.80 = 16.00$ A

$i_{4a} = 10 \times 0.60 = 6.00$ A $\quad i_{4r} = 10 \times 0.80 = 8.00$ A

Determinamos el punto de mínima (M). Está en el punto C:

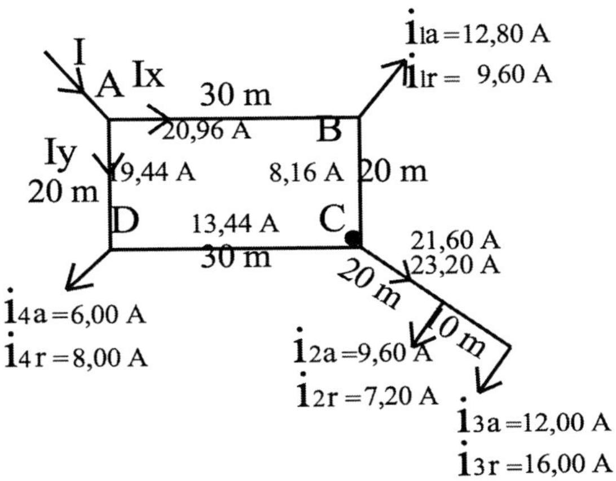

I_X: $\sum L\, i_a$: 20×6.00 $\quad$ I_Y: $\sum L\, i_a$: 30×12.80

50×21.60 $\quad$ 50×21.60

70×12.80 $\quad$ 80×6.00

$\sum = 2096$ $\quad$ $\sum = 1944$

$$I_X = \frac{2096}{100} = 20.96 \text{ A} \qquad I_Y = \frac{1944}{100} = 19.44 \text{ A}$$

Comprobación: $I_X + I_Y = 20.96 + 19.44 = 40.40$ A

$\sum I_a = 12.80 + 21.60 + 6.00 = 40.40$ A

El punto C es el de mínima tensión. Desglosamos el anillo en dos ramales:

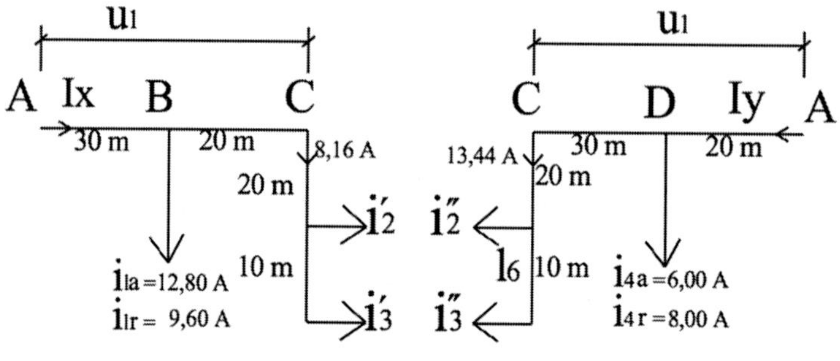

Σ L i_a: 30 × 12.80   20 × 6.00

50 × 8.16   50 × 13.44

Σ = 792.00 Σ = 792.00

En este caso realizamos el cálculo considerando una línea con ramificación.

Para determinar la caída de tensión disponible en el ramal principal, consideramos la menor de las intensidades de la ramificación:

$$13.44 > 8.16 \rightarrow i_2' = \frac{8.16}{9.60+12.00} 9.60 = 3.63 \text{ A}$$

$$i_3' = \frac{8.16}{9.60+12.00} 12.00 = 4.53 \text{ A}$$

$i_2'' = 9.60 - 3.63 = 5.97$ A $i_3'' = 12.00 - 4.53 = 7.47$ A

Ramal: Σ L i_a: 20 × 3.63

30 × 4.53

Σ = 208.50

$$u_1 = \frac{u}{1+\sqrt{\frac{B1\times L_B}{A\times L}}} = \frac{11.50}{1+\sqrt{\frac{208.50\times 30}{792.00\times 50}}} = 8.23\ V$$

$$S_{anillo} = \frac{2\times 0.018}{8.23}\,792.00 = 3.46\ mm^2 \rightarrow 4\ mm^2$$

Para calcular la intensidad total en los tramos AB y AD, calculamos previamente la intensidad reactiva en esos tramos:

En el ramal: $I_a = 21.60\ A$ $\quad I_R = 23.20\ A$ $\quad \text{tang}\ \varphi = \frac{23.20}{21.60}$

CD: $\quad I_R = I_a \times \text{tang}\ \varphi = 13.44 \times \frac{23.20}{21.60} = 14.44\ A$

AD: $\quad I_R = 14.44 + 8.00 = 22.44\ A$

BC: $\quad I_R = 8.16 \times \frac{23.20}{21.60} = 8.76\ A$

AB: $\quad I_R = 8.76 + 9.60 = 18.36\ A$

Conocidas las componentes activa y reactiva de las intensidades, las intensidades totales serán:

AB: $\quad I = \sqrt{I_a^2 + I_r^2} = \sqrt{20.96^2 + 18.36^2} = 27.86\ A$

AD: $\quad I = \sqrt{I_a^2 + I_r^2} = \sqrt{19.44^2 + 22.44^2} = 29.69\ A$

$29.69\ A > 27.86\ A$

Tablas: $4\ mm^2 \rightarrow 22\ A < 29.69\ A$ No admisible

Tablas: $10\ mm^2 \rightarrow 38\ A > 29.69\ A$ Admisible

$S_{anillo}\ 10\ mm^2$

Con esta sección calculamos la caída de tensión en el anillo:

$$u_1 = \frac{2 \times 0.018}{10} 792.00 = 2.85\ V \quad u_2 = 11.50 - 2.85 = 8.65\ V$$

Para calcular la sección del ramal, calculamos $\sum L\ i_a$:

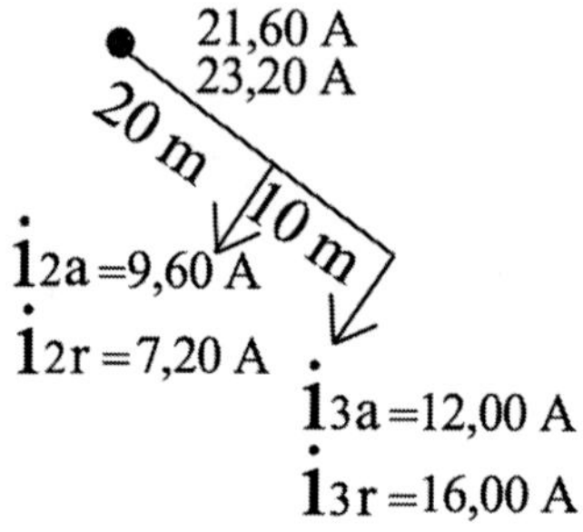

$\sum L\ i_a$: 20×9.60

30×12.00

$\Sigma = 552.00$

$$S = \frac{2 \times 0.018}{8.65} 552.00 = 2.30\ mm^2 \rightarrow 2.5\ mm^2$$

Para comprobar si esta sección soporta la intensidad de corriente, calculamos esta en el primer tramo del ramal:

$$I = \sqrt{I_a^2 + I_r^2} = \sqrt{21.60^2 + 23.20^2} = 31.70\ A$$

Tablas: $2.5\ mm^2 \rightarrow 16\ A < 31.70\ A$ No admisible

Tablas: $10\ mm^2 \rightarrow 38\ A > 31.70\ A$ Admisible

$$S_{ramal} = 10\ mm^2$$

Calcular las secciones de los conductores de cobre de la línea telescópica de la figura, sabiendo que la instalación se realiza bajo tubo, un solo cable y 1 bipolar si la caída de tensión admisible es del 5 %.

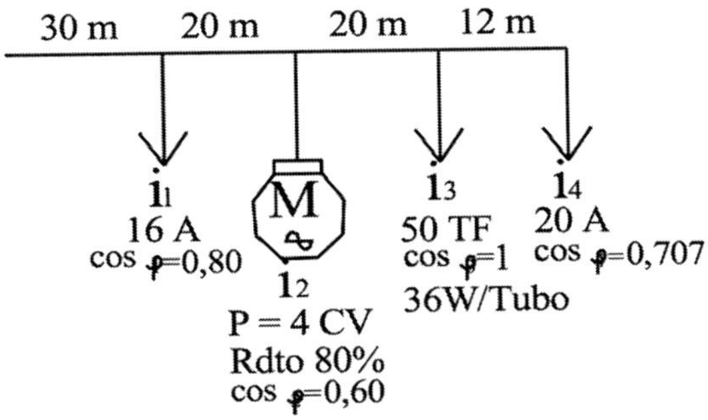

1.° Leer

2.° Datos:

V = 230 V

u = 5 % 230 = 11.50 V

El resto de datos figuran en el esquema.

3.° Unidades:

Todos los datos están en el mismo sistema.

6.° Cálculo:

Primero calculamos la corriente del motor y tubos fluorescentes.

$P = 4 \times 736 = 2944.00\ W \qquad P_T = \frac{P_U}{\eta} = \frac{2944.00}{0.80} = 3680.00\ W$

$$I = \frac{P}{V\cos\varphi} = \frac{3680.00}{230 \times 0.60} = 26.67\ A \rightarrow 1.25 \times 26.67 = 33.33\ A$$

Tubos: P = 50 × 36 = 1800.00 W

$$I = \frac{P}{V\cos\varphi} = \frac{1800.00}{230 \times 1} = 7.83\ A \rightarrow 1.8 \times 7.83 = 14.09\ A$$

i_{1a} = 16.00 × 0.80 = 12.80 A $\quad$ i_{1r} = 16.00 × 0.60 = 9.60 A

i_{2a} = 33.33 × 0.60 = 20.00 A $\quad$ i_{2r} = 33.33 × 0.80 = 26.66 A

i_{3a} = 14.0 × 1 =14.09 A $\quad$ i_{3r} = 14.09 × 0 = 0 A

i_{4a} = 20.00 × 0.707 = 14.14 A $\quad$ i_{4r} = 20.00 × 0.707 = 14.14 A

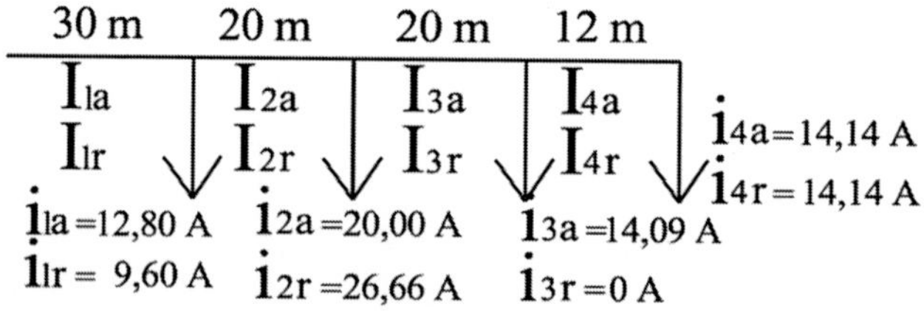

I_{4a} = 14.14 A $\quad$ I_{4r} = 14.14 A

I_{3a} = 14.14 + 14.09 = 28.23 A $\quad$ I_{3r} = 14.14 + 0 = 14.14 A

I_{2a} = 28.23 + 20.00 = 48.23 A $\quad$ I_{2r} = 14.14 + 26.66 = 40.80 A

I_{1a} = 48.23 + 12.80 = 61.03 A $\quad$ I_{1r} = 40.80 + 9.60 = 50.40 A

$$I_1 = \sqrt{I_{1a}^2 + I_{1r}^2} = \sqrt{61.03^2 + 50.40^2} = 79.15\ A$$

$$I_2 = \sqrt{I_{2a}^2 + I_{2r}^2} = \sqrt{48.23^2 + 40.80^2} = 63.17\ A$$

$$I_3 = \sqrt{I_{3a}^2 + I_{3r}^2} = \sqrt{28.23^2 + 14.14^2} = 31.57\ A$$

$$I_4 = \sqrt{I_{4a}^2 + I_{4r}^2} = \sqrt{14.14^2 + 14.14^2} = 20.00\ A$$

I_4 = 20 A

$\sqrt{I_{1a}} = \sqrt{61.03} = 7.81$ $\sqrt{I_{2a}} = \sqrt{48.23} = 6.94$

$\sqrt{I_{3a}} = \sqrt{28.23} = 5.31$ $\sqrt{I_{4a}} = \sqrt{14.14} = 3.7$

$\Sigma l \sqrt{I_a}$: 30×7.81

20×6.94

20×5.31

12×3.76

$\Sigma = 524.42$

$$Sn = \frac{2\,\rho}{u} \Sigma\, l\, I_a \sqrt{I_n}$$

$$S1 = \frac{2 \times 0.018}{11.50} 524.42 \times 7.81 = 12.82\ mm^2 \quad \frac{2 \times 0.018}{11.50} 524.42 = K$$

$S2 = K \times 6.94 = 11.39\ mm^2$

$S3 = K \times 5.31 = 8.72\ mm^2$

$S4 = K \times 3.76 = 6.17\ mm^2$

Con estos resultados, pasamos a las secciones comerciales, comprobando que cada una de ellas soporta la intensidad a que está sometida:

$S_1 = 12.82\ mm^2 \rightarrow 16\ mm^2$ Tablas: 51 A < 79.15 A No admisible

$35\ mm^2$ Tablas: 83 A > 79.15 A Admisible

$S_1 = 35\ mm^2$

$S_2 = 11.39\ mm^2 \rightarrow 16\ mm^2$ Tablas: 51 A < 63.17 A No admisible

$25\ mm^2$ Tablas: 68 A > 63.17 A Admisible

$S_2 = 25\ mm^2$

$S_3 = 8.72\ mm^2 \rightarrow 10\ mm^2$ Tablas: 38 A > 31.57 A Admisible

$S_3 = 10\ mm^2$

Para calcular la última sección (S_4), si queremos aprovechar al máximo la sección, primero calculamos la caída de tensión en los tramos anteriores con las secciones indicadas: restando estos valores a la caída de tensión total admitida, obtenemos la disponible para el último tramo:

$$u_1 = \frac{2 \times 0.018}{35} 30 \times 61.03 = 1.88 \text{ V}$$

$$u_2 = \frac{2 \times 0.018}{25} 20 \times 48.23 = 1.39 \text{ V}$$

$$u_3 = \frac{2 \times 0.018}{10} 20 \times 28.23 = 2.03 \text{ V}$$

$$\Sigma = \dots\dots\dots\dots\dots\dots\dots\dots\dots \; 5.30 \text{ V}$$

$$u_4 = 11.50 - 5.30 = 6.20 \text{ V}$$

$$S_4 = \frac{2 \times 0.018}{6.20} 12.00 \times 14.14 = 0.98 \text{ mm}^2 \rightarrow 1.5 \text{ mm}^2$$

1.5 mm^2 Tablas: $12 \text{ A} < 20.00 \text{ A}$ No admisible
4 mm^2 Tablas: $22 \text{ A} > 20.00 \text{ A}$ Admisible

$S_1 = 35 \text{ mm}^2$
$S_2 = 25 \text{ mm}^2$
$S_3 = 10 \text{ mm}^2$
$S_4 = 4 \text{ mm}^2$

Nota 1. La línea puede resultar con la misma sección en más de un tramo (no telescópica pura) al tener que adoptar secciones comerciales y, además, soportar la intensidad a que están sometidas.

Nota 2. En algún tramo se puede pasar a una sección comercial inferior a la que resulta del cálculo (siempre que soporte la intensidad), pues disponemos de más tramos

para compensar el exceso de caída de tensión que se produciría en este caso respecto al cálculo teórico.

Nota 3. Se pueden obtener otras combinaciones de secciones que cumplan las condiciones estipuladas, sin más que comenzar en otro tramo, como veremos en el siguiente ejercicio.

Calcular las secciones de los conductores de cobre de la línea telescópica de la figura, sabiendo que la caída de tensión máxima admisible es del 5 % y que la instalación se realiza bajo tubo, un solo cable y 1 bipolar.

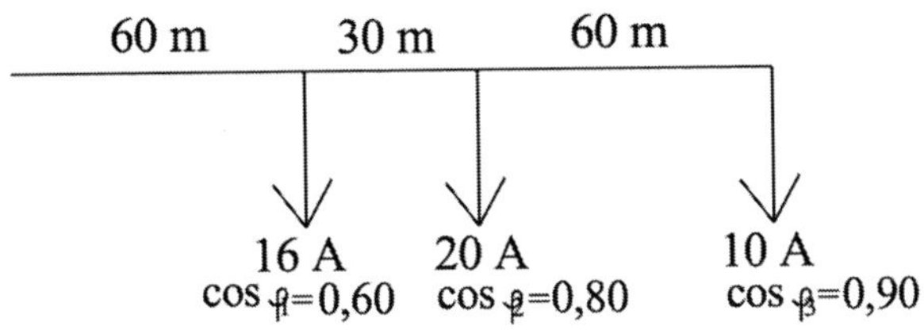

1.º Leer

2.º Datos:

V = 230 V

u = 5 % 230 = 11.50 V

El resto de datos figuran en el esquema.

3.º Unidades:

Todos los datos están en el mismo sistema.

6.º Cálculo:

Calculamos las componentes activa y reactiva de las corrientes:

$i_{1a} = 16.00 \times 0.60 = 9.60$ A

$i_{2a} = 20.00 \times 0.80 = 16.00$ A

$i_{3a} = 10.00 \times 0.90 = 9.00$ A

$i_{1r} = 16.00 \times 0.80 = 12.80$ A

$i_{2r} = 20.00 \times 0.60 = 12.00$ A

$i_{3r} = 10.00 \times 0.436 = 4.36$ A

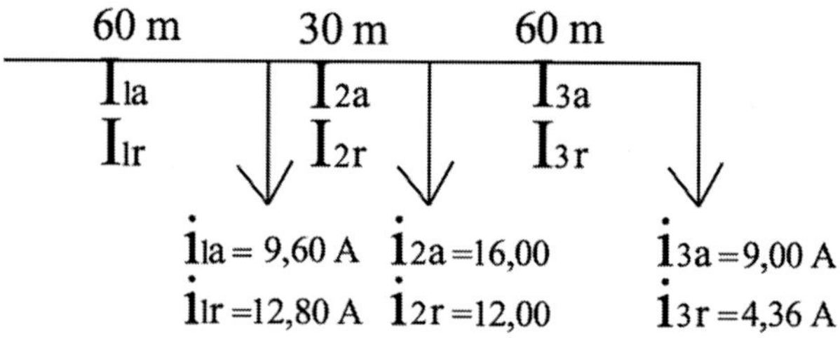

$I_{3a} = 9.00$ A

$I_{2a} = 9.00 + 16.00 = 25.00$ A

$I_{1a} = 25.00 + 9.60 = 34.60$ A

$I_{3r} = 4.36$ A

$I_{2r} = 4.36 + 12.00 = 16.36$ A

$I_{1r} = 16.36 + 12.80 = 29.16$ A

$$I_1 = \sqrt{I_{1a}^2 + I_{1r}^2} = \sqrt{34.60^2 + 29.16^2} = 45.25 \text{ A}$$

$$I_2 = \sqrt{I_{2a}^2 + I_{2r}^2} = \sqrt{25.00^2 + 16.36^2} = 29.88 \text{ A}$$

$I_3 = 10.00$ A

$$\sqrt{I_{1a}} = \sqrt{34.60} = 5.88$$

$$\sqrt{I_{2a}} = \sqrt{25.00} = 5.00$$

$$\sqrt{I_{3a}} = \sqrt{9.00} = 3.00$$

$\Sigma l \sqrt{I_a}$:

60×5.88

30×5.00

60×3.00

$\Sigma = 682.80$

$$S_n = \frac{2\,p}{u} \sum l \sqrt{I_a}\,\sqrt{I_n}$$

$$S_3 = \frac{2 \times 0.018}{11.50}\, 682.80 \times 3.00 = 6.41\ mm^2 \qquad \frac{2 \times 0.018}{11.50}\, 682.80 = K$$

$$S_2 = K \times 5.00 = 10.69\ mm^2$$

Con estos resultados pasamos a las secciones comerciales, comprobando que cada una de ellas soporte la intensidad a que está sometida:

$S_3 = 6.41\ mm^2 \rightarrow 6\ mm^2 \rightarrow$ Tablas 28 A > 10 A Admisible

$S_2 = 10.69\ mm^2 \rightarrow 10\ mm^2 \rightarrow$ Tablas 38 A > 29.88 A Admisible

Nota. En este caso observamos que las secciones adoptadas son menores que las que resultan del cálculo teórico, toda vez que soportan las intensidades a que van a estar sometidas, y además nos queda el primer tramo para compensar el exceso de caída de tensión que obtenemos con esta rebaja de secciones.

Para calcular la sección del primer tramo (S_1), si queremos aprovechar al máximo la sección, primero calculamos la caída de tensión en los tramos 2 y 3 con las secciones indicadas; restando estos valores a la caída de tensión total admitida, obtenemos la disponible para el primer tramo:

$$u_3 = \frac{2 \times 0.018}{6}\, 60 \times 9.00 = 3.24\ V$$

$$u_2 = \frac{2 \times 0.018}{10}\, 30 \times 25.00 = 2.70\ V$$

Σ = ... 5.94 V $u_1 = 11.50 - 5.94 = 5.56\ V$

$$S_1 = \frac{2 \times 0.018}{5.56}\, 60 \times 34.60 = 13.44\ mm^2 \rightarrow 16\ mm^2$$

Tablas: 16 mm^2 → 51 A > 45.25 A Admisible

Nota. Observamos que con la sección de 16 mm^2 aún no consumimos toda la caída de tensión disponible (11.50 V), pues empleamos una sección (16 mm^2) mayor que la teórica calculada (13.44 mm^2); por tanto, podemos calcular la sección de los otros tramos para ver si es posible rebajarlas:

$$u_1 = \frac{2 \times 0.018}{16} 60 \times 34.60 = 4.67 \text{ V}$$

Si queremos comprobar S_2, veíamos que el tramo tercero, con una sección de 6 mm^2 presenta una caída de tensión de 3.24 V, los cuales sumados a u_1 (4.67 V) totalizan 7.91 V, quedando 3.59 V (11.50 - 7.91) para el tramo 2, resultando una sección:

$$S_2 = \frac{2 \times 0.018}{3.59} 30 \times 25 = 7.52 \text{ mm}^2 \rightarrow 10 \text{ mm}^2$$

Tablas 6 mm^2 → 28 A < 29.88 A No admisible

Esta solución no es posible, probemos ahora con la sección del tramo 3:

$$u_1 = 4.67 \text{ V}$$
$$u_2 = 2.70 \text{ V}$$

$$\Sigma = 7.37 \text{ V}$$

Quedando para el tercer tramo una caída de tensión disponible de 4.13 V (11.50 -7.37), resultando una sección de:

$$S_3 = \frac{2 \times 0.018}{4.13} 60 \times 9 = 4.70 \text{ mm}^2 \rightarrow 6 \text{ mm}^2$$

Vemos que no es posible reducir las secciones calculadas en principio, quedando las siguientes secciones:

$$S_1 = 16\ mm^2$$
$$S_2 = 10\ mm^2$$
$$S_3 = 6\ mm^2$$

Una línea de sección constante (S) alimenta a 10 receptores iguales situados a 40 m de distancia unos de otros. Calcular la sección de línea de cobre, sabiendo que la caída de tensión máxima admisible es del 3 % y que la instalación se realiza bajo tubo, un solo cable y 1 bipolar.

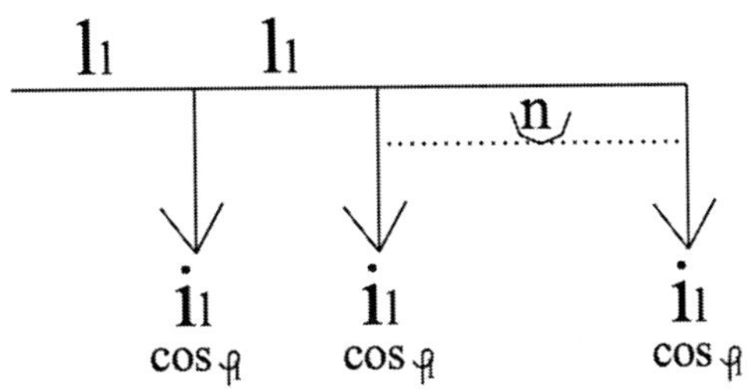

1º Leer

2.º Datos:

$V = 230\ V$

$u = 3\ \%\ 230 = 6.90\ V$

$i_1 = 9.00\ A$

$\cos \varphi_1 = 0.80$

$l_1 = 40.00\ m$

$n = 10$

3.º Unidades:

Todos los datos están en el mismo sistema.

6.º Cálculo:

$$S = \frac{2p}{u} l_1 \, i_1 \cos \varphi_1 \frac{1 + n}{2} n$$

$$S = \frac{2 \times 0.018}{6.90} 40 \times 9.00 \times 0.80 \frac{1 + 10}{2} 10 = 82.64 \text{ mm}^2$$

$S = 95 \text{ mm}^2$ Tablas: $95 \text{ mm}^2 \rightarrow 140 \text{ A} > 10 \times 9$ Admisible

$$S = 95 \text{ mm}^2$$

CAPÍTULO 20

CÁLCULO DE CONDUCTORES BT TRIFÁSICA

20.1 CORIENTE ALTERNA TRIFÁSICA (3 HILOS)

Procediendo igual que en el caso de líneas monofásicas y llamando "u" a la caída de tensión por fase, obtendremos:

$$u = \rho \frac{l}{S} \times I \times (\cos \varphi + \omega \times L \times \operatorname{sen} \varphi)$$

Igual que en líneas monofásicas, al ser baja la tensión y longitudes pequeñas, L ≅ 0, resultando:

$$u = \rho \frac{l}{S} \times I \times \cos \varphi$$

Teniendo en cuenta que la caída de tensión de la línea, en trifásica, es $\sqrt{3}$ la caída de tensión por fase:

$$S = \frac{3\rho}{\sqrt{3}u} \Sigma\, l \times I \times \cos \varphi = \frac{\sqrt{3}\rho}{u} \Sigma\, l \times I \times \cos \varphi$$

Teniendo en cuenta que en trifásica $I = \frac{P}{\sqrt{3} \times V \times I \times cos\varphi}$

$$S = \frac{\rho}{u \times V} \Sigma\, l \times P$$

$$S = \frac{\sqrt{3}\rho}{u} \Sigma\, l \times I \times \cos \varphi \qquad S = \frac{\rho}{u \times V} \Sigma\, l \times P$$

Todos los casos estudiados en corriente alterna monofásica son de aplicación en líneas trifásicas, con la variante $\sqrt{3}$, siempre que se trate de circuitos equilibrados. Si los circuitos no son equilibrados, se procedería al cálculo por tramos y por fases, tal como indicamos en el tema dedicado a corrientes trifásicas, apartado de circuitos desequilibrados.

CAPÍTULO 21

EJERCICIOS PROPUESTOS

INTENSIDAD MÁXIMA ADMISIBLE EN AMPERIOS PARA CABLES CON CONDUCTOR DE COBRE AISLADOS CON GOMA O CON POLICLORURO DE VINILO (Servicio permanente Temperatura ambiente 40 °C)										
S mm²	AL AIRE O DIRECTAMENTE EMPOTRADOS					BAJO TUBO O CONDUCTO				
	UN SOLO CABLE			VARIOS CABLES		UN SOLO CABLE			VARIOS CABLES	
	1 Unip.	1 Bipo.	1 Trip.	2 Unip.	3 Unip.	1 Unip.	1 Bip.	1 Trip.	2 Unip.	3 Unip.
0.50	7.5	5.5	5	6	5.5	7	5	4.5	5.5	5
	10	8	6.5	8.5	7	9	7	6	7.5	6.5
0.75	13	10.5	9.5	12	9	12	8.5	7.5	9.5	8.5
1	17	13	12	15	12	15	12	10	12	11
1.5	23	18	17	21	17	21	16	14	17	15
2.5	31	25	23	28	23	28	22	19	23	20
4	40	32	26	36	29	34	28	24	29	26
6	55	44	40	50	40	49	38	34	40	36
10	74		54	67	54	64	51	44	54	48

16	97	59	71	88	73	85	68	59	71	64
25	120	78	88	110	87	110	83	72	88	78
35	145	97	105	130	110	130	98	85	110	95
50	185	115	120	165	140	160	118	100	135	120
70	225	140	145	200	180	200	140	120	165	145
95	260	166	-	235	210	230	-	-	190	170
120	300	-	-	270	240	265	-	-	220	195
150		-								

EJERCICIOS CORRESPONDIENTES AL CAPÍTULO 3

Calcular la resistencia que hay que acoplar a otra resistencia de 300 Ω para que la intensidad de corriente sea de 287.5 mA, siendo la tensión aplicada de 230 V.

Solución: R = 500 Ω

Tres resistencias, R_1, R_2, R_3, se acoplan de la siguiente forma: R_1 en serie con R_2 y R_3, las cuales (R_2 y R_3) se acoplan en paralelo.

Disponemos de los siguientes datos:

R_1 = 50 Ω R_2 = 60 Ω   Voltaje de R_1 (V_1) = 150 V

La intensidad que recorre R_2 (I_1) es la mitad de la que recorre R_3 (I_2)

Calcular:

A) R_3 B) V_2 C) V_T D) Intensidades E) P_T

Solución: A) $R_3 = 30\ \Omega$ B) $V_2 = 60\ V$ C) $V_T = 210\ V$
D) $I = 3\ A$ $I_1 = 1\ A$ $I_2 = 2\ A$ E) $P_T = 630\ W$

En el circuito de la figura disponemos de los siguientes datos:

$R_1 = 120\ \Omega$ $R_2 = 240\ \Omega$ $R_3 = 300\ \Omega$ $R_4 = 600\ \Omega$
$R_5 = R_6 = R_7 = 240\ \Omega$ $V = 230\ V$

Calcular: a) Intensidades.

b) Tensiones.

c) Potencia que consume el circuito.

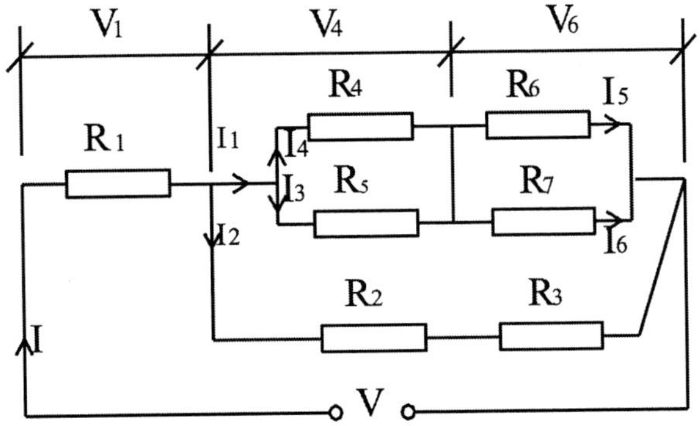

Solución: $V = 230.00\ V$ $I = 0.635\ A$
$V_1 = 76.00\ V$ $I_1 = 0.35\ A$
$V_2 = 153.96\ V$ $I_2 = 0.285\ A$

$V_4 = 84.00$ V $\quad I_3 = 0.21$ A

$V_6 = 70.00$ V $\quad I_4 = 0.14$ A

$I_5 = 0.175$ A $\quad I_6 = 0.175$ A

$P = 146.05$ W

En el circuito de la figura disponemos de los siguientes datos:

$C_1 = 200$ pF $\quad C_2 = 400$ pF $\quad C_3 = 50$ pF $\quad C_4 = 250$ pF

$V = 30$ V

Calcular:

a) La capacidad total.

b) Las cargas de los condensadores.

c) Los voltajes a que están sometidos los condensadores.

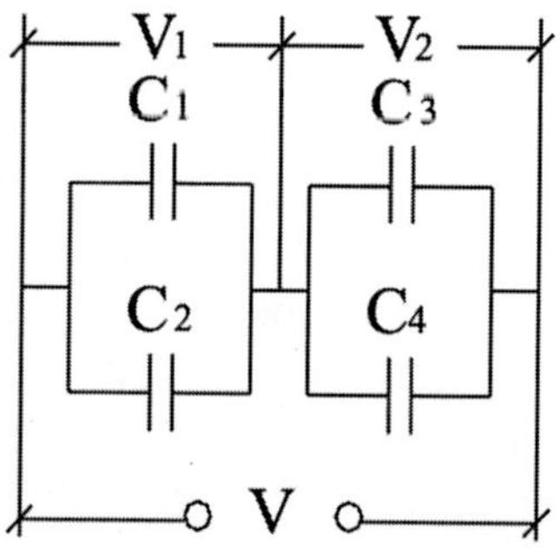

Solución: $C_T = 200 \times 10^{-12}$ F $\quad V_1 = 10$ V

$Q_1 = 2000 \times 10^{-12}$ C $\quad V_2 = 20$ V

$Q_2 = 4000 \times 10^{-12}$ C

$Q_3 = 1000 \times 10^{-12}$ C

$Q_4 = 5000 \times 10^{-12}$ C

En el circuito de la figura calcular las intensidades en las ramas y la d.d.p. entre los puntos A y B, aplicando Kirchhoff.

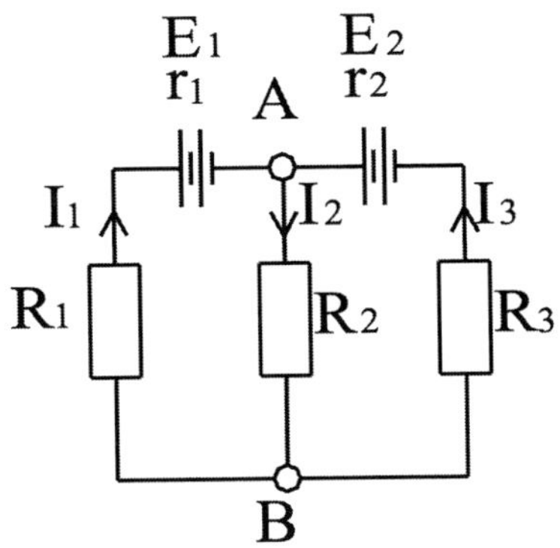

Datos: $E_1 = 26$ V $E_2 = 30$ V $\quad R_1 = 18.00\ \Omega$ $\quad R_2 = 11.00\ \Omega$

$r_1 = 1.00\ \Omega$ $\quad r_2 = 2.00\ \Omega$ $\quad R_3 = 8.00\ \Omega$

Solución: $I_1 = -1.72$ A $\quad I_2 = 0.61$ A $\quad I_3 = 2.33$ A

$V_{AB} = 6.71$ V

EJERCICIOS CORRESPONDIENTES AL CAPÍTULO 5

En el circuito de la figura calcular las intensidades en las ramas y la d.d.p. entre los puntos A y B, aplicando mallas y dibujando el sentido de las corrientes.

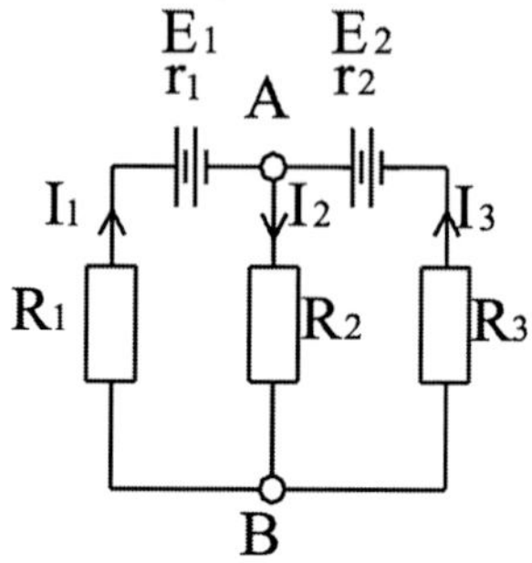

Datos: E_1 = 26 V E_2 = 30 V R_1= 18.00 Ω R_2 = 11.00 Ω
r_1 = 1.00 Ω r_2 = 2.00 Ω R_3 = 8.00 Ω

Solución: I_1 = - 1.72 A I_2 = 0.61 A I_3 = 2.33 A
V_{AB} = 6.71 V

En el circuito de la figura calcular las intensidades en las ramas y el potencial de todos los puntos por las leyes de Kirchhoff y por el método de las mallas.

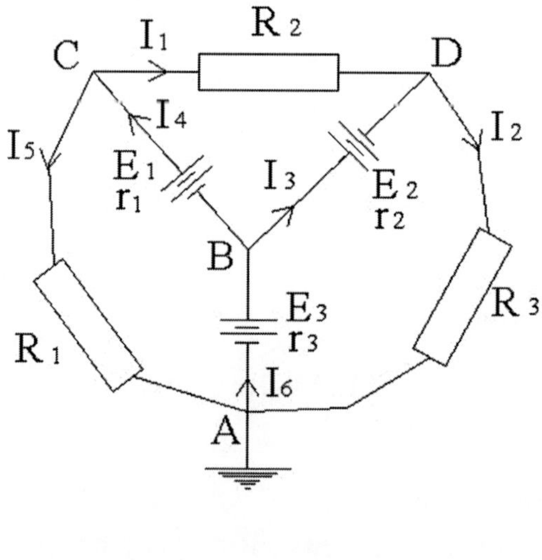

Datos: $E_1 = 8$ V $r_1 = 0.40\ \Omega$ $R_1 = 2\ \Omega$

$E_2 = 6$ V $r_2 = 0.75\ \Omega$ $R_2 = 3\ \Omega$

$E_3 = 11$ V $r_3 = 1.00\ \Omega$ $R_3 = 1\ \Omega$

Solución: $I_1 = 1$ A $I_2 = 5$ A $I_3 = 4$ A $I_4 = 5$ A

$I_5 = 4$ A $I_6 = 9$ A

$V_A = 0$ V $V_B = +2$ V $V_C = +8$ V $V_D = +5$ V

Se construyó un condensador de 30 nF de capacidad para acoplarlo a un circuito de 230 V, cuando en realidad lo que se necesitaba era un condensador de 28 nF.

Disponemos de una serie de condensadores de las siguientes capacidades:

0.30 - 0.32 - 0.34 - 0.36 - 0.38 - 0.40 - 0.42 - 0.44 - 0.46 - 0.48 - 0.50 Todos en microfaradios (μF)

Indicar el montaje que tenemos que realizar y la capacidad del condensador adecuado para subsanar el error, así como la tensión entre terminales de cada condensador y la energía almacenada por cada uno de ellos.

Solución: Montamos en serie un condensador de 0.42 μF

$V_1 = 214.67$ V $V_2 = 15.33$ V

$W_1 = 691.24 \times 10^{-6}$ J $W_2 = 49.35 \times 10^{-6}$ J

En el circuito de la figura calcular la resistencia entre D y F aplicando la conversión estrella triángulo (Kennelly).

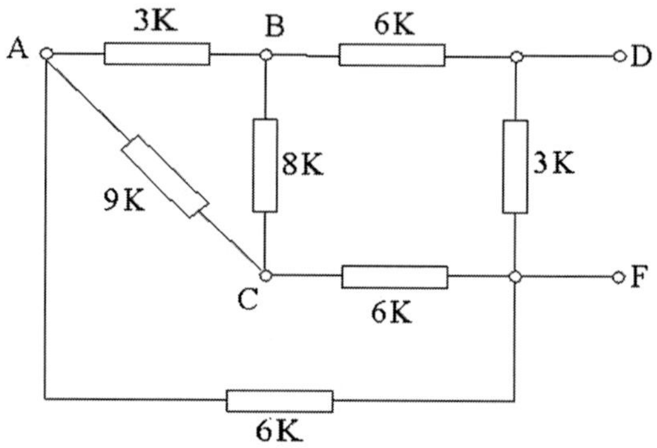

Solución: 2.37 K

Un generador de c.c. alimenta en bornes a una carga formada por una resistencia de 10 Ω, circulando una corriente de 2 A. Si la carga la reducimos un 60 %, la intensidad se duplica.

Calcular:

a) El generador (E y r).

b) La corriente que circulará y el rendimiento eléctrico del generador si le conectamos una carga de 22 Ω.

Solución: a) E = 24 V r = 2.00 Ω

b) I = 1.00 A η_e = 91.67 %

Un generador de 48.00 V de f.e.m. y 2 Ω de resistencia interna alimenta a través de una línea una resistencia de 36.00 Ω. Si cortocircuitamos la carga circula una corriente de 4 A.

Calcular:

a) Resistencia de la línea.

b) Intensidad en condiciones normales.

c) Rendimiento eléctrico del generador, de la línea y del conjunto en condiciones normales.

Solución: a) R_L = 10.00 Ω b) I = 1.00 A

c) η_g = 95.83 % η_L = 78.26 % η_T = 75.00 %

Un generador de c.c. presenta una tensión en bornes en vacío de 50.00 V y de 42.00 V, también en bornes, cuando circula una corriente de 4 A. Con este generador alimentamos, a través de una línea de 7.00 Ω, a un receptor de 30.00 V de f.c.e.m. y 1.00 Ω de resistencia interna.

Calcular:

a) Intensidad de corriente.

b) Tensión nominal del receptor.

c) Rendimiento del generador.

d) Rendimiento del receptor.

e) Rendimiento de la línea.

f) Rendimiento del conjunto.

Solución: a) I = 2.00 A b) V = 32.00 V c) η_g = 92.00 %

d) η_{recp} = 93.75 % e) η_L= 69.56 % f) η_T = 60.00 %

Disponemos de 200 pilas iguales de 3.00 V de f.e.m. y 1.00 Ω de resistencia interna cada una.

Calcular el acoplamiento que debemos realizar para obtener la máxima potencia sobre una resistencia exterior de 6.00 Ω, así como dicha potencia.

Solución: 5 derivaciones de 40 elementos cada una

P = 440.82 W

Disponemos de un amperímetro con capacidad hasta 8.00 A y resistencia interna 15.00 Ω. Lo empleamos para medir una línea por la que circulan 16.00 A, y deseamos que el amperímetro señale la mitad de escala.

Calcular el Shunt que hay que acoplarle.

Solución: $R_S = 5.00\ \Omega$

El amperímetro de la figura presenta una resistencia interna de 12.00 Ω, siendo los valores de las resistencias del Shunt:

$R_1 = 12.00\ \Omega$ $R_2 = 6.00\ \Omega$ $R_3 = 3.00\ \Omega$

Cuando por la línea circulan 9 A, calcular la intensidad que señalará el amperímetro en las posiciones 1, 2 y 3.

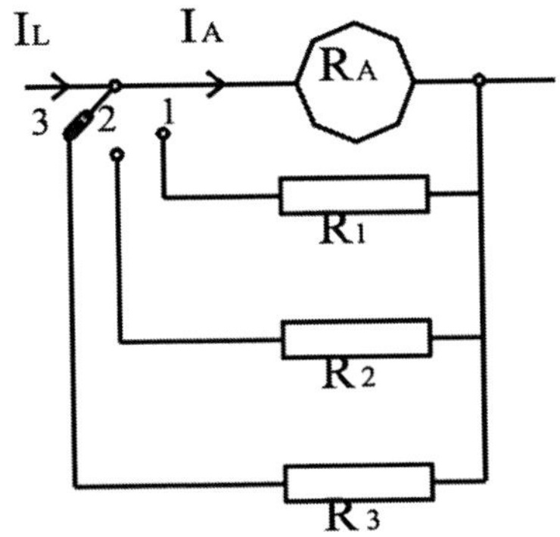

Solución: I_{A1} = 4.50 A I_{A2} = 3.00 A I_{A3} = 1.80 A

Disponemos de un voltímetro con capacidad hasta 200 V, con una resistencia interna de 1.6 kΩ.

Calcular la resistencia de compensación que hay que acoplarle para medir una línea de 300 V y que el aparato señale mitad de escala.

Solución: R_C = 3.20 kΩ

El voltímetro de la figura presenta una resistencia interna de 2.00 kΩ siendo los valores de las resistencias de compensación:

R_1 = 2.00 kΩ R_2 = 4.00 kΩ R_3 = 6.00 kΩ

Cuando la línea presente una tensión de 300 V, calcular la tensión que señalará el voltímetro en las posiciones 1, 2 y 3.

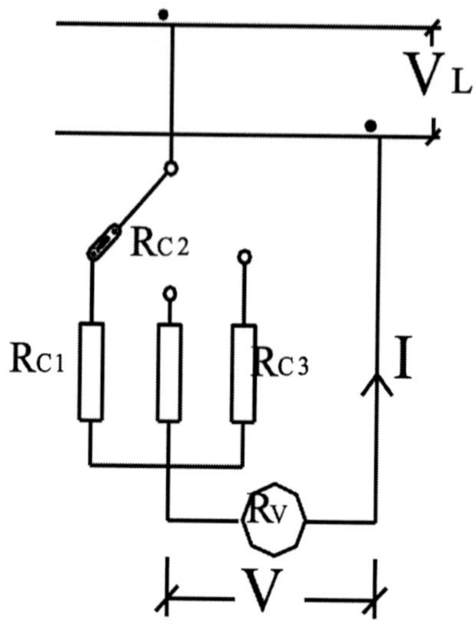

Solución: V_1 = 150.00 V V_2 = 100.00 V V_3 = 75.00 V

EJERCICIOS CORRESPONDIENTES AL CAPÍTULO 7

En el circuito de la figura calcular las intensidades en las ramas y la d.d.p. entre los puntos A y B, aplicando el teorema de superposición.

Datos: E_1 = 26.00 V E_2 = 65.00 V R_1 = 18.00 Ω

r_1 = 1.00 Ω r_2 = 2.00 Ω R_2 = 11.00 Ω

R_3 = 7.00 Ω

Solución: I_{R1} = 2.58 A I_{R2} = 2.09 A I_{R3} = 4.67 A
V_{AB} = 22.99 V

En el circuito de la figura calcular las intensidades en las ramas y la d.d.p. entre los puntos A y B, aplicando el teorema de superposición.

Datos: E_1 = 40.00 V — R_1 = 38.00 Ω — R_2 = 20.00 Ω

r_1 = 2.00 Ω — R_3 = 10.00 Ω — I = 12.00 A

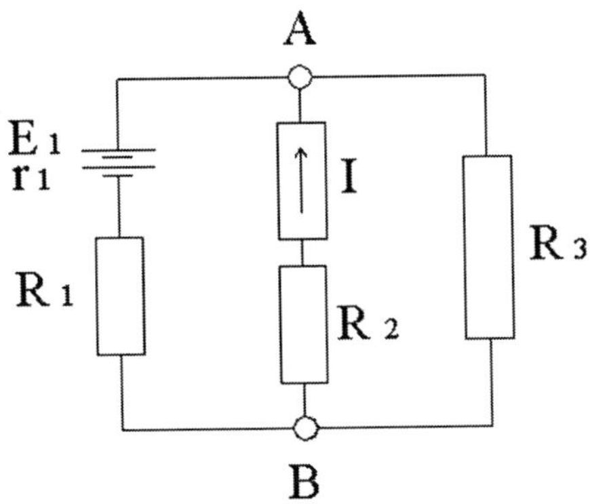

Solución: I_{R1} = 1.60 A I_{R2} = 12.00 I_{R3} = 10.40 A V_{AB} = 104 V

En el circuito de la figura calcular el circuito equivalente por Thevenin.

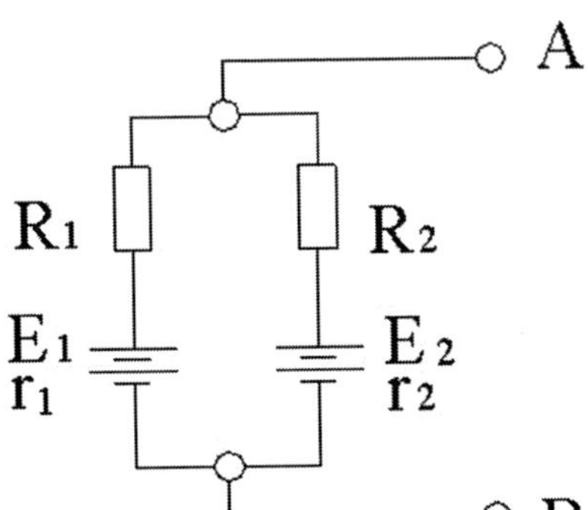

Datos: $E_1 = 90.00$ V $E_2 = 60.00$ V $R_1 = 58.00\ \Omega$

$R_2 = 29.00\ \Omega$ $r_1 = 2.00\ \Omega$ $r_2 = 1.00\ \Omega$

Solución: $R = 20.00\ \Omega$ $E = 70.00$ V

En el circuito de la figura anterior, calcular el circuito equivalente por Norton.

Solución: R = 20.00 Ω **Icc = 3.50 A**

En el circuito de la figura calcular el circuito equivalente por Thevenin y Norton.

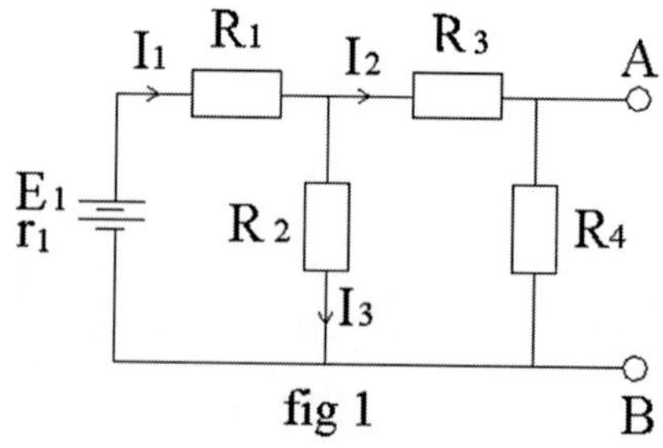

fig 1

Datos: $E_1 = 80.00$ V $R_1 = 58.00\ \Omega$ $R_2 = 30.00\ \Omega$

$r_1 = 2.00\ \Omega$ $R_3 = 20.00\ \Omega$ $R_4 = 40.00\ \Omega$

Solución: $R = 20.00\ \Omega$ $E = \frac{40}{3}$ V

$R = 20.00\ \Omega$ $Icc = \frac{2}{3}$ A

EJERCICIOS CORRESPONDIENTES AL CAPÍTULO 10

Un conductor de 50 cm de longitud recorrido por una corriente de 300 mA está situado perpendicularmente a las líneas de inducción de un campo magnético uniforme de 2.1 $\times 10^4$ Gauss.

Calcular la fuerza que ejerce el campo sobre el conductor.

Solución: F = 0.315 N

Un solenoide constituido por 400 espiras, 0.30 m de diámetro y 1.50 m. de largo, es recorrido por una corriente de 4.50 A.

Calcular su coeficiente de autoinducción y su energía intrínseca.

Solución: $L = 9.6\ \pi^2\ 10^{-4}$ H $\qquad$ $W = 97.20\ \pi^2\ 10^{-4}$ J

Un conductor de 80 cm de longitud se desplaza con una velocidad de 43.20 km/h perpendicular a las líneas de inducción de un campo magnético de 6.000 G.

Calcular la f.e.m. media inducida.

Solución: 5.76 V

En el circuito de la figura calcular la corriente i.

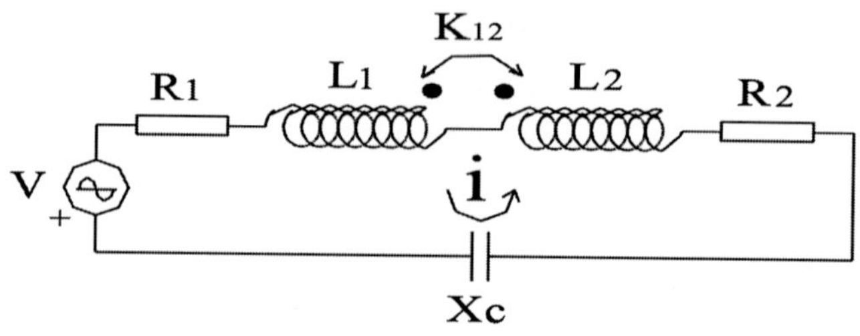

Datos: L_1 = 12.00 mH L_2 = 8.00 mH Xc = 30.00 Ω

R_1 = 40.00 Ω R_2 = 60 Ω $K_{1.2}$ = 0.80

V = 120 V

Solución: i = 1.17 |13.35°

EJERCICIOS CORRESPONDIENTES AL CAPÍTULO 12

Una resistencia de 30.00 Ω y una bobina de 240 mH se acoplan en serie a una tensión de 230 V.

Calcular: a) Intensidad de corriente.

b) Desfase entre tensión e intensidad.

c) Potencias.

d) Dibujar triángulos de impedancias, tensiones y potencias.

Solución: a) I = 2.84 A

b) φ = 68.29°

c) S = 653.20 VA

$P = 241.59$ W

$Q = 606.88$ Var

En el circuito RLC. circula una corriente de 2 A, siendo 230 V la tensión aplicada.

Calcular:

a) Capacidad del condensador.

b) Tensiones parciales.

c) Capacidad del condensador necesario para que resulte un factor de potencia de 0.98.

Datos:

$R1 = 80.00\ \Omega$

$XL1 = 90.00\ \Omega$

$f = 50$ Hz

Solución:

a) $C = 4.31 \times 10^{-4}$ F

b) $V_1 = 160$ V $V_2 = 180$ V $V_3 = 14.77$ V

c) $C = 1.60 \times 10^{-5}$ F

Un circuito capacitivo de 60 Ω de resistencia sometido a una tensión de 230 V, consume doble potencia activa que reactiva.

Calcular:

a) El circuito.

b) Potencias.

c) La energía, en kWh, consumida en 6 horas de funcionamiento.

Solución: a) $R = 60\ \Omega$ $C = 1.06 \times 10^{-4}$ F

b) $S = 788.59$ VA $P = 705.33$ W $Q = 352.67$ VAr

c) $W = 4.23$ kWh

Un circuito inductivo de 40 Ω de resistencia y 0.80 de factor de potencia, consume 367.50 Var.

Calcular:

a) La inductancia X_L.

b) Intensidad de corriente.

c) Potencias.

d) Condensador para que el factor de potencia sea 0.90.

Solución:

a) $X_L = 30\ \Omega$

b) $I = 3.50$ A

c) $S = 612.50$ VA $P = 490.00$ W $Q = 367.50$ Var

d) $C = 1.35 \times 10^{-5}$ F

Tres impedancias, Z1, Z2 y Z3, se acoplan en paralelo a una tensión de 230 V.

La impedancia Z1 está formada por una resistencia de 60 Ω y una inductancia de 40 Ω.

La impedancia Z2 es capacitiva y consume la misma potencia activa que reactiva, siendo 4.07 A su intensidad.

La impedancia Z3 está formada por una resistencia de 30 Ω y su intensidad está en fase con I1.

Calcular: a) El circuito y su impedancia equivalente.
b) Valor de las intensidades.
c) Desfase entre intensidades y tensión.

Solución: a) Z_1: R = 60.00 Ω Z_2: R = 40.00 Ω
X_L = 40.00 Ω X_C = 40.00 Ω

Z_3: R =30.00 Ω Z: R = 20.24 Ω
X_L =20.00 Ω X_L = 4.55 Ω

b) I_1 = 3.19 A I_2 = 4.07 A I_3 = 6.38 A I = 11.09 A

c) I_1 retrasada respecto de V un ángulo α_1 = 33.69º.
I_2 adelantada respecto de V un ángulo α_2 = 45.00º.
I_3 retrasada respecto de V un ángulo α_1 = 33.69º.

En un circuito formado por tres impedancias, Z_1, Z_2 y Z_3, acopladas como indica la figura a una tensión de 230 V.

Datos: Z_1: X_L = 27.00 Ω Z_2: $\vec{I_2} = \vec{I_1}$ (vector I_2 = vector I_1)

cos φ_1 = 0.80

Z_3: R = 24.00 Ω $Q_3 = \frac{3}{4} P_3$
I adelantada respecto a V_2 V = 230 V

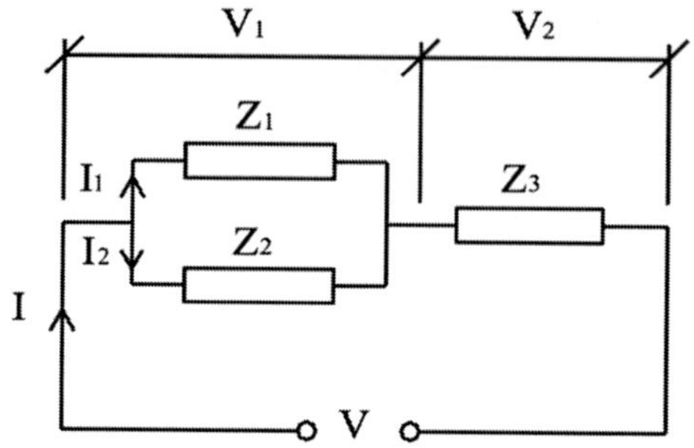

Calcular: a) El circuito y su impedancia equivalente.
b) Valor de las intensidades.
c) Desfase entre V_1 y V_2.

Solución: a) Z_1: R = 36.00 Ω, X_L = 27.00 Ω Z_2: R = 36.00 Ω, X_L = 27.00 Ω

Z_3: R = 24.00 Ω, Xc = 18.00 Ω Z: R = 42.00 Ω, Xc = 4.50 Ω

b) I = 5.45 A $I_1 = I_2$ = 2.725 A

c) V_1 está adelantada 73.74° respecto a V_2

EJERCICIOS CORRESPONDIENTES AL CAPÍTULO 14

Tres impedancias iguales formadas por una resistencia de 60 Ω y una capacitancia de 80 Ω cada una se acoplan en estrella a una línea trifásica de 230/400 V, 50 Hz.

Calcular: a) Intensidades de corriente.
b) Potencia consumida.

Solución: a) $I_R = 2.30 \angle 143.13^\circ$ $I_S = 2.30 \angle 23.13^\circ$
$I_T = 2.30 \angle -96.87^\circ$

b) S = 1587.00 VA P = 952.20 W Q = 1269.60 Var

Tres impedancias iguales formadas por una resistencia de 12 Ω y una inductancia de 16 Ω se acoplan en triángulo a una línea de 230/400 V, 50 Hz.

Calcular: Intensidades de línea y de fases.

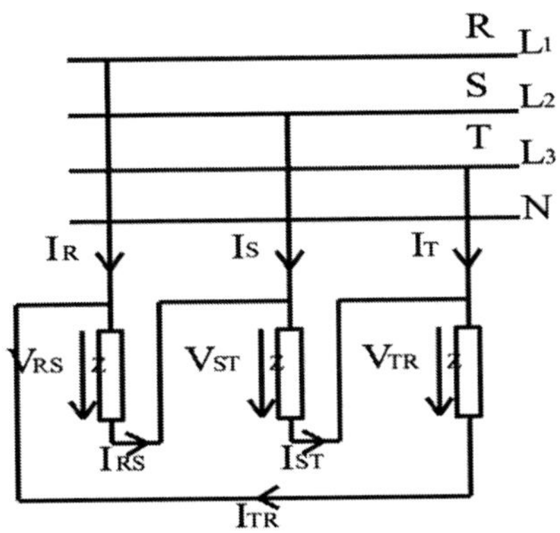

Solución: $I_R = 34.64 \angle 36.87^\circ$ $I_S = 34.64 \angle -83.13^\circ$

$I_T = 34.64 \angle -203.13^\circ$ $I_{RS} = 20.00 \angle 66.87^\circ$

$I_{ST} = 20.00 \angle -53.13^\circ$ $I_{TR} = 20.00 \angle -173.13^\circ$

Tres impedancias iguales formadas por una resistencia de 40 Ω, una bobina de 50 Ω y un condensador de 20 Ω, se conectan en estrella a una línea trifásica de 20 Ω de resistencia y 12 Ω de inductancia, 230/400 V, 50 Hz.

Calcular a) Intensidades de línea.

b) Tensión en bornes de las impedancias.

c) Caída de tensión en la línea.

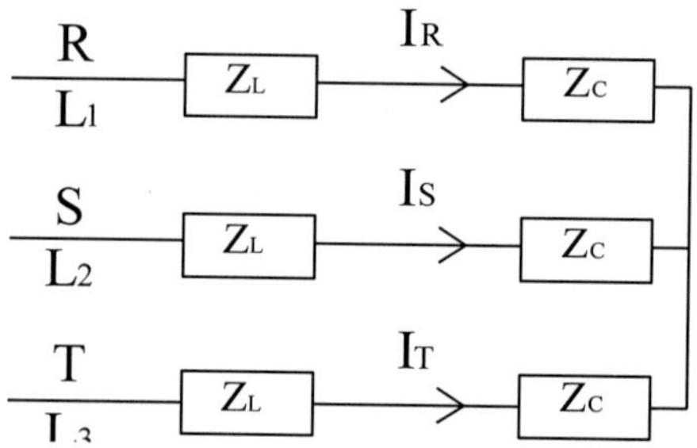

Solución: $I_R = 3.14\ |\underline{55.01^\circ}$ $I_S = 3.14\ |\underline{-64.99^\circ}$

$I_T = 3.14\ |\underline{-184.99^\circ}$ $V_{CR} = 157\ |\underline{91.88^\circ}$

$V_{CS} = 157\ |\underline{-28.12^\circ}$ $V_{CT} = 157\ |\underline{-148.12^\circ}$

$V_{LR} = 73.22\ |\underline{85.97^\circ}$

Tres impedancias iguales formadas por una resistencia de 28 Ω y una inductancia de 16 Ω se acoplan en triángulo a una línea trifásica de 230/400 V, 50 Hz. Otras tres impedancias, también iguales, constituidas por una resistencia de 18 Ω y una capacitancia de 12 Ω se acoplan en estrella a la línea.

Calcular: Las intensidades en cada una de las impedancias y en cada una de las fases.

Solución:

I_{RS} = 12,40 |90.26°

I_{ST} = 12,40 |-29.74°

I_{TR} = 12,40 |-149.74°

I_{R1} = 21,48 |60.26°

I_{S1} = 21,48 |-59.74°

I_{T1} = 21,48 |-179.74°

I_{R2} = 10,63 |123.69°

I_{S2} = 10,63 |3.69°

I_{T2} = 10,63 |-116.31°

I_{RL} = 4,76 + 27.49 j

I_{SL} = 21,43 - 17.87 j

I_{TL} = -26,19 - 9.62 j

I_L| = 27.90 A

Tres impedancias iguales formadas por una resistencia de 32 Ω y una inductancia de 24 Ω se acoplan en estrella a una línea trifásica de 230/400 V, 50 Hz. Otras tres impedancias, también iguales, constituidas por una resistencia de 30 Ω y una capacitancia de 40 Ω se acoplan en triángulo. Sabiendo que la línea presenta una resistencia de 16 Ω y una inductancia de 12 Ω.

Calcular: a) Intensidades en las impedancias y en la línea.

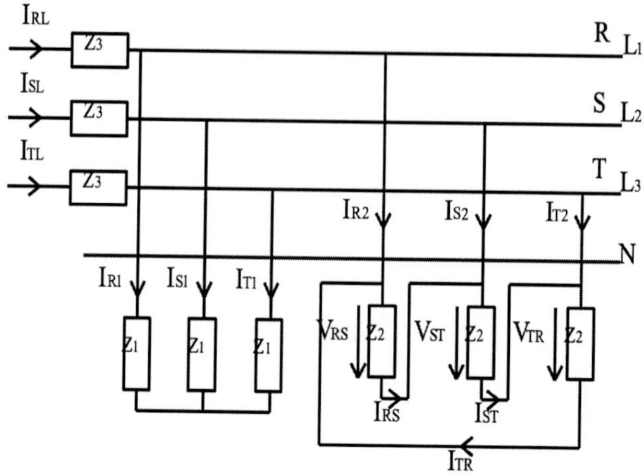

Solución: $I_{R1} = 5.75 \angle 53.13^\circ$ $I_{S1} = 5.75 \angle -66.87^\circ$

$I_{T1} = 5.75 \angle -186.87^\circ$

$I_{RS} = 8.00 \angle 173.13^\circ$ $I_{ST} = 8.00 \angle 53.13^\circ$

$I_{TR} = 8.00 \angle -66.87^\circ$

$I_{R2} = -11.08 + 8.32\,j$ $I_{S2} = 12.74 + 5.44\,j$

$I_{T2} = -1.66 - 13.76\,j$

$I_{RL} = 15.00 \angle 120.56^\circ$ $I_{SL} = 15.00 \angle 0.57^\circ$

$I_{TL} = 15.00 \angle -119.42^\circ$

Tres impedancias Z_1, Z_2 y Z_3 se acoplan en triángulo a una línea trifásica 230/400 V, 50 Hz.

Calcular las intensidades sabiendo que las impedancias están constituidas por los siguientes elementos:

Z_1: R = 28.00 Ω X_L = 21.00 Ω

Z_2: R = 40.00 Ω Xc = 30.00 Ω

Z_3: R = 12.00 Ω X_L = 16.00 Ω

Nota. Z_1 está acoplada entre R y S
Z_2 está acoplada entre S y T
Z_3 está acoplada entre T y R

Solución: $I_{RS} = 11.43\ |\underline{83.13^\circ}$ $I_{ST} = 8.00\ |\underline{36.87^\circ}$

$I_{TR} = 20.00\ |\underline{-173.13^\circ}$ $I_R = 25.29\ |\underline{32.91^\circ}$

$I_S = 8.26\ |\underline{-52.48^\circ}$ $I_T = 27.23\ |\underline{-164.69^\circ}$

Las impedancias del ejercicio anterior se acoplan en estrella con neutro:

Calcular las intensidades de línea y neutro.

Solución: $I_R = 6.57\ |\underline{53.13^\circ}$ $I_S = 4.60\ |\underline{6.87^\circ}$

$I_T = 11.50\ |\underline{-203.13^\circ}$ $I_N = 10.57\ |\underline{101.33^\circ}$

Las impedancias del ejercicio anterior se acoplan en estrella sin neutro:

Calcular las intensidades de línea.

Solución: $I_R = 4.74\ |\underline{20.26^\circ}$

$I_S = 7.13\ |\underline{1.37^\circ}$

$I_T = 11.72\ |\underline{-171.12^\circ}$

EJERCICIOS CORREPONDIENTES AL CAPÍTULO 17

INTENSIDAD MÁXIMA ADMISIBLE EN AMPERIOS PARA CABLES CON CONDUCTOR DE COBRE AISLADOS CON GOMA O CON POLICLORURO DE VINILO (Servicio permanente Temperatura ambiente 40 °C)

S mm^2	AL AIRE O DIRECTAMENTE EMPOTRADOS					BAJO TUBO O CONDUCTO				
	UN SOLO CABLE			VARIOS CABLES		UN SOLO CABLE			VARIOS CABLES	
	1 Unip.	1 Bipo.	1 Trip.	2 Unip.	3 Unip.	1 Unip.	1 Bip.	1 Trip.	2 Unip.	3 Unip.
0.50	7.5	5.5	5	6	5.5	7	5	4.5	5.5	5
0.75	10	8	6.5	8.5	7	9	7	6	7.5	6.5
1	13	10.5	9.5	12	9	12	8.5	7.5	9.5	8.5
1.5	17	13	12	15	12	15	12	10	12	11
2.5	23	18	17	21	17	21	16	14	17	15
4	31	25	23	28	23	28	22	19	23	20
6	40	32	26	36	29	34	28	24	29	26
10	55	44	40	50	40	49	38	34	40	36
16	74	59	54	67	54	64	51	44	54	48
25	97	78	71	88	73	85	68	59	71	64
35	120	97	88	110	87	110	83	72	88	78
50	145	115	105	130	110	130	98	85	110	95
70	185	140	120	165	140	160	118	100	135	120
95	225	166	145	200	180	200	140	120	165	145

120	260	-	-	235	210	230	-	-	190	170
150	300	-	-	270	240	265	-	-	220	195

Calcular la sección de una línea de cobre monofásica (2 hilos) que alimenta a un motor de c.c. de 3 CV con rendimiento del 90 %, sabiendo que la instalación se realiza bajo tubo, varios cables, 2 unipolares. La tensión de línea es de 230 V, la distancia 60 m y la caída de tensión máxima admisible del 5 %.

Solución: 2.50 mm²

Calcular la sección del conductor de cobre de la línea de la figura, sabiendo que la caída de tensión máxima admisible es del 3 % y que la instalación se realiza bajo tubo, varios cables, 2 unipolares, siendo la tensión de 230 V.

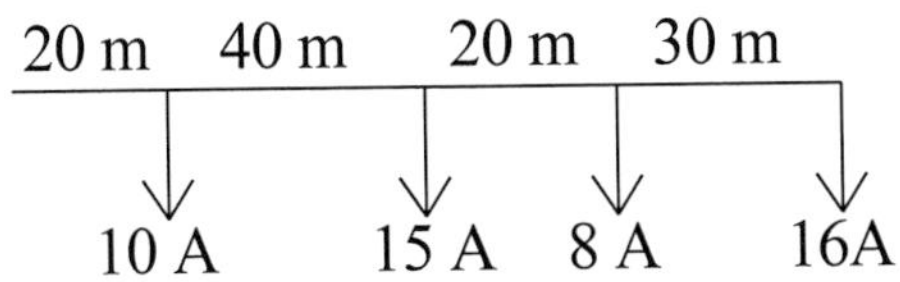

Solución: 25 mm²

Calcular la sección del conductor de cobre de la línea de la figura, sabiendo que la caída de tensión máxima admisible es del 5 % y que la instalación se realiza bajo tubo, varios cables, 2 unipolares, siendo la tensión de 230 V. Calcular además la tensión nominal de cada abonado.

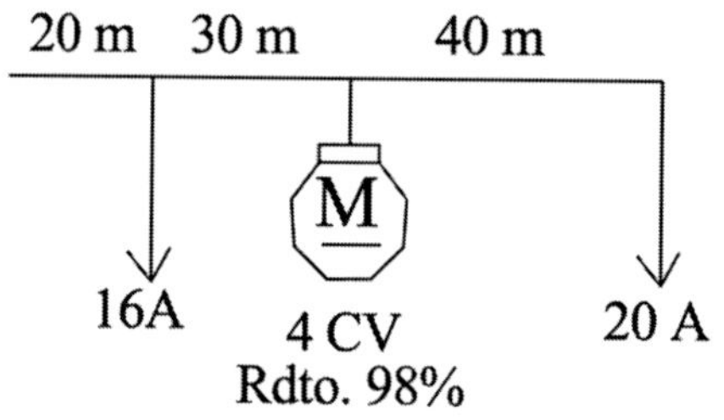

Solución: 16 mm² V_1 = 227.65 V V_2 = 225.20 V V_3 = 223.40 V

Calcular la sección de los conductores de cobre de la línea de la figura, sabiendo que la caída de tensión máxima admisible es del 3 % y que la instalación se realiza bajo tubo, varios cables, 2 unipolares, siendo la tensión de 230 V.

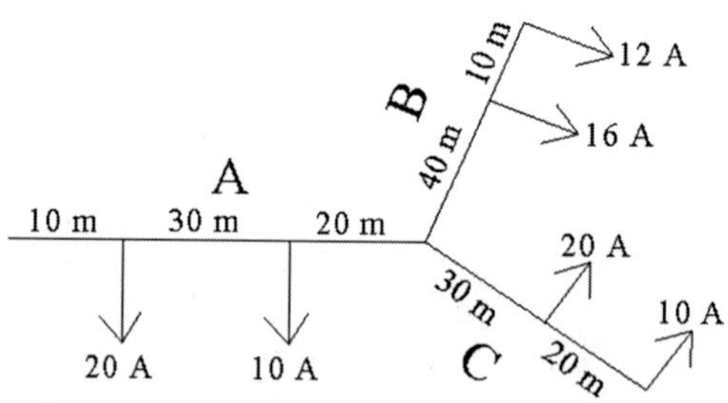

Solución: S_A = 50 mm² S_B = 16 mm² S_C = 10 mm²

Calcular las secciones de los conductores de cobre de la línea de la figura sabiendo que la caída de tensión máxima admisible es del 5 % y que la instalación se realiza bajo tubo, varios cables, 2 unipolares. V= 230 V.

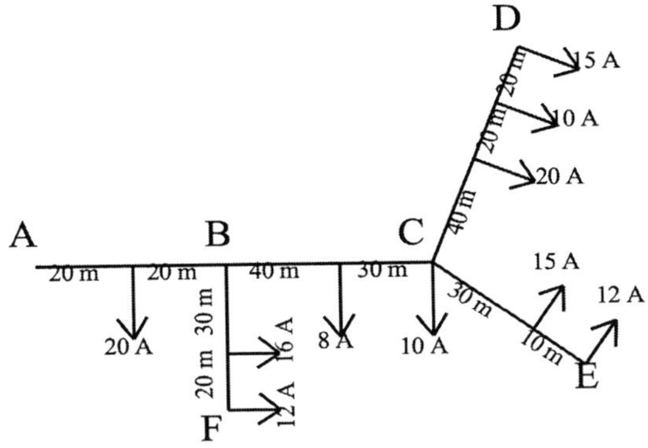

Solución: S_{AC} = 95 mm^2 S_{CD} = 16 mm^2

S_{BF} = 6 mm^2 S_{CE} = 6 mm^2

Calcular la sección de cobre de la línea de la figura, sabiendo que la caída de tensión máxima admisible es del 5 % y que la instalación se realiza bajo tubo, un solo cable, 1 bipolar y la tensión es de 230 V.

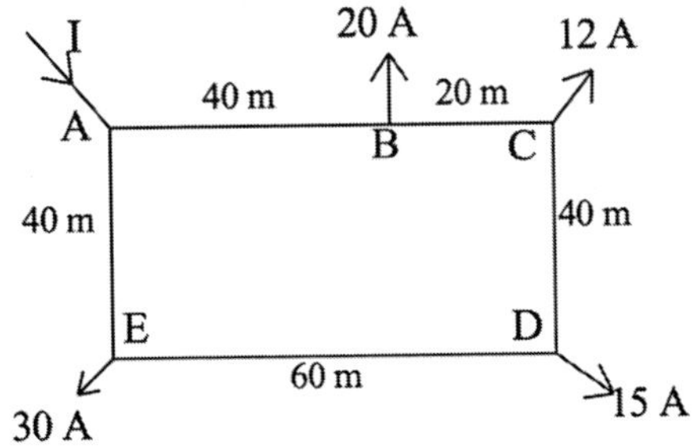

Solución: 16 mm^2

Calcular las secciones de los conductores de cobre de la línea de la figura, sabiendo que la caída de tensión máxima admisible es del 5 % y que la instalación se realiza bajo tubo, un solo cable, 1 bipolar, con una tensión de 230 V.

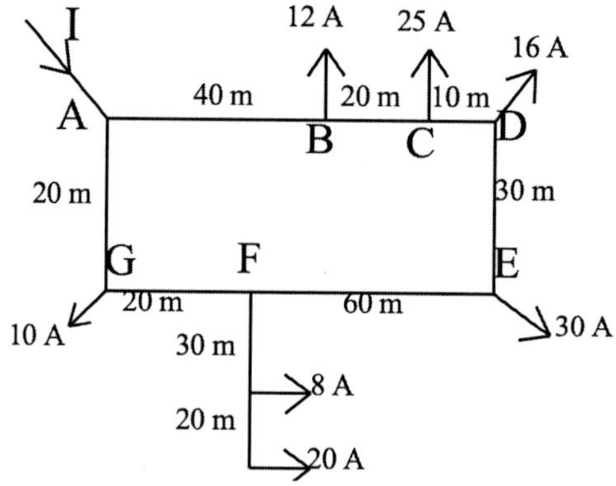

Solución: $S_{anillo} = 25\ mm^2$ $S_{Ramal\ F} = 6\ mm^2$

Calcular las secciones de los conductores de cobre de la línea telescópica de la figura, sabiendo que la caída de tensión máxima admisible es del 5 % y que la instalación se realiza bajo tubo, un solo cable, 1 bipolar, con una tensión de 230 V.

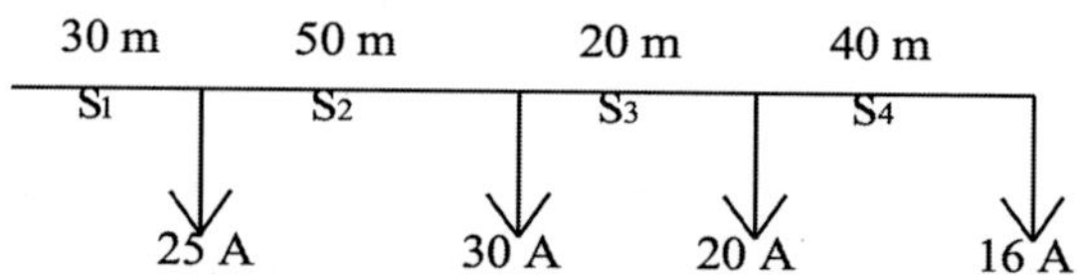

Solución: $S_1 = 50\ mm^2$ $S_2 = 25\ mm^2$ $S_3 = 16\ mm^2$
$S_4 = 10\ mm^2$

Calcular la sección de cobre de la línea de la figura, sabiendo que la caída de tensión máxima admisible es del 5 % y que la instalación se realiza bajo tubo, un solo cable, 1 bipolar y la tensión es de 230 V.

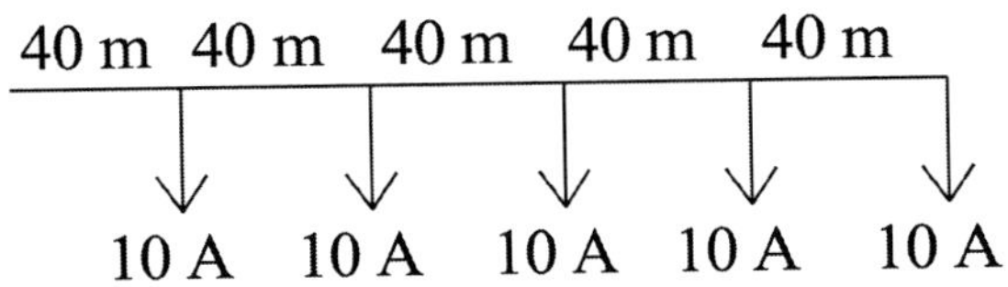

Solución S = 25 mm^2

INTENSIDAD MÁXIMA ADMISIBLE EN AMPERIOS PARA CABLES CON CONDUCTOR DE COBRE AISLADOS CON GOMA O CON POLICLORURO DE VINILO (Servicio permanente Temperatura ambiente 40 °C)										
S mm^2	**AL AIRE O DIRECTAMENTE EMPOTRADOS**					**BAJO TUBO O CONDUCTO**				
	UN SOLO CABLE			**VARIOS CABLES**		**UN SOLO CABLE**			**VARIOS CABLES**	
	1 Unip.	**1 Bipo.**	**1 Trip.**	**2 Unip.**	**3 Unip.**	**1 Unip.**	**1 Bip.**	**1 Trip.**	**2 Unip.**	**3 Unip.**
0.50	7.5	5.5	5	6	5.5	7	5	4.5	5.5	5
0.75	10	8	6.5	8.5	7	9	7	6	7.5	6.5
1	13	10.5	9.5	12	9	12	8.5	7.5	9.5	8.5
1.5	17	13	12	15	12	15	12	10	12	11
2.5	23	18	17	21	17	21	16	14	17	15

4	31	25	23	28	23	28	22	19	23	20
6	40	32	26	36	29	34	28	24	29	26
10	55	44	40	50	40	49	38	34	40	36
16	74	59	54	67	54	64	51	44	54	48
25	97	78	71	88	73	85	68	59	71	64
35	120	97	88	110	87	110	83	72	88	78
50	145	115	105	130	110	130	98	85	110	95
70	185	140	120	165	140	160	118	100	135	120
95	225	166	145	200	180	200	140	120	165	145
120	260	-	-	235	210	230	-	-	190	170
150	300	-	-	270	240	265	-	-	220	195

Calcular la sección de cobre de la línea de la figura, y la intensidad total en el primer tramo, sabiendo que la caída de tensión máxima admisible es del 5 % y que la instalación se realiza bajo tubo, un solo cable, 1 bipolar y la tensión es de 230 V.

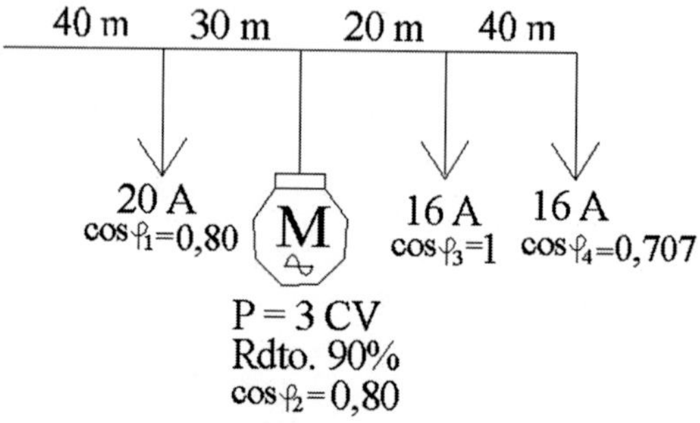

Solución: S = 25 nmm² I = 64.06 A

Calcular las secciones de los conductores de cobre de la línea de la figura, sabiendo que la caída de tensión máxima admisible es del 5 % y que la instalación se realiza bajo tubo, varios cables, 2 unipolares, con una tensión de 230 V.

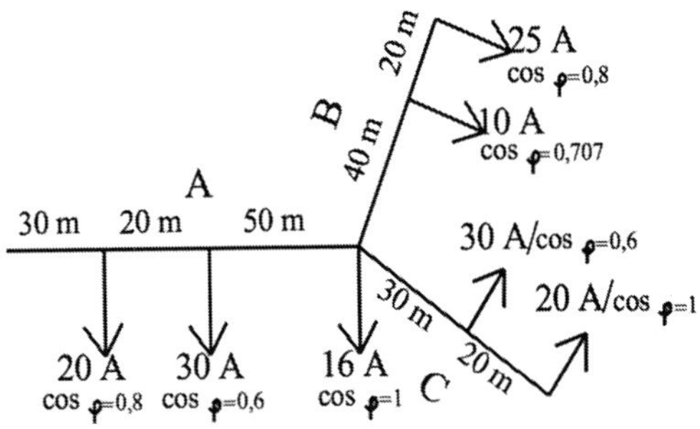

Solución: S_A = 70 mm^2 S_B = 10 mm^2 S_C = 16 mm^2

Calcular las secciones de los conductores de cobre de la línea de la figura, sabiendo que la caída de tensión máxima admisible es del 5 % y que la instalación se realiza bajo tubo, varios cables, 2 unipolares, con una tensión de 230 V.

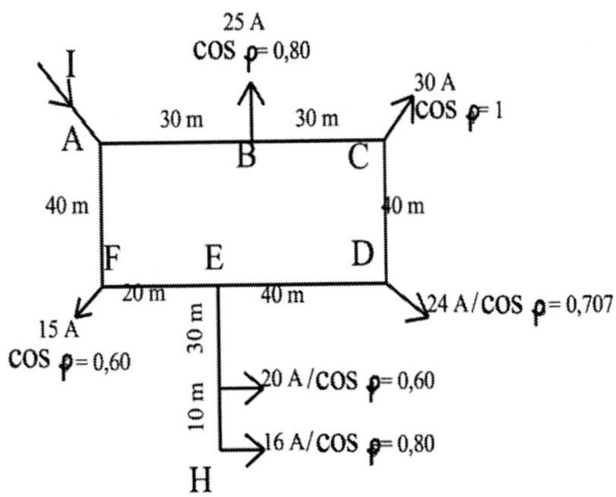

Solución: S_{anillo} = 25 mm^2 S_{ramal} = 10 mm^2

Calcular las secciones de los conductores de cobre de la línea telescópica de la figura, y la intensidad en cada tramo sabiendo que la caída de tensión máxima admisible es del 5 % y que la instalación se realiza bajo tubo, varios cables, 2 unipolares, con una tensión de 230 V.

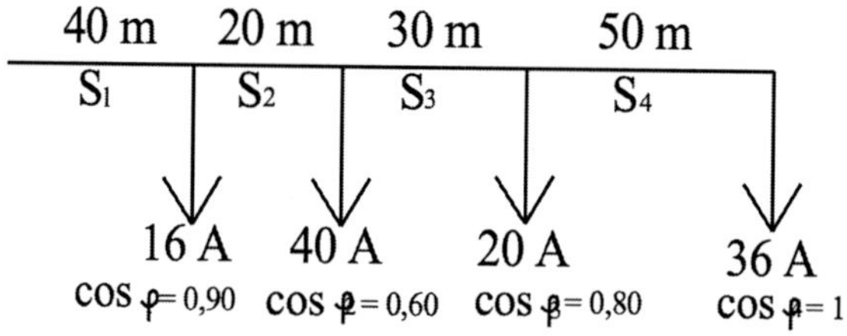

Solución: S_1 = 50 mm^2 S_2 = 35 mm^2 S_3 = 25 mm^2

S_4 = 16 mm^2 I_1 = 103.78 A I_2 = 87.82 A

I_3 = 53.37 A I_4 = 36.00 A

Calcular la sección del conductor de cobre de la línea de la figura, sabiendo que la caída de tensión máxima admisible es del 5 % y que la instalación se realiza bajo tubo, varios cables, 2 unipolares, con una tensión de 230 V.

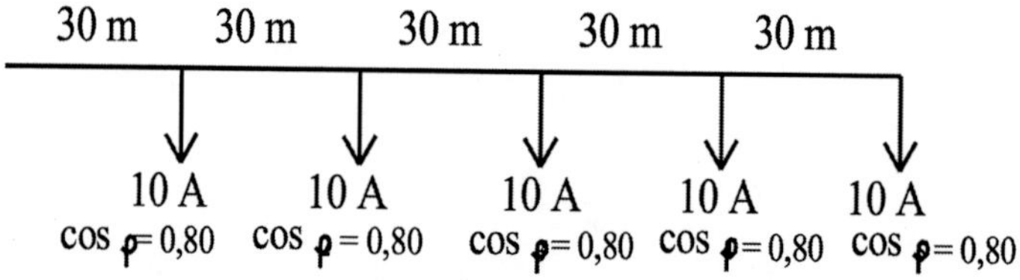

Solución: S = 16 mm^2

BIBLIOGRAFÍA

Curso de electricidad general. Pablo Alcalde S. M., Ed. Paraninfo.

Redes eléctricas. Zoppetti, Ed. Marcombo.

Prontuario de electricidad electrónica. G. Brechman y otros, Ed. Paraninfo.

Instalaciones eléctricas en las edificaciones. Guerrero A, Ed. Mcgraw- Hill.

Instalaciones eléctricas comerciales e industriales. Ángel Lagunas M., Ed. Paraninfo.

Electricidad industrial. Burgos Monfort, Ed. Dossat

Teoría y problemas de fundamentos de electricidad. Gusson M., Ed. Mcgraw-Hill.

La corriente alterna. Lequerica J. L., Ed. Dossat.

Electrotecnia general y aplicada. Moeller–Werr, Ed. Labor.

Electrotecnia. Pablo Alcalde San Miguel. Ed. Paraninfo.

Tratado de electricidad I. Dawers CH. Ed. Gustavo Gili.

Tratado de electricidad II. Dawers CH., Ed. Gustavo Gili.

Manual de mantenimiento de instalaciones. José Roldán Viloria, Ed. Paraninfo.

Electricidad básica. Evquinov F.E. Ed. Gustavo Gili.

Electricidad Industrial. José Roldán Viloria, Ed. Paraninfo.

Electrotecnia. Durán J. L. y otros, Ed. Marcombo.

Nuevo REBT. Lagunas, Ed. Paraninfo.

Líneas de transporte de energía. Checa L. M., Ed. Marcombo.

Teoría y problemas de circuitos eléctricos. Edminister J. A., Ed. Mcgraw-Hill.

Teoría de circuitos. Ras Oliva, Ed. Marcombo.

Análisis de circuitos. Scott D. E., Ed. Mcgraw-Hill.

Instalaciones eléctricas en media y baja tensión. José GarcíaTrasancos, Ed. Paraninfo.

Electrotecnia. José García Trasancos, Ed. Paraninfo.

Circuitos eléctricos c.c./c.a. Hubert CH, Ed. Mcgraw-Hill.

Análisis de circuitos básicos. O'Malley J., Ed. Mcgraw-Hill.